陕西师范大学优秀学术著作出版资助

极光图像自动分析：模型、方法与技术

杨秋菊　著

陕西师范大学出版总社　西安

图书代号　ZZ24N0835

图书在版编目(CIP)数据

极光图像自动分析：模型、方法与技术 / 杨秋菊著. —西安：陕西师范大学出版总社有限公司，2024.6
ISBN 978-7-5695-4305-6

Ⅰ.①极…　Ⅱ.①杨…　Ⅲ.①极光—图像分析—研究
Ⅳ.①P427.33

中国国家版本馆 CIP 数据核字(2024)第 057258 号

极光图像自动分析:模型、方法与技术
JIGUANG TUXIANG ZIDONG FENXI:MOXING FANGFA YU JISHU
杨秋菊　著

责任编辑　刘金茹
责任校对　张俊胜
封面设计　鼎新设计
出版发行　陕西师范大学出版总社
　　　　　(西安市长安南路 199 号　邮编 710062)
网　　址　http://www.snupg.com
印　　刷　西安报业传媒集团
开　　本　787 mm×1092 mm　1/16
印　　张　19.125
字　　数　331 千
版　　次　2024 年 6 月第 1 版
印　　次　2024 年 6 月第 1 次印刷
书　　号　ISBN 978-7-5695-4305-6
定　　价　68.00 元

读者购书、书店添货或发现印装质量问题，请与本社高等教育出版中心联系。
电话:(029)85303622(传真)　85307864

前　言

极光是沿磁力线运动的高能带电粒子沉降到极区电离层高度时激发大气粒子后产生的发光现象。作为极区日地物理过程(特别是磁层－电离层相互作用)最具代表性的表现形式,人们通过对极光形态及其演化的系统观测可以获得磁层和日地空间电磁活动的大量信息,有助于深入研究太阳活动对地球的影响方式与程度,对了解空间天气的变化规律具有重要意义。

极光研究历来是空间物理研究领域的热点之一,极光的综合观测也成为世界各国极地科学考察活动的重要科考项目。光学成像是应用最早、使用最广泛的极光观测手段,其优点在于能够得到极光的二维图像,并且可以通过连续观测获得极光的空间结构变化规律。目前常用的光学观测包括基于地面的全天空成像仪(ASI)和基于卫星的紫外成像仪(UVI)拍摄的图像。随着极光系统观测的开展,海量的极光图像数据在逐年累加,如何高效分析和利用这些数据成为各国极光物理研究人员亟待解决的一个问题。

本书针对传统人工分析费时费力以及基于少量事件分析得出的结论普适性不强等问题,深入研究海量极光图像的自动分析方法。基于我国北极黄河站和南极中山站的高分辨率 ASI 观测图像,重点分析了极光图像分类、极光图像分割、极光弧宽测定和统计、极向运动极光(PMAFs)事件自动识别和时序检测等典型问题;基于 Polar 卫星的全域视角 UVI 图像,重点研究了极光卵边界自动分割及位置建模预测、极光亚暴起始时刻自动检测等热点问题。

第 1 章全面介绍了极光的产生和研究意义、极光光学观测设备及极光图像数据,回顾了极光图像国内外研究进展,讨论了极光图像自动分析的必要性,梳理了极光图像自动分析的国内外研究现状、难点及存在的主要问题,并给出了本书的章节安排。

第 2 章聚焦极光图像分类问题,深入研究了基于传统机器学习方法和深度学习方法的极光图像有监督分类、极光图像无监督分类及喉区极光自动识别等关键技术。

第 3 章致力于极光图像分割技术的研究，对比了三种基于传统机器学习的极光弧分割方法，并提出了基于深度学习的极光关键结构自动提取模型和基于全卷积神经网络的极光图像自动分割模型，为极光图像的精确处理提供了有力工具。

第 4 章作为极光图像分割的应用之一，先分别通过传统机器学习方法和深度学习方法对极光弧进行分割，然后计算极光弧宽并统计不同尺度极光弧宽分布规律，为深入理解极光弧的产生机制提供了数据支撑。

第 5 章继续拓展极光图像分割的应用领域，利用机器学习方法实现对极光卵边界的自动分割，并深入分析该边界随行星际和太阳风地磁条件变化的规律，为揭示地球磁场与太阳风相互作用的机制提供了新视角。

第 6 章主要讨论了 PMAFs 事件自动识别，重点研究了极光运动表征，并提出了一种基于传统机器学习和两种基于深度学习的 PMAFs 自动识别方法，为极光事件的快速识别提供了有效手段。

第 7 章聚焦极光事件自动检测，提出了三个创新模型，分别用于解决 PMAFs 时序自动检测、极光亚暴膨胀起始时刻自动检测和时 - 空自动检测，可为极光事件的实时监测和预警提供技术支持。

第 8 章对本书工作进行了总结，并展望了下一步研究方向。

本书得到了陕西师范大学优秀学术著作出版资助。同时，非常感谢西安电子科技大学电子工程学院梁继民教授和团队研究生对本书的指导、帮助和支持，感谢同济大学韩德胜教授、中国极地研究中心胡红桥和胡泽骏研究员对本书出版给予的大力支持。最后，感谢陕西师范大学物理学与信息技术学院作者团队的研究生们对本书撰写所提供的帮助和支持。

由于作者水平有限，书中难免存在不足之处，欢迎广大读者批评指正。

杨秋菊

2023 年 10 月

目　录

第1章　绪论 ······ 1

1.1　研究背景及意义 ······ 1

1.1.1　极光的产生和研究意义 ······ 1

1.1.2　极光光学观测设备及极光图像数据 ······ 2

1.2　基于光学观测的极光研究进展与现状 ······ 5

1.2.1　基于ASI图像的极光研究进展与现状 ······ 5

1.2.2　基于UVI图像的极光研究进展与现状 ······ 7

1.2.3　极光图像自动分析的必要性 ······ 9

1.3　极光图像自动分析的国内外研究现状 ······ 10

1.3.1　极光图像分类 ······ 11

1.3.2　极光图像分割 ······ 13

1.3.3　极光图像检索 ······ 14

1.3.4　极光运动表征 ······ 15

1.3.5　极光事件自动识别 ······ 16

1.3.6　极光事件自动检测 ······ 16

1.4　极光图像自动分析的难点及存在的问题 ······ 17

1.5　本书主要研究内容及组织结构 ······ 19

1.5.1　本书研究内容 ······ 19

1.5.2　本书章节安排 ······ 19

1.6　本章参考文献 ······ 20

第2章　极光图像分类 ······ 28

2.1　基于传统机器学习的极光图像有监督分类 ······ 28

2.1.1　极光图像分类机制 ······ 28

2.1.2　基于WLD特征的极光图像自动分类 ······ 31

2.1.3 基于 HMM 的极光序列表征和分类 …… 40
2.2 基于卷积神经网络的极光图像有监督分类 …… 60
2.2.1 研究背景与动机 …… 60
2.2.2 基于 AlexNet 的 STN 和 L－Softmax 极光图像表征 …… 62
2.2.3 极光分类机制和数据集构建 …… 65
2.2.4 实验结果 …… 66
2.2.5 小结 …… 72
2.3 极光图像无监督聚类 …… 74
2.3.1 研究背景与动机 …… 74
2.3.2 基于谱聚类的极光图像自动聚类网络 …… 75
2.3.3 实验与结果分析 …… 81
2.3.4 总结和展望 …… 86
2.4 喉区极光自动识别 …… 87
2.4.1 研究背景与动机 …… 87
2.4.2 数据集介绍 …… 88
2.4.3 基于改进 IncepResNet－V2 的喉区极光自动识别 …… 89
2.4.4 小结 …… 94
2.5 本章参考文献 …… 95
第 3 章 极光图像分割 …… 100
3.1 三种基于传统机器学习的极光弧分割方法对比 …… 100
3.1.1 研究背景与动机 …… 100
3.1.2 数据和方法 …… 101
3.1.3 实验结果分析 …… 103
3.1.4 总结与展望 …… 103
3.2 基于全卷积神经网络的极光图像自动分割 …… 105
3.2.1 研究背景与动机 …… 105
3.2.2 方法介绍 …… 106
3.2.3 实验过程及结果 …… 110
3.2.4 结论和讨论 …… 114
3.3 基于 CycleGAN 的极光关键局部结构自动提取 …… 115
3.3.1 研究背景与动机 …… 115

3.3.2 模型框架 …… 116
3.3.3 数据集构建 …… 118
3.3.4 实验及结果分析 …… 119
3.3.5 总结和讨论 …… 125
3.4 本章参考文献 …… 125
第4章 极光弧宽测定和统计 …… 129
4.1 基于传统机器学习的极光弧宽测定 …… 129
4.1.1 研究背景和动机 …… 129
4.1.2 数据与方法 …… 130
4.1.3 基于2003—2005年北极黄河站越冬观测的弧宽测定 …… 134
4.1.4 结论与讨论 …… 136
4.2 基于实例分割的极光弧宽自动计算 …… 137
4.2.1 研究背景与动机 …… 137
4.2.2 数据来源 …… 138
4.2.3 极光弧宽全自动计算方法 …… 138
4.2.4 实验与结果分析 …… 143
4.2.5 小结 …… 146
4.3 基于实例分割的多尺度极光弧分割与弧宽分布统计 …… 147
4.3.1 研究背景与动机 …… 147
4.3.2 模型框架 …… 149
4.3.3 实验与结果分析 …… 154
4.3.4 结论与讨论 …… 158
4.4 本章参考文献 …… 159
第5章 基于日地空间环境参数的极光卵边界建模和预测 …… 162
5.1 研究背景与动机 …… 162
5.2 基于SFCM的极光卵边界分割及位置预测 …… 164
5.2.1 数据集构建 …… 164
5.2.2 数据分析及结果 …… 167
5.2.3 问题讨论 …… 180
5.2.4 小结 …… 181
5.3 本章参考文献 …… 181

第 6 章　极光事件自动识别 …… 184
6.1　PMAFs 自动识别的研究背景和动机 …… 184
6.2　基于 HMM 和 SVM 的 PMAFs 自动识别 …… 185
6.2.1　方法框架 …… 185
6.2.2　极向运动特征提取 …… 188
6.2.3　不平衡分类准则 …… 190
6.2.4　HMM 表征及 SVM 分类 …… 191
6.2.5　实验与结果分析 …… 192
6.2.6　小结 …… 198
6.3　基于光流的 PMAFs 自动识别 …… 198
6.3.1　基于光流场估计的极光运动表征 …… 198
6.3.2　基于光流和双流网络的 PMAFs 自动识别 …… 217
6.4　基于时序差分网络的 PMAFs 自动识别 …… 229
6.4.1　基于时序差分网络的 PMAFs 自动识别模型 …… 229
6.4.2　实验结果与分析 …… 232
6.4.3　小结 …… 236
6.5　本章参考文献 …… 237
第 7 章　极光事件自动检测 …… 244
7.1　PMAFs 时序自动检测 …… 244
7.1.1　PMAFs 时序定位算法 …… 244
7.1.2　实验结果与分析 …… 248
7.1.3　小结 …… 251
7.2　极光亚暴自动检测 …… 252
7.2.1　极光亚暴自动检测的理论基础 …… 252
7.2.2　基于传统机器学习的极光亚暴膨胀期起始时刻自动检测 …… 255
7.2.3　基于深度学习的极光亚暴时 - 空自动检测 …… 271
7.3　本章参考文献 …… 280
第 8 章　结束语 …… 284

第1章 绪论

本章阐述了极光的产生及其研究的意义，介绍了极光图像观测设备及全天空和紫外两类极光图像，讨论了极光图像自动分析的必要性，并对国内外与本书相关的研究进展进行了回顾，最后给出了本书的主要研究内容及章节安排。

1.1 研究背景及意义

1.1.1 极光的产生和研究意义

日地空间环境容易受太阳风暴的作用而产生空间灾难性天气，会给人类的航天、通信、导航、电网以及空间安全等带来严重威胁和巨大损失，因此对日地空间的研究、监测和预报非常重要。极区高空大气是人类赖以生存和发展的日地空间环境的重要组成部分。地球磁场南北极区的特殊位形使太阳的大部分粒子辐射和日地物理的各种耦合过程集中于极区。极区是地球开向太空的窗口，在地球空间中，极区对太阳扰动的响应最迅速、最剧烈、最敏感。我们可将极区电离层看成地球磁层动力学过程的显示屏，而极光则是显示屏上的动画。

极光是大自然中一种壮丽奇特的发光现象，美丽绚烂的极光往往是形态多变、色彩绮丽的，且因其主要出现于地球南北两极高纬地区而更添神秘的色彩。随着现代科学技术的发展和一代代科学家的努力探索，人们利用空间卫星和地面光学成像系统开始对极光进行全面观测，逐步揭开极光产生和演化的神秘面纱。

极光是太阳风能量注入极区的指示器，具体来说，极光是沿磁力线运动的太阳风高能带电粒子（主要是电子）沉降到极区电离层高度时，与上层大气中的原子和分子发生碰撞后激发出的发光现象。极光一方面与太阳喷发出来的高速带电粒子流（常被称为太阳风）有关，另一方面又与地球高空大气以及地磁场的大规模相互作用有关。由此可见,形成极光必不可少的条件是太阳风、大气和磁场,三者缺一不可。

极光现象主要发生在距离地面 100 ~ 300 km 的高空中,其中距离地面 200 km以上的极光的顶部(远离地面一侧)呈现红色,而距离地面 100 ~ 200 km 的极光则呈现蓝绿色。极光的物理要素主要包括频段(即颜色)、强弱和形态等。极光的不同物理要素能够反映出不同的空间物理信息。能够激发哪种频段的极光由沉降粒子的能量大小决定,但是能够激发出多少光子却是由沉降粒子的多少(数通量)决定的;同时,极光的形态又可以反映出沉降粒子的二维分布[1]。经过滤波,成像观测可同时获得特定极光频段的强弱和形态信息。因此,利用连续的极光成像观测,不仅可以推断空间物理过程中沉降粒子的能量、通量、空间尺度,还可以了解其时空演化特征。

极光是极区日地物理过程,特别是磁层 - 电离层相互作用的最集中的表现形式,是研究太阳风暴的最佳窗口。对极光形态和演化过程的系统观测及深入分析不仅有助于揭示太阳风 - 磁层 - 电离层的耦合过程及其内在机理,而且还能为空间天气预报提供重要的物理依据,对提高和改善极区通信导航系统的精度具有重要意义。近年来,随着极光观测数据的逐渐增加,由极光图像反演其背后的日地物理耦合过程和地球磁场结构,成了极区日地物理学研究的核心课题。

1.1.2 极光光学观测设备及极光图像数据

作为一种绚丽多姿的自然现象,人类一直在摸索认识极光。随着极光研究的深入,极光的综合观测已成为世界各国非常重要的极地科考项目。目前,极光探测手段多种多样,主要包括磁场电场探测、粒子探测、无线电探测以及光学探测。其中光学成像观测将极光的时空变化分开,可以关注极光结构随时间的演化规律。极光光谱中既包括肉眼可以看到的可见光频段,也有肉眼看不到的紫外频段。紫外频段极光在地面观测极为困难,因此在地面主要观测极光的可见光频段,其中绿色(波长 557.5 nm)与红色(波长 630.0 nm)是最强的两条可见光谱线,并且都是由电子沉降产生的。本书的主要研究对象是光学探测中基于地面的全天空成像仪(all - sky imager, ASI)拍摄的 ASI 极光图像和基于卫星的紫外极光成像仪(ultra - violet imager, UVI)拍摄的 UVI 极光图像两类图像数据。

极光地面全天空成像仪可以对极光的位置和形态进行大视野、长时间的连续观测，空间分辨率高，是目前极光观测及反演磁层结构和动力学过程最有效的手段之一，可以获得丰富的二维极光空间形态信息。地面上观测到的极光根据其形态可分为分立极光与弥散极光两大类。分立极光具有明显的边界，比如，常见的弧状、射线状、涡旋状极光结构都属于分立极光。弥散极光的发光强度在发光区域内相对均匀，因而在形态上常常呈现为模糊一片。然而，要想在地面亲眼看见绚烂的极光，一般需满足三个条件：足够高的地磁纬度、足够强的地磁活动以及晴朗的天气。

目前，很多国家都在南北极地区建立了自己的地面观测系统，如北极有挪威、瑞典、美国、加拿大等国家，南极有日本、英国、美国、澳大利亚等。近年来，我国在极光观测领域已取得长足的进步，不仅在南北极建立起了中山站、黄河站开展极光观测研究，还分别与挪威、冰岛建立了联合观测台站。

我国北极黄河站位于斯瓦尔巴特(Svalbard)群岛新奥尔松(Ny – Ålesund)地区，地理坐标为(78.92°N,11.93°E)，修正地磁纬度为76.24° MLAT，处于地球北半球极隙区纬度，磁地方时(MLT)≈世界时(UT)+3 h。黄河站极夜时间长达4个月，是观测极光等日地物理现象和地球空间环境监测的理想之地。2003年11月底，黄河站安装了三台先进的极光全天空CCD成像仪，对极光在三个不同波段(427.8 nm、557.7 nm以及630.0 nm)上进行观测。越冬观测期间的常规工作模式下[2]，CCD成像仪获得的每帧极光图像曝光时间为7 s。我国南极中山站和北极黄河站处于同一根地球磁力线的南北两端，对极隙区极光的观测在南北两端形成共轭。在南极中山站架设的地面极光多尺度成像观测系统已于2009年底开始了常规观测，该系统能同时对磁天顶180°、47°、19°、8°的视野(在极光高度的空间分辨率分别为580 m、90 m、36 m、15 m)进行频率30 Hz的成像观测，可对同一极光结构实现多达三次的逐级放大。其中180°全天空视野成像仪可用于监测中大尺度极光，后三个窄视野成像仪均可用于小尺度极光观测。我国不仅在北极黄河站、南极中山站都安装了CCD极光成像仪，还通过与挪威、冰岛建立的联合观测台站，实现了极光立体成像观测、夜侧极光观测等。

由于空间探测技术的发展，卫星探测已成为研究极光的重要手段之一。极光的辐射特性，特别是远紫外波段的谱特性，是中间层、低热层、电离层物理化学过程信息的重要来源。Newell[3]和Liou[4]分别利用DMSP卫星的粒子探测和

Polar 卫星的 UVI 进行综观统计分析。美国国家航空航天局地球空间科学探测项目中的 Polar 卫星,轨道倾角为 90°,轨道运行周期为 12 h,卫星远地点为$9R_E$。1996 年到 2000 年,Polar 卫星运行在北极正上方,采集到了大量的北半球极光数据;2007 年至 2008 年,Polar 卫星运转到了南极正上方,采集到了大量的南半球极光数据。Polar 卫星 UVI 是二维 CCD 类型光学传感器上的一个快照,它能拍摄到极光的二维图像。UVI 上的光学传感器在四个滤波器带宽通道下工作,可以同时观测到日侧和夜侧极光,生成远紫外(130 ~ 190 nm)极光图像。它的圆形视角范围为 8°,角分辨率为 0.036°,其时间分辨率为 18 s 或 37 s。它有两个滤波器处于紫外光谱中的 Lyman - Birge - Hopfield(LBH)区域,包括 140 ~ 160 nm 短波滤波器(LBHS)和 160 ~ 180 nm 长波滤波器(LBHL)。本书研究使用的卫星数据是安置在 Polar 卫星上的 UVI 观测到的极光图像。在 120 km 的发射高度处,Polar 卫星上的 UVI 能提供空间分辨率约为 30 ~ 40 km 的极光图像。相比高时空分辨率的地面观测,卫星观测到的远紫外极光图像视野更开阔,能够提供前者无法提供的极光全局信息,比如同一时刻极光卵的整体形态、极光卵的极向/赤道向边界位置、极光强度的空间分布等,如图 1 - 1 所示。此外,星载远紫外成像仪几乎不受云和地表散射太阳光的影响,可以全天候探测,而地面 ASI 只能在黑夜状态下观测极光。

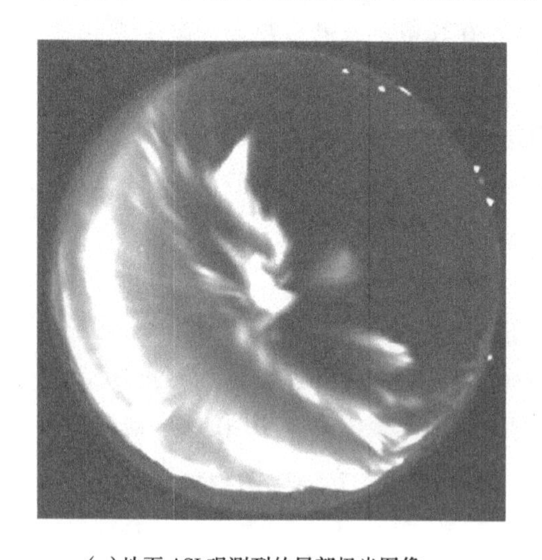

(a)地面 ASI 观测到的局部极光图像

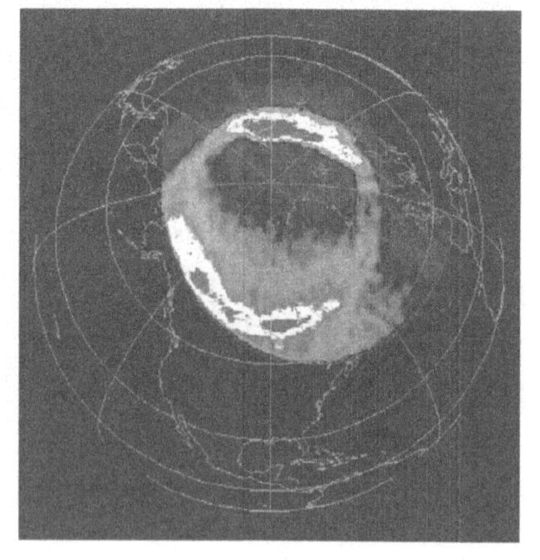

(b)卫星 UVI 观测到的全域极光图像

图 1 - 1　两种不同仪器观测到的极光图像

此外,本书在研究太阳风等离子体、行星际条件对极光卵边界位置的影响时,其中行星际磁场参数来自 OMNI 1 min 分辨率数据。1 min 分辨率的 OMNI 数据包是将多颗卫星(ACE、Wind、IMP8 和 Geotail)行星际磁场和等离子体参数分别时延到日侧弓形激波处取平均值。同时,考虑到日侧弓形激波到电离层的距离,我们还需对 OMNI 数据进行 7 min 的时延(数据来源:http://omniweb.gsfc.nasa.gov/)。

1.2 基于光学观测的极光研究进展与现状

二维极光图像序列中蕴含极光的形态、光谱、强度、运动、时空分布等光学观测特征,有助于深入研究极光现象及其演化规律。

1.2.1 基于 ASI 图像的极光研究进展与现状

地面 ASI 拍摄的 ASI 图像的优点是时空分辨率较高,可以获得二维形态信息,而且能够连续获取极光的空间结构变化信息,实现对极光活动的连续观测。许多学者利用地基极光观测来研究日侧极光的结构特征和形态分类。Yang 等人[5]利用南极中山站的 ASI 观测数据,发现两个不同的极光高发区域,即靠近正午的日侧冕状极光高发区和午后的极光弧高发区。其中,日侧冕状极光表现为成片出现伴随射线状、块状、帷幔状等小尺度分立结构,形状、位置和亮度变化非常迅速;而极光弧表现为单个或多个地沿着一个方向上同时出现,或者逐次出现的极光弧形态。Sandholt 等人[6]借助北极斯瓦尔巴特群岛新奥尔松地区的地理优势,利用子午面扫描光度计和全天空成像仪,对日侧极光形态及其活动进行了长达 20 多年的光学观测。根据地面观测到的极光形态结果,在事件分析的基础上,他们将日侧极光形态划分成了六种主要类型,分别为磁正午附近的极向运动极光结构、北向行星际磁场期间发生在磁正午附近的极光形态、位于极光卵低纬侧的弥散极光带(通常为绿色极光)、午前/午后扇区的多重极光弧以及跨极盖极光弧。胡红桥等人[7]利用中国南极中山站(位于极光卵极隙区纬度)的极光全天空成像仪,对南半球极光卵极隙区纬度午后 - 子夜扇区的极光进行了研究,将极光分为四类:① 冕状极光,其主要特征为具有射线状结构;② 带状极光,其主要特征为纬向带状分布;③ 极光浪涌,为结构比较复杂而且运动、变化又很快的极光结构,一般指典型的亚暴型极光;④ 向日极光弧或称为向阳排列的极光弧。Hu 等人[8]利用中国北极黄河站的三波段极光 ASI,对日侧极光在不同波段上的强度进行综观统计研究;并根据日侧极光光谱变化特征,把日侧极光卵划分成四个极光活动区,分别是午前绿色“暖点”(W)、正午绿色间隙区(M)、日侧极光激发峰值的午后极光“热点”(H)以及黄昏绿色极光区(D)。同时,形态观测显示,每个极光活动区存在着各自的典型极光形态:W区是绿色分立射线弧;M区是极光激发强度微弱的帷幔型日侧冕状极光和红色的辐射型日侧冕状极光;H区是一些在三个波段上极光激发都同时迅速增亮的极光结构(包括准周期性强度增强的极向运动射线带、孤立明亮的射线簇以及明亮的东西向极光弧);D区主要是东西向延展的绿色多重极光弧。这种将日侧极光划分为冕状和弧状两大形态,其中冕状极光又细分为帷幔冕状极光、辐射冕状极光和热点状极光的分类方法,是目前使用较为广泛的一种极光分类机制。Han等人[9]利用北极黄河站7年间的极光观测资料对日侧弥散极光(dayside diffuse aurora,DDA)进行了首次大规模系统的研究,提出将DDA划分为结构状DDA和非结构状DDA两大类,其中结构状DDA又细分为斑块状、条纹状和不规则状三个子类。随后,Han等人[10-11]通过对中国北极黄河站大量观测数据的分析,在电离层对流喉区附近发现并定义了一种特殊的新型分立极光结构——喉区极光(throat aurora),并推断喉区极光的产生过程可能和磁层顶的局地内陷有着密切的关联。

然而,只依赖静态信息来研究极光现象是远远不够的,对极光事件的统计分析同样具有非常重要的研究意义。极光现象集中反映了太阳风能量粒子在极区注入的过程,为研究磁层顶边界层和磁层结构的动力过程提供了最佳窗口,例如磁重联(MR)、磁鞘等离子体脉冲渗透、开尔文-赫尔姆霍兹不稳定性(KHI)等。长期系统地观测极光的活动情况为研究太阳风与磁层之间的关系提供了线索。目前,对极光事件的分析都是基于特定极光事件的。极光图像序列以及它们之间的时序关系远比单独一幅极光图像所包含的信息更为丰富。研究极光的运动规律及各种动态模式是分析这种复杂自然现象的有力工具和重要方式,它为极光的发生机制及其与磁层动力学过程对应关系的研究提供了新的思路。然而,据我们了解,国内外鲜少有基于大量连续观测进行极光动态过程的自动分析、自动事件检测或分类的研究报道。Xing等人[12]利用北极黄河站6年的观测数据,统计研究了极向运动极光结构(PMAFs)与对应太阳风行星际参数的依赖性关系以及随磁地方时的分布规律。他们采用的分析方法为:对于各波段的ASI图像,抽取每一帧中沿地磁南北方向上的磁子午面极光强度数据，按世界时(UT)排列成极光活动图(Keogram)，如图1-2所示(最下面子图中a—h标注的是8个PMAFs事件)。尽管Keogram图在一定程度上可以反映出不同波段上极光强度的时空变化、极光卵在地磁纬度上的活动变化以及极光卵的光谱变化[2]；但是和扫描光度计类似，Keogram图只反映了南北磁子午线方向上极光强度的演化情况，极光的空间结构信息丢失严重，极大地影响统计结果的可靠性。一方面，很多偏离南北磁子午线方向上的PMAFs在一维特征图上体现不出来；另一方面，利用一维特征图记录的PMAFs中还存在一些"伪"PMAFs(pseudo PMAFs)，这可能会导致对极隙区极光动力学和磁重联理论的一些误判[13]。所以，本书中，我们不仅会基于静态ASI图像进行极光形态分析，也会基于ASI极光序列进行极光运动分析和极光事件识别/检测等。

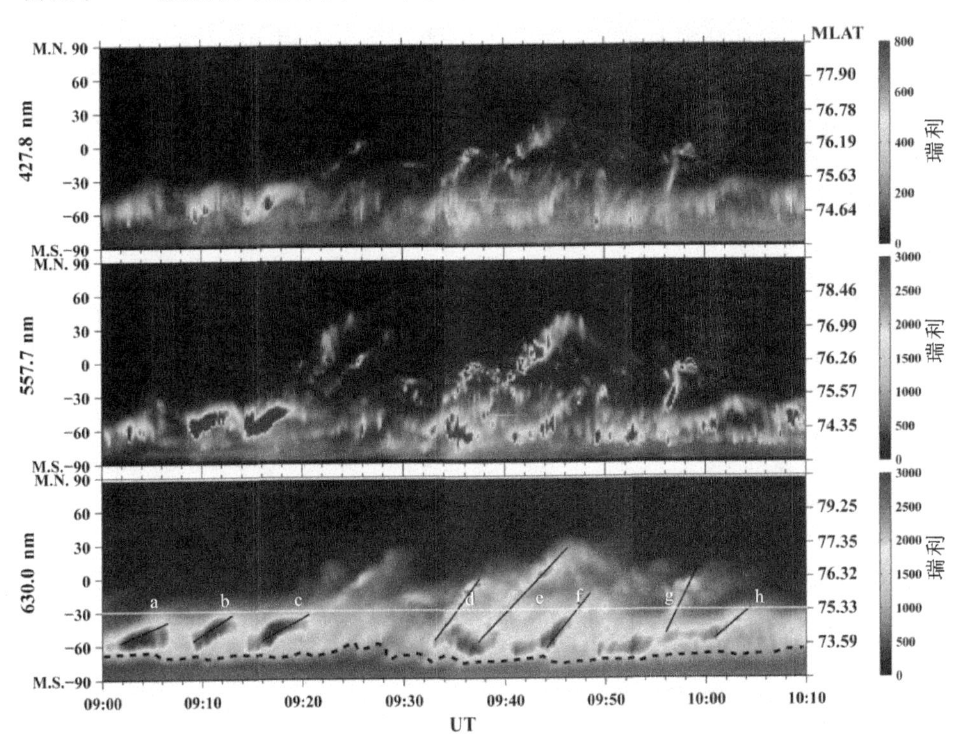

图1-2 2003年12月22日09:00—10:10 UT期间黄河站三波段ASI图像的Keogram图

1.2.2 基于UVI图像的极光研究进展与现状

卫星搭载的UVI获得的UVI图像的优点是能够获得极光全局信息，比如同一时刻极光卵的整体形态、极光卵的极向/赤道向边界位置、极光强度的空间分布等。在南北极地区,极光常常发生在75° MLAT左右的一个环状区域,科学家们将这个极光环称为“极光卵”。通过太空中的全域成像仪,他们看起来像在电离层高度上围绕着地磁极的弥散的、连续的、明亮的带,通常可以被视为一个围绕着地磁极分布的椭圆形带状极光亮环。在太阳活动平静期间,极光卵相对较小,在磁正午附近集中于约77° MLAT,而午夜时刻则偏向赤道大约10° MLAT;而当太阳活动剧烈时,吹向地球的太阳风强烈“撞击”地球磁场,极光卵将分别向磁极方向和赤道方向扩展,极光卵的大小和面积也显著增大。极光卵的形状和大小随时受吹向地球的太阳风条件和行星际磁场的方向和大小的控制,并强烈依赖于地磁活动水平。另外,许多中等尺度的极光都是从太空中发现的,因为基于地面的观测仪器必须是在恰当的时间和地点才能观测到这些特征。被极光卵所包围的极盖区也并不总是漆黑一片,在很多时候它也是丰富多彩的,如Frank等[14]在使用DE－1卫星获得的ASI图像中发现的θ极光看起来沿着太阳方向穿越整个极盖区(因此它们也被称为跨极弧)。

Akasofu[15]利用DMSP卫星的极光成像仪进行观测,把极光卵上的极光分成日侧弧、夜侧弧和弥散极光三大类;将夜侧极光基于过程分为赤道向扩展、点亮、赤道向恢复、西行浪涌等不同的类型。此分类研究不仅为夜侧极光的产生和加速机制的解释提供了线索,而且奠定了极光亚暴研究的基础,使大家更进一步认识到夜侧极光是磁层亚暴过程的指示器。Frey等人[16]通过基于IMAGE卫星的全局极光图像识别极光亚暴起始的发生位置。基于Polar卫星的全域极光图像,Liou[4]进一步指出以前的经验证明从UVI图像上识别的亚暴起始的时刻是可靠的,而且误差范围在1 min内。与基于地面的ASI图像相比,UVI图像有其优势,可以准确地确定亚暴事件和亚暴起始的位置。另外,UVI能够在全日光下工作,而ASI仅仅工作在黑夜时段。本书中,我们将探索如何基于UVI极光图像进行亚暴事件初始时刻检测,并建立极光卵边界位置与太阳风行星际之间的关系模型。

与此同时,也有很多学者基于UVI图像对日侧极光进行研究。Murphree等人[17]把午后极光分成三种类型:弥散极光、孤立的分立极光弧以及连接午后扇区和夜侧扇区的分立极光弧系统。Lui[18]根据Viking卫星的UVI获得的全域极光图像,发现在午后扇区14:00—16:00 MLT内,经常出现类似珠串一样,在东西方向上成周期排列的明亮的斑点状极光形态——极光亮斑。而Liou等人[19]根据 Polar 卫星上的 UVI 得到紫外极光的全球分布，并通过统计分析，发现在日侧极光卵上，存在两个极光峰值区域：中心位于 15:00 MLT、75° MLAT 的“热点”以及 09:00 MLT“午前极光峰”。而位于极光“热点”和“午前极光峰”之间的 12:00 MLT 附近的则是极光强度较弱的“正午间隙区”。

通过使用基于地面和卫星的光学观测数据，在过去的几十年中夜侧极光和日侧极光已经被广泛研究。极光的形态、磁层拓扑、动力学特征与太阳风相互作用的机制有着紧密的联系，因此基于图像处理和机器学习技术对海量的极光图像进行统计分析，进而找出其中的极光结构与其动力学过程的内在联系，可为极光研究提供新的思路和见解，对揭示极光现象的神秘面纱极其重要。

1.2.3 极光图像自动分析的必要性

尽管人类在对极光这一自然现象的研究工作中已经取得了许多重要成果，但相对于这个庞大的研究体系来说仅为沧海一粟。传统的极光图像都是采用人工分析模式，即研究人员通过手工标记和挑选，对各个事例(case)逐一进行研究和分析。一方面，人工操作费时费力，而且由于认识的差异，不同人之间或同一个人在不同时刻的执行标准很难完全统一。更关键的是，传统的空间物理研究常常采用事例分析(case study)的研究模式，导致得出的结论普适性不强，很难直接推广。

另一方面，极光数据的观测具有长期性和海量性的特点，大量的极光图像数据还在与日俱增。我国目前已在南极中山站、北极黄河站架设了三波段极光 ASI，开始了系统的常规观测。以黄河站为例，每年观测周期持续 4 个多月，产生的图像数目为：3 波段 ×(4 月 ×30 天/月 ×24 小时/天 ×60 分钟/小时 ×60 秒/分钟)/波段 ÷10 秒 =3 110 400。另外，至 2009 年底，中山站的极光观测系统经历了一次重要的升级与改造。升级后的系统配置了四台极光 CCD 成像观测仪，可对不同波段和不同视野范围内的极光结构进行观测，同时还配置了一台带有滤光轮的多波段极光全天空 CCD 成像仪，这些构成了非常先进的极光成像观测系统，可在高时空分辨率观测模式下实现对同一极光结构的多尺度并行观测，并具有灵活多样的实验功能。目前，我国在冰岛已建成中 - 冰北极科学考察站，今后还将在南极大陆和格陵兰岛等南北极地区建立更多的极光观测站，组成研究极光卵不同位置极光的观测体系。随着大量极光观测台站的建立，这些 ASI 观测设备每年都会产生数 TB 的观测数据[20]，因此迫切需要自动化的极光图像分析技术。

卫星携带的成像仪从极区高空俯瞰地球上的极光,这些与地面极光一起构成了立体观测体系,为系统地研究极光提供了数据基础。其中,极光成像最重要的进展是在 1996 年载有 UVI 和可见光成像系统的 Polar 卫星发射之后。随后在 2000 年 IMAGE 卫星、2001 年 TIMED 卫星和 2007 年 THEMIS 卫星相继发射之后,极光研究取得了长足的进展。以 Polar 卫星为例,其有效数据包括自 1996 年 3 月至 2000 年 2 月北半球的 48 个月和自 2007 年 3 月到 2007 年 10 月南半球的 8 个月共 56 个月的数据。仅考虑 LBHL 滤波通道,一天的数据包含约 1 000 帧图像,所有数据包含约 1 000 × 30 × 56 = 1 680 000 帧图像。近期,由中欧科学家提出的“太阳风 - 磁层相互作用全景成像”(SMILE)卫星正在研制,其搭载的 UVI 可连续 40 多个小时对全球极光分布进行紫外极光成像并带来海量的极光图像。

传统的人工分析在面对如此庞大的极光数据集时显得有些力不从心。由于目前极光图像的自动分析尚处于起步阶段,大多数基于图像的极光研究还只能依赖于人工分析,使得经日积月累产生的大部分极光数据成为闲置资源。因此,如何高效利用这些海量的地基和星载极光数据成为各国极光研究人员亟待解决的问题。在这种情况下,本书尝试将图像处理、机器学习的方法理论应用于极光图像分析,开展基于极光图像的极光形态和运动自动分析,以及对极光动力学进行研究。一方面这种自动的方法省时省力,可以完成人工操作难以实现的工作,哪怕是仅仅提供海量数据的初步筛选都非常有实用价值;另一方面传统事例分析研究模式的弊端使得很多极光物理机制缺乏一致的结论,因此这种大数据统计分析可以用来佐证一些已有的结论或为极光研究提供新的思路和见解。

1.3 极光图像自动分析的国内外研究现状

对于海量的极光数据集,结合数字图像处理技术和机器学习方法可以使之前人工处理起来极其复杂的任务变得简单和有效得多。为了实现极光形态的自动分析,近 20 年来,研究人员围绕多种极光图像自动分析任务开展研究,包括极光图像分类、极光图像分割、极光图像检索等。同时,考虑到极光是一种随时间演化的自然现象,前后帧之间的时间信息对分析极光现象非常重要,本节还对极光运动自动分析的研究进展与现状进行了综述,包括极光运动表征、极光事件自动识别与检测等。以下分别介绍每类极光自动分析任务的研究进展。

1.3.1 极光图像分类

极光图像分类的目的是将感兴趣数据集中每幅极光图像划分到预定义的一个极光类别中。该任务的关键是极光图像表征,并基于提取的特征训练一个分类器,如支持向量机(support vector machine,SVM)和 k 近邻(k - nearest neighbor)分类器,以实现极光图像的分类。Biradar 和 Pratiksha[21]利用区域和颜色信息,提出了一种自动的极光图像分类系统来解决大数据库中的极光分类任务。由于同一极光形态存在较大的形状差异并且不是所有极光形态都能提取出典型的形状信息,所以只用形状信息不足以表征极光图像。因此,一些纹理描述方法被用来表征极光图像。Syrjäsuo 等人[22]用灰度共生矩阵来描述极光图像的纹理信息,但是灰度共生矩阵只包含全局信息而弱化了局部信息,且对空间结构的尺度、角度以及灰度变化敏感。为此,研究者们用局部二值模式(local binary pattern,LBP)描述子及其变体来表征极光图像,提高了全天空极光图像的表征能力。Wang[23]提出了一种基于分块 LBP 的极光分类方法,将极光图像按照形态特征分为弧状、帷幔冕状、辐射冕状及热点状四大类,在多年越冬数据集上取得了不错的分类效果。Han 等人[24]在潜在狄利克雷分配模型(latent Dirichlet allocation,LDA)的基础上运用谱残差方法对这四大类极光分类机制进行验证,通过一种融合显著信息的 LDA 方法对极光图像进行特征表示,进一步提升了分类正确率。此外,Syrjäsuo 等人[20]选择了几种数字特征,包括灰度特征、纹理特征以及亮度不变特征,在极光检测的任务上进行了评估。其中,极光检测可以看作是二分类任务,即判断极光图像中是否包含极光。他们发现:局部特征比全局特征表现好;当训练和测试数据集具有相同的灰度值范围时,对于检测一幅图像中有无极光,简单的灰度特征,如灰度的均值和最大最小值,是最有效的表征方式。Rao 等人[25]根据彩色极光图像对抗尺度不变特征变换(opponent scale invariant feature transform,opponent SIFT)特征将拍摄到的全天空图像分为有极光、无极光和云团状。Zhong 等人[26]通过结合从极光图像中提取的多种手工特征(灰度、结构和纹理特征),提出了一种基于多特征 LDA 的极光图像分类方法。

近年来,计算机视觉和机器学习领域经历了一个巨大的方法论模式转变:

从依赖手工制作特征的小规模数据集和算法转移到大规模数据集和自动从原始数据中提取特征的深度学习(deep learning,DL)框架。深度学习在图像识别领域展现出优越性能,吸引着越来越多的极光物理领域研究者开始利用其来开展极光图像表征和分析。Yang 和 Zhou[27]以 AlexNet 为基础,在 AlexNet 的输入层嵌入空间变换网络用于提取极光特征,在输出层加入大裕度 Softmax(large margin Softmax,L－Softmax)损失函数监督网络优化,增加极光特征学习的难度,从而激励网络学习特征之间的类内紧凑性和类间可分离性,使网络能够学习到更多的鉴别性极光特征。Clausen 和 Nickisch 等[28]利用预训练过的神经网络 Inception v4 对极光图像进行表征,将极光图像分为无极光、云、月亮、弧状极光、弥散状极光和分立状极光六种类型。Zhong 等人[29]提出了基于深度学习网络 Alexnet、VGG 和 Resnet 的极光图像自动分类框架,通过卷积和池化过程以及反向传播机制自动对 ASI 极光图像进行分类,并进行热力图可视化(Grad－CAM)分析,进一步探索了深度学习模型的内部机制。Guo 等人[30]指出 Zhong 等人所提方法仅适用于日侧极光分类,不适用于夜侧极光,于是比较了 VGG、Resnet、DenseNet 和 EfficientNet 这四种卷积神经网络模型对中尺度夜侧极光的分类效果,对 10～100 km 尺度的夜侧极光进行了更细化的亚类区分(如 PBI 扩展、欧米伽带等)。Kvammen 等人[31]使用 ResNet50 实现了七种极光类型的自动分类,并证明了深度神经网络在极光分类任务上的表现通常优于支持向量机和 k 近邻分类器。Sado 等[32]将迁移学习(transfer learning)应用于极光图像分类,移除在 ImageNet 大型图像数据集上进行图像分类训练过的神经网络的最后一层分类层,仅留下一个 1 000 维的特征向量。鉴于神经网络在图像核心表示上的通用性和相似性,他们进一步将这 1 000 维特征输入线性分类器或 SVM 来完成极光形态分类。随后 Sado 等人[33]基于他们设计的分类模型[32]对全年 ASI 图像进行分类,把分类结果转换为时间序列数据,以统计极光图像演变的规律,并将这些极光信息与地磁亚暴分析结合起来,预测强烈空间天气事件的发生时间。Endo[34]将同为细粒度分类的极光分类和人脸识别作类比,发现它们具有标记图像数量少、子类之间特征差异小等共同特点,于是利用这种相似性将广泛应用于人脸识别的深度学习方法应用于极光图像分类,通过科学地调整超参数获得了不错的分类准确率。Shang 等人[35]将 ConvNext 模型用于极光分析,基于 FSIM、RANK 和 ATHA 这三个观测站的全天空极光图像开展实验,最高取得了 98.5% 的分类准确率,这是我们目前查阅到的极光图像多分类的最好结果。

日前,实时在线的极光分类系统也日趋完善,比如 Nanjo 等人[36]开发了一个智能网络应用程序(Tromsø AI)来实时监测挪威 - 特罗姆瑟(Tromsø,Norway)极地观测站的极光现象,它可以实时监测极光的出现。他们利用该实时系统对大规模极光观测进行了分类,首次推导出极光发生率的年 - 月 - 时变化,这是用机器代替人眼的一次有益尝试。

全天空极光图像的无监督聚类是将相似的极光图像划分为一组,将不相似的极光图像划分到不同组。尽管极光研究者已经定义了多种极光形态,但他们仍然在不断地探索极光的分类机制。为了能够实现自动定义极光分类机制和发现新的极光类型,王倩等人[37]及 Yang 等人[38]探索了聚类方法在极光上的应用,并验证了用聚类方法得到的统计分析结果与人工标记的统计分析结果具有一致性。

1.3.2 极光图像分割

全天空极光图像的分割致力于将所有极光像素分割出来,是一个像素级二分类问题。主要包括基于 UVI 图像的极光卵边界分割和基于 ASI 图像的极光结构分割。针对卫星 UVI 极光图像,很多学者都尝试用机器学习的方法自动提取极光卵边界。20 世纪 90 年代初期,Samadani 等人[39]就曾将图像处理与计算机视觉的方法应用到遥感和空间物理图像数据库中,他们尝试了一系列机器学习的方法来从 DE - 1 卫星极光图像中提取极光卵边界。基于图像像素灰度信息,Hung 等人[40]和 Li 等人[41]分别采用基于直方图的 k 均值和自适应最小误差阈值法提取极光卵区域。Germany[42]等人同时考虑了像素灰度和像素间的空间关系,采用脉冲耦合神经网络技术分割极光图像。Cao 等人[43]也对如何提取 Polar 卫星 UVI 图像的极光卵边界进行了研究,提出了一种基于椭圆拟合的极光图像分割方法对阈值分割得到的内外边界再进行椭圆拟合,将拟合后的边界作为最终的极光卵边界。最近,Wang 等人[44]和 Ding 等人[45]均提出了一种基于模糊 c 均值聚类的极光卵边界提取方法,并结合 DMSP 卫星沉降粒子观测数据对提出方法的准确性进行了评估。针对 UVI 图像中的低对比度、强度不均匀性、日光污染等问题,很多文献提出将极光卵的形状特征和强度分布等先验知识纳入变分框架,通过改进水平集分割算法来实现极光卵提取[46-47]。然而,经典的基于水平集的分割方法往往无法从具有强度不均匀性的 UVI 图像中提取准确的极光卵,现有的专门为极光卵提取设计的方法对轮廓初始化非常敏感。

基于此,Tian 等人[48]提出了一种新的基于深度特征的自适应水平集模型(DFALS),实验结果表明该方法不仅对不同轮廓初始化更鲁棒,而且获得了更高的分割精度。Shi 等人[49]通过结合模糊集和粗糙集性质,提出了一种不受强度不均匀性影响的主动活动轮廓模型来完成极光卵分割。

针对地面 ASI 图像,也陆续出现了一些极光图像分割的研究。为了能将射线状极光结构分割出来,Fu 等人[50]提出了自适应局部二值模式(ALBP)描述方法,并结合区块阈值策略来识别极光区域。Gao 等人[51]通过结合基于 ALBP 表征极光图像的纹理特征和基于改进 Otsu 方法表征极光的全局结构特征对极光图像进行了分割。Niu 等人[52]利用弱监督语义分割方法,同时实现了极光关键局部结构定位和极光图像分类,并通过改进基于实例分割方法,同时实现图像中极光弧的识别与弧宽的计算[53]。

1.3.3 极光图像检索

图像检索是指在海量图像数据库中找到与检索图像最相似的图像数据集,是分析极光形态特性的一种基本技术。Syrjäsuo 等人[54]用形状信息来表征极光图像,并且在 2001 年开发了第一套全天空极光图像检索系统。Kauristie 等人[55]应用该方法实现了在极光图像数据库中对极光弧的检索,并用检索结果研究了极光弧的相关物理过程。自此之后,研究者们主要致力于研究全天空极光图像的表征方法,以进一步提高检索性能。所有分类任务中描述极光图像的方法都能应用到检索任务上来。Kim 和 Ranganath[56]曾将先进的层次表征方法应用于基于内容的极光图像检索工作中。根据全天空极光图像的特性,Yang 等人[57]提出利用视觉词袋(BoVW)框架进行大规模极光图像检索。他们对 BoVW 模型进行了两方面改进来提高检索性能,一方面采用极坐标网格划分方案确定兴趣点,该方案更适合于由鱼眼镜头捕获的图像;另一方面,提出了一种极向深度局部二值模式描述符(polar - DLBP)来增强视觉词的辨别力。Yang 等人[58]利用卷积神经网络(CNN)在多个尺度上提取上下文特征实现了从大规模极光数据中搜索感兴趣的图像。特别地,为了符合极光结构,考虑到 ASI 成像原理,探索了一种比空间金字塔匹配(SPM)方法更有效的极区划分(PRD)方案。他们[59]在分析了 ASI 成像原理和极光磁特性的基础上,提出了一种变形区域划分(DRD)方案来替代 mask R - CNN 框架中的区域提议网络(RPN)以实现 ASI 极光图像检索。最近,他们[60]又提出了一种分层深度嵌入(HDE)模型来实现极光图像检索。HDE 以分层方式执行视觉匹配,即只有在局部、区域和全局同时相似的关键点才能被视为真正匹配。该方法在黄河站极光观测数据上进行了大量的实验,实验结果表明,所提出的 HDE 模型在可接受的存储成本和效率下,极大地提高了检索精度。

1.3.4 极光运动表征

早期关于极光运动的研究[61]通过人工视觉追踪极光某一特定结构或特征来估计极光的运动速度,而且这些特定结构或特征是人工进行标记的。这样的人工研究方式使得对极光运动的分析往往被局限于案例分析,只有少数的极光事件得到研究。然而,随着科技发展和时间的推移,极光观测设备越来越先进,数据获取速度也会越来越快。仅黄河站 ASI 观测系统每年都获取数以百万计的极光观测数据,人工分析极光运动特征难以支撑现有极光研究的需求。后来的研究旨在探索自动获取极光运动表征的有效方法。

王倩等人[62]提出了一种基于动态过程的极光事件检测方法。首先利用多尺度流体光流的方法提取极光的局部运动场信息,然后基于局部运动场时空统计特性表征极光视频序列,最终实现对特殊极光事件的检测。韩冰等人[63]提出了一种用于检测 ASI 序列中弧状极光事件的检测方法,针对弧状极光序列的运动趋势,在现有 VLBP 的基础上提出了基于空时极向 LBP(ST - PVLBP)的极光序列事件检测算法,并用 ST - PVLBP 对极光序列进行表征。该算法结合序列帧间连续性信息和单帧空间位置信息,在保持高分类精度的同时降低了特征维数。Blixt 等人[64]第一次将变分光流场方法(optical flow)应用于极光动态过程分析,较为有效地提取了连续两帧 ASI 极光图像之间的运动信息。但将光流场基于亮度不变假设的计算方法应用到极光现象存在一定的局限性。王倩等人[65]考虑到太阳风是等离子体,它有着磁流体力学的特征,故而将流体运动场的估计方法引入极光光流场,他们使用质量和动量守恒而不是亮度恒定约束作为光流的基本约束条件,并使用散度 - 旋度正则化来协调运动的一致性,以此来获得更为精确的极光光流场。张军等人[66]采用基于方向能量的三维序列极光动态表征方法,通过分解若干方向上的能量来描述极光图像序列中的局部纹理和不同方向的运动信息,并利用二元编码重组的方式融合不同方向的能量,使得极光运动表征能够表示多种极光类型的运动信息。

1.3.5 极光事件自动识别

极光事件自动识别是指借助机器学习技术,自动判识一段极光视频中有没有发生目标事件。目前,主要研究的是 PMAFs 事件自动识别。Yang 等人[67]利用隐马尔可夫模型(HMM)对极光图像序列进行建模,采用 HMM 相似度方法来进行极光运动表征,然后使用有偏支持向量机(SVM)实现 PMAFs 的自动识别,大大降低了人工识别成本。Tang 等人[68]使用三维卷积神经网络(3D - CNNs)来获取基于光流的极光图像序列的运动信息,进而实现 PMAFs 自动识别,实验结果表明使用光流训练的模型性能比直接使用 ASI 图像训练的模型性能要好很多,而使用 3D - CNNs 来识别 PMAFs 的效果也比使用二维卷积神经网络(2D - CNNs)要强。但是由于极光的形状和亮度在演化过程中不断地随机变化,极光运动通常不满足光流估计算法中的亮度恒定假设。因此,Yang 等人[69]设计了一个基于双向光流的极光形变检测模块,并利用 Census 变换来补偿极光亮度的变化。该无监督光流方法相较于以往的光流方法能更好地描述极光运动的特征,在 PMAFs 的识别方面获得了提升。尽管光流可以较好地描述极光运动,但是光流的提取比较费时和消耗资源。面对日益庞大的极光数据,相较于复杂的光流计算,直接从 ASI 图像序列中获取极光运动信息可以使极光研究更高效并减少资源消耗。Tang 等人[70]通过一个极向感知模块,计算当前帧中的每个点与下一帧中极向方向上的点之间的相关性,并使用通道注意机制来抑制冗余信息。该方法避免了提取复杂的光流,在 PMAFs 的识别上相比之前的实验效果提升较明显。

1.3.6 极光事件自动检测

极光事件自动检测的目标是确定极光事件的发生时间及在极光卵中的发生位置。目前,研究较多的是极光亚暴事件自动检测。亚暴是一种发生在地球夜侧太空区域的巨大能量瞬间释放现象[71],亚暴发生过程伴随着极光形态和亮度的剧烈变化。极光亚暴的发生伴随着由电离层电流引起的强烈磁干扰[72],会对人类活动产生很大的影响,例如造成地球同步轨道上的卫星充电,高纬度地区无线电通信中断和供电系统故障,等等。目前,极光亚暴的产生机制仍存在争议,行星际磁场由北转向南是否是亚暴发生的原因仍有待确认。从海量的观测数据中自动检测亚暴事件,建立亚暴事件全过程的正确时间序列并确定其发生位置有助于统计分析亚暴的产生机制[73]。

目前,检测极光亚暴事件的途径可以分为三种。一是基于亚暴的定义,从海量极光图像中人工挑选亚暴事件,如 Liou[74] 利用 Polar 卫星采集的全域极光图像对极光亚暴起始时刻以及发生的磁地方时 - 地磁纬度信息进行了统计分析,Ieda 等人[73]结合全域极光图像和全天空极光图像确定亚暴起始时刻,但人工标注费时费力且难以避免主观误判,尤其在图像数据量非常大时容易出现漏标、误标等问题。第二种途径是通过各类物理参数自动检测亚暴事件,如 Sutcliffe[75]基于 Pi2 脉冲利用神经网络的方法自动检测亚暴事件,Maimaiti[76]结合太阳风速度、质子数密度和行星际磁场利用深度学习的方法自动检测亚暴。虽然该途径克服了人工挑选的局限性,但亚暴事件真实发生时间和所测量的物理指标之间存在时延[73],导致检测结果存在一定的误差。为了解决以上两种问题,人们提出了第三种途径,即基于卫星紫外成像仪图像利用机器学习方法自动检测亚暴事件。如杨秋菊等[77]基于模糊 c 均值聚类通过分析亮斑的变化情况确定亚暴的起始时刻,该方法虽然实现简单且取得了较高的召回率,但准确率有待提升且需要人工设置多个阈值得到检测结果;Yang 等人[78]结合亚暴事件发生区域的地磁先验信息,利用 SCSLD(shape - constrained sparse and low - rank decomposition,SCSLD)算法通过粗检测、序列运动分析、细检测实现亚暴事件检测,该方法在多年的极光观测上获得了很好的检测效果,但实现过程中需要人工多次参与分析算法结果,操作复杂而且运行效率较低,实际应用难度大。杨秋菊等人[79]将紫外极光观测数据中的空间信息和时序信息进行有效融合,通过使用两个并行的卷积神经网络分别提取视频序列中的空间特征和时序特征,然后将特征拼接;再使用一维卷积融合拼接后的特征中的空间信息和时序信息,同时对特征进行降维,提取更高阶的语义信息,输出亚暴发生的概率序列。最后,使用特征可视化方法对亚暴发生的空间位置进行定位,完成了对极光亚暴的时空检测。

1.4 极光图像自动分析的难点及存在的问题

从将机器视觉技术应用于极光图像分析的研究现状来看,已有的一些成果大多是成熟的机器视觉技术在极光数据上的直接应用。对于一个面向需求的应用问题,我们通常的观点是方法越简单越好。可是,与以往传统机器学习领域所使用的数据集相比，极光数据有着很多自己的特点，使得我们在用传统方法进行分析时会面临一些困难。极光数据自动分析的难点主要表现在以下几个方面：

第一，极光是一种自然现象，演化过程复杂。① 极光是非刚性的，没有固定的形状和表象，这主要体现在提取特征比较困难。② 极光变化过程是非突变的，存在很多过渡状态或模棱两可的情况。比如形态分类时，会存在一些图像的类型难以确定或多种类型共存的情况。③ 极光演化过程中，速度变化万千，所以我们需要处理不等长的序列段，这对很多常规的方法是个挑战，因为传统的机器学习方法基本都是在相同的特征空间里来比较模式之间的差异。④ 各种极光类型的发生频率不同，需要处理数据不平衡问题。这是数据挖掘领域十大具有挑战性的课题之一。⑤ 不断有新的极光类型被发现，所以现有的结论并不一定全面和准确。

第二，我们面对的是海量的极光图像数据集，设计算法时除了追求高精度，算法复杂度也是一个尤为重要的参考指标。另外，由于光学成像仪的限制，即使是黄河站 ASI 拍摄的高分辨率 ASI 图像，相邻两帧间的时间间隔都高达 10 s，相对普通的视频序列，这个时间分辨率太低，导致很多视频处理技术失效。

第三，对于极光数据，目前尚未有公开标定好的数据库，所以我们需要针对特定的问题自己来标定数据，这一方面较为烦琐，另一方面准确性也难以保证。

第四，目前学术界对极光现象的认识还处于初步阶段，很多问题都只有定性的描述，没有定量的界定，比如 PMAFs 和极光亚暴。这非常不利于算法设计。

此外，作为一种正在探索的现象，很多极光问题的物理机制尚不明确，比如亚暴与伪暴的差异，冕状分类机制到底是什么样的，这些都给我们的工作带来了很大的困难。

上述难点导致直接将现有机器学习或深度学习方法应用于极光图像分析存在很多的问题，比如：① 极光形态具有独特性质，针对自然物体设计的方法难以适用于极光形态的分析。例如，极光形态复杂，且连续变化，同时还存在类间差异小、类内差异大的问题；现有方法假设物体的语义具有亮度不变性，而极光结构的亮度代表激发光的强弱，因此亮度本身具有特定的语义，大范围的亮度变化会导致语义的变化；现有方法假设物体的语义具有尺度不变性，而极光结构的尺度对应于实际物理空间的大小，极光大尺度变化也会导致极光形态的变化。因此，现有深度学习方法难以直接被应用于极光图像的自动分析。② 基于深度学习的方法依赖于大量有标记的训练样本，而标记大量的极光图像数据极其困难，尤其是像素级标记。一方面，极光的流体特性导致很难准确界定其空间轮廓，如射线状极光；另一方面，极光的连续演化导致很难准确确定事件的发生时间，如 PMAFs 的开始和结束时间。此外，极光形态的分类机制尚未统一，辨认极光形态需要专业领域知识，因此很难像标记自然图像一样标记大规模的极光图像数据。

1.5　本书主要研究内容及组织结构

1.5.1　本书研究内容

本书的研究内容是基于地面 ASI 极光图像和卫星 UVI 极光图像，利用图像处理和机器学习的方法来自动分析极光的形态和运动。基于我国北极黄河站和南极中山站的地面极光图像，本书主要研究了极光图像的表征、分类、分割以及极光运动表征、典型极光事件的识别和检测等重要问题。而基于 Polar 卫星采集到的 UVI 极光图像，本书重点考察了两个典型问题：一是从 UVI 极光图像中自动检测出亚暴事件，另外一个是建模预测极光卵边界位置是如何随地磁环境变化的。这些问题都是极光研究中非常典型、非常具有研究价值的课题，本书借助机器学习技术来进行研究，是极光研究方法的一种新尝试。

本书的研究不仅可以充分利用我国南北极科考站所积累的海量自主观测数据，而且对增加我国在南北极科考活动中的影响力具有非常积极的作用。一方面这些自动的方法省时省力，可以完成人工操作难以胜任的工作，哪怕是仅提供海量数据的初步筛选都非常有实用价值；另一方面传统的空间物理研究常常采用案例分析的研究模式，导致很多极光物理机制没有一致的结论。而本书采用的大数据统计分析方法不仅有助于验证一些已有的结论，还能为极光研究提供全新的见解，从而极大地推动我们对极光发生机制及其与磁层边界层动力学过程对应关系的理解。此外，从机器学习的角度，本书的研究方法对于研究其他自然现象，如云朵的描述和分类，同样具有良好的借鉴价值。

1.5.2　本书章节安排

全书共包含八章内容。第 1 章阐明了本书的研究背景和意义，全面梳理了极光图像自动分析在国内外的研究现状,并简要介绍了本书的研究内容及章节安排。

第 2 章聚焦极光图像分类,深入探讨了基于传统机器学习方法和深度学习方法的极光图像有监督分类、极光图像无监督分类及喉区极光自动识别等。

第 3 章为极光图像分割,详细对比了三种基于传统机器学习的极光弧分割方法,并重点研究了基于全卷积神经网络和 CycleGAN 的极光图像分割。

第 4 章聚焦极光弧宽的测定和统计,这可以被视作极光图像分割的具体应用。主要探讨了基于传统机器学习方法和深度学习方法的极光弧分割技术,并测定了弧宽,进而统计了多尺度极光弧宽度的分布规律。

第 5 章致力于从根源上,即行星际磁场和太阳风等离子体,探讨极光卵边界的变化规律。首先从 UVI 极光图像数据库中自动获取大量极光卵边界位置信息,再通过多元回归分析的手段研究他们与行星际太阳风之间的联系。

第 6 章为极光事件自动识别,重点介绍了基于光流场估计的极光运动表征,以及基于多种方法的 PMAFs 自动识别。其目的在于准确判断给定的极光观测视频中是否存在目标事件。

第 7 章为极光事件自动检测,包括基于深度学习的 PMAFs 时序自动检测、基于传统机器学习的亚暴膨胀起始时刻自动检测和基于深度学习的亚暴时 - 空自动检测等。

第 8 章对全书进行了总结,并展望下一步的研究方向。

1.6 本章参考文献

[1]韩德胜,胡泽骏,陈相材,等. 基于北极黄河站观测的日侧极光研究新进展[J]. 极地研究,2018,30(3):235 - 250.

[2]胡泽骏,杨惠根,艾勇,等. 日侧极光卵的可见光多波段观测特征:中国北极黄河站首次极光观测初步分析[J]. 极地研究,2005,17(2):107 - 114.

[3]http://sd - www. jhuapl. edu/Aurora/nightb/nightb. html.

[4]LIOU K. Polar ultraviolet imager observation of auroral breakup[J]. Journal of geophysical research:space physics,2010,115(A12).

[5]YANG H,SATO N,MAKITA K,et al. Synoptic observations of auroras along the postnoon oval:a survey with all - sky TV observations at Zhongshan,Antarctica

[J]. Journal of atmospheric and solar – terrestrial physics, 2000, 62(9): 787 – 797.

[6] SANDHOLT P E, CARLSON H C, EGELAND A. Dayside and polar cap aurora [M]. New York: Springer Science & Business Media, 2006.

[7] 胡红桥, 刘瑞源, 王敬芳, 等. 南极中山站极光形态的统计特征[J]. 极地研究, 1999, 11(1): 8 – 18.

[8] HU Z J, YANG H, HUANG D, et al. Synoptic distribution of dayside aurora: multiple – wavelength all – sky observation at Yellow River Station in Ny – Ålesund, Svalbard[J]. Journal of atmospheric and solar – terrestrial physics, 2009, 71(8 – 9): 794 – 804.

[9] HAN D S, CHEN X C, LIU J J, et al. An extensive survey of dayside diffuse aurora based on optical observations at Yellow River Station[J]. Journal of geophysical research: space physics, 2015, 120(9): 7447 – 7465.

[10] HAN D S, NISHIMURA Y, LYONS L R, et al. Throat aurora: the ionospheric signature of magnetosheath particles penetrating into the magnetosphere[J]. Geophysical research letters, 2016, 43(5): 1819 – 1827.

[11] HAN D S, HIETALA H, CHEN X C, et al. Observational properties of dayside throat aurora and implications on the possible generation mechanisms[J]. Journal of geophysical research: space physics, 2017, 122(2): 1853 – 1870.

[12] XING Z Y, YANG H G, HAN D S, et al. Poleward moving auroral forms (PMAFs) observed at the Yellow River Station: a statistical study of its dependence on the solar wind conditions[J]. Journal of atmospheric and solar – terrestrial physics, 2012, 86: 25 – 33.

[13] TREMSINA E A, MENDE S B, FREY H U. Identifying the evolution of southern hemisphere poleward moving auroral forms (PMAFs) in the context of plasma convection and magnetic reconnection[J]. Journal of geophysical research: space physics, 2017, 122(4): 4037 – 4050.

[14] FRANK L A, CRAVEN J D, BURCH J L, et al. Polar views of the earth's aurora with dynamics explorer[J]. Geophysical research letters, 1982, 9(9): 1001 – 1004.

[15] AKASOFU S I. The development of the auroral substorm[J]. Planetary and

space science,1964,12(4):273 -282.

[16] FREY H U,MENDE S B,ANGELOPOULOS V,et al. Substorm onset observations by IMAGE - FUV[J]. Journal of geophysical research: space physics, 2004,109(A10).

[17] MURPHREE J S,COGGER L L,ANGER C D,et al. Large scale 6300 Å,5577 Å, 3914 Å dayside auroral morphology[J]. Geophysical research letters,1980,7(4):239 -242.

[18] LUI A T Y,VENKATESAN D,MURPHREE J S. Auroral bright spots on the dayside oval[J]. Journal of geophysical research: space physics, 1989, 94(A5):5515 -5522.

[19] LIOU K,NEWELL P T,MENG C I,et al. Synoptic auroral distribution: a survey using polar ultraviolet imagery[J]. Journal of geophysical research: space physics,1997,102(A12):27197 -27205.

[20] SYRJÄSUO M,PARTAMIES N. Numeric image features for detection of aurora [J]. IEEE geoscience and remote sensing letters,2011,9(2):176 -179.

[21] BIRADAR C,PRATIKSHA S B. An innovative approach for aurora recognition [J]. International journal of engineering research and technology,2012,1(7): 1 -5.

[22] SYRJÄSUO M,DONOVAN E,QIN X,et al. Automatic classification of auroral images in substorm studies[C]//8th International Conference on Substorms (ICS8). 2007:309 -313.

[23] WANG Q,LIANG J,HU Z J,et al. Spatial texture based automatic classification of dayside aurora in all - sky images[J]. Journal of atmospheric and solar - terrestrial physics,2010,72(5 -6):498 -508.

[24] HAN S,WU Z,WU G,et al. Automatic classification of ultraviolet aurora images based on texture and shape features[C]//2011 Sixth International Conference on Image and Graphics. IEEE,2011:527 -532.

[25] RAO J,PARTAMIES N,AMARIUTEI O,et al. Automatic auroral detection in color all - sky camera images[J]. IEEE journal of selected topics in applied earth observations and remote sensing,2014,7(12):4717 -4725.

[26] ZHONG Y,HUANG R,ZHAO J,et al. Aurora image classification based on

multi - feature latent Dirichlet allocation [J]. Remote sensing, 2018, 10(2):233.

[27] YANG Q, ZHOU P. Representation and classification of auroral images based on convolutional neural networks[J]. IEEE journal of selected topics in applied earth observations and remote sensing, 2020, 13:523 - 534.

[28] CLAUSEN L B N, NICKISCH H. Automatic classification of auroral images from the Oslo Auroral THEMIS (OATH) data set using machine learning[J]. Journal of geophysical research: space physics, 2018, 123(7):5640 - 5647.

[29] ZHONG Y, YE R, LIU T, et al. Automatic aurora image classification framework based on deep learning for occurrence distribution analysis: a case study of all - sky image data sets from the Yellow River Station[J]. Journal of geophysical research: space physics, 2020, 125(9): e2019JA027590.

[30] GUO Z X, YANG J Y, DUNLOP M W, et al. Automatic classification of mesoscale auroral forms using convolutional neural networks[J]. Journal of atmospheric and solar - terrestrial physics, 2022, 235:105906.

[31] KVAMMEN A, WICKSTRØM K, MCKAY D, et al. Auroral image classification with deep neural networks[J]. Journal of geophysical research: space physics, 2020, 125(10): e2020JA027808.

[32] SADO P, CLAUSEN L B N, MILOCH W J, et al. Transfer learning aurora image classification and magnetic disturbance evaluation[J]. Journal of geophysical research: space physics, 2022, 127(1): e2021JA029683.

[33] SADO P, CLAUSEN L B N, MILOCH W J, et al. Substorm onset prediction using machine learning classified auroral images[J]. Space weather, 2023, 21(2): e2022SW003300.

[34] ENDO T, MATSUMOTO M. Aurora image classification with deep metric learning[J]. Sensors, 2022, 22(17):6666.

[35] SHANG Z, YAO Z, LIU J, et al. Automated classification of auroral images with deep neural networks[J]. Universe, 2023, 9(2):96.

[36] NANJO S, NOZAWA S, YAMAMOTO M, et al. An automated auroral detection system using deep learning: real - time operation in Tromsø, Norway[J]. Scientific reports, 2022, 12(1):8038.

[37]王倩,胡泽骏,丘琪.基于聚类的极光形态分类的探索性研究[J].极地研究,2016,28(3):353-360.

[38]YANG Q,LIU C,LIANG J. Unsupervised automatic classification of all-sky auroral images using deep clustering technology[J]. Earth science informatics,2021,14(3):1327-1337.

[39]SAMADANI R,MIHOVILOVIC D,CLAUER C R,et al. Evaluation of an elastic curve technique for finding the auroral oval from satellite images automatically[J]. IEEE transactions on geoscience and remote sensing,1990,28(4):590-597.

[40]HUNG C C,GERMANY G. *k*-means and iterative selection algorithms in image segmentation[C]// Proceedings of IEEE Southeastcon 2003, session 1: software development. 2003.

[41]LI X,RAMACHANDRAN R,HE M,et al. Comparing different thresholding algorithms for segmenting auroras[C]//International Conference on Information Technology: Coding and Computing, 2004. Proceedings. ITCC 2004. IEEE, 2004,2:594-601.

[42]GERMANY G A,PARKS G K,RANGANATH H,et al. Analysis of auroral morphology: substorm precursor and onset on January 10,1997[J]. Geophysical research letters,1998,25(15):3043-3046.

[43]CAO C,NEWMAN T S,GERMANY G A. New shape-based auroral oval segmentation driven by LLS-RHT[J]. Pattern recognition,2009,42(5):607-618.

[44]WANG Q,MENG Q H,HU Z J,et al. Extraction of auroral oval boundaries from UVI images: a new FLICM clustering-based method and its evaluation[J]. Advances in polar science,2011,22(3):184-191.

[45]DING G X,HE F,ZHANG X X,et al. A new auroral boundary determination algorithm based on observations from TIMED/GUVI and DMSP/SSUSI[J]. Journal of geophysical research: space physics,2017,122(2):2162-2173.

[46]YANG P,ZHOU Z,SHI H,et al. Auroral oval segmentation using dual level set based on local information[J]. Remote sensing letters,2017,8(12):1112-1121.

[47]MENG Y,ZHOU Z,LIU Y,et al. A prior shape – based level – set method for auroral oval segmentation[J]. Remote sensing letters,2019,10(3):292 – 301.

[48]TIAN C,DU H,YANG P,et al. UVI image segmentation of auroral oval:dual level set and convolutional neural network based approach[J]. Applied sciences,2020,10(7):2590.

[49]SHI J,LEI Y,WU J,et al. Uncertain active contour model based on rough and fuzzy sets for auroral oval segmentation[J]. Information sciences,2019,492:72 – 103.

[50]FU R,GAO X,JIAN Y. Patchy aurora image segmentation based on ALBP and block threshold[C]//2010 20th International Conference on Pattern Recognition. IEEE,2010:3380 – 3383.

[51]GAO X,FU R,LI X,et al. Aurora image segmentation by combining patch and texture thresholding[J]. Computer vision and image understanding,2011,115(3):390 – 402.

[52]NIU C,ZHANG J,WANG Q,et al. Weakly supervised semantic segmentation for joint key local structure localization and classification of aurora image[J]. IEEE transactions on geoscience and remote sensing,2018,56(12):7133 – 7146.

[53]NIU C,YANG Q,REN S,et al. Instance segmentation of auroral images for automatic computation of arc width[J]. IEEE geoscience and remote sensing letters,2019,16(9):1368 – 1372.

[54]SYRJÄSUO M T,DONOVAN E F,COGGER L L,et al. Content – based retrieval of auroral images – thousands of irregular shapes[C]//Proceedings of the Fourth IASTED Visualization,Imaging,and Image Processing,2004:224 – 228.

[55]KAURISTIE K,SYRJÄSUO M T,AMM O,et al. A statistical study of evening sector arcs and electrojets[J]. Advances in space research,2001,28(11):1605 – 1610.

[56]KIM S K,RANGANATH H S. Content – based retrieval of aurora images based on the hierarchical representation[C]//International Conference on Advanced Concepts for Intelligent Vision Systems. Berlin,Heidelberg:Springer Berlin Heidelberg,2010:249 – 260.

[57] YANG X, GAO X, TIAN Q. Polar embedding for aurora image retrieval[J]. IEEE transactions on image processing, 2015, 24(11): 3332-3344.

[58] YANG X, GAO X, SONG B, et al. Aurora image search with contextual CNN feature[J]. Neurocomputing, 2018, 281: 67-77.

[59] YANG X, GAO X, SONG B, et al. ASI aurora search: an attempt of intelligent image processing for circular fisheye lens[J]. Optics express, 2018, 26(7): 7985-8000.

[60] YANG X, GAO X, SONG B, et al. Hierarchical deep embedding for aurora image retrieval[J]. IEEE transactions on cybernetics, 2020, 51(12): 5773-5785.

[61] KIMBALL J, HALLINAN T J. Observations of black auroral patches and of their relationship to other types of aurora[J]. Journal of geophysical research: space physics, 1998, 103(A7): 14671-14682.

[62] 王倩,梁继民,胡泽骏.基于局部运动向量时空统计的极光事件检测[J].极地研究,2012,24(1):60-69.

[63] 韩冰,廖谦,高新波.基于空时极向 LBP 的极光序列事件检测[J].软件学报,2014,25(9):2172-2179.

[64] BLIXT E M, SEMETER J, IVCHENKO N. Optical flow analysis of the aurora borealis[J]. IEEE geoscience and remote sensing letters, 2006, 3(1): 159-163.

[65] 王倩,胡红桥,胡泽骏,等.基于全天空图像的极光活动变化检测方法研究[J].地球物理学报,2015,58(9):3038-3047.

[66] 张军,胡泽骏,王倩,等.基于全天空极光图像方向能量表征方法的极光事件分类[J].极地研究,2015,27(3):255.

[67] YANG Q, LIANG J, HU Z, et al. Auroral sequence representation and classification using hidden Markov models[J]. IEEE transactions on geoscience and remote sensing, 2012, 50(12): 5049-5060.

[68] TANG Y, NIU C, DONG M, et al. Poleward moving aurora recognition with deep convolutional networks[C]//Pattern Recognition and Computer Vision: Second Chinese Conference, PRCV 2019, Xi'an, China, November 8-11, 2019, Proceedings, Part II 2. Springer International Publishing, 2019: 551-560.

[69] YANG Q, XIANG H. Unsupervised learning of auroral optical flow for recognition of poleward moving auroral forms[J]. IEEE transactions on geoscience and remote sensing, 2021, 60: 1 – 11.
[70] TANG Y, GUO K, WEI C, et al. Poleward-motion aware network for poleward moving auroral forms recognition[J]. IEEE geoscience and remote sensing letters, 2022, 19: 1 – 5.
[71] AKASOFU S I. The development of the auroral substorm[J]. Planetary and space science, 1964, 12(4): 273 – 282.
[72] AKASOFU S I. Auroral substorms: search for processes causing the expansion phase in terms of the electric current approach[J]. Space science reviews, 2017, 212: 341 – 381.
[73] IEDA A, KAURISTIE K, NISHIMURA Y, et al. Simultaneous observation of auroral substorm onset in Polar satellite global images and ground – based all – sky images[J]. Earth, planets and space, 2018, 70(1): 1 – 18.
[74] LIOU K. Polar ultraviolet imager observation of auroral breakup[J]. Journal of geophysical research: space physics, 2010, 115(A12).
[75] SUTCLIFFE P R. Substorm onset identification using neural networks and Pi2 pulsations [C]//Annales Geophysicae. Berlin/Heidelberg: Springer-Verlag, 1997, 15(10): 1257 – 1264.
[76] MAIMAITI M, KUNDURI B, RUOHONIEMI J M, et al. A deep learning-based approach to forecast the onset of magnetic substorms[J]. Space weather, 2019, 17(11): 1534 – 1552.
[77] 杨秋菊,梁继民,刘俊明,等. 一种基于紫外极光图像的亚暴膨胀期起始时刻的自动检测方法[J]. 地球物理学报,2013,56(5):1435 – 1447.
[78] YANG X, GAO X, TAO D, et al. Shape – constrained sparse and low – rank decomposition for auroral substorm detection[J]. IEEE transactions on neural networks and learning systems, 2015, 27(1): 32 – 46.
[79] 杨秋菊,任杰,向晗. 基于深度学习的极光亚暴时 – 空自动检测[J]. 地球物理学报,2022,65(3):898 – 907.

第 2 章　极光图像分类

本章主要讨论极光图像有监督分类(包括基于传统机器学习和深度学习方法将黄河站日侧极光图像分为弧状、帷幔冕状、辐射冕状、热点状四大类)、极光图像无监督分类以及喉区极光自动识别等。

2.1　基于传统机器学习的极光图像有监督分类

2.1.1　极光图像分类机制

1. 极光图像分类的研究进展

极光形态多种多样,早期的研究已经证明不同类型的极光与不同的磁层机制及动态活动相对应,而且太阳风参数的变化对极光形态有着很强的影响。因此,合理的分类研究对了解每种类型极光的发生机制及其与磁层动力学过程之间的关系非常重要。虽然极光的研究已有上百年的历史,但人们对于不同极光形态背后的详细物理过程及形成机制的理解还很贫乏,极光分类研究一直在继续。早在 1955 年,Stormer[1]将极光形态分为三大类并对各类极光的子类进行定义,分别是无射线结构极光(包括弧状极光、带状极光和弥散块状极光)、有射线结构极光(包括射线弧状极光、射线带状极光、冕状极光和帷幔冕状极光)与闪烁极光,开辟了极光分类的先河;1964 年,Akasofu[2]就曾将夜侧极光基于过程分为赤道向扩展、点亮、西行浪涌、赤道向恢复等四种类型,这一分类研究后来成为亚暴研究的基础;1997 年,Steen 等人[3]利用大规模极光成像系统(auroral large imaging system,ALIS)的观测数据提出了包含弧状极光、碎片极光、弥散极光和未知类型极光的极光分类机制;1998 年,Simmons[4]将极光分为了日侧极光、夜侧极光、分立极光、弥散极光等 14 种类型;1999 年,中国极地研究中心胡红桥等人[5]基于南极中山站的全天空图像,对午后 - 子夜扇区的极光进行研究，将极光分成了冕状、带状、极光浪涌和向日极光弧四种类型；2000 年，Yang 等人[6]同样利用南极中山站全天空观测数据，将日侧极光分为了冕状极光和弧状极光两大类；2002 年，挪威科学家 Sandholt 等人[7]利用 Ny-Ålesund 地区的极光观测数据，将日侧极光分为了极向运动极光结构、多重极光弧、跨极盖极光弧等六种类型；2009 年，Hu 等人[8]利用北极黄河站全天空观测数据，将日侧极光分成了弧状、帷幔冕状、辐射冕状、极光亮斑等四种类型，并将各种极光类型与日侧极光卵活动区进行了对应，该分类机制（以下简称 Hu 的分类机制）已被广泛应用于黄河站极光图像的分类研究[9]；2015 年，Han 等人[10]利用北极黄河站 7 年间的极光观测数据首次对日侧弥散极光（DDA）进行了大规模的系统研究，提出将 DDA 划分为结构状 DDA 和非结构状 DDA 两大类，其中结构状 DDA 又细分为斑块状、条纹状和不规则状三个子类；2015 年，Partamies 等人[11]采用芬兰和瑞典全天空大型实验站拍摄的极光数据，用当地电集流指数描述亚暴发展的不同阶段，预测大约 1/3 的极光结构是弧状极光，由此推断极光弧是极光最主要的结构形式；2016 年，Han 等人[12]通过对中国北极黄河站大量观测数据的分析，在电离层对流喉区附近发现并定义了一种特殊的新型分立极光结构——喉区极光（throat aurora），并推断喉区极光的产生过程可能和磁层顶的局地内陷有着密切的关联[13]。

以上是人工对极光图像分类的研究。近年来计算机图像处理和机器学习技术已被越来越多的研究人员用来对空间物理中的图像数据进行表征和分析，已逐渐成为极光分类研究的新手段。2004 年，Syrjäsuo 和 Donovan[14]将加拿大 CANOPUS 项目的全天空极光图像进行分析总结，提出用计算机视觉方法将极光形态自动分成弧形、斑块型、欧米伽型和南北结构型四大类。通过利用极光的区域和颜色信息，Biradar 和 Pratiksha[15]设计了一个极光图像自动分类系统，可用于对海量极光图像进行分类。西安电子科技大学和中国极地研究中心合作，在极光图像自动分类研究上也取得了一系列成果：Fu 等人[16]利用形态学成分分析方法，把极光图像分成了弧状和冕状两大类；Wang 等人[17]基于局部二值模式（LBP）方法及分块化的思想，实现了对极光全局形态及局部纹理信息的表征，并将 2004—2009 年黄河站越冬观测图像自动分为了弧状、帷幔冕状、辐射冕状、热点状四大类；同样是基于这四种分类机制，Yang 等人[18]针对极光活动随时间动态演变的特点，通过结合极光图像帧间时序信息，对极光图像进行自动分类，并在多年收集到的数据集上进行了验证；韩冰等人[19]借助显著性编码方法对极光图像进行了分类研究;杨曦等人[20]提出了一种分层小波模型下的极光图像分类算法。

2. 本节采用的极光图像分类机制

本节中,我们采用文献[8]中提出的并在文献[17]中得到了推广应用的分类机制:按照光谱和形态特征日侧极光被分为弧状、帷幔冕状、辐射冕状以及热点状四大类,如图2-1所示。① 弧状极光(auroral arc),是东西向延伸的、南北窄的条带状的极光形态,并且经常多条极光弧平行排列出现在全天空视野内,

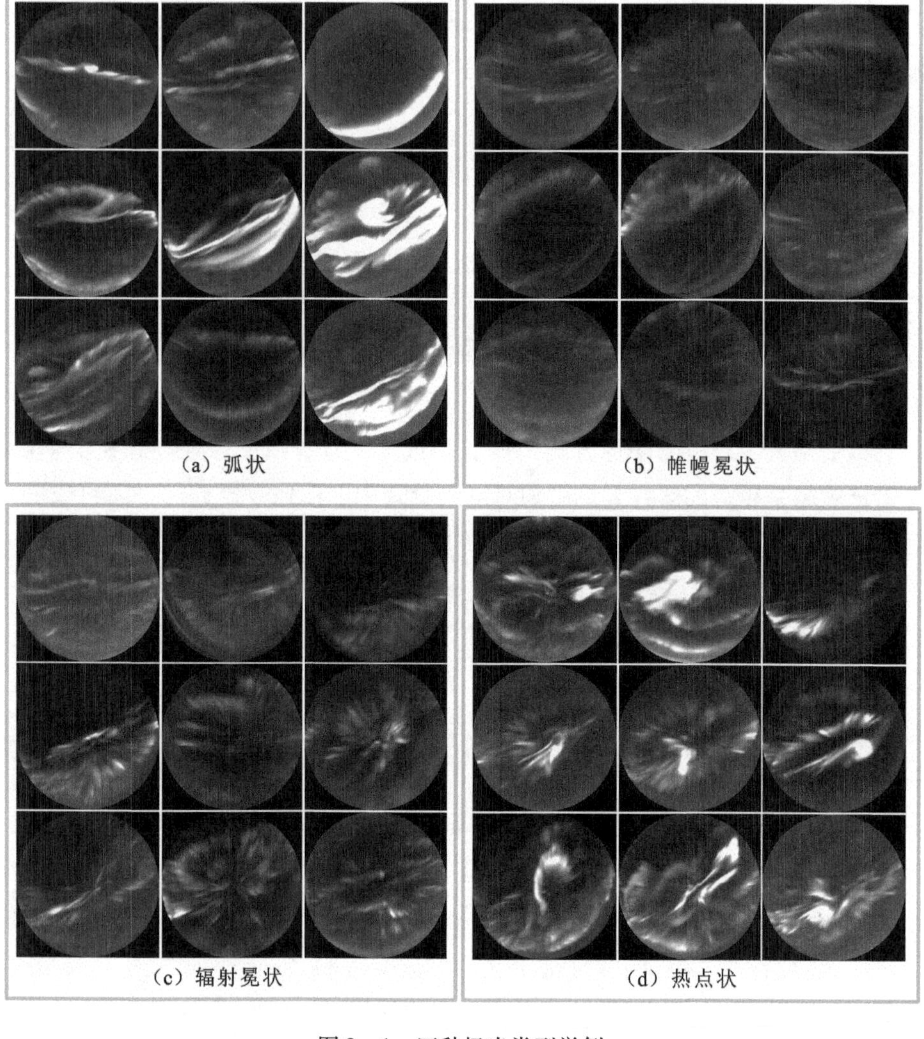

图2-1 四种极光类型举例

在557.7 nm波长上有较强的极光激发。根据极光弧出现的扇区，可分为午前极光弧（prenoon arcs）和午后极光弧（postnoon arcs）。② 帷幔冕状极光（drapery dayside corona），具有清晰的射线结构，在东西方向上排列形成射线带，并且也经常是多条平行的射线带同时出现。这类极光在三个波长上的激发强度都较弱。此外，该类极光出现时，在557.7 nm波长极光图像中，其赤道侧经常能看到弥散极光，而在630.0 nm波长极光图像中却看不到。③ 辐射冕状极光（radial dayside corona），具有清晰的射线结构，且射线结构向四周放射性发散，呈"爆炸"状。这类极光在427.8 nm和557.7 nm波长处的激发强度弱，但在630.0 nm波段具有强的激发。④ 热点状极光（hot spot aurora），此类极光表现为射线状的日侧冕状极光与一些小尺度的（东西方向不超过300 km）、短时的（小于10 min）极光强度增强结构的混合形态。这些极光强度增强结构表现为不规则的亮斑、涡旋以及类似弧状的分立极光，并且极光强度同时在427.8 nm、557.7 nm以及630.0 nm处增强。关于分类机制更详细的描述可以参考文献[8]和文献[17]。

2.1.2　基于WLD特征的极光图像自动分类

1. 研究背景与动机

通过分析现有研究方法发现，对极光图像进行自动分类的关键在于有效表征极光图像的形态信息，包括极光的亮度、形状、纹理等表象特征，其根本思想是模仿人的感官去判断、区分不同类型极光图像之间的差异。因此，本部分将利用从心理学韦伯定律发展而来的一种纹理描述算子——韦伯局部描述符（Weber local descriptor，WLD）[21]，来表征极光图像的形态信息，然后将获得的极光WLD特征输入k近邻分类器完成极光分类过程。

2. 数据和方法

1）数据集简介

本部分所用数据来自我国北极黄河站全天空成像仪ASI 2003—2009年的越冬观测。该观测时段内，全天空成像仪获得每帧图像的曝光时间为7 s，相邻两帧图像之间的时间间隔为10 s，每帧图像大小为512×512。考虑到427.8 nm波段极光激发强度非常微弱，极光图像背景噪声大；而630.0 nm波段极光激发过程时间跨度范围大，表现出来的极光形态不够清晰，本部分选用557.7 nm波段的数据。黄河站地理坐标为（78.92°N，11.93°E），修正磁纬为76.24°N，磁地方时（MLT）≈世界时（UT）+3 h。黄河站位于极隙区纬度，非常适合观测日侧极光，因此本部分只考虑06:00—18:00 MLT时段的极光数据。为了能够利用

ASI 图像来高效、准确地研究极光活动,类似文献[17]中提出的预处理方法,我们对全天空数据进行了预处理。预处理步骤分为以下四步:

(1)减暗电流:根据北极黄河站成像系统的构造,ASI 图像的一部分亮度积累被认为是暗电流。而且各波段极光图像的暗电流值各不相同,R、G、V 三个波段的暗电流值分别为 1 137、546 和 594。要注意的是,这些暗电流是来自极光研究人员的经验值,所以在减去暗电流后,有些像素值可能会变为负值,我们将这些像素值重置为 0。

(2)去边缘噪声和剪裁:ASI 图像的边缘达到了 CCD 全景镜头最大的形变率,而且站内灯光等噪声非常强。本部分根据黄河站的设备参数,先对图像进行圆心校准。然后用一个半径为 220 像素的圆形掩码去掉 ASI 极光图像圆周上的边缘噪声,最后将图像大小剪裁为 440 × 440。

(3)灰度拉伸:原始数据的 Rayleigh 强度范围为[0,18 000],然而根据统计分析,我们发现图像中大于 4 000 的点非常少。我们对 ASI 图像的 Rayleigh 强度范围做截断处理,大于 4 000 的像素点均被赋值 4 000。然后将图像[0,4 000]的值域范围从原来的 16 位线性拉伸到 8 位。由于人眼对灰度的识别能力是很有限的,灰度拉伸后的图像在视觉效果上并没有变差,但数据量大大降低了。

(4)图像旋转:将 ASI 图像逆时针旋转 61.1°,使图像的磁正北方向朝上。这主要是为了方便后面的实验操作,比如第 6 章和第 7 章 PMAFs 事件的识别和检测实验中,极光的极向运动方向朝向图像的正上方。

2)基于 WLD 特征的 ASI 极光图像表征

WLD 是由 Chen 等人[21]提出的一个图像局部纹理描述符,它由差动激励(differential excitation)和方向角(orientation)两个参数组成。WLD 的灵感来源于著名的韦伯心理学法则,其主要内容是说一个刺激(如声音、光照等)的显著变化和该刺激本身之间有一个恒定的比值。比如,在一个嘈杂的环境,一个人必须大声说话别人才能听见,而在一个安静的房间里,小声说话其他人就都能知道。受这个定律的启发,一幅图像中每个像素点的 WLD 特征可以由两方面统计得到:一个是每个像素点本身的像素值,另一个是该像素点周边区域(如像素点周围的 3 × 3 区域)的像素值。该像素点本身的像素值表原始激励,周边区域像素值表激励的变化,差动激励可表示二者之间的数值关系。为了进一步表示该像素点和周边区域像素值之间的关系,需进一步计算该像素点的上下、左右梯度。因此,提取 WLD 特征需要计算图像中所有像素点的差动激励和方向角。然后对计算结果量子化,统计差动激励和方向角的直方图得到特征向量。

图2－2给出了极光图像 WLD 特征提取的全过程。

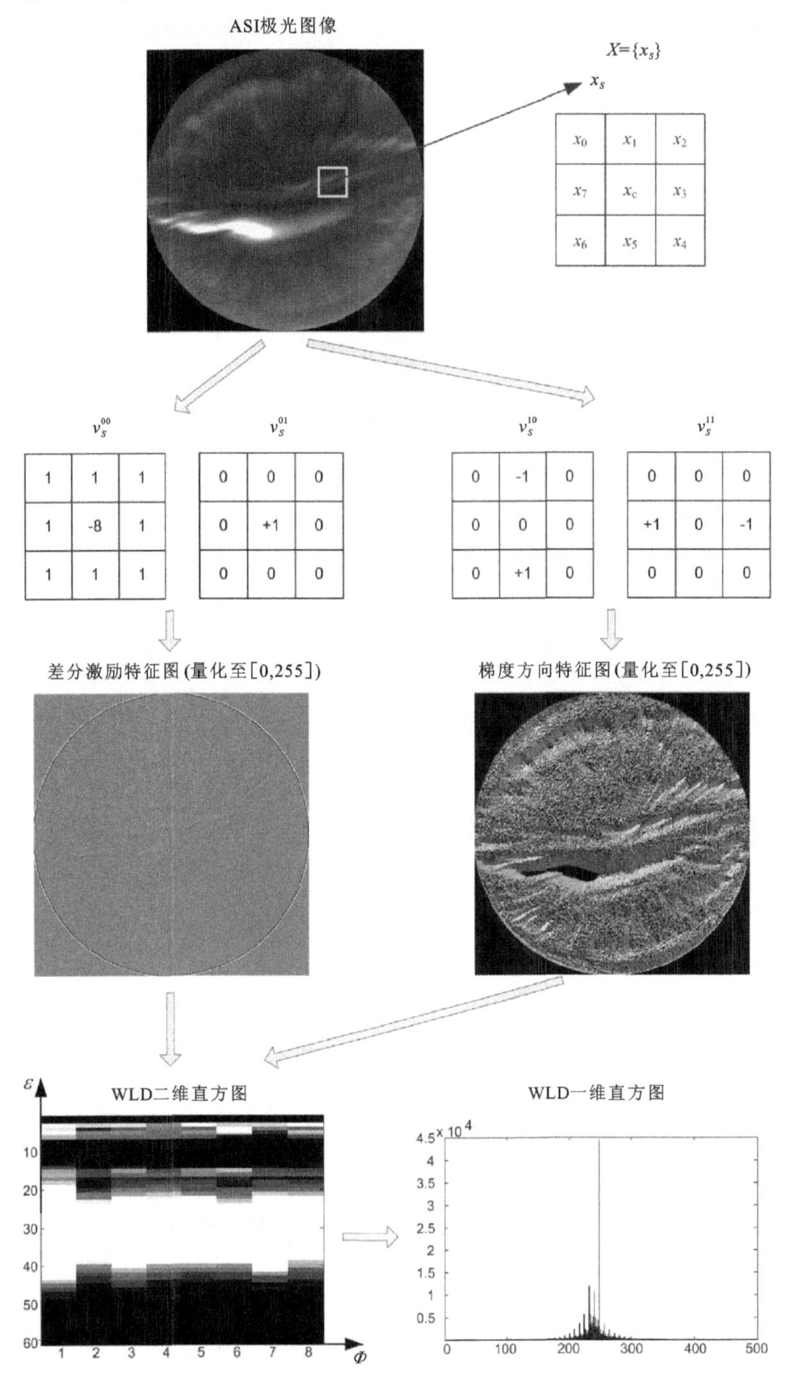

图2－2　ASI 极光图像 WLD 特征提取

(1)差动激励。差动激励 ε 反映的是当前像素值和其周边区域像素值的差异，它能模仿人眼视觉寻找出一幅图像中变化比较明显的区域。设当前像素点为 x_c，其差动激励表示为 $\varepsilon(x_c)$。首先计算 x_c 和周边相邻区域像素点的不同，如式(2-1)所示：

$$\nu_s^{00} = \sum_{i=0}^{p-1} \Delta x_i = \sum_{i=0}^{p-1} (x_i - x_c) \tag{2-1}$$

其中 $x_i(i=0,1,\cdots,p-1)$ 表示当前像素 x_c 的 p 个相邻像素值，若采用 3×3 的区域，则$p=8$。现在进一步计算 x_c 和 x_i 之间的比值：

$$G_{\text{ratio}}(x_c) = \frac{\nu_s^{00}}{\nu_s^{01}} \tag{2-2}$$

其中 ν_s^{01} 表示 x_c 的像素值，设 $G_{\text{ratio}}(\cdot)$ 的反正切函数为

$$G_{\arctan}[G_{\text{ratio}}(x_c)] = \arctan[G_{\text{ratio}}(x_c)] \tag{2-3}$$

结合式(2-1)、式(2-2)和式(2-3)，可知差动激励 $\varepsilon(x_c)$ 的计算方法为

$$\varepsilon(x_c) = G_{\arctan}[G_{\text{ratio}}(x_c)] = \arctan\frac{\nu_s^{00}}{\nu_s^{01}} = \arctan\left[\sum_{i=0}^{p-1}\left(\frac{x_i - x_c}{x_c}\right)\right] \tag{2-4}$$

由式(2-4)可知，若当前点的像素值大于其周围点的像素均值，即 $\varepsilon(x_c)<0$，则表明当前点在该区域亮度较高；反之，若 $\varepsilon(x_c)>0$，说明周围邻近点的像素值比中心点像素值大(直观上，中心像素较黑)。

(2)梯度方向角。WLD 的梯度方向实质上是图像每个像素点相对于其周围邻近点的梯度方向：

$$\theta(x_c) = \arctan\frac{\nu_s^{11}}{\nu_s^{10}} \tag{2-5}$$

其中 ν_s^{10} 和 ν_s^{11} 分别由中心像素点的上下、左右像素计算得出

$$\nu_s^{10} = x_5 - x_1 \quad \nu_s^{11} = x_7 - x_3 \tag{2-6}$$

由于方向角反映的是梯度信息，每个点的梯度取值范围应为$[0,2\pi)$，而由式(2-5)计算得到的 $\theta(x_c)$ 的取值范围为$\left[-\frac{\pi}{2},\frac{\pi}{2}\right]$，因而必须将其扩展至$[0,2\pi)$。设映射$f:\theta\to\theta'$，且 $\theta' = \arctan 2(\nu_s^{11},\nu_s^{10})+\pi$，其中

$$\arctan 2(\nu_s^{11},\nu_s^{10}) = \begin{cases} \theta, & \nu_s^{11}>0, \quad \nu_s^{10}>0 \\ \pi+\theta, & \nu_s^{11}>0, \quad \nu_s^{10}<0 \\ \pi-\theta, & \nu_s^{11}<0, \quad \nu_s^{10}<0 \\ \theta, & \nu_s^{11}<0, \quad \nu_s^{10}>0 \end{cases} \tag{2-7}$$

这样，$\theta \in \left[-\frac{\pi}{2},\frac{\pi}{2}\right]$，$\theta' \in [0,2\pi]$。最后对 θ' 进行量子化：

$$\Phi_t = f_q(\theta') = \frac{2t}{T}\pi \tag{2-8}$$

其中

$$t = \operatorname{mod}\left(\left\lfloor \frac{\theta'}{2\pi/T} + \frac{1}{2} \right\rfloor, T\right) \tag{2-9}$$

例如，$T=8$，那么这 T 个主方向为 $\Phi_t = t\pi/4$，$t=0,1,\cdots,T-1$。换句话说，那些位于区间 $[\Phi_t - \pi/T, \Phi_t + \pi/T]$ 内的值被量化为 Φ_t。

(3) WLD 直方图。如图 2-2 所示，先使用式(2-4)计算每个像素的差动激励 $\varepsilon(x_c)$，同时用式(2-8)计算每个像素的方向角 Φ_t 并量化，从而得到差动激励图像和梯度方向图像；然后根据这两幅图像计算二维直方图 $\{WLD(\varepsilon_j, \Phi_t)\}$ $(j=0,1,\cdots,M-1, t=0,1,\cdots,T-1)$，其大小为 $T \times M$，M 是 ε 的区间数，本部分取 $T=8$，$M=6$。在二维直方图中，每一列对应的是一个方向角 Φ_t，每一行对应的是一个差动激励 ε_j。为了使描述符更具有表征性，$\{WLD(\varepsilon_j, \Phi_t)\}$ 被进一步转换成一维直方图。如图 2-2 所示，二维直方图的每一行组成一个一维直方图，按一定顺序把所有 M 个子直方图连接起来，就形成了最终的一维直方图。

3) 典型 ASI 极光图像的 WLD 特征

根据上述方法的描述，图 2-3 给出了四幅典型 ASI 极光图像的 WLD 特

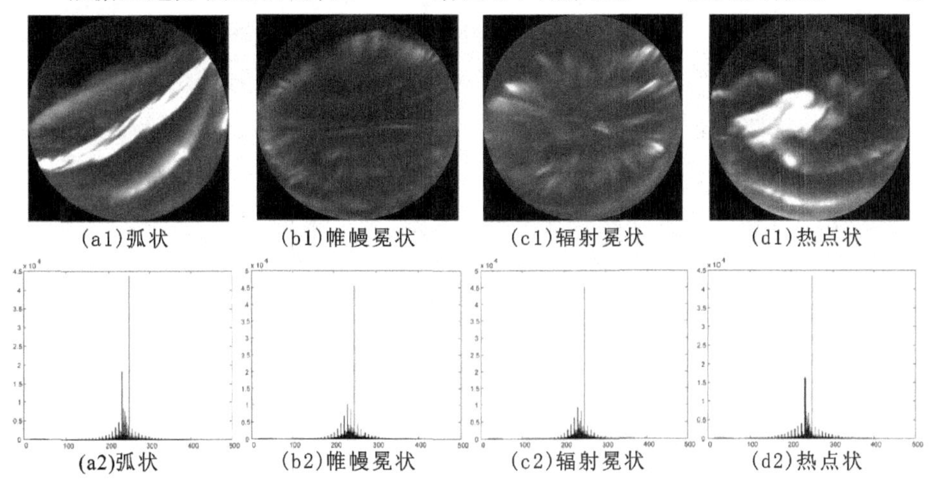

(a1)弧状　(b1)帷幔冕状　(c1)辐射冕状　(d1)热点状

(a2)弧状　(b2)帷幔冕状　(c2)辐射冕状　(d2)热点状

图 2-3　ASI 极光图像对应的 WLD 特征

征。从图中可以看出,两类冕状极光的形态特征非常相似,得到的 WLD 特征分布也比较接近;弧状极光和热点状极光都有明显的亮斑结构,WLD 特征分布也有些类似。

3. ASI 极光图像自动分类

为了对极光图像进行分类,两个最为关键的步骤是极光形态表征和分类器设计。本部分采用 WLD 描述符来对极光图像进行表征并建立了一个分类器系统。进行形态表征时,对任意给定的一幅极光图像,本部分都如图 2-2 所示过程提取 WLD 直方图,取 $M=6$, $T=8$, $S=10$,所以特征长度为 $6\times8\times10=480$,即每一幅图像都用一个长度为 480 的向量进行表征。

本部分采用广泛使用的 k 近邻分类器来对极光图像进行分类,并分别取 $k=1$ 和 $k=3$。即对给定的一幅图像 I,我们根据与它距离最近的 1 幅(3 幅)图像的类型来估计它的类型,采用"少数服从多数"的准则,即与它距离最近的 1 幅(3 幅)图像中大多数是哪种极光类型,那么该幅图像的类型也一样。当取 $k=3$ 时,如果不存在多数类,则该幅图像被拒识。为了计算极光 I_1 和 I_2 两幅图像之间的距离,本部分首先计算它们的 WLD 直方图 H_1 和 H_2,然后计算 H_1 和 H_2 的卡方(χ^2)距离:

$$d(I_1,I_2)=\chi^2(H_1,H_2)=\sum_r (H_{1r}-H_{2r})^2/(H_{1r}+H_{2r}) \tag{2-10}$$

其中 r 表示特征向量的索引值,$r=1\sim480$。选用卡方距离是因为 WLD 表征的是直方图向量。

本部分对黄河站 2003 年 12 月—2004 年 1 月期间的 8 001 幅图像进行分类实验,根据 Hu 等人[8]、Wang 等人[17]、Yang 等人[18]在文中对极光的分类研究,本部分对此数据库中的极光图像进行类别标记,其中弧状极光 3 934 幅,帷幔冕状 1 786 幅,辐射冕状 1 497 幅,热点状 784 幅。本部分采用 5 重交叉验证实验,即将数据随机分成 5 份,1 份用于测试,4 份用于训练分类器。为减少随机性,实验重复了 200 次,每一轮的数据划分都不一样,计算平均分类正确率作为评估准则:

$$\text{分类正确率}=\frac{\#\text{正确分类}}{\#\text{所有图像}} \tag{2-11}$$

实验结果如图 2-4 所示。图中给出了 1-NN 分类器、3-NN 分类器的平均分类正确率,并分别计算了 1-NN 分类器下弧状、帷幔冕状、辐射冕状、热点状极光各自的分类正确率。Wang 等人[17]发现局部二值模式(LBP)对 ASI 极光图像具有良好的表征能力,因此本部分将 WLD 特征与 LBP 特征进行了对比。由图 2-4 可以看出,WLD 特征比 LBP 特征具有更好的表征能力,用 WLD 表征极光时获得了更高的分类准确率。对比弧状、帷幔冕状、辐射冕状、热点状四类极光的形态结构,弧状极光最简单,热点状最复杂,我们的实验结果也显示,无论是利用 WLD 表征还是 LBP 表征,弧状极光的单类分类正确率均最高,热点状最低;而辐射冕状极光里因常会含有一些非常小的亮斑结构,不利于识别,故分类正确率低于帷幔冕状极光。

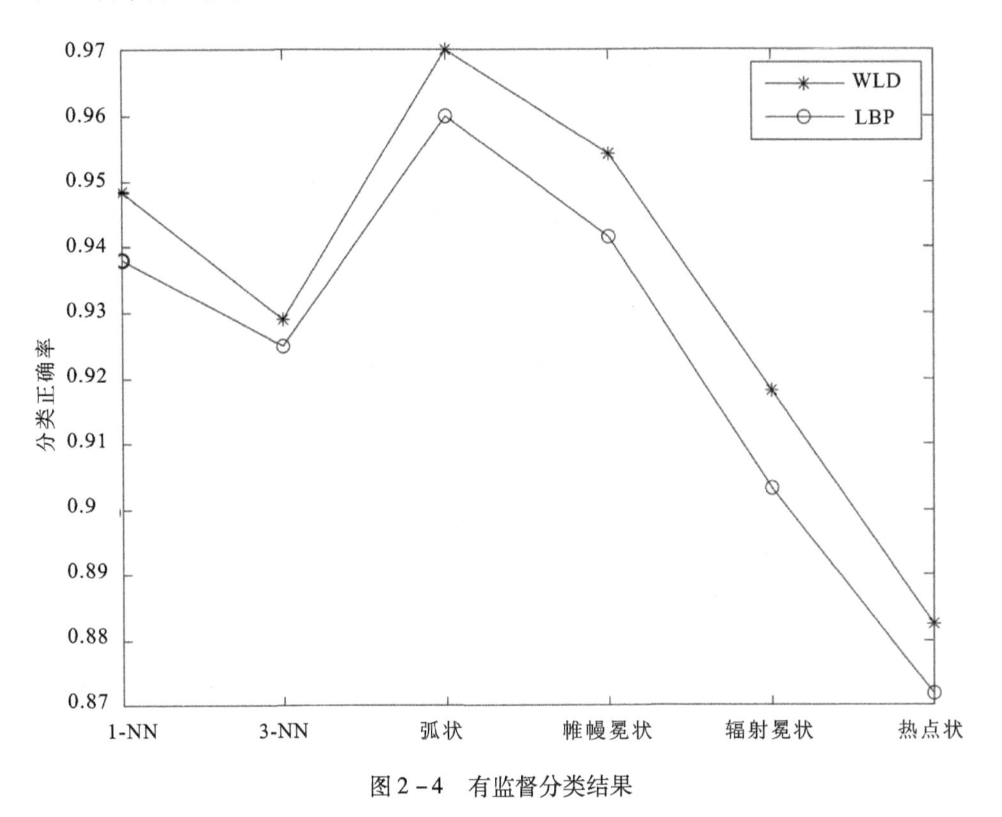

图 2-4　有监督分类结果

此外,利用 3-NN 分类器进行极光分类时,可能会出现没有“多数类”存在的情况,即与待分类图像距离最短的 3 幅图像分属三个不同的极光类型,此时,该图像被“拒识”。经统计,采用 WLD 特征时拒识率为 0.009 7,采用 LBP 特征时拒识率为 0.012 3,再一次表明 WLD 特征具有非常优秀的表征能力,优于 LBP 特征。

4. 2004—2009 年黄河站越冬观测 ASI 极光图像类型分布规律

上述有监督实验所用数据集 Dataset1 只用到了 2003—2004 年一个越冬数据，而且对数据进行了人工标记。如果要对多年观测数据进行人工标记，其工作量是非常大的。此外，Dataset1 所有数据均来自同一年的越冬观测，数据之间相关性大。为了进一步验证方法的有效性，本部分利用已标记的 2003—2004 年越冬观测（Dataset1）来对 2004—2009 年越冬观测（未标记）进行分类。测试数据共涉及 5 个冬季，229 天，399 628 幅图像，记为 Dataset2。这是典型的半监督学习思想，因为对数据进行标记的代价比较高，只有少量带有标记的数据，而大量未标记的数据却很容易得到。在有监督的分类算法中加入无标记样本来实现半监督分类，可以增强分类效果。自训练算法（self-training）是一种常见的半监督学习算法，本部分利用 k 近邻算法（$k=3$）来实现。对 Dataset2 中的每一幅图像，寻找其与 Dataset1 中距离最小的 k 幅图像，根据这 k 幅图像的极光类型，采用少数服从多数的策略进行分类。

图 2-5 按照 10 min 一个区间（bin）对图像从时间上进行分段划分，分别给出了极光图像数目分布规律（最上面一个子图）、四种极光类型（中间四个子图）及被“拒识”的不确定类型极光（最底下一个子图）随时间的发生分布率。为了比较各极光类型所处的极光活动区，在图 2-5 顶端用粗实线加以标识给出了由极光多光谱强度获得的日侧极光的四个活动区域，并用细虚线标出了正午极隙区的两个状态。

从图 2-5 可以看出，本部分按照形态特征定义的四种极光类型分布在极光卵的不同区域，从分布规律来看，四种极光类型的分布趋势非常符合日侧极光多波段能量分布结果[8]。① 正午附近由于日辉干扰，极光图像比较少，午前午后极光图像比较多；② 弧状极光发生率最高，呈午前-午后双峰分布，且午后极光的发生率高于午前极光；③ 两类冕状极光形态比较类似，发生时间也比较接近，主要出现在 13:00 MLT 以前，只是峰值出现的位置不同；帷幔冕状极光在整个极光卵 M 区发生率都很高，而辐射冕状极光主要集中在 11:00—12:30 MLT；④ 热点状极光发生率比上述三类极光低很多，主要出现在极光卵 H 区；⑤ 本实验的未知类型极光比前一部分有监督实验中的发生率高，主要原因是 Dataset2 的数据组成和 Dataset1 不同，Dataset2 未经人工挑选，有些图像不够典型。本实验的未知类型图像包括处于过渡状态形态不够典型的极光、被云遮挡的极光等。

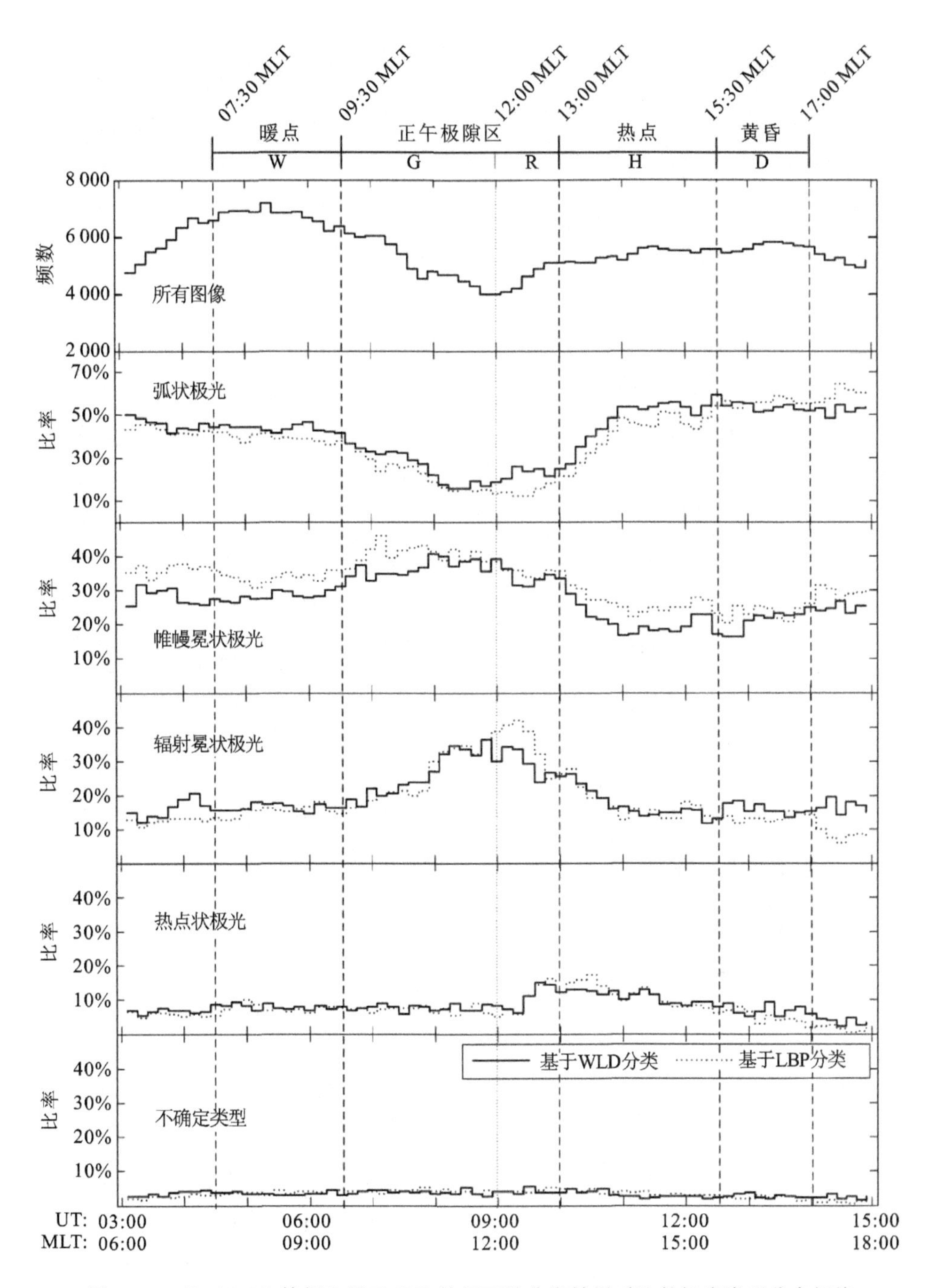

图2－5 基于WLD特征和基于LBP特征两种分类结果对比的极光类型分布规律

对比本部分基于 WLD 特征和 Wang 等人[17]基于 LBP 特征的分类方法,由图2 -5我们可以发现,两种方法得到的极光类型分布规律非常类似,主要差别在基于 WLD 特征的分类方法获得了更多的弧状极光,而基于 LBP 特征的分类方法获得了更多的帷幔冕状极光。这是因为弧状极光常常由帷幔冕状极光过渡而来,最后又演变成帷幔冕状极光。处于过渡状态的极光,形态比较复杂,多呈现模棱两可的形态特征,用不同的表征方法得到的极光类型会有所差异。

5. 讨论和结论

面对日积月累产生的大量极光数据,本部分提出了一种基于 WLD 特征的极光图像表征方法,用来描述极光图像的形状、纹理、亮度等形态特征,在此基础上利用 k 近邻分类器对极光图像进行自动分类,并在多年数据集上进行了实验验证。但是,由于极光形态特征非常复杂,人们对其形成机制的理解还很匮乏,至今尚无明确的极光分类机制。本部分实验均基于一定的数据标记基础之上,由于人工标记数据时采用的分类机制来自 Hu 等人[8],因此自动分类的结果也与 Hu 等人的结论进行比较。通过有监督分类实验的定量比较和半监督识别实验的定性分析,得出的结果与人工标记和已有结论非常接近,证明了本部分表征方法的有效性。

Hu 等人[8]在给出极光分类机制时,综合了 427.8 nm、557.7 nm 及 630.0 nm 共三个波段的数据;本部分在进行数据标记时,也参考了三个波段的数据。如果自动分类时能同时利用三个波段的数据,理论上肯定能提高分类精度。不过,加入更多波段的数据,就有更多的信息需要处理,如何融合三个波段的信息进行分类决策,是我们下一步要研究的内容。

2.1.3 基于 HMM 的极光序列表征和分类

1. 研究背景与动机

到目前为止,ASI 极光图像的分类研究主要集中在两个方面,一是静态极光图像分析,包括人工分析和自动分析[8,17];二是人工挑选少数几个极光事件进行深入研究[22]。很少有文献涉及极光序列的自动分析。可是,现有的这两类研究模式都有一些潜在的弊端。一方面,极光是动态演化的自然现象,所以时间上下文信息对获取这一现象的本质来说是必不可少的。以极光序列为研究对象比仅仅考察静态极光图像要好得多。另一方面,案例研究中由非常有限的样本分析得出的结论很难推广。

本部分的研究目标是应用机器学习方法来表征ASI极光图像序列，并从动态序列的角度对极光进行形态分类。由于自然现象发生时其空间和时间上的变化都很复杂，如何对它们进行有效的建模表征一直是机器学习领域的一个难点。具体到极光图像序列，有如下几大难点。首先，极光是非刚性的，没有固定的形状和表象。其次，极光现象是缓变的，两种极光类型之间没有明显的界线，这就导致在极光形态的过渡状态处会出现一些类型的重叠。最后，极光演化没有固定的速度。尽管属于同一类型，不同极光表象的持续时间可能非常不一样。所以，我们需要处理不同长度的极光序列。

在计算机视觉和机器学习领域，动态纹理、动态时间规整、隐马尔可夫模型、神经网络、小波分析都是处理图像序列的常用方法。极光演化包含了两个随机过程：一个是来自地球磁场和太阳风的带电粒子的碰撞过程，这个过程人眼无法直接观测；另外一个是粒子碰撞过程激发的两极附近天空可见的绚烂的极光活动。这些让我们很自然地想到用HMM[23]来对极光序列进行建模。HMM在数学上是一个双重随机过程，其中描述状态转移的马尔可夫链不能直接观测到但可由另外一组观测序列来进行推断。与它的强表征能力和对自然现象的建模能力相比，HMM的复杂度算是很低的，因此在机器学习和统计学领域被广泛用来对序列进行建模[24]。极光现象中包含的信息分为两大类，一类是极光图像的空间结构，包括纹理、形状等等；另一类是指反映极光时间演化的动态特征。HMM能结合这两方面的信息，前者可通过抽取图像特征作为HMM观测值来实现，后者可通过HMM状态之间的转移来反映。所以，本部分中，我们提出基于HMM的框架来对随机变化的极光序列进行建模。

序列长度不统一是极光序列分析中一个棘手的问题，因为传统的机器学习方法基本都是在相同的特征空间里比较模式之间的差异。Duda等人[25]曾指出HMM是识别不等长序列的基本工具。分析从Viterbi算法[23]得到的HMM输出，我们很容易发现随着序列长度的增加，对数似然度在减少。因为这个原因，常规的对序列长度进行归一化的方法都是用测试序列的长度去除初始似然函数值[24]。这种归一化方法被广泛用于许多基于模型的距离定义中，因为序列的长度在基于模型的框架中可以变化。文献[26]提出了一种基于相似度的策略，在定义两个序列之间的相似度时就运用了上述长度归一化方法。文献[27]比较了计算两个序列之间距离的一些不同方法，在获得相似度矩阵时，对数似然函数就先除以序列的长度来对其进行归一化。Porikli[28]提出了一种不用归一化序列长度的计算姻亲矩阵的方法,但文献[27]指出这种方法在执行实际数据的实验中表现非常差。总之,绝大多数现有算法都是用原始对数似然函数除以序列的长度来消除不同序列长度所带来的影响。可是,我们发现,尽管对数似然函数是随序列长度线性变化的,它们之间并非是正比例关系。因此,现有的归一化方法不能完全消除不同序列长度所带来的影响。当将这样一种归一化方法应用到极光序列分类时,越长的极光序列常常获得越小的对数似然度。本部分中,我们提出了一种修正对数似然归一化的方法来解决极光序列长度不一致的问题。

本部分的目的是采用文献[8]中提出的分类机制对日侧 ASI 极光图像序列进行自动分类。参考这个分类机制,Wang 等人[17]曾将 ASI 图像分成了四类,即弧状、帷幔冕状、辐射冕状以及热点状。可是,如前面所述,极光是缓慢变化的,一种类型的极光图像并非孤立存在的。所以,直觉上我们认为以极光图像序列为单位来进行极光分类更合理。更进一步地,因为极光是一个动态演化的过程,在分类过程中加入前后时间信息有望比只利用静态图像信息获得更加鲁棒和精确的结果。接下来,我们用基于序列的方法和基于帧的方法来区分本部分提出的基于 HMM 的 ASI 极光图像序列分类方法和文献[17]提出的 ASI 极光图像分类方法。

本部分提出的算法通过三个实验一步一步地予以论证。首先,基于内容的极光序列检索实验让读者从视觉上对我们的方法有了一个直观的判断。其次,有监督的分类实验在一年的极光数据上对我们的算法做了个量化的评估。最后,为进一步考察算法的性能,我们将数据库扩展到五年的极光数据,并将得到的极光类型分布规律与文献[8]和文献[17]中的结论进行对比。

2. 基于 HMM 的极光序列表征

1)极光图像的表象特征提取

特征提取对 HMM 来说是非常重要的,因为提取到的特征将作为 HMM 的观测值用于建模,所以直接关系到这个 HMM 模型能表征什么。本部分中我们的目标是极光形态分类,需要寻找能反映极光图像的空间结构,包括纹理、形状等的特征。Wang 等人[17]指出,加上分块机制的改进局部二值算子(LBP)能有效地表征 ASI 图像。在他们的文章中,采样点 $P=8$,半径 $R=2$,并将每幅图像划分成 3 行 6 列,得到的是 4 608(256 × 18)维的 LBP 特征。但是,与他们的工作不同,本部分采用的是不分块的均一 LBP(uniform LBP,uLBP)算子,特征向量的长度是59($P=8,R=2$)。这主要是因为一个平稳的极光序列通常只包含几十帧,建模过程中应该避免长的特征向量,否则会出现过拟合问题,从而造成模型参数不可靠。此外,不分块的uLBP特征更简单,而且旋转和平移不变性能更好。图2-6给出了基于HMM的极光序列表征框架,图中从左到右给出的是ASI极光图像序列、HMM观测空间、HMM状态值是如何从隐状态转移过程中得到的,虚线框内展示的是HMM各参数间的关系。

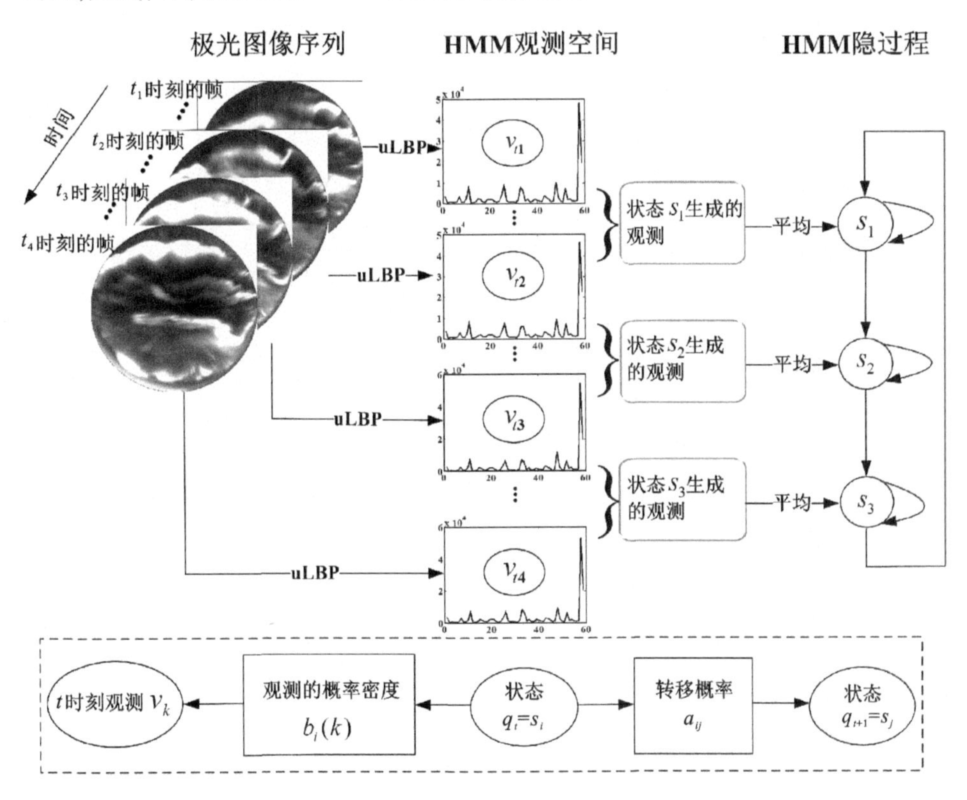

图2-6 基于HMM的极光序列建模

2)HMM基本原理

隐马尔可夫模型$\lambda=(\pi,A,B,N,M)$[23]是一个双重随机过程,一个是由$\{\pi,A\}$表征的输出状态序列的马尔可夫链;另一个是由B表征的看得见的随机过程生成器,输出观测序列。HMM的双重随机性非常适合用来对极光演化过程进行建模:来自地球磁层和太阳风带电粒子的碰撞过程不能直接观察到,但我们可以通过南北极上空的极光演化情况来推断。本部分只关注离散马尔可夫模型,它由以下五个具体的HMM参数表征[23]:

(1)M:每个状态对应的可能的观测值数目。来自 HMM 某一个状态的观测符号标记成 $V=\{\nu_1,\nu_2,\cdots,\nu_M\}$。在文献[23]中,每幅 ASI 图像的 uLBP 特征就被当作一个观测符号(即 $\nu_i \in R^{59}$)。

(2)N:HMM 模型中马尔可夫链状态数目。HMM 模型状态标记成 $S=\{s_1, s_2,\cdots,s_N\}$,$t$ 时刻的状态记为 q_t。HMM 建模过程中最困难的部分在于隐状态的确定——包括状态数目的指定以及如何定义隐状态。这是因为在绝大多数的应用里,隐状态都没有明确的物理意义,对极光来说这种情况尤甚。由于在确定模型的最优状态数目时没有一个完整的解决方案,我们采用贝叶斯信息准则(BIC)来求解,最后确定状态数 $N=3$。为了方便起见,如文献[29]中那样,我们将序列的特征向量均分成 N 个聚类,每个聚类的中心视为一个状态,即

$$s_i=\sum_{\nu_k\in C_i}\nu_k/n_i,\ i=1,2,\cdots,N \tag{2-12}$$

其中 ν_k 是第 k^{th} 帧 ASI 图像的 uLBP 的特征向量,C_i 表征第 i^{th} 个聚类,n_i 是第 i^{th} 个聚类里的帧数。

(3)A:状态转移概率矩阵。$A=\{a_{ij}\}$,其中 a_{ij} 定义为

$$a_{ij}=P\{q_{t+1}=s_j \mid q_t=s_i\},\ 1\leqslant i,j\leqslant N \tag{2-13}$$

a_{ij} 的值决定 HMM 的类型。与全连接的 HMM 相比,我们对左右结构的 HMM 模型[30]更感兴趣,因为它的模型参数更少,而这一点对于用较少帧数的极光序列来训练鲁棒的 HMM 模型来说是非常重要的。左右结构的模型只允许第 j^{th} 个状态转移至第 j^{th} 个或第 $(j+1)^{\text{th}}$ 个状态。为了方便对一个单独的图像序列进行识别,转移矩阵中末尾状态允许转向初始状态。具体地,矩阵 A 初始化如下:

$$A=\begin{bmatrix}0.45, & 0.55, & 0\\ 0, & 0.45, & 0.55\\ 0.55, & 0, & 0.45\end{bmatrix} \tag{2-14}$$

我们仅仅需要保证模型是左右结构的,而矩阵 A 初始化值是多少并不十分重要,因为后面会紧跟着一些重估计操作。

(4)B:观察值概率矩阵。$B=\{b_i(k)\}$,其中

$$b_i(k)=P\{\nu_k\ at\ t \mid q_t=s_i\},\ 1\leqslant k\leqslant M,1\leqslant i\leqslant N \tag{2-15}$$

我们用观测值与隐状态之间的距离来定义 $B=\{b_i(k)\}$,

$$b_i(k)=\alpha/\delta(i)\cdot\exp[-d(\nu_k,s_i)/\delta(i)] \tag{2-16}$$

其中 $d(\nu_k,s_i)$ 是 ASI 图像的 uLBP 特征向量 ν_k 与状态 s_i 之间的卡方直方图(χ^2)距离。即

$$d(\nu_k,s_i)=\chi^2(\nu_k,s_i)=\sum_r (\nu_{kr}-s_{ir})^2/(\nu_{kr}+s_{ir}) \qquad (2-17)$$

其中 r 表示特征向量的索引值,$r=1\sim59$。参数 $\delta(i)$ 定义为

$$\delta(i)=\sum_{\nu_k\in C_i} d(\nu_k,s_i)/n_i \qquad (2-18)$$

它反映状态的聚集程度[29,31]。α 是由 HMM 模型训练阶段最小的 $d(\nu_k,s_i)$ 所确定的系数,并在识别过程中保持不变。和文献[29]、文献[31]一样,我们也放松了参数 B 行之和为 1 的条件。因为这个限制来自理论模型,对于实际应用中获取到的观测值和定义的隐状态来说,这个限制太过严格了。比如,一些观测可能是由噪声而非定义的状态产生的。类似的讨论在模糊理论学科里有涉及:可能性 c 均值算法(PCM)就是为了解决模糊 c 均值算法(FCM)[32]中属性关系的强约束这一缺点而提出的;在文献[33]里,Pal 等人指出他们之前的模糊可能 c 均值(FPCM)模型有一个明显的问题就是它的典型性值约束太强了(要求行之和等于 1),放松这一条件后他们提出了可能性模糊 c 均值聚类(PFCM)算法。

(5)π:初始状态分布。其中 $\pi=\{\pi_i\}$,

$$\pi_i=P(q_1=s_i),\quad 1\leqslant i\leqslant N \qquad (2-19)$$

我们常常把第一帧划分到第一个聚类中,因此在初始化过程中,π_1 的值被设置为 1,其他所有 π_i 被设置为 0。

在 ASI 极光图像序列建模过程中,相关的参数含义如图 2-6 所示。通常情况下,一个 HMM 模型被简记为 $\lambda=(\pi,A,B)$。

3)HMM 训练、识别

初始化过程后,Viterbi 算法被用来获取最可能的路径,根据这个算法按照公式(2-13)可以求得新的状态值,而观测概率矩阵 B 可以按照公式(2-17)至(2-19)进行迭代更新。Baum-Welch 算法[23]被用来更新初始概率 π 以及转移概率 A。整个更新过程被多次迭代直至收敛到一个较小的阈值。在识别过程中,测试序列的特征向量按照和训练序列的特征向量同样的方式提取出来。HMM 模型训练过程中求得的参数 π 和 A 被直接应用于识别过程。而另一个参数 B 是依赖于测试序列的,通过结合测试序列的特征向量以及从训练序列中求得的状态值和参数 α,按照公式(2-17)至(2-19)可求出。识别结

果 $\log P(O|\lambda)$ 可以直接由 Viterbi 算法估计得到，它是衡量测试序列和训练模型之间匹配度的相似度分数。

4）HMM 相似度表征

基于相似度表征的基本思想是利用目标对象和一个被称为表征集的预先定义好的对象集之间的相似度值来建立一个新的表征空间。随后的分类聚类等操作就在这个相似度空间里来完成。这种方法有助于利用数据集中所有的信息。具体来说，如果序列 O_i 和 O_j 对一些其他的序列表现出高相似度，比如，它们都与一些序列非常相似，而与另外一些序列非常不相似，这就更加证明了 O_i 和 O_j 是属于同一类型的。基于相似度方法的关键问题是如何选择表征集。为了简单起见，我们采用“每个序列一个模型”的方法[26]。数据库中的每个序列首先被用来训练一个 HMM 模型，然后，任意一个序列都由该序列与所有模型（包括它自身模型）之间的 HMM 似然度分数组成的相似度向量表示。具体来说，由 m 个序列组成的数据库中的任意一个序列 O_i 可以表示为

$$F(O_i)=\begin{bmatrix}\log P(O_i|\lambda_1)/T_i\\ \log P(O_i|\lambda_2)T_i\\ \vdots\\ \log P(O_i|\lambda_m)/T_i\end{bmatrix} \tag{2-20}$$

其中 λ_j 是根据序列 O_i 估计出的 HMM 模型，T_i 是序列 O_i 的长度。这种方法从数据库的全局出发，在分类性能上大大改进了标准的基于 HMM 方法。

3. 不等长序列的处理

对于变化万千的极光过程，即使属于同种类型，他们的持续时长也会很不相同。所以，我们需要处理不等长的极光序列。处理不等长特征向量是 HMM 模型相比其他传统模型的一个优势[34]。考虑一个拥有 Q 个状态的模型 λ，它生成观测序列 $O=O_1O_2\cdots O_T$（其中每个观测 O_t 都是集合 V 中的一个符号，而 T 是序列中观测值的数目）的概率为

$$\begin{aligned}P(O|\lambda)&=\sum_{\text{all}Q}P(O,Q|\lambda)\\&=\sum_{\text{all}Q}P(O|Q,\lambda)P(Q|\lambda)\\&=\sum_{\text{all}Q}\pi_{q_1}b_{q_1}(\nu_1)a_{q_1q_2}b_{q_2}(\nu_2)\cdots a_{q_{T-1}q_T}b_{q_T}(\nu_T)\end{aligned} \tag{2-21}$$

其中 $Q = q_1 q_2 \cdots q_T$ 表示一个状态序列。$P(O|\lambda)$ 被称为似然度，表示序列 Q 与模型 λ 的吻合度有多高。在 Viterbi 算法中，求和过程被近似为最大化操作，即

$$\begin{aligned} P(O|\lambda) &= \sum_{\mathrm{all}Q} \pi_{q_1} b_{q_1}(\nu_1) a_{q_1 q_2} b_{q_2}(\nu_2) \cdots a_{q_{T-1} q_T} b_{q_T}(\nu_T) \\ &\approx \max \pi_{q_1} b_{q_1}(\nu_1) a_{q_1 q_2} b_{q_2}(\nu_2) \cdots a_{q_{T-1} q_T} b_{q_T}(\nu_T) \end{aligned} \tag{2-22}$$

基于网格结构的方法能够有效地完成这个计算。由公式(2－22)我们容易看出，随着序列长度的增加似然度的值在减小。因此，似然度需要被归一化以克服其对序列长度的敏感。对公式(2－22)左右两边同时取对数，得到如下等式

$$\begin{aligned} \log P(O|\lambda) &\approx \log[\max \pi_{q_1} b_{q_1}(\nu_1) a_{q_1 q_2} b_{q_2}(\nu_2) \cdots a_{q_{T-1} q_T} b_{q_T}(\nu_T)] \\ &= \max\{\log[\pi_{q_1} b_{q_1}(\nu_1)] + \log[a_{q_1 q_2} b_{q_2}(\nu_2)] + \cdots + \log[a_{q_{T-1} q_T} b_{q_T}(\nu_T)]\} \end{aligned} \tag{2-23}$$

如公式(2－23)给出的，人们似乎可以对通过每个似然度除以相应的序列长度来消除不同序列长度所带来的影响，即

$$\overline{\log P(O|\lambda)} = [\log P(O|\lambda)]/T \tag{2-24}$$

几乎所有使用最大似然(ML)准则的文献里都采用的是这种归一化方法来估计 HMM 的参数值[26－27]。

然而，实际情况是对数似然度虽然随着序列长度的增加而线性递减，二者却并非呈正比例关系。当在极光数据上使用这种归一化方法时，我们发现极光序列越短，似然度越大。这在检索和分类实验中都会带来不好的结果：短的极光序列比长的极光序列更容易被检索到，而序列的长度会直接影响分类结果。为了更清晰地阐述这一点，考虑如下线性函数

$$p = k \cdot l + b \tag{2-25}$$

其中 k 是斜率，b 是截距(常数项)，l 是独立变量，p 是函数值。很明显，是$(p-b)/l$ 而非 p/l 是固定值(即斜率 k)。这意味着只有减去常数项 b 后的 p 除以 l，即$(p-b)/l$ 才与 l 的值无关。因此，当直接用对数似然度除以序列的长度，即如公式(2－24)中显示的那样，不能完全消除序列长度不同所带来的影响。在除以序列长度之前，对数似然度应该先减去一个常数项，即

$$\overline{\overline{\log P(O|\lambda)}} = [\log P(O|\lambda) - b]/T \tag{2-26}$$

本部分中，常数 b 是根据训练模型估计得到的。对一个长度为 T 的训练序列，通过考虑其长度在 $2T/3$ 至 T 之间变化(只取整数值)，在每个长度 l 处都可

求出一个模型$\lambda_l=(\pi_l,A_l,B_l)$,同时对数似然值 $\log P(O_l|\lambda_l)$也可求出。使用最小二乘拟合方法,我们将 $\log P(O_l|\lambda_l)(l=[2T/3,T])$的所有值拟合成一条直线,常数项 b 可以很容易求出。

上述理论在极光数据上进行了验证。具体地,我们选用弧状极光数据,因为这一类的极光持续时间更长一些,更有利于训练出鲁棒的 HMM 模型。为了得出普遍性的规律,我们采用多个观测序列来训练 HMM 模型。共选用了 76 个长的弧状序列,每个序列都由超过 40 幅形态类似的图像帧组成的。以 1 帧为步长,将序列长度从 20 变至 40,在每个长度处用这 76 个序列都可以共同求出一个 HMM 模型。这 41 个 HMM 的似然度由 Viterbi 算法求得。图 2-7 给出了上述讨论的内容。很明显,只有如图 2-7(c)所示的方法能够较好地消除序列长度对对数似然度的影响。在接下来的实验中,若无特别说明,无论是训练过程中还是识别过程中,所有的 HMM 输出概率都如公式(2-26)般处理。我们将$\overline{\overline{\log P(O|\lambda)}}$命名为仿射归一化对数似然函数,为了对比,将公式(2-24)中的$\overline{\log P(O|\lambda)}$称为正比例归一化对数似然函数。

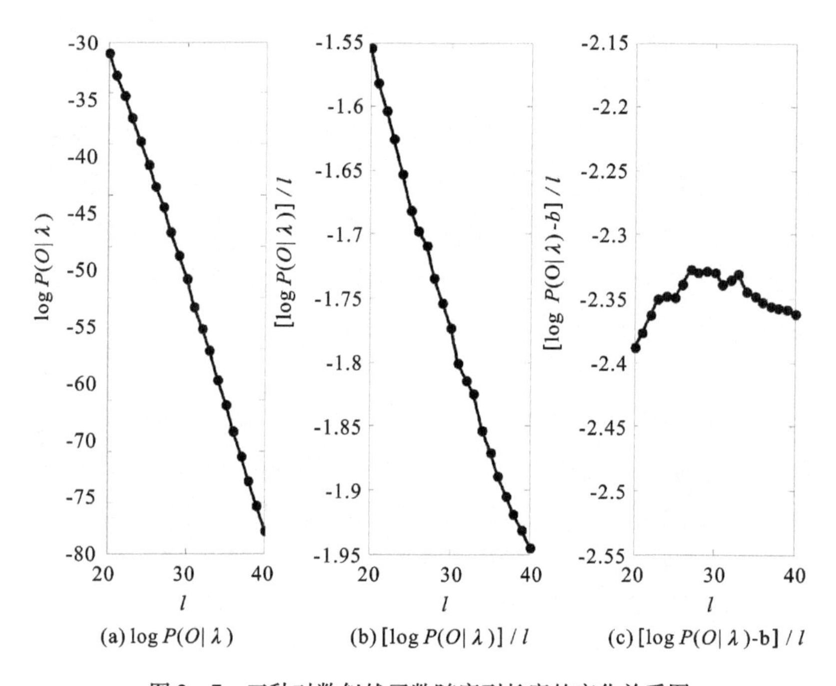

(a) $\log P(O|\lambda)$　(b) $[\log P(O|\lambda)]/l$　(c) $[\log P(O|\lambda)-b]/l$

图 2-7　三种对数似然函数随序列长度的变化关系图

4. 日侧极光自动识别

1)数据集介绍

本部分所用到的极光数据来自位于中国北极黄河站557.7 nm波段的图像,并对其采用与2.1.2节相同的预处理操作,即减去暗电流、图像灰度拉伸、旋转、去边缘噪声和剪裁等。光学观测在有云或有雾的天气条件下是不能正常工作的,因此不考虑天气因素造成的无效观测数据,我们从2003年12月到2009年1月这段时间里共挑选了249天的数据来构建数据库。数据库共分为两部分,第一部分,记为序列数据库1(SD1),由发生在2003年12月至2004年1月的609个序列构成。我们在挑选这些序列时参考了文献[17]中的静态标记,该文将ASI图像人工标记为上述四种类型,其中那些模棱两可的图像被标记为未知类别。具体来说,我们参考极光类别发生改变而将连续的极光观测划分为一个个的序列段。每个序列里极光的时间连续,且只包含一种极光类型。为了保证估计到的HMM模型参数的可靠性,太短的序列忽略不计。对于那些长度特别长,而且里面的极光表象很不一样极光序列,我们将它们分割成若干个短序列来考虑。SD1里的每个序列都由表象相似的ASI图像组成,可以视之为没有形态突变的平稳极光序列。静态ASI图像的标记工作不仅基于极光图像的形态特性,而且依赖于极光研究人员的经验知识。在本部分中,我们不考虑那些从ASI图像来看模棱两可的极光序列(其中绝大多数位于过渡状态)。这样处理之后,SD1中共有609个极光序列,包括284个弧状极光序列,119个帷幔冕状极光序列,138个辐射冕状极光序列以及68个热点状极光序列。这些序列的长度从18帧到94帧不等,平均长度是31.4帧。

数据库的第二部分,记为序列数据库2(SD2),由2004年10月至2009年1月间的230天极光数据组成。人工剔除了天气不好情况下拍摄的极光图像。因为极光是连续拍摄的,对于如此庞大的数据库来说,没有直接可用的静态标记。因此,如何将连续的极光划分成序列段比较麻烦。理论上,序列越长,越有利于估计鲁棒的模型。可另一方面,从我们的实际应用来看,一个分割好的序列最好只包含一种极光类型,从这点来说,序列越短越好。在分析了大量人工标记好的极光图片后,我们决定按照3 min的时间间隔(18帧)来划分连续的极光观测。此外,对于59维的特征长度来说,18帧的序列长度可以训练出鲁棒的3状态HMM模型。在极光观测效果不佳或者缺乏极光观测的情况下,ASI 极光图像序列是不连续的。在这种情况下,我们合并那些相邻的序列,最终得到 21 787 个序列段,它们的长度在 18 ~ 35 帧之间变化,由此构成 SD2 数据库。我们将极光图像划分成短序列而非长序列,因为这有助于保证每个分割成的序列里只包含一种类型的极光,这对准确地识别极光是非常关键的。换句话说,这样做是因为短序列分割方法有利于减少多种极光类型存在于一个分割好的序列段里的情况。对于某种极光类型持续了很长时间的这种情况,这种短序列分割方法的结果是几个短序列都属于那一种类型。所以,结果是与长序列分割方法相同的。

2)检索实验

本部分设计了三个实验,包括检索实验、有监督的分类实验和无监督各类型发生规律统计实验,用来对前面提出的基于 HMM 的 ASI 极光图像序列表征方法进行逐步深入的评估。首先,我们在 SD1 数据库上进行基于内容的序列检索实验。将每种类型给定的那个查询序列都训练成一个 3 状态的左右结构离散 HMM 模型。通过在整个 SD1 数据库中进行搜索,我们能获得在训练模型下最大对数似然值所对应的最匹配的序列。图 2 - 8 给出了每种类别下对应的查询序列(第 1 列)和检索结果(第 2—4 列)。考虑到视觉的简洁度以及采样的典型性,图 2 - 8 中每个序列只呈现其最中间的一帧。查询序列和检索序列的相似程度可以从视觉上来判断。所有检索到的序列都与其查询序列属于同一类型,而且形态特征非常相似。这些结果从视觉上证实了我们方法的有效性。

3)有监督分类实验

(1)方法:有监督的分类实验被用来在 SD1 数据库中定量地测试提出的方法。为了改进传统的 ML 分类机制,我们采用基于 HMM 相似度的分类方法[26]。具体来说,由 m 个序列组成的数据库中的任意一个序列 O 可以表示为

$$F(O)=\begin{bmatrix}\overline{\overline{\log P(O|\lambda_1)}}\\ \overline{\overline{\log P(O|\lambda_2)}}\\ \vdots\\ \overline{\overline{\log P(O|\lambda_m)}}\end{bmatrix} \tag{2-27}$$

其中 λ_j 是根据第 j^{th} 个序列估计出的 HMM 模型,m 是数据库中的序列数,在我

们的实验中它的值为 609。$\overline{\log P(O \mid \lambda_j)}$ 是序列 O 和数据库中第 j^{th} 个序列的 HMM 相似度。数据库中所有这些序列的新特征向量,即{F(O)},构成了相似度空间。这种方法从数据库的全局出发,能更好地解决短序列所带来的参数不稳定的情况。这种方法在分类性能上大大改进了标准的基于 HMM 方法。图 2-9给出了基于 HMM 相似度的极光序列分类方法的流程图。

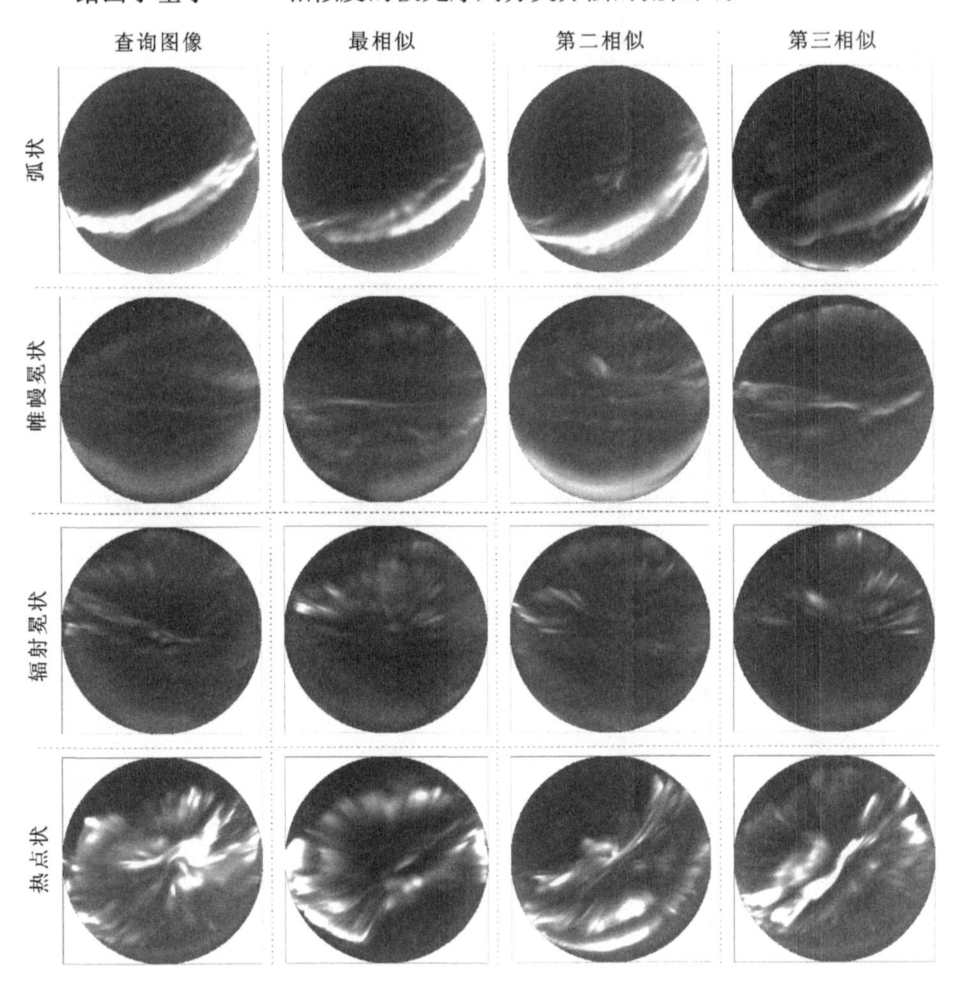

图 2-8　SD1 中查询序列和检索结果

多次 m-重交叉验证方法被用来估计分类精度。m-重交叉验证里一个常见的选择是 $m=10$。为了考察训练数据的多少对结果的影响,本部分中 m 值从 15 降到了 5。对于一个给定的 m 值,实验独立重复 $200/m$ 次,即共有 200 次实

验来获得鲁棒的结果。在相似度空间，我们选用简单 k - 近邻（k - NN）分类器来进行分类，其中 k 值分别取 1、3、5。加权欧式距离被用来改进结果，权重取为 $w_i = \exp[\overline{\log P(O|\lambda_i)}]$ 并进行了归一化。

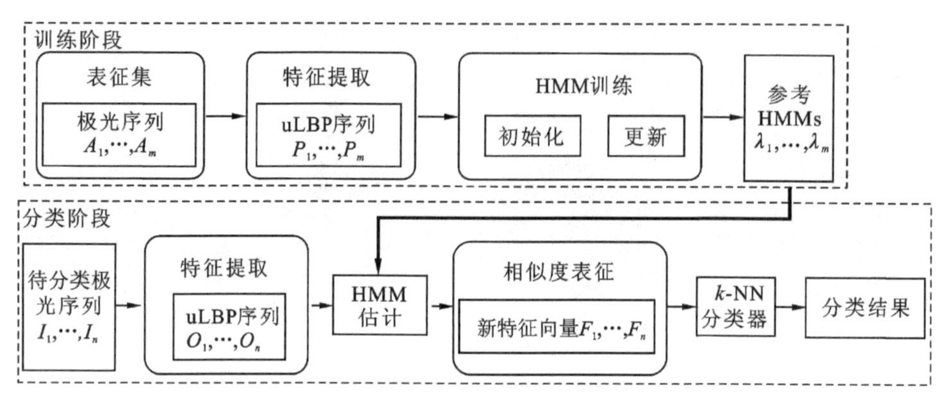

图 2 - 9　基于 HMM 相似度的极光序列分类方法流程图

（2）实验结果：如文献[17]中所描述的那样，由于在标记过程中存在不确定的情况，所以我们需要考虑分类拒识问题。使用 k - NN 分类器可以很容易地获得拒识选项：如果没有出现多数一致的情况，就不给测试序列指定类别。表 2 - 1给出了我们仿射对数似然归一化方法的拒识率。可以看出，SD1 数据库中确实存在一些模棱两可的序列，但是数量很少。这意味着数据标记中没有很大的不确定性。它间接表明了数据库中所选择的序列都很有表征能力。从表 2 - 1 中我们还发现对绝大多数 m 值来说，3 - NN 分类器的拒识率要比 5 - NN 分类器的低。

表 2 - 1　基于仿射对数似然归一化方法的 k - NN 分类器求出的 SD1 中不确定序列的比例

m	15	14	13	12	11	10	9	8	7	6	5
$k=3$	3.85%	3.95%	3.85%	3.91%	3.90%	3.85%	3.72%	3.93%	3.73%	3.79%	3.77%
$k=5$	3.82%	4.32%	4.08%	4.17%	3.84%	3.92%	3.93%	4.26%	4.17%	4.08%	4.14%

为了进一步考察每种极光类型的分类精度，我们在表 2 - 2 中给出了有监督分类实验结果的混淆矩阵。这个结果是基于我们的仿射归一化方法，$m=8$，$k=3$，在 200 次实验上得到的平均结果（即 25 次 8 重交叉验证）。各种类型的分类精度表明：① 弧状极光形态最简单，分类正确率最高。② 两种冕状极光常常被混淆。这是因为 59 维如此短的 uLBP 特征很难抓住 ASI 图像复杂的纹理

特征。③ 热点状极光常常被误分为弧状极光及辐射冕状极光。从图像本身来说,原因是有些亮斑点或亮斑块的形态结构与弧状极光或辐射状极光类似。从物理机制来看,出现这种结果可能是因为热点状极光在三个波段都有很强的极光发射,而我们仅采用了557.7 nm 波段的 ASI 图像。

表 2-2 SD1 上采用 3-NN 分类器求出的 25 次 8 重交叉验证有监督分类结果的混淆矩阵

人工标记	分类结果				分类正确率	平均正确率
	弧状	帷幔冕状	辐射冕状	热点状		
弧状	6 221	229	175	298	89.86%	84.15%
帷幔冕状	164	2 109	581	0	73.90%	
辐射冕状	4	315	2 719	170	84.76%	
热点状	174	19	189	1 260	76.74%	

(3)对比实验:本部分提出的仿射对数似然归一化方法被用来与常规的正比例对数似然归一化方法作比较,分类结果如图 2-10 所示。可以看出,我们的方法在 m 变化的大多数取值上都获得了更好的结果,特别是 $k=1$ 的时候。然而,结果并没有获得我们所期待的那么大的改进。我们发现这种修正方法的优势依赖数据集的选取。比如,在我们接下来的极向运动事件检测中,这种仿

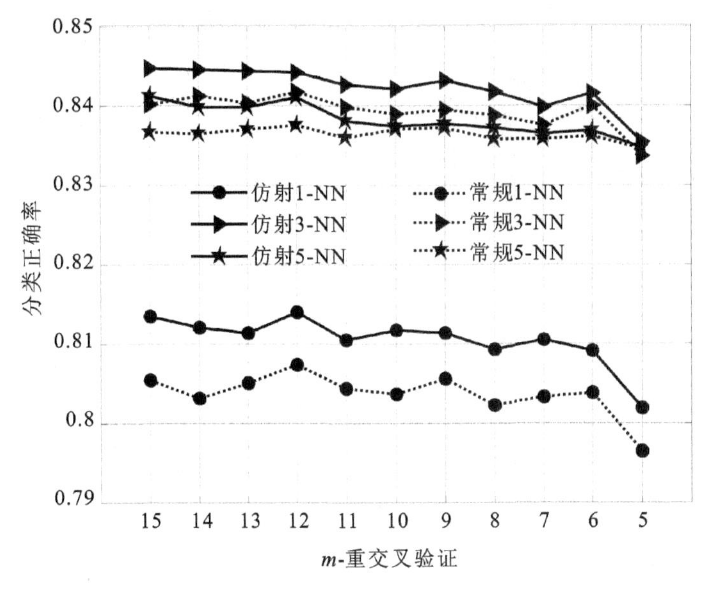

图 2-10 SD1 上的有监督分类结果

射归一化方法就显示出了明显的优势。训练数据数目的减少对这两种方法的效果都没有太大的影响,说明结果对训练数据的量是鲁棒的。当 $k=3$,$m=15$ 时,我们方法的平均分类正确率高达 84.46%,即使 $m=5$,依然高达 83.53%。这些结果证明了本部分提出的极光序列表征方法是非常有效的。

基于帧的 ASI 图像分类方法[8]也被用来与本部分提出的方法作比较。我们方法的比较对象是一个序列,由于黄河站的采样间隔只有 10 s,所以即使有些极光演化非常迅速,相邻的两帧 ASI 图像依然保持着相似的表象。因此,我们不能在数据库 SD1、SD2 上直接应用基于帧的分类方法,否则由 k - NN 分类器得到的与查询帧最近的 k 帧很可能就是时间上相邻的帧。可是,对一个序列中的每一帧都单独分析也不现实,因此这里我们只考虑典型帧。考虑到序列的长度不统一,我们选取三种情况:抽取每个序列的开始帧、中间帧和结束帧分别构建 SD1 的三个子集,即 SD1_S1、SD1_S2 和 SD1_S3。在这三个子集上分别进行分类实验,分类结果见图 2 - 11。很明显,不管哪种子集类型,基于序列的方

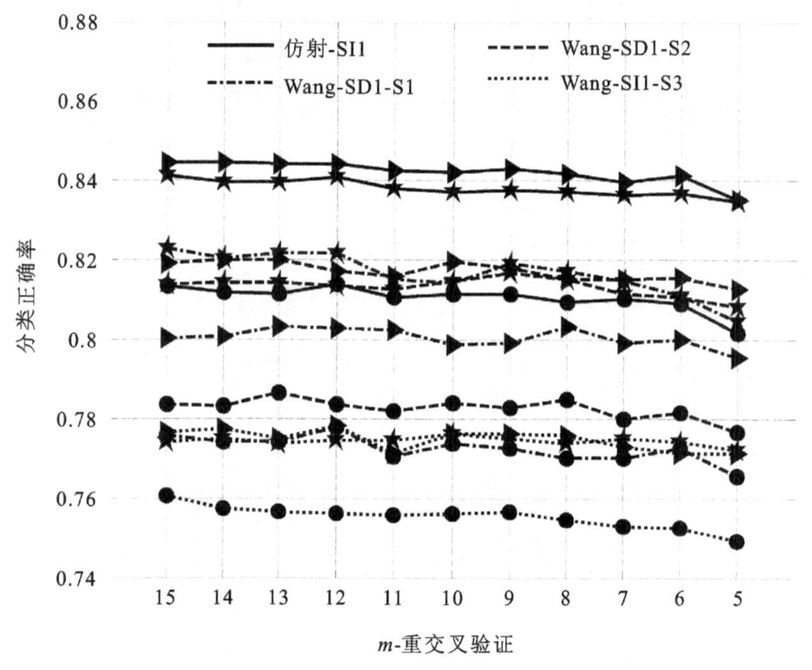

●表示1-NN分类器的结果,▶表示3-NN分类器的结果,★表示5-NN分类器的结果。

图 2 - 11 对比仿射归一化下基于序列的分类方法在 SD1 上和基于帧的分类方法在三个子集上得到的结果

法都获得了更优的结果。为了作进一步的对比,我们在表 2－3 中给出了在这三个子集上基于帧的分类方法的拒识率。这些拒识率都高于表 2－1 中给出的基于序列的分类方法的拒识率。因此我们可以得出结论:通过在分类过程中加入帧间时序信息,基于序列的方法得到的结果比只用静态图像信息的基于帧的分类方法结果好得多。对于基于帧的方法来说,抽取中间帧得到的结果要好于抽取首尾帧得到的结果,因为中间帧通常是一个序列中最典型和最具表征力的图像。同样,我们发现 3－NN 分类器的拒识率要低于 5－NN 分类器。

表 2－3　基于帧的分类方法采用 k－NN 分类器得到的不确定图像的比例(%)

m		15	14	13	12	11	10	9	8	7	6	5
SD1_S1	$k=3$	5.29	5.45	5.47	5.56	5.66	5.52	5.73	5.59	5.63	5.84	5.87
	$k=5$	7.65	7.42	7.75	7.42	7.40	7.44	7.37	7.45	7.19	7.50	7.43
SD1_S2	$k=3$	4.19	4.11	4.32	4.23	4.03	4.56	4.29	4.35	4.21	4.68	4.69
	$k=5$	5.44	5.59	5.81	5.87	5.78	5.92	5.99	6.12	6.08	6.25	6.29
SD1_S3	$k=3$	4.87	4.72	4.73	4.76	4.80	4.95	4.87	4.94	4.83	5.00	5.31
	$k=5$	6.10	5.96	5.83	5.97	5.84	6.30	6.32	6.14	6.34	6.33	6.73

从图 2－10 和图 2－11 还可以看出,对所有的方法,所有 m 重交叉验证实验,k－NN 分类器($k>1$)的结果都比 1－NN 分类器的结果好很多。这和机器学习领域里的一般规律是吻合的。然而,在文献[17]中,采用基于帧的分类方法时,1－NN 分类器得到的结果是最好的。当然,最优 k 值的选取是一个依赖数据的问题。但仔细查看文献[17]中的 AD1 数据集,我们发现很多 ASI 图像之间的时间间隔很短。8 001 幅图像中有 1 609 对相邻图像的间隔在 2 min 以内。ASI 图像的时间间隔如此之短,因此它们的形态非常相似,所以 1－NN 分类器在他们的实验中表现最好。另外一个值得一提的现象是同样是基于帧的分类方法,本部分中在任何一个 SD1 子集得到的结果都不如文献[17]中的好。这很可能就源自数据库构建的差异。三个 SD1 子集中两幅相邻图像之间的时间间隔要远大于文献[17]中 AD1 数据集中相邻帧的时间间隔。识别难度增加了,因而正确率就下降了。

5. 极光类型发生分布规律

(1)目标:上一节的有监督分类实验是在 SD1 数据库上进行的,只考虑了从 2003 年 12 月至 2004 年 1 月的 609 个序列,训练集和测试集是来自同一年的越冬观测数据,数据之间存在一定的相关性。此外,我们对 SD1 中每个序列的形态类型都进行了人工标记。可是,对所有的极光观测都进行人工标记这是不现实的,因为每年都有百万数量的 ASI 图像产生。在这一部分,为了进一步考察我们提出方法的有效性,我们以 SD1 为训练集,对 2004—2009 年间所有的极光数据采用 k - NN 分类器进行分类。因为 SD2 没有进行人工标记,无法计算分类正确率,我们考察的是四类极光形态的分布规律,并与文献[8]和[17]中的结果进行对比。SD2 数据库由 21 787 个 ASI 极光序列组成,序列长度在 18 ~ 35 帧之间变化,共有 397 628 幅图像。

(2)方法:本部分中我们采用基于相似度的分类机制。为了在处理大量的极光序列时能避免高维计算,我们选用训练集 SD1 作为表征集,而非整个的数据集 SD1 + SD2。换句话说,SD1 中的每个序列都用来训练一个 HMM 模型。通过采用这 609 个 HMM 模型,按照公式(2 - 27),SD1 和 SD2 中的每个序列 O 的特征向量都可表示成一个 609 维的向量。

(3)实验结果:由于一个序列中的极光可能包含多种类型,而且还可能存在一些未定义的类型,我们仍需考虑分类拒识问题。和在有监督分类实验中一样,k - NN 分类器,k = 3 和 5 被用来在 SD2 上做有拒识的分类实验。表 2 - 4 给出了结果。其中未知类型仍表示不确定的事件,这个类型的多少反映的是拒识率的大小。可以看出,SD2 中有些极光太模棱两可了,很难分类。这是由于 SD2 中极光序列是按时间先后顺序以 3 min 为间隔进行的“硬划分”所造成的。k = 3 和 5 时,拒识率分别为 6.72% 和 8.15%。

表 2 - 4　基于序列的方法采用 k - NN 分类器在 SD2 上检测到的各种类型的数目

类型	弧状	帷幔冕状	辐射冕状	热点状	不确定类型
$k=3$	8 997	5 525	4 010	1 791	1 464
$k=5$	8 836	5 523	3 942	1 711	1 775

为了得到每种极光类型的时间分布,按照 3 min 一个间隔(因为 SD2 中绝大多数的序列都是 18 帧图像),将时间轴划分成了 240 个时间段。因为一些极光序列可能跨越了两个时间段,为了避免考虑这些序列到底属于哪个时间段,我们在绘制分布规律图时,考虑的是落入每个时间段的 ASI 图像的帧数而非序列的数目。用 3 - NN 分类器得到的分布规律和 5 - NN 分类器并无太大的差异,因此在图 2 - 12 中我们只呈现 5 - NN 分类器的结果。图中的比率是除以每

个时间段内的图像数目后得到的结果。

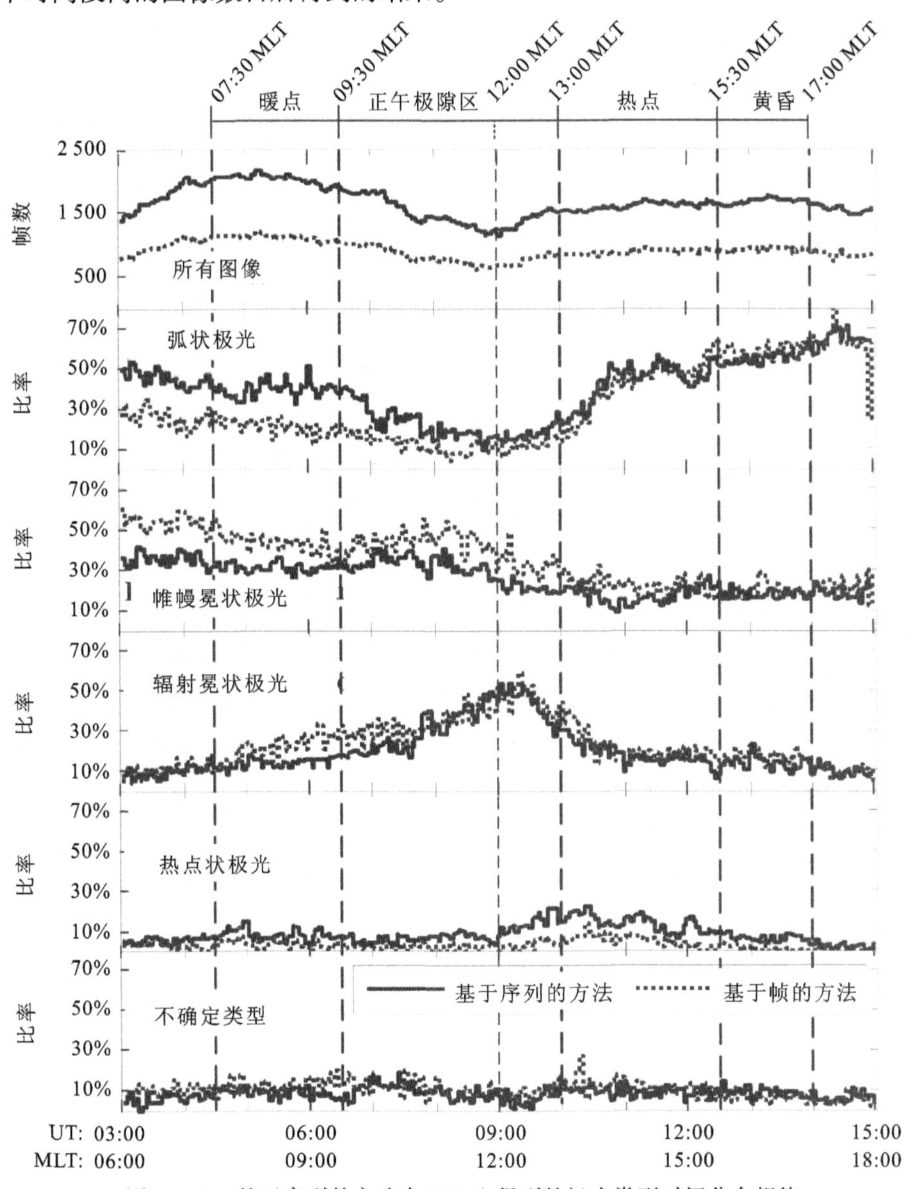

图 2－12 基于序列的方法在 SD2 上得到的极光类型时间分布规律和基于帧的方法在 SD2 子集上得到的分布规律对比

图 2－12 给出了 SD2 中 ASI 图像数目的分布规律以及五种极光类型随时间的分布规律。其中,最上面一行表示在各个时刻 ASI 图像的数目,中间四行表示的是四种日侧极光类型的分布规律。最下面一行表示不确定类型的分布

情况。为了统一绘图,基于帧的方法的图像数目扩大了 10 倍。为了与 Hu 等人[8]的结果进行比较,在图 2 – 12 的顶端用粗线加以区分给出了极光的四个活动区域,并用细线显示出了正午极隙区的两个状态。如图 2 – 12 所示,按照形态学特征定义的四种极光类型占据着极光卵的不同区域。从分布趋势来看,四类确定类型极光的全局分布非常符合日侧极光多波段能量分布的结果[8],而且与 Wang 等人[17]从静态图像得出的结论基本吻合。弧状极光的分布具有明显的午前 – 午后双峰分布,午前极光比午后极光弱。亮度较弱的帷幔冕状和辐射冕状极光在形态上差别比较小,两者的发生位置也比较接近,主要出现在 13:00 MLT 以前,只是峰值出现的位置不同。在 11:00—11:45 MLT 之间发生的极光类型以帷幔冕状为主,而在 11:45—13:00 MLT 的时间段内,主要出现的是辐射冕状极光。热点极光则主要分布在极光卵 H 区,而且在 13:30 MLT 处呈现出了明显的峰值。类型不确定的极光序列在 10:30 MLT 和 13:00 MLT 处出现了两个小峰值,表明在这两个时间极光类型过渡的情况较常发生。

(4)对比实验:为了深入考察基于序列的方法和基于帧的方法之间的差异,我们还给出了基于帧的方法得到的发生分布图。因为 SD2 是由序列组成的。考虑到在有监督分类实验中,基于帧的分类方法在 SD1_S2 数据集上表现最好,我们抽取每个序列的中间帧来构建 SD2 的子集。以 SD1_S2 作为训练集,SD2 子集里的每一帧都用来进行分类。表 2 – 5 给出了每种类型检测到的帧数。$k=3$ 和 5 时拒识率分别为 7.89% 和 9.74%。我们还采用基于帧的方法得到了每种极光类型的时间分布图。由于 3 – NN 分类器和 5 – NN 分类器的结果差不多,为了统一起见,图 2 – 12 中给出的也是 5 – NN 分类器的结果。

表 2 – 5 基于帧的方法采用 k – NN 分类器在 SD2 子集上检测到的每种极光类型的数目

类型	弧状	帷幔冕状	辐射冕状	热点状	不确定类型
$k=3$	7 011	7 504	4 935	618	1 719
$k=5$	6 828	7 582	4 737	519	2 121

从表 2 – 4、表 2 – 5 以及图 2 – 12 中,我们可以发现基于序列的方法和基于帧的方法有三个主要差异。首先,基于序列的方法的拒识率更低。这表明对复杂的极光识别来说,帧间信息是非常重要的。其次,在午前区域,基于序列的方法识别出了更多的午前弧,帷幔冕状极光就少一些;而 Wang 等人[17]基于帧的方法得到的结论却相反。导致这种差异出现的原因是,在动态过程中,午前弧

状极光常常由帷幔冕状极光演变而成,最后又演变成帷幔冕状极光。如果基于帧的方法被用来识别一个午前弧序列,两端都会被分类成帷幔冕状极光而中间部分被分类成弧状极光,导致帷幔冕状极光的识别率上升。最后,基于序列的方法比基于帧的方法识别出了更多的热点状极光。这可能是因为热点状极光的形态更复杂,因此时间信息的融合相比其他类型来说更为重要。

6. 小结

本部分提出了一个基于 HMM 的极光序列表征框架,并将其应用到极光序列的分类中。因为极光是一个动态演化的过程,基于序列的分类方法可以利用时间信息来区分不同的极光形态,因此能比基于帧的方法产生更可信的结果。即使是同属一种类型,极光的演化速度和强度也是变化的。HMM 与生俱来的建模任意时变序列的能力特别吻合极光识别的任务。借助基于 uLBP 的静态特征提取,基于 HMM 的方法不仅能抓住 ASI 图像的空间结构,而且能考虑到极光演化的时间关联信息。通过引入仿射归一化对数似然函数,HMM 处理变长序列的方法得到了修正。通过与基于帧的方法作对比,基于序列的方法在封闭集上的有监督分类实验以及开放集上的日侧极光形态分布实验结果都比基于帧的方法更好。有监督的分类实验正确率更高,拒识率更低。这两种方法在午前时段得到的弧状和帷幔冕状极光的发生分布的差异与午前弧状极光的物理机制以及两种方法的静态特征不同有关。基于序列的方法识别出了更多的热点状极光且拒识率更低,说明加入时间信息的基于序列的方法辨识复杂极光的能力更强。

本部分作为应用图像处理和传统机器学习技术在 ASI 图像序列自动分析方面的初步研究成果,我们的研究还有很多地方需要改进。首先,我们是对连续极光进行的规则划分。所以,可能会出现某一个划分的极光序列段里包含多种极光类型的情况,不利于分类。我们希望能有先进的分割技术来解决这个问题,以保证每个分割好的序列段里只包含一种极光类型。考虑到极光是缓慢变化的,两种极光类型之间没有明显的边界,视频镜头缓变的方法也许可以用来解决极光分割。其次,在 HMM 建模过程中,如何定义看不见的状态是非常棘手的一个问题。对于极光现象,如何定义出更有意义的状态还需进一步研究。其次,本部分中我们只考虑了基本的 HMM 结构。在以后的工作中,我们可以考虑一些 HMM 的改进模型,比如真实的极光演化是非平稳的过程,所以非平稳 HMM 模型[35]可能更适合用来表征极光序列。最后,本部分中我们只用到了

557.7 nm 波段的 ASI 极光图像,如果能够将三个波段的极光数据进行融合,获得更为全面、准确的极光图像表征,分类效果应该会有改进。此外,极光研究领域的一个重要问题是缺乏评价新方法性能好坏的基准数据库和方法,明确定义和广泛使用的数据库对客观评价不同方法之间性能优劣来说是非常重要的。

2.2 基于卷积神经网络的极光图像有监督分类

2.2.1 研究背景与动机

2.1 中极光自动分类都是采用传统机器学习方法,通过精心设计特征描述子表征极光图像形态信息,然后选择合适的分类器对极光图像进行自动分类。提取的特征代表了极光的强度、形状和纹理,在极光图像分类中起着重要作用。理想情况下,它们应该是独特的,同时对各种可能的图像转换(如旋转、缩放和翻转)具有鲁棒性。然而由于极光是一个动态变化的现象,而人工设计的极光特征描述符缺乏更抽象的高层语义信息,且过于依赖专家的经验知识,使得这类算法在实际应用中的泛化性能不是很理想。

近几年随着人工智能(AI)的发展,深度学习几乎已成为计算机视觉研究的标配,在人脸识别、图像分类等众多领域取得了显著成功。深度学习是使用不同种类的神经网络进行表示学习,以获得数据的最佳表示。在过去的几年里,由于深度学习技术的快速发展,我们见证了人工智能的许多突破性成果:从安全的自动驾驶、准确的人脸识别到自动阅读放射学图像。深度学习技术的一个优点是,它以“端到端”的方式工作,从而减少了人类设计的努力——给网络提供原始数据和要执行的任务,如分类和检测,它就会自动学习如何去做。

最近,基于卷积神经网络(CNN)的图像表征在基于视觉的任务中引起了越来越多的关注,并表现出令人印象深刻的性能。CNN 与传统机器学习方法的主要区别在于,CNN 直接从数据中学习特征,而不需要额外的人工特征提取过程。到目前为止,已经有许多 CNN 模型被研究用于各种计算机视觉任务,包括 OverFeat、AlexNet、GoogLeNet、VGG、ResNet、Inception,以及它们的变种。Razavian[36] 使用预先训练好的 OverFeat 来提取特征,并证明在各种计算机视觉任务上,现成的特征比手工制作的特征能产生更好的结果。

这些进展已被迅速引入极光图像分类领域。王菲和杨秋菊[37]引入了 Alex-

Net,将黄河站的日侧极光图像自动分类为弧状、帷幔冕状、辐射冕状和热点状。Clausen 和 Nickisch[38] 利用预先训练好的 Inception – v4 将奥斯陆极光 THEMIS (OATH)数据集中的极光图像自动分类为晴朗/无极光、阴天、月亮、弧状极光、弥散极光和离散极光。Niu 等人[39] 提出了一种弱监督语义分割方法,以实现极光图像的关键局部结构的像素级定位和图像级分类的联合。Han 等人[40] 提出了一个多尺度核的 CNN,通过眼球运动引导的特定任务初始化,将极光图像分为弧状、帷幔冕状和辐射冕状。

然而,上述分类方法与实际应用之间存在着差距。一方面,极光具有丰富的空间变化,往往缺乏明确的类间边界。用于极光图像分类的 CNN 提取的特征应该是旋转不变的,并且是有区别的。另一方面,极光图像的数量非常庞大,而且每年冬天都在增加。因此,极光图像分类的方法必须是高效且易于实施的,这样才有实用价值。然而,Niu 等人[39] 的斑块尺度模型(PSM)的训练是一个非常耗时的过程,而 Han 等人[40] 的眼动注释的获取是非常昂贵的。

本节旨在开发一种实用的方法,对现有的大量极光图像进行自动分类。根据极光的独特特征,探索了一种基于 CNN 架构的新的极光图像分类模型。首先,我们比较了以往极光图像自动分析中使用的三种 CNN 模型(AlexNet、VGG 和 Inception – v4)[41,42,38],考虑到准确性和效率,选择最简单的 AlexNet 作为极光图像分类的主干。其次,考虑到极光图像的空间差异较大(如图 2 – 1 所示),在 AlexNet 之前插入了空间变换网络(STN)[43]。STN 可以根据分类任务对图像进行自适应的变换和排列(包括平移、缩放、旋转和更多的通用翘曲),这可以使模型更加关注感兴趣区域(ROI),提高分类精度。最后,作为一种自然现象,极光的连续演化使其具有丰富的类内形式,而缺乏鉴别性的类间边界。最经常出现的弧状极光持续时间长,表现出很高的类内外观差异,而当极光从一种类型过渡到另一种类型时,几乎没有明显的类间差异,因为它们总是在逐渐变化。有鉴于此,我们采用大边际 Softmax(L – Softmax)损失函数[44] 来优化极光图像分类模型。L – Softmax 损失函数同时最大化了类内紧凑性和类间可分离性。我们在 ImageNet 上对分类模型进行预训练,并用极光图像数据对其进行微调。

我们工作的主要贡献可以概括为以下几点。

(1)提出了一个易于实施且高效的极光图像分类 CNN 模型,它可以帮助分析巨大的极光图像数据集。

(2)所提出的分类模型是基于领域知识的,其子模块 STN 和 L – Softmax 损失函数是根据极光的独特特征来选择的。

(3)为了满足极光物理学的实际需求,与以往的实验设置不同,所提出的模型在一个冬天的极光观测中进行训练,并在接下来的五个冬天的观测中进行测试。

(4)进行了大量的实验来验证所提出的模型的有效性,这表明我们的方法对于海量极光图像的自动分类具有实际应用价值。

2.2.2 基于 AlexNet 的 STN 和 L - Softmax 极光图像表征

图 2 - 13 显示了极光图像分类模型的整个网络结构。空间变换网络 STN 被嵌入 AlexNet 的输入层,用于极光图像的空间变换,这使得网络在训练过程中能够自动学习更多有效的极光区域。此外,利用 L - Softmax 损失函数对网络进行优化,使网络能够学习到更多的极光特征。我们把该模型简称为 STN - Lsoftmax - AlexNet。

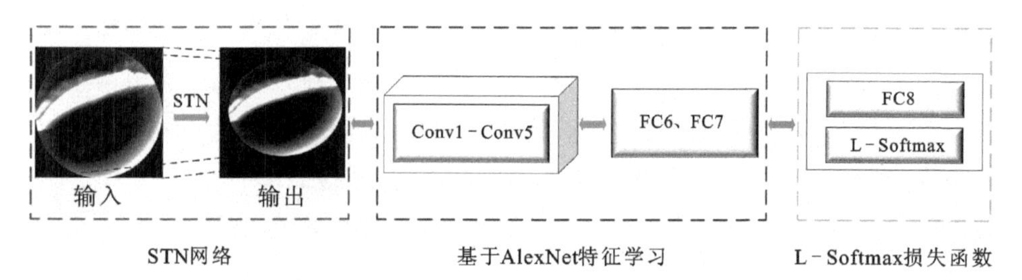

图 2 - 13 STN - Lsoftmax - AlexNet 的架构

1. 空间转换网络

虽然 CNN 是一个强大的分类模型,但它仍然受到数据空间多样性的影响。Jaderberg 等人[43]提出了一个新的学习模块,即空间变换网络 STN,以解决这个问题。STN 可以被训练得对感兴趣的区域给予更多关注。它不需要对关键点进行校准,可以根据一定的任务对输入图像进行自适应变换,包括平移、缩放、旋转和其他几何变换,以选择最相关的区域。当输入数据的空间差异较大时,可以将 STN 加入现有的 CNN 架构中,以提高模型的分类精度。在本节中,STN 被插入 AlexNet 网络的输入层(图 2 - 13),极光图像被仿射转换为具有较强特征能力的新图像。如图 2 - 14 所示,从输入 U 到输出 V,STN 由定位网络、网格发生器和采样器组成[43]。

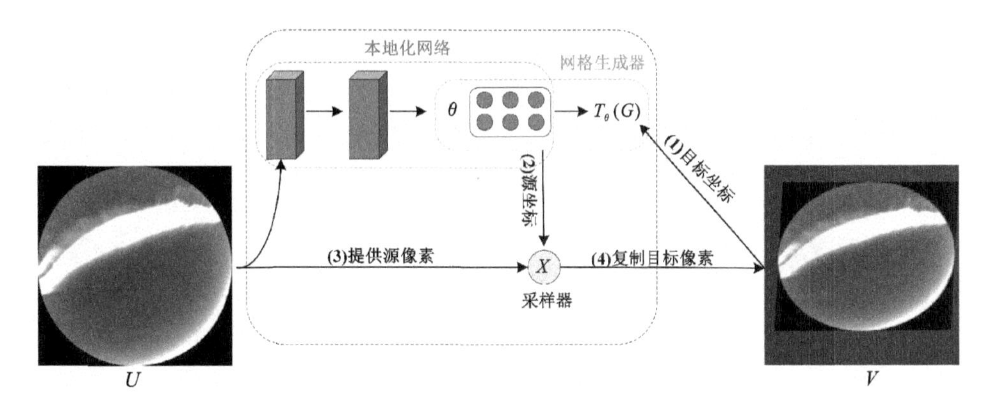

图2-14　顺序展示空间变换网络(STN)

第一部分定位网络是一个定制的CNN架构,计算生成二维仿射变换参数θ。我们将其定义为两个卷积层、一个最大池化层、一个全连接层和一个回归层。该网络接收宽度为H、高度为W的输入极光图像$U \in R^{H \times W}$,并输出2×3维矩阵变换参数θ。第二部分网格发生器用于将目标图像V中的每个坐标(x_i^t, y_i^t)映射到源图像U中的坐标(x_i^s, y_i^s),二者对应关系如下:

$$(x_i^s, y_i^s) = T_\theta(G_i) = A_\theta \begin{pmatrix} x_i^t \\ y_i^t \\ 1 \end{pmatrix} = \begin{pmatrix} \theta_{11} & \theta_{12} & \theta_{13} \\ \theta_{21} & \theta_{22} & \theta_{23} \end{pmatrix} \begin{pmatrix} x_i^t \\ y_i^t \\ 1 \end{pmatrix} \tag{2-28}$$

其中,T_θ是一个二维仿射变换函数,由第一部分得到的变换参数θ组成[43]。A_θ是变换矩阵,G_i是映射空间的网格坐标,其中代表目标图像V中的第i个像素点。第三部分采样器使用源图像U的像素值和第二部分得到的坐标(x_i^s, y_i^s)填补目标图像V中坐标的像素值(x_i^t, y_i^t)。由于映射到源图像U的一些坐标可能是小数,对于目标图像中每个像素点的像素值我们根据其周围像素的像素值通过双线性插值来估计。

2. L-Softmax损失函数

为特定的任务选择一个合适的损失函数是很重要的。由于Softmax损失的简单性和较强的分类性能,它已被许多CNN广泛采用。具体来说,Softmax损失函数被用来对第i个输入的第j类的预测进行转换:

$$\sigma_i(f_{y_i}) = \frac{\exp(f_{y_i})}{\sum_{j=1}^{k} \exp(f_{y_j})}, i = 1, 2, \cdots, k \tag{2-29}$$

其中 y_i 是样本的类别标签,f_{y_i}通常是全连接层的激活,可以写成

$$f_{y_i} = W_{y_i}^{\mathrm{T}} x_i + b_{y_i} \tag{2-30}$$

Softmax 将预测值转化为非负值,并对其进行归一化处理,从而得到一个关于类的概率分布。数据 x 属于 i 类的概率被称为可能性:

$$o_i = \sigma_i(f_{y_i}) \tag{2-31}$$

因此,原来的 Softmax 损失可以写成

$$L = -\log(o_i) = \frac{1}{N}\sum_i L_i = \frac{1}{N}\sum_i -\log\left(\frac{\mathrm{e}^{f_{y_i}}}{\sum_j \mathrm{e}^{f_j}}\right) \tag{2-32}$$

其中 f_j 表示第 j 个元素的类别分数($j \in [1,k]$,k 为类的数量),N 为训练数据的数量。由于 f 是全连接层后经激活函数作用输出权重 W 与输入 x_i 的乘积,所以 f_{y_i}可以被写为 $f_{y_i} = W_{y_i}^{\mathrm{T}} x_i$,当忽略偏移量 b 时,f_j 也可以表述为

$$f_j = \| W_j \| \| x_i \| \cos(\theta_j), 0 \leqslant \theta_j \leqslant \pi \tag{2-33}$$

其中 θ_j 为权重向量 W 和输入特征 x_i 的夹角。因此,Softmax 损失可以进一步定义为

$$L_i = -\log\left(\frac{\mathrm{e}^{\| W_{y_i} \| \| x_i \| \psi(\theta_{y_i})}}{\sum_j \mathrm{e}^{\| W_j \| \| x_i \| \cos(\theta_j)}}\right) \tag{2-34}$$

一个标准的 CNN 可以被看作一个卷积特征学习机,由 Softmax 损失监督[44]。

尽管 Softmax 损失函数已被广泛使用,但它并没有明确鼓励对特征的鉴别性学习。为了解决这个问题,Liu 等人[44]将 Softmax 损失泛化为更普遍的角度相似度方面的大边际 Softmax(L-Softmax)损失,这导致所学特征之间潜在的更大角度可分离性,从而产生更多的鉴别性特征。L-Softmax 背后的直觉很简单。考虑到二元分类和来自第1类的样本 x,原来的 Softmax 是强制 $\| W_1 \| \| x_1 \| \cos(\theta_1) > \| W_2 \| \| x_2 \| \cos(\theta_2)$ 对 x 进行正确分类。相反,L-Softmax 损失函数的动机是希望通过增加一个正整数变量 m 来更加严格地约束上述等式,即 $\| W_1 \| \| x_1 \| \cos(m\theta_1) > \| W_2 \| \| x_2 \| \cos(\theta_2)$,其中 $0 \leqslant \theta_1 \leqslant \frac{\pi}{m}$。这样的约束对分类模型学习参数 W_1 和 W_2 的过程提出了更高的要求,进而使得类别1和类别2之间有了更宽的分类决策边界。推广到更为一般的多个类别分类问题中,L-Softmax 损失函数可以被定义为

$$\text{L-Softmax} = -\log\left(\frac{e^{\|W_{y_i}\|x_i\|\psi(\theta_{y_i})}}{e^{\|W_{y_i}\|x_i\|\psi(\theta_{y_i})} + \sum_{j\neq y_i} e^{\|W_j\|\ \|x_i\|\cos(\theta_j)}}\right) \tag{2-35}$$

其中

$$\psi(\theta) = \begin{cases} \cos(m\theta), 0 \leqslant \theta \leqslant \dfrac{\pi}{m}, \\ D(\theta), \dfrac{\pi}{m} < \theta \leqslant \pi \end{cases} \tag{2-36}$$

式中 m 是一个控制分类余量的整数[44]。m 越大,分类的决策边界越宽,模型学习难度就越大。具体来说,当 $m=1$ 时,L-Softmax 损失与原来的 Softmax 损失相同,$D(\theta)$ 是一个单调递减的函数,并且 $D(\pi/m)=\cos(\pi/m)$。通过调整类间的余量 m,将定义一个相对困难的学习目标,其余量可调,可以有效避免过拟合。

2.2.3 极光分类机制和数据集构建

考虑到本节使用的极光数据是由 ASI 在我国北极黄河站的白天获得的,和 2.1 节一样,我们根据 Hu 等人[8]提出的分类方案对极光图像进行分类。具体来说,根据光谱和形态特征,将日侧离散极光分为弧状、帷幔冕状、辐射冕状、热点状等类别。

北极黄河站的光学仪器在冬季捕获 427.8 nm、557.7 nm 和 630.0 nm 的光发射,时间分辨率为 10 s。北极黄河站观察到的 ASI 极光图像可在 http://www.chinare.org.cn/uap/database 获得。考虑到图像的特点,我们集中研究 2003 年 12 月至 2009 年 2 月期间 557.7 nm 处的日侧极光。为了更好地专注于极光图像分类的研究,通过人的视觉检查,剔除了不包含极光结构或在恶劣天气条件下拍摄的图像(例如,极光结构被云层严重覆盖)。具体来说,该数据集由以下三部分组成。

(1)ASI8K,包含了 2003 年 12 月至 2004 年 2 月的 8 000 幅图像(分别为 2 913幅极光弧图像、1 771 幅帷幔冕状极光图像、1 640 幅辐射冕状图像和 1 676 幅热点状图像),用于训练分类网络。具体来说,训练和验证的比例为 4:1,即每个训练轮次(epoch)中分别有 6 400 幅训练图像和 1 600 幅验证图像。

(2)ASI2K,包含 2 184 幅带有类别标签的图像,其中每个类别都有大约相同数量的来自 2004 年 12 月至 2009 年 2 月的图像(与训练图像不同的冬季)。

它被用于测试阶段,以评估所提方法的性能。

(3)ASI399K,包含 2004—2009 年期间 399 515 幅无人工标签的极光图像。除了那些没有极光活动或只有弥散极光或在多云天气下的图像,几乎所有的观测图像都被选中。它被用来对四个极光类别的发生时间分布进行统计研究。

为了方便下面的实验,数据集中的所有图像都按照文献[17]中的方法进行了预处理,包括减去系统噪声,并裁剪了图像中发生明显广角失真和可能包含北极黄河站灯光的外围区域,极光图像大小也从 512×512 最终裁剪为 440×440。

2.2.4 实验结果

在本节中,对 ASI8K 和 ASI2K 进行了极光图像分类和检索实验。验证了 STN - Lsoftmax - AlexNet 模型各模块的重要性,并将该模型的准确性和效率与现有极光图像分类方法进行了比较。此外,还对 ASI399K 数据集进行了极光类型发生时间分布的统计分析。

1. 实现细节

在本研究中,AlexNet 作为一种特征提取工具在 ImageNet 数据集上进行了预训练,所有的参数设置都是从 Caffe 工具箱中获得的。一般来说,AlexNet 由五个卷积层(Conv1—Conv5)和三个全连接层(FC6—FC8)组成。随着层数的增加,输出代表更高的语义特征。具体来说,在输入 AlexNet 之前,输入的图像大小被调整为 256×256,最后一个 FC8 层的输出包括四个节点,可以作为极光图像分类任务中的类别标签。图 2 - 15 显示了使用 AlexNet 架构的极光图像特征提取和分类的示意图。

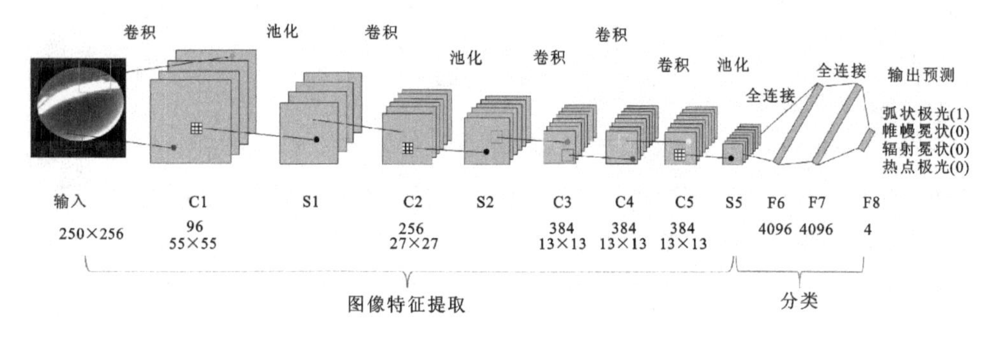

C—卷积层;S—最大池化层;F—全连接层。

图 2 - 15　基于 AlexNet 的极光图像特征提取和分类

该网络用 L－Softmax 损失函数进行了训练和优化。所有的权重都是通过反向传播和随机梯度下降(SGD)学习的。每个小批次包括训练数据集的 64 个语义区域或验证数据集的 16 个语义区域,它们由预先定义的四个极光类别随机组成。我们使用的初始学习率为 0.000 03,动量为 0.9,权重衰减为 0.000 5。实验在一台装有 3.4 GHz 英特尔 i7－6700 处理器的 PC 上进行,采用 Linux 系统。

考虑到 L－Softmax 损失难以收敛,在学习策略中加入了一个衰减因子[44],表示为

$$f_{y_i}=\frac{\lambda\|W_{y_i}\|\|x_i\|\cos(\theta_{y_i})+\|W_{y_i}\|\|x_i\|\psi(\theta_{y_i})}{1+\lambda} \tag{2-37}$$

λ 在梯度下降的开始阶段是一个很大的数字,在迭代过程中逐渐减少。在我们的实验中,通过观察网络在训练过程中的收敛性能,将 λ 初始值设为 10 000,最小值设为 15。

2. 实验和分析

1)有监督分类

以下三个监督下的分类实验,包括基础模型选择、消融实验和与现有方法的比较,都是在数据集 ASI8K 上训练,在数据集 ASI2K 上测试的。每个极光类型的分类率是通过正确分类的图像数除以该类型的总标注数来计算的,平均分类精度等于正确分类的图像数除以测试图像总数。

(1)基础模型选择。我们比较了三种流行的 CNN 模型,即 AlexNet、VGG 和 Inception－v4 的性能,这三种模型以前都被用于极光图像的自动分析。与 AlexNet 相比,VGG 和 Inception－v4 的网络更深、更复杂,因此在特征提取方面更为强大。然而,网络越深,越容易出现梯度分散的问题,优化模型的难度也越大。在表 2－6 中对分类精度和运行时间进行了比较。很明显,在数据集 ASI8K 和 ASI2K 上,AlexNet 在平均准确率和效率方面都取得了最佳表现。因此,下面的实验是基于 AlexNet 的。

表 2-6 AlexNet、VGG 和 Inception-v4 三种模型对比

性能		模型		
		AlexNet	VGG	Inception v4
准确率	弧状	98.4%	99.8%	97.6%
	帷幔冕状	93.8%	90.8%	85.0%
	辐射冕状	83.6%	81.2%	70.6%
	热点状	83.0%	82.4%	83.0%
	平均值	90.4%	89.5%	85.1%
时间成本/ms		10.16	15.98	40.41

(2)消融实验。在本部分中,我们通过消融实验研究 STN-Lsoftmax-AlexNet 模型的每个模块(STN 和 L-Softmax)对结果的影响。图 2-16 给出了由不同方法得到的分类结果的比较。

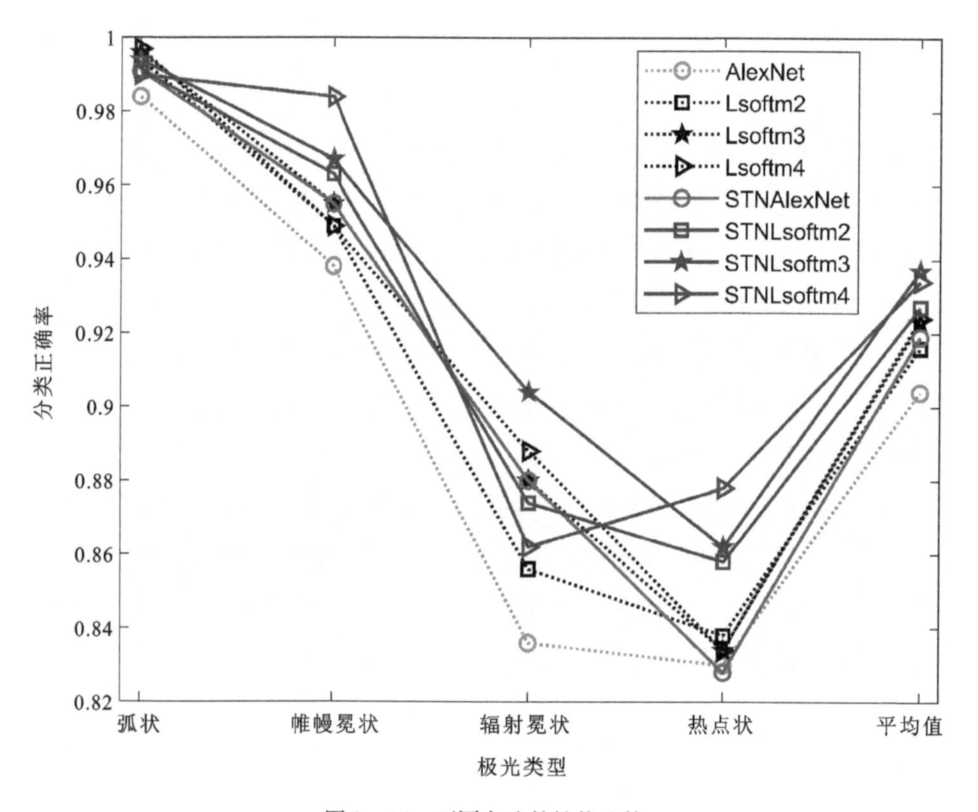

图 2-16 不同方法的性能比较

从图 2 -16 中可以得出以下结论:

(a)各极光类型的分类准确率表明,几乎所有的方法都更容易识别弧状和帷幔冕状极光。相比之下,热点极光的准确性相对较低。这与这些极光类型在形态上的复杂性直接相关。

(b)实线所示的分类精度高于虚线所示的分类精度,这表明 STN 和 AlexNet 的结合提高了分类模型的精度。与没有 STN 结构相比,平均准确率提高了约 1% ~2%,热点状和帷幔冕状的提高分别达到了4.4%和3.5%。这也说明 STN 在训练过程中对原始极光图像的空间转换是有效的。

(c)不管是实线还是虚线,其他形状均高于圆圈。平均准确率提高了约 2%,而辐射冕状在 $m=4$ 时得到了 5.2%的提高。这证明了 L - Softmax 损失函数可以引导网络学习更多独特的极光特征。然而,随着 m 的增加,模型的性能并没有得到持续改善。从图 2 -16 中我们可以看到,在 $m=3$ 的情况下,所有类别都能达到最佳分类结果。因此,下面的实验是基于 $m=3$ 的 STN - Lsoftmax - AlexNet 进行的。

(3)与现有方法的比较。我们将所提出的 STN - Lsoftmax - AlexNet 模型($m=3$)在准确率和时间成本方面的表现与那些使用深度学习技术进行极光图像分类的技术进行比较。具体来说,它们分别是 AlexNet、Inception-v4 和文献[39]中的区域尺度模型(RSM)。表 2 -7 给出了比较结果。我们的方法取得了比以前的方法高得多的分类精度。在运行时间方面,我们的方法需要 12.43 ms 来预测测试图像的类别标签,比基本的 AlexNet 多2.27 ms。这与 STN 的局部网络部分有关(如图2 -14 所示)。而只要模型结构相同,损失函数的 m 值的差异对时间成本的影响不大。Inception - v4 和 RSM 的网络要比我们的方法复杂得多,预测一幅图像的标签分别需要 40.41 ms 和1 233.8 ms,比我们的方法慢得多。简而言之,我们所提出的 STN - Lsoftmax - AlexNet 方法对于极光图像分类来说既有效又高效。

表2 -7 与现有的方法比较

性能	模型			
	STN - Lsoftmax - AlexNet	AlexNet[41]	Inception - v4[38]	RSM[39]
准确率	93.7%	90.4%	85.1%	87.35%
时间成本/ms	12.43	10.16	40.41	1 233.8

此外,我们的实验环境与以往的极光图像自动分类工作[17-18,38]不同。这些文献中的训练和测试数据来自相同年份,是通过对一年或若干年的极光数据进行随机打乱得到的。本研究中的模型是在一年的极光数据上进行训练,然后根据极光物理学的实际需要,在接下来的五年极光数据上进行测试。此外,虽然一些先进的任务,如弱监督语义分割已经被开发出来[39],但极光分类在极光物理学中具有不可替代的地位。一些类型极光,如帷幔冕状和辐射冕状,没有明显的轮廓可供分割。实际上,极光分割的用途之一是提高极光分类的准确性[39]。

(4)分类混淆矩阵。为了定量评估我们提出的 STN - Lsoftmax - AlexNet 模型($m=3$)对各类型极光的分类效果,我们计算了各类型极光的分类率和所有测试图像的平均分类精度,并在表 2-8 中描述了分类结果的混淆矩阵。四种类型的分类准确率表明,弧状和帷幔冕状极光更容易被识别,而辐射冕状极光可能被归类为帷幔冕状或热点状极光。热点状极光的分类准确性有些低,它们很可能被归类为极光弧或辐射状极光。原因是热点状极光中存在许多复杂的极光结构,如射线、斑点和不规则的斑块,如图 2-1(d)所示。

表 2-8 基于 STN - Lsoftmax - AlexNet 对测试图像进行有监督分类的混淆矩阵

人工标签	分类结果				分类正确率	平均值
	弧状	帷幔冕状	辐射冕状	热点状		
弧状	668	1	0	3	99.4%	93.7%
帷幔冕状	3	495	14	0	96.7%	
辐射冕状	0	28	452	20	90.4%	
热点状	50	0	19	431	86.2%	

2)图像检索

近几十年来,随着极光图像数量的不断增加,迫切需要从大量的极光观测中快速有效地检索出感兴趣的图像。本节中,从训练好的 STN - Lsoftmax - AlexNet 模型中提取 AlexNet 的 F7 层作为特征向量来表示每幅图像,用两个特征之间的欧氏距离来衡量两幅图像的相似度。STN - Lsoftmax - AlexNet 的表征能力通过图像检索实验得到了验证。2003—2004 年的数据集 ASI8K 被用作查询图像,检索实验是在 2004—2009 年的数据集 ASI2K 上进行的。我们选择 ASI2K 而不是 ASI399K 作为检索数据集,是因为 ASI2K 中的所有图像都有类别标签,可以帮助评估检索结果。

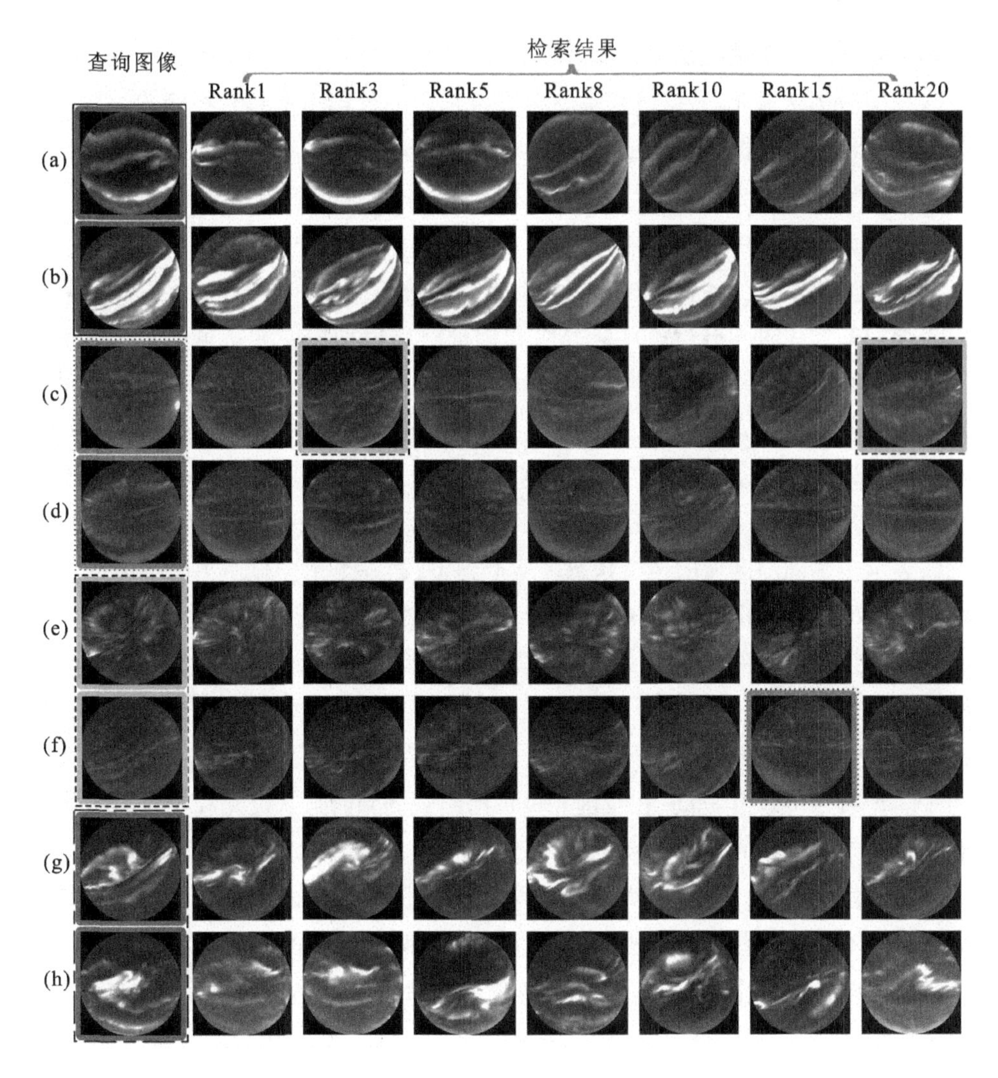

图2-17 四种类型极光图像的检索结果

图2-17显示了查询和检索图像的例子。第一列显示的是查询图像,第二至第八列分别是经过训练的模型检索到的最相似(排名1、3、5、8、10、15、20)的图像。在查询图像中,(a)(b)是极光弧,(c)(d)是帷幔冕状极光,(e)(f)是辐射冕状极光,(g)(h)是热点状极光。从人类视觉的角度来看,查询的图像和其检索的结果是非常相似的。除了少数标有虚线框的图像[即(c)行中的Rank3和Rank20以及(f)行中的Rank15],检索到的图像与它们的查询图像均具有相同的类别标签。这证明了所提出的模型能够描述极光图像的关键特征。因此,

我们可以利用这个模型从大量极光观测中获得感兴趣的极光图像。对于帷幔冕状和辐射冕状极光,一些检索到的图像与它们的查询图像具有不同的类别标签,如图 2 - 17(c)和(f)中用方框标记的图像。这表明只从分类模型中提取一个层(F7 层)不足以完全区分两种冕状极光。

3)极光类型发生分布规律

由类似或可重复的物理过程引起的极光事件具有相同的基本形态,因此对极光类型的发生时间进行统计研究对我们理解磁层动力学非常重要。在本节中,通过训练好的 STN - Lsoftmax - AlexNet 模型对 2004—2009 年期间数据集 ASI399K 中的图像进行预测,并在图 2 - 18 中画出四种极光类型的时间分布。06:00—18:00 MLT 之间的时间轴被划分为 240 个持续时间为 3 min 的区间。在图 2 - 18 的顶部,用粗线表示和划分了 Hu 等人[8]提出的四个活动区域,而用细线表示正午间隙区域的两个状态。从上到下,第一个子图显示了每个时间段内发生的所有预测图像的帧数。第 2 ~ 5 个子图显示了每个极光类别的发生率,这是将 3 min 内每种类型的图像数量分别除以该时间段内的总图像数量的结果。

如图 2 - 18 所示,日侧极光主要发生在中午之前,其次是下午,很少发生在中午。2004—2009 年期间,在我国北极黄河站观测到的弧状极光和帷幔冕状极光多于辐射冕状极光和热点极光。极光弧在中午前后呈双峰分布,午前的峰值比午后的峰值要弱。帷幔冕状和辐射冕状都主要出现在 13:00 MLT 之前,但其峰值位置不同。这些极光类别的出现主导了日侧极光卵的不同区域。帷幔冕状极光更多地出现在 G 区,辐射冕状极光占据 R 区,而热点极光则主导 H 区。这证明了我们的方法可以在实际应用中用于对大量的极光图像进行自动分类。

2.2.5 小结

我们开发了一种基于 CNN 的自动表示和分类方法,以提取极光特征,并将极光图像分为弧状、帷幔冕状、辐射冕状和热点状等四大类。极光是一种自然现象,其形态随时间不断变化,当它从一种类型逐渐过渡到另一种类型时,没有明显的界限。因此,极光图像分类的一个主要挑战是最大限度地提高极光特征的类内紧凑性和类间可分离性。为了解决这个问题,本研究将 STN 和 AlexNet 结合起来,通过使用 L - Softmax 损失函数对网络进行优化。分类结果表明:① AlexNet在准确率和效率方面都是极光图像分类的良好选择;② L - Softmax

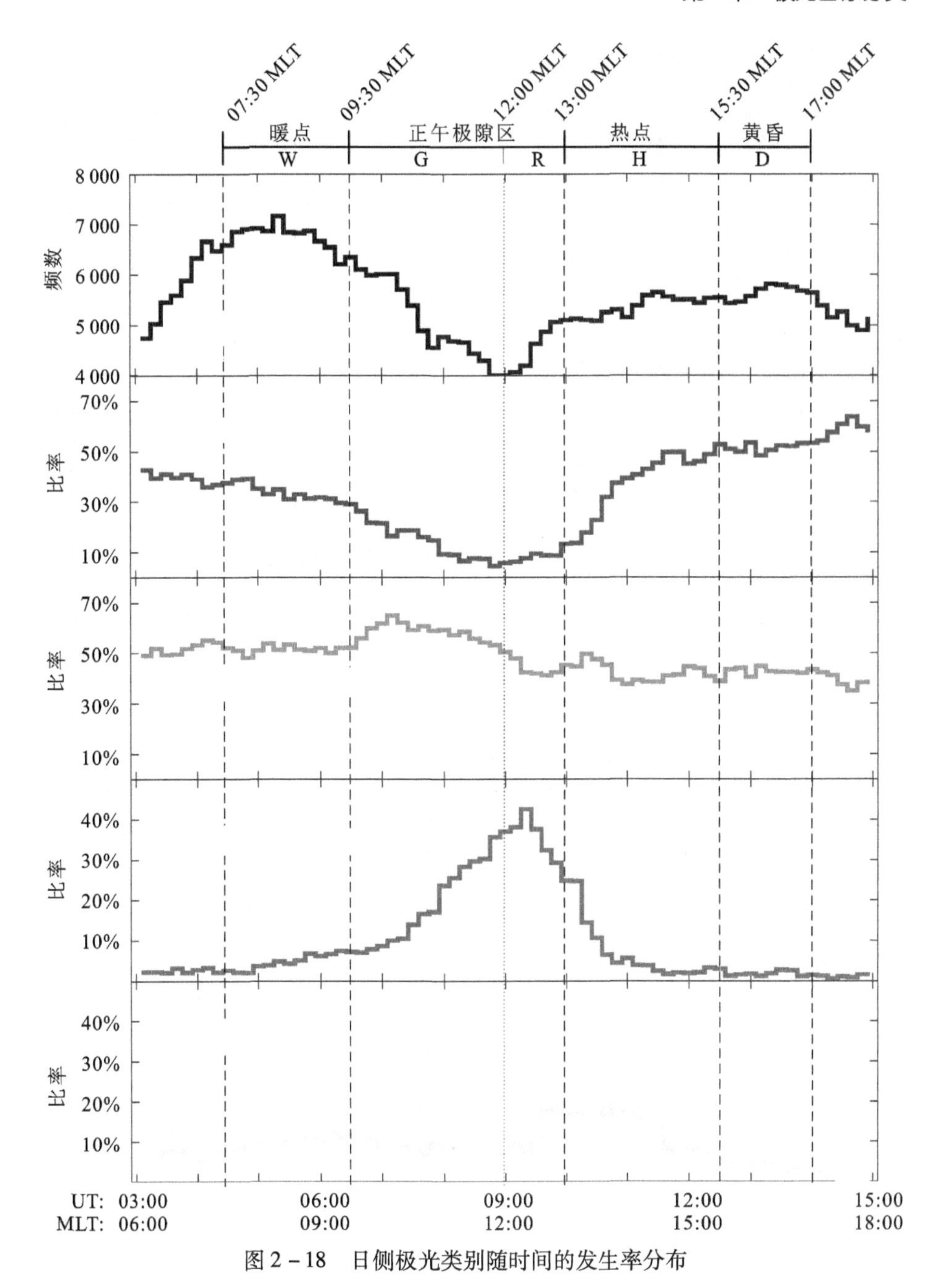

图2－18　日侧极光类别随时间的发生率分布

损失函数可以引导网络学习更多的极光特征，从而提高分类准确率，特别是一些子类别如辐射冕状的准确率。③ STN 能够主动对输入的图像进行空间转换，简化后续的分类任务，从而实现良好的分类性能（与没有 STN 模块相比，对热点和帷幔冕状极光的改进分别达到4.4%和3.5%)。同时,还进行了极光图像的检索实验,以直观地评估所提出的模型的表示能力。检索结果与人类视觉判断基本一致。此外,为了验证所提模型的泛化性能,测试了一个包含2004—2009年期间近40万幅极光图像的较大数据集,并预测了每幅图像的类别。日侧极光类型的时间发生分布与极光物理学的经验规律相符。综上所述,所提出的模型具有分类精度高、效率高、泛化性能好、实现简单等优点,因此可以真正广泛地应用于极光分类。

本书所提出的分类模型是由数据驱动的,不依赖于手工设计,因此也可以用于其他台站极光图像的分类,或者在不同的分类方案下使用。只要根据特定的分类方案提供一组来自这些新站点的标记数据,该模型将被重新训练,其性能可以用这些数据进行评估。一旦大量的地面极光数据被分类,我们将能够进行大规模的统计研究,以分析每种极光类型的物理机制。

2.3 极光图像无监督聚类

2.3.1 研究背景与动机

随着深度学习技术的发展,近年来已出现大量基于深度学习的极光图像分类的研究。然而,无论是广泛开展的有监督极光图像分类还是半监督极光图像分类,都必须在分类前人工确定极光的分类机制,并标记部分类别标签。因此,现有极光分类机制是否合理、是否存在其他合理的极光分类机制的问题值得探究。本节利用深度学习技术,针对极光图像特征提出了极光图像聚类网络AICNet,以实现极光图像的自动聚类,并进一步探究了其他合理的极光图像分类机制。

有监督学习是指我们设计函数模型去拟合有部分标签的待研究数据,而无监督学习则是指待处理的数据无任何标签,需要通过算法自身去寻找隐藏在数据内部的特征结构。聚类是一种常见的无监督学习算法。聚类,也称作无监督分类,它会按照数据之间的相似性大小将全部数据划分为不同类,但并不给出各类的类别属性。聚类结果要求同一类别中数据间的相似度高,而不同类别间数据的相似度低。

目前针对极光图像的聚类研究均基于传统的机器学习算法展开的现状,王倩等[45]基于当时的极光图像特征表征方法,利用聚类算法开启对极光图像的聚类分析研究,从无监督方向证明了极光图像在形态上具有可分性;孙羊子[46]

提出了针对极光图像的基于流形距离的谱聚类算法;李娇[47]提出了一种优化初始聚类中心,解决全局一致性特征问题的聚类算法。这些基于传统机器学习算法开展的聚类研究均是先针对极光的形态特征设计具有代表性的特征描述子,再选择合适的聚类算法开展聚类分析。其中特征描述子均是由人工基于视觉设计的,具有主观性。Shaham 等在 2018 年提出了 SpectralNet[48]深度聚类网络,对 MNIST 手写体数字识别数据集有较好的效果。该数据集每幅图像包含 28×28 个像素点,图像本身较为简单。但极光图像数据集的图像较大,像素较多,包含了丰富的图像信息,因此本节将深度卷积自动编码器与 SpectralNet 深度聚类网络相结合,在利用深度卷积自动编码器提取图像特征后再进行聚类。

2.3.2 基于谱聚类的极光图像自动聚类网络

针对有监督分类与半监督分类均需要提前确定极光图像分类机制、标记部分类别标签问题,本部分提出了一个基于深度学习技术的极光图像聚类网络 AICNet(auroral image clustering network)用于对全天空极光图像进行无监督分类,首次将深度学习技术引入极光图像聚类中。该方法无须人为指定分类机制,也无须对原始图像进行人工类别标记,而是在指定类别数量(聚类簇的数目)后通过深度卷积自编码器获得极光图像的最优表征,使用聚类网络将具有类似特征的极光图像自动分为一类,得到最终的聚类结果。

AICNet 由特征提取网络 DCAE_VGG 与聚类网络两部分依次串联而成,DCAE_VGG 中的编码部分和隐藏层组成了特征提取网络,聚类网络则由包括 Siamese 网络[49]和 k 均值聚类的 SpectralNet 组成,其结构如图 2-19 所示。

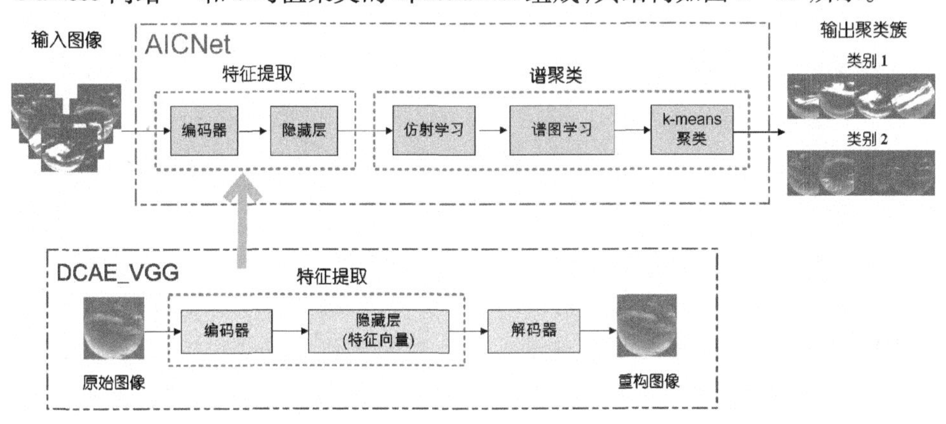

图 2-19 AICNet 结构图

1. 极光图像的特征提取

AICNet 中深度卷积自动编码器 DCAE_VGG 由自动编码器与 VGGNet－16[42]融合而成，利用自动编码器的降维能力和 VGGNet－16 的图像特征提取能力，获取极光图像的低维高层语义特征。

1）深度自动编码器

自动编码器是一种常见的无监督学习算法，以重构输入数据为目的，从无人工标记标签的数据中学习特征，得到原始数据的低维特征描述。自动编码器由编码部分、隐藏层和解码部分组成，理想的输出图像等于输入图像。在深度自动编码器中，编码器的编码部分与解码部分均由对称的多层神经网络构成。网络从输入层开始编码训练，将上一层学习到的隐藏特征作为下一层的输入，然后在下一层继续编码训练。从中间隐藏层之后开始解码训练，将上一层学习到的隐藏特征作为下一层的输入，然后在下一层继续解码训练，对网络进行逐层无监督训练。深度自动编码器在学习过程中，将输入的原始图像充当输出的重构图像的目标，通过最小化输入输出间的误差来训练模型，使模型更好地拟合样本，即隐藏层的低维特征向量学习更多的原始图像特征。

实验中输入极光图像的像素是 64×64，对原尺寸图像直接聚类会因输入数据维度过大致使网络引入较多的冗余信息，导致模型性能下降。因此本部分使用 DCAE_VGG 对输入数据进行降维处理，将降维后的结果送入后续聚类网络进行聚类。

2）VGGNet－16

经典的用于分析图像特征的 VGGNet 探索了卷积神经网络的深度与其性能之间的关系，该网络证明了使用小尺度卷积核（3×3）、增加网络深度可以有效地提升模型的效果。在图像分类模型中，VGGNet－16 卷积神经网络前五层为卷积层和池化层交替，采用 ReLU 函数作为激活函数，后三层为全连接层，最后连接 Softmax 层进行图像分类。

VGGNet－16 的第一组卷积可以提取图像的低层特征，第二、三组卷积可以提取图像的中层特征，第四、五组卷积可以提取图像的高层特征。使用最后一层提取到的高层特征进行后续的分类任务，可以得到好的分类结果。因此，在 DCAE_VGG 中保留了全部五组卷积神经网络及其对应的池化层来提取输入的极光图像的特征。

3) DCAE_VGG

本部分提出的 DCAE_VGG 将 AE 的降维能力和 VGGNet 的图像特征提取能力相结合，如图 2-20 所示。DCAE_VGG 在编码部分保留了 VGGNet-16 的前五组卷积神经网络和对应的池化层，用一个长度为 512 的全连接层替换原有

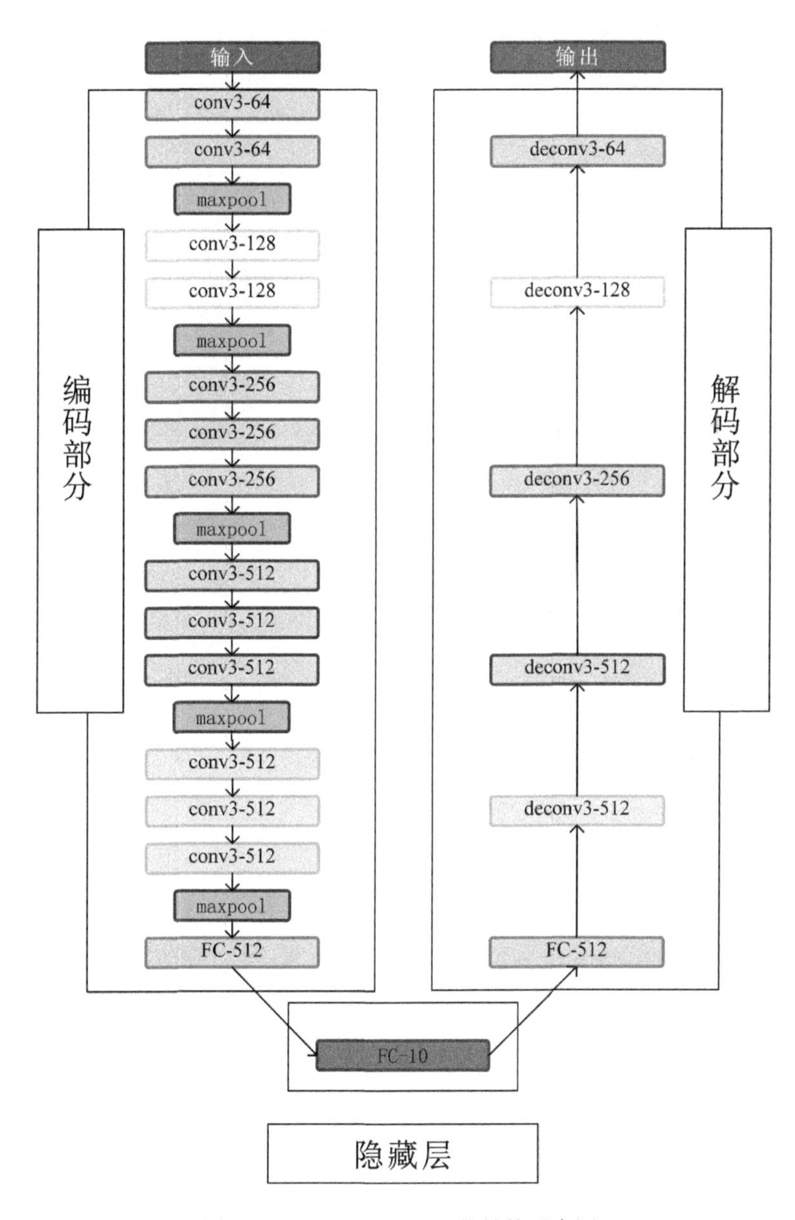

图 2-20　DCAE_VGG 网络结构示意图

的三个全连接层和 Softmax 层；隐藏层为一个长度为 10 的全连接层，解码部分由一个长度为 512 的全连接层和四个反卷积层组成。其中通过隐藏层获得的用于表征原极光图像的低维特征向量将代替原图像输入后续的聚类网络。

2. 极光图像的自动聚类

谱聚类算法是无监督数据分析中领先且流行的技术，存在计算量小、对数据分布的适应性强等优点，但其主要限制之一是频谱嵌入的可扩展性。针对此问题，Shaham 等[49]在 2018 年提出了一种基于深度学习的谱网络 SpectralNet。该网络通过学习一个映射 F_θ，将输入数据点映射到其相关图拉普拉斯矩阵的本征空间中再进行聚类。

AICNet 中的聚类网络 SpectralNet 由 Siamese 网络、映射 $F_\theta(x)$ 和 k 均值聚类算法组成，其中 SpectralNet 训练完成后能获得映射关系 $F_\theta: R^d \to R^k$ 和一个簇分配函数 $c: R^k \to \{1,2,\cdots,k\}$。服从未知分布 D 的网络输入 $\chi = \{x_1, x_2, \cdots, x_n\} \subseteq R^d$ 将映射到输出 $y = F_\theta(x)$，并得到簇分配函数 $c(y)$，其中 θ 表示 SpectralNet 的网络权值。

聚类过程包含三个步骤：① 训练 Siamese 网络，在给定输入距离度量的情况下对相似度矩阵 W 进行无监督学习；② 训练 SpectralNet，在实现正交性的同时优化谱聚类的目标，以无监督方式学习映射；③ 在映射空间中通过 k 均值聚类算法进行聚类簇的分配。

1）谱聚类

谱聚类是一种以图论为基础的聚类算法，该算法能对任意形状的样本数据进行最优的类别划分。可以将全部数据点视为无向带权图 $G=(V,E)$，$V=\{\nu_1, \nu_2, \cdots, \nu_m\}$ 是图的顶点，E 是图的边的集合。连接任意两个顶点 ν_i 和 ν_j 之间的边的权重为 $w_{i,j}$，该权重的大小表示两个顶点 ν_i 和 ν_j 之间的相似度。全部样本数据的任意两点间相似度排列起来构成了矩阵 W，我们称矩阵 W 为相似度矩阵。谱聚类对全部样本数据进行分类的策略为：找到一个合适的类别划分方法使得样本数据点的类内相似度大且类间差异度大。谱聚类的实质是求解相似度矩阵 W 的谱分解，利用谱分解获得的低维特征向量来表征原数据的低维表示，最终在低维空间使用 k 均值聚类算法对低维特征向量进行聚类，得到最终的聚类结果。

谱聚类的目标函数为：

$$\min_{F^{\mathrm{T}}F=I} \mathrm{Tr}(F^{\mathrm{T}}LF) \tag{2-38}$$

其中,$F \in R^{n \times c}$表示全部数据样本的类别指示矩阵,L 为拉普拉斯矩阵,c 为全部数据的类别数目。矩阵 F 的最优解为 L 的最小的前 c 个特征值。拉普拉斯矩阵 L 的表达式为

$$L = D - W \tag{2-39}$$

其中 D 为度矩阵,是一个只有主对角线有值的对角矩阵,对角线上的元素为相似度矩阵 W 的列向量元素之和:

$$d_i = \sum_{j=1}^{n} w_{ij} \tag{2-40}$$

$$w_{ij} = \sum_{i=1,j=1}^{n} \exp \frac{-\|x_i - x_j\|^2}{2\sigma^2} \tag{2-41}$$

基于图论学习算法,公式(2-38)中的成本函数可以转换为

$$C(F) = \mathrm{Tr}(F^{\mathrm{T}}LF) - \lambda \mathrm{Tr}(F^{\mathrm{T}}F - I) \tag{2-42}$$

其中 λ 为正则化参数。公式(2-40)的最优解可通过如下公式计算得到:

$$\left.\frac{\partial C}{\partial F}\right|_{F=F^*} = 2LF^* - 2\lambda F^* = 0 \tag{2-43}$$

通过对 L 的特征值分解可以得到最优解。

依照不同的准则函数与谱映射算法可以获得不同实现方式的谱聚类算法,不过这些谱聚类算法均包含了以下三个关键步骤[50]:

(1)使用全部样本数据构建相似度矩阵 W,并计算拉普拉斯矩阵 L;

(2)求解 L 的前 c 个特征值与特征向量(c 为聚类中心的个数),并构建特征向量空间;

(3)使用经典的聚类算法(例如 k 均值聚类算法)对低维特征空间里的特征向量进行聚类,得到聚类结果。

2)学习 SpectralNet 中的映射

本部分将介绍 SpectralNet 中最重要的步骤,即上述聚类过程中的第二步:训练 SpectralNet,在实现正交性的同时优化谱聚类的目标,以无监督方式学习映射。

定义 $w: R^d \times R^d \to [0, \infty)$为一个对称相似度函数表示 x 与 x'间的相似度,则 $w(x,x')$表示 x、x'两个样本点之间的相似度。在映射过程中,若 x 与 x'越相似则其对应的映射值在映射空间也越靠近,则需要函数 $w(x,x')$的值越大越好,

因此我们定义 SpectralNet 的损失函数为：

$$L_{\text{SpectralNet}}(\theta)=E[w(x,x')\|y-y'\|^2] \tag{2-44}$$

其中 y、$y'\in R^k$，期望值 E 由从分布 D 中提取的独立同分布点对 (x,x') 确定，表示 $y=F_\theta(x)$ 的映射参数。显然可以发现存在一种特殊情况，当所有点映射到相同的输出向量时也满足损失函数最小化的要求。因此，为了防止此情况的发生，网络要求输出相对于分布 D 是正交的，即

$$E[yy^{\mathrm{T}}]=I_{k\times k} \tag{2-45}$$

由于分布 D 是未知的，我们使用其他类似先验替代公式(2-44)和(2-45)中的期望值，此外网络使用随机方式进行优化。具体为在每次迭代过程中，从 n 个输入中随机抽取 m 个样本为一个小批次，$x_1,x_2,\cdots,x_m\in\chi$，并且将 m 个样本放入一个 $m\times d$ 的矩阵 X 中，其中该矩阵第 i 行包含 x_i^{T}。训练网络时最小化损失函数 $L_{\text{SpectralNet}}(\theta)$，其定义如下：

$$L_{\text{SpectralNet}}(\theta)=\frac{1}{m^2}\sum_{i,j=1}^{m}W_{i,j}\|y_i-y_j\|^2 \tag{2-46}$$

其中 $y_i=F_\theta(x_i)$，$W_{i,j}=w(x_i,x_j)$，小批次 m 个样本的正交约束为

$$\frac{1}{m}Y^{\mathrm{T}}Y=I_{k\times k} \tag{2-47}$$

Y 是第 i 行为 y_i^{T} 输出的一个 m 维的矩阵。SpectralNet 通过基础神经网络实现映射 F_θ，通过将网络最后一层的权重设置为 $\sqrt{m}(L^{-1})^{\mathrm{T}}$ 执行正交性约束。

3) Siamese 网络

Siamese 网络也被称为孪生网络，在网络结构中两个分支卷积神经网络 1 和卷积神经网络 2 是共享网络参数的[51]，能用于度量数据点之间的相似性。Siamese 网络弱化了数据样本的类别标签，通过两个分支卷积神经网络提取特征的相似度来训练网络，因此通常在相似(正)和非相似(负)的数据点对上对该网络进行训练。该网络的结构示意图如图 2-21 所示。以极光图像分类为例，如果两个分支卷积神经网络的输入图像为同一类别的极光，则两个分支卷积神经网络提取到的特征应越相似越好，即图 2-21 中 $G_W(X_1)$ 与 $G_W(X_2)$ 越相似越好，E_W 越小越好；若两个分支卷积神经网络的输入图像为不同类别的极光，则两个分支卷积神经网络提取到的特征应越不相似越好，即图 2-21 中 $G_W(X_1)$ 与 $G_W(X_2)$ 越不相似越好，E_W 越大越好。当 Siamese 网络中的两个卷积神经网络能达到以上要求时，网络的特征提取能力才是满足条件的。

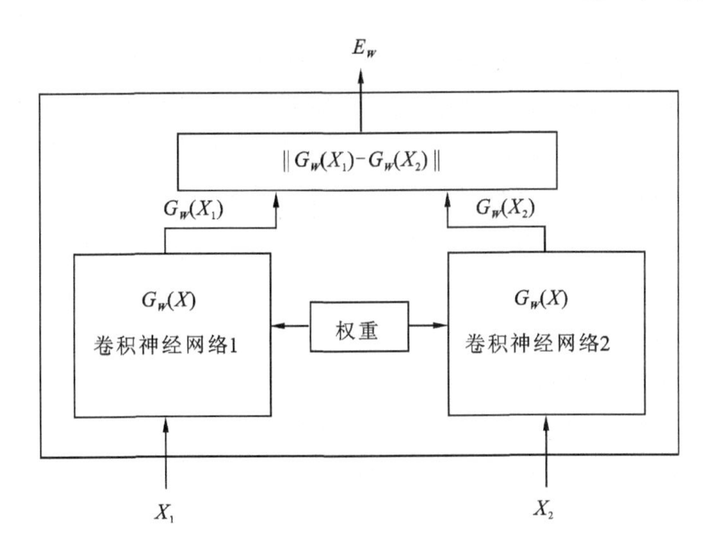

图 2-21　Siamese 网络结构示意图

对于谱聚类而言，选择一个合适的相似度矩阵 W 是至关重要的，常见的基于最近邻正相似对的相似度矩阵 W 构造方法如下：

$$W_{i,j}=\begin{cases}\exp\left(-\dfrac{\| x_i-x_j \|^2}{2\sigma^2}\right), & x_i \text{ 是 } x_j \text{ 的最近邻点,} \\ 0, & x_i \text{ 不是 } x_j \text{ 的最近邻点}\end{cases} \tag{2-48}$$

在训练 Siamese 网络时，对于没有标记的数据，可以通过计算 x_i、x_j 两点间的欧氏距离进行标记。将每个点的 k 个最近邻点标记为正相似对，随机选择等量的非近邻点标记为负相似对。Siamese 网络将每一个数据点 x_i 映射为另一个空间中的 $z_i=G_{\theta_{\text{Siamese}}}(x_i)$，网络通过最小化损失函数 L_{Siamese} 来确定映射关系，损失函数的定义为

$$L_{\text{Siamese}}(\theta_{\text{Siamese}};x_i,x_j)=\begin{cases}\| z_i-z_j \|^2, & (x_i,x_j)\text{ 是正相似对,} \\ \max(c-\| z_i-z_j \|,0)^2, & (x_i,x_j)\text{ 是负相似对}\end{cases} \tag{2-49}$$

其中 c 为常数（通常设置为 1）。Siamese 网络训练完成后，用 $\| z_i-z_j \|$ 代替公式(2-48)中的欧氏距离 $\| x_i-x_j \|$ 来计算 SpectralNet 中的相似度矩阵 W。

2.3.3　实验与结果分析

本部分实验中使用了随机挑选的 4 000 幅 2003—2008 年北极黄河站越冬

观测的日侧全天空极光图像,为了后续将聚类结果与人工分类机制对比,本部分基于 Hu 的分类机制[8]对 4 000 幅极光图像进行人工标记,标记结果为弧状极光图像、帷幔冕状极光图像、热点状极光图像、辐射冕状极光图像各 1 000 幅(极光的类别标签仅用于实验结果评估,在聚类实验过程中使用的均为无标签的极光图像)。本部分共进行了 9 次实验,分别将 4 000 幅极光图像聚为 2 ~ 10 类。

实验中先使用 4 000 幅未标记的极光图像预训练 DCAE_VGG,训练时选用均方误差(MSE)作为损失函数,使用随机梯度下降算法(SGD)优化权重参数直至损失函数收敛。训练时设置批大小(batch size)为 256,在 250 个轮次后保存模型结构与参数。在聚类网络的训练过程中,Siamese 网络与 SpectralNet 的网络结构大小均为 512 - 512 - 4。Siamese 网络设置批大小为 64,学习率为1e - 3,学习率衰减指数为 0.1,训练 100 个轮次。SpectralNet 设置批大小为 256,学习率为 1e - 5,学习率衰减指数为 0.001,训练 100 个轮次。

本部分实验均在深度学习框架 Keras 下进行,该深度学习框架是一个能满足迅速创建深度学习模型的高层神经网络 API。Keras 完全由 Python 语言编写完成,该深度学习框架并不支持实现深度学习中的数学运算,需使用 CNTK、Theano 或 TensorFlow 类库为后端(本部分实验中 Keras 使用 TensorFlow 为后端)。Keras 具有用户友好性、模块性和易扩展性的特点。在 Keras 中,深度模型的网络层、损失函数、激活函数、正则化方式、优化算法和初始化策略等均为封装好的独立模块,使用者可以根据自己任务的需求自行配置。另外,若 Keras 提供的模块无法满足使用者的需求,使用者自行仿照现有的模块重新编写新的函数或类即可。Kears 与 Python 语言合作,无单独的模型配置文件类型,模型由 Python 语言描述。Keras 深度学习框架的用户体验感好,模型创建于扩展较为便利。

1. 聚类结果有效性评价

在使用聚类算法对极光图像进行聚类前需要确定聚类中心的数目,之后通过比较不同聚类中心数得到的聚类结果的有效性指标来确定极光图像的最优划分。本部分使用了 Silhouette 系数(Silhouette coefficient,SC)、Calinski - Harabasz 指数(Calinski - Harabasz index,CHI)和 Davies - Bouldin 指数(Davies - Bouldin index,DBI)三个聚类有效性指标来对不同 k 值下的聚类结果进行评价。其中 Silhouette 系数的值在[- 1,1]之间,且 Silhouette 系数与 Calinski - Harabasz 指数的值越大对应的聚类结果越好，Davies - Bouldin 指数的值越小对应的聚类结果越好。

表2-9 不同聚类中心数 k 的聚类有效性指标

聚类指标	聚类中心数								
	$k=2$	$k=3$	$k=4$	$k=5$	$k=6$	$k=7$	$k=8$	$k=9$	$k=10$
SC	0.671	0.601	0.527	0.535	0.530	0.532	0.546	0.528	0.445
CHI	12 869	7 939	11 010	9 490	9 975	10 934	7 963	7 506	3 868
DBI	0.454	0.501	0.626	0.606	0.607	0.555	0.469	0.532	0.631

表2-9展示了不同聚类中心数 k 对应的三个聚类指标。可以看出，当聚类中心数为2时，三个指标均取得了最优值，因此将极光图像聚为2类是最优的划分。本部分针对 $k=2$ 聚类结果展开分析。

2. t - SNE 算法可视化特征提取结果

t 分布随机近邻嵌入算法[52]（t - SNE）是机器学习中常见的非线性降维可视化算法，由 Maaten 等在2008年提出，适用于将高维数据降到二维或三维进行可视化。本部分旨在利用 t - SNE 算法对 DCAE_VGG 隐藏层提取的极光图像的特征向量进行降维可视化，进而分析 DCAE_VGG 网络提取极光图像特征的有效性，以及数据本身是否具有可分性。

t - SNE 是一种有效的降维算法，能够将高维原始数据 $X=\{x_1,x_2,\cdots,x_n\}$ 通过映射转换为指定低维（一般是二维或三维）的数据 $Z=\{z_1,z_2,\cdots,z_n\}$。该方法首先通过将两个数据点间的距离转换为条件概率来表示这两点之间的相似度，其中两个数据点间的距离通过计算两点间的欧氏距离获得。$S(x_i,x_j)$ 表示 x_i 和 x_j 两点间的欧式距离，$S(z_i,z_j)$ 表示 z_i 和 z_j 两点间的欧氏距离。原始高维数据 X 两点之间的概率分布由 $P(x_i|x_j)$ 表示，转换后的低维数据 Z 两点之间的概率分布则由 $Q(z_i|z_j)$ 表示如下：

$$P(x_i \mid x_j)=\frac{S(x_i,x_j)}{\sum_{k\neq j}S(x_j,x_k)} \tag{2-50}$$

$$Q(z_i \mid z_j)=\frac{S(z_i,z_j)}{\sum_{k\neq j}S(z_j,z_k)} \tag{2-51}$$

通过最小化概率分布的 KL 散度，使数据 X 的概率分布 $P(x_i|x_j)$ 与数据 Z 的

概率分布 $Q(z_i|z_j)$ 尽可能相似来获得高维数据 X 与低维数据 Z 之间的有效映射:

$$L = \sum_j \mathrm{KL}[P(*|x_j) \| Q(*|z_j)] = \sum_j \sum_i P(x_i|x_j) \log \frac{P(x_i|x_j)}{Q(z_i|z_j)} \tag{2-52}$$

图 2-22 显示了可视化结果。由图 2-22 可见,4 000 幅极光图像的特征向量呈两个团簇分布,说明极光图像的潜在特征呈两类分布。此外,两组特征分离性好,说明 DCAE_VGG 提取到了极光图像的一种高区分性的表示。

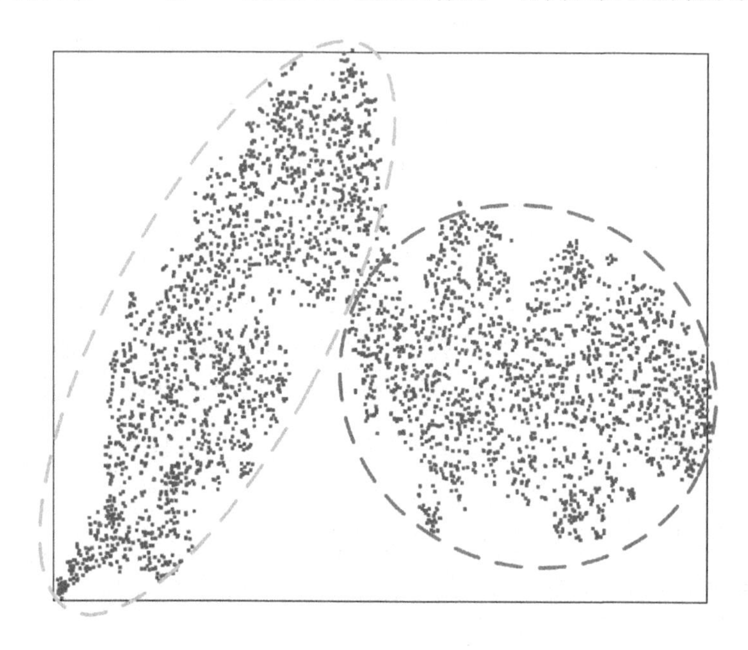

图 2-22　t-SNE 可视化 DCAE_VGG 提取的特征向量

3. 极光发生时间分布规律统计

极光的发生时间是极光数据的重要特征,因此使用极光图像的时间信息绘制极光类型的发生时间分布规律图可用于判断聚类结果的合理性。在绘制极光类型的发生时间分布图时,横轴对应上午 06:00 MLT 至下午 18:00 MLT。接下来将时间轴划分为 72 个时长为 10 min 的时间区域,根据极光类别统计每个时间区域内各类极光图像的数量,最后除以每个区域内的全部图像数量进行归一化处理。

在将 4 000 幅极光图像聚为 2 类的实验中,本部分将聚类结果与 Hu 的分类机制进行对比,根据极光图像的形态特征,将基于 Hu 的分类机制标记的 4 类极光图像进一步两两合并为2类:弧状极光图像与热点状极光图像混合标记为第一大类,帷幔冕状极光图像和辐射冕状极光图像混合标记为第二大类(在图2－23中分别记为类1和类2),并绘制了基于2类标记标签的极光发生时间分布(图2－23)与基于AICNet 2类聚类结果的极光发生时间分布(图2－24)。图2－23和图2－24中第一行曲线均表示全部4 000幅极光图像的发生时间分布情况,图2－23中第二行和第三行曲线分别表示类1与类2两类极光的极光发生时间分布。同样,为了方便与图2－23对比,图2－24将AICNet聚类结果中

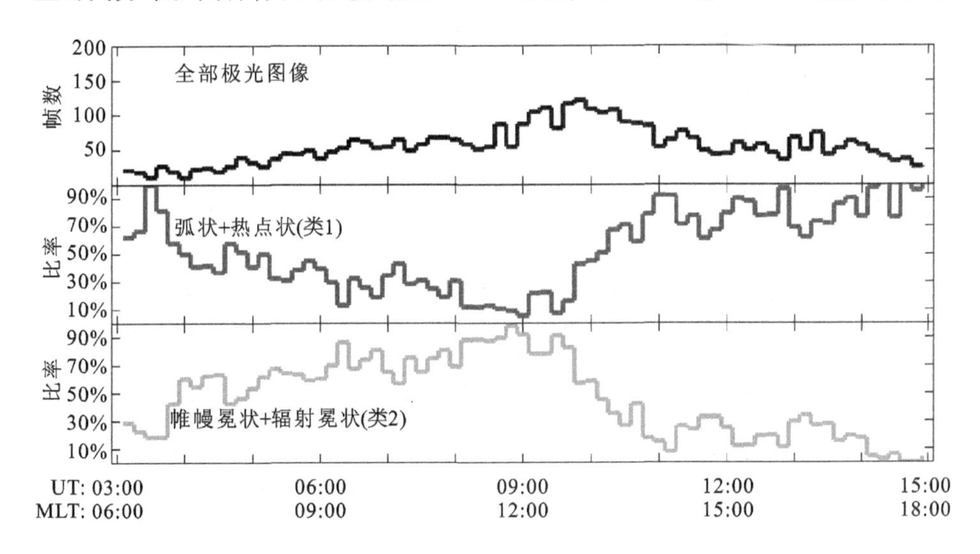

图2－23　基于2类标记标签的极光发生时间分布

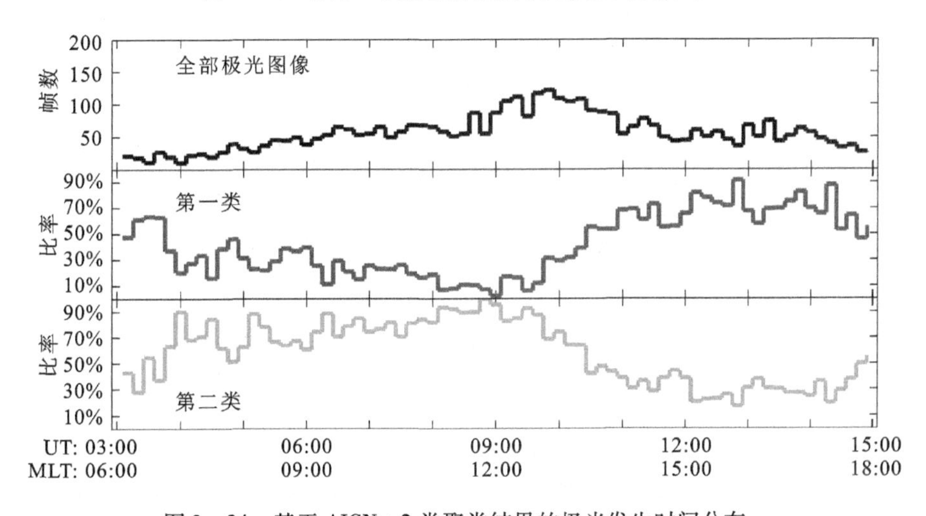

图2－24　基于AICNet 2类聚类结果的极光发生时间分布

与图2－23曲线走势近似的极光类别绘制在同一行。图2－23和图2－24中极光发生时间分布的曲线走势基本一致。由聚类结果图2－24可见，第二行中第一类极光在午前午后呈现“双峰”分布，在正午附近发生很少；第三行中曲线表示的第二类极光则主要发生在午前及正午附近，在昏侧发生较少。

4.部分聚类结果举例

为了进一步分析聚类结果，从将极光形态聚为2类的实验结果中各随机挑选20幅极光图像进行逐帧对比，如图2－25所示。可以看到聚为第一类的极光图像形态具有单弧、多弧状结构和亮斑状结构等特点，聚为第二类的极光图像形态则整体较灰暗，具有极光强度弱且均匀的特点。聚类结果中两类极光形态呈现出的高类间差异性和高类内相似性，证明了 AICNet 聚类网络的有效性。因此，Hu 的分类机制是否是黄河站日侧极光形态的最优划分值得进一步研究确认。

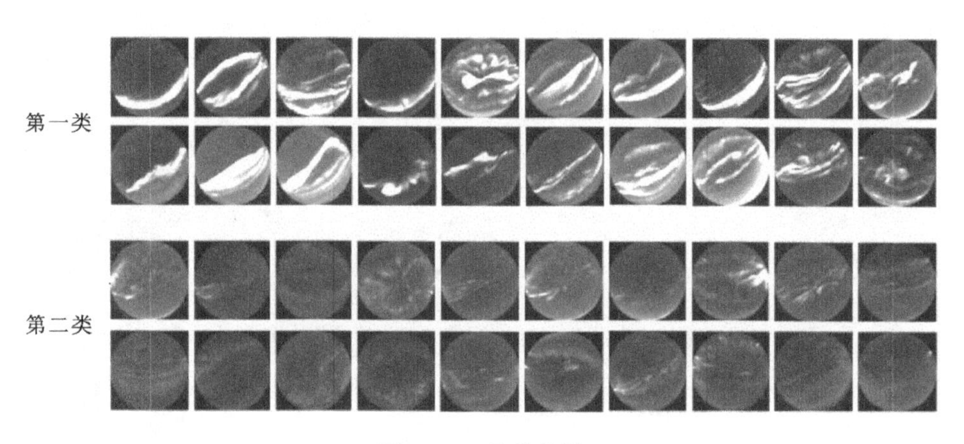

图2－25　聚类结果

综上，通过聚类结果有效性指标、可视化特征分布、各类型极光发生时间分布以及逐帧分析聚类结果可以得出结论，AICNet 能够将具有相似特征的极光图像聚为一类，该聚类网络是有效的。

2.3.4　总结和展望

无监督聚类在数据本身无输出类别标签的情况下，能够通过自主挖掘数据间的特征规律，找到数据的最优类别划分方法。本节提出了一种能对极光图像进行无监督聚类的深度卷积神经网络 AICNet，将深度学习技术引入极光图像的形态聚类中,对北极黄河站日侧极光图像的最优分类进行了探索。实验分别将 4 000 幅极光图像聚为 2 ~ 10 类,通过聚类结果的有效性指标得出将极光聚为 2 类是最优划分。聚类结果中两类图像呈现明显的类内相似度高、类间相似度低的特点,而且两类极光的发生时间各具特点,其中一类极光在午前午后呈现"双峰"分布,而另一类极光则在午前及正午附近发生的概率高。综上,本节认为 AICNet 聚类网络是有效的。本节提出的 AICNet 聚类网络能自动对极光图像进行形态分类,无须人工指定分类机制与数据标记,大大提升了极光形态分类工作的效率。该方法和结论有助于极光产生机制的研究。

当然,本节首次利用深度学习技术对全天空极光图像进行了无监督聚类研究,仍存在一些问题需要进一步的研究与分析:① 在极光图像无监督聚类实验中,将极光图像分成了两类。但仔细观察每一类极光图像,它包含了多种更细粒度的极光类别。比如,第一个聚类簇中包含了单弧、多弧极光等,第二个聚类簇中包含了帷幔冕状和辐射冕状极光。因此,在后续研究中,我们将融合极光图像多个尺度的特征,基于现有两类极光做层次聚类。② 极光是一种动态演化的物理现象,时序运动特征是其非常关键的物理特征,在后续工作中,我们将融合空间和时间两个维度上的特征对极光进行分类研究。

2.4 喉区极光自动识别

2.4.1 研究背景与动机

喉区极光是近年来发现并提出的一种新的极光形态,形态上表现为从极光卵低纬边界侧向赤道延伸的分立极光结构。由于其多发生于电离层对流喉区,因此被命名为喉区极光。喉区极光被认为是磁鞘等离子体高速流事件与磁层顶作用的电离层观测特征,这些特征有助于进一步完善对太阳风——磁层 - 电离层耦合的研究。除此之外,研究人员认为喉区极光对应磁层顶的局部内陷式形变[53-54]。从极光观测图像中自动识别出喉区极光并加以统计分析,有助于反演这些重要的物理过程。如何从海量的极光观测数据中准确识别出喉区极光成为一个重要的研究课题。

图 2 - 26 为喉区极光示例图,其中(a)至(d)的每幅图像代表一个喉区极光事件,图中白色线条表示喉区极光大致形态结构。图中凸起的部分为喉区极光

的赤道向延伸,该部分在四幅图像中的延伸方向、光斑大小和亮度均不相同。凸起部位两侧的线条表示极光卵低纬边界,可以看出不同的喉区极光图像中极光卵边界的纬度和亮度也存在较大差异。由此可见,喉区极光虽然都表现为从极光卵低纬边界向赤道向延伸的结构,但每一喉区极光事件在具体的延伸方向、极光卵低纬边界位置和亮度等方面存在较大差异,这种形态上的多变性和复杂性使得模型难以提取具有良好泛化性的特征表示,最终影响识别结果,因此如何设计高效而准确的喉区极光识别模型成为一个具有挑战性的任务。

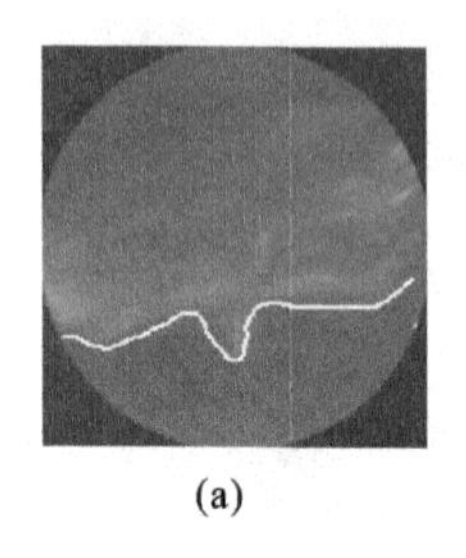
(a)
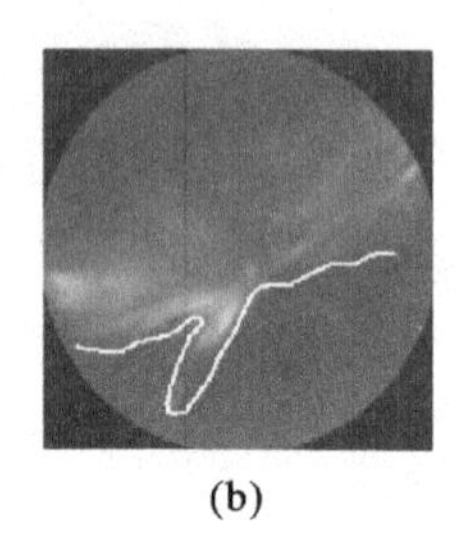
(b)
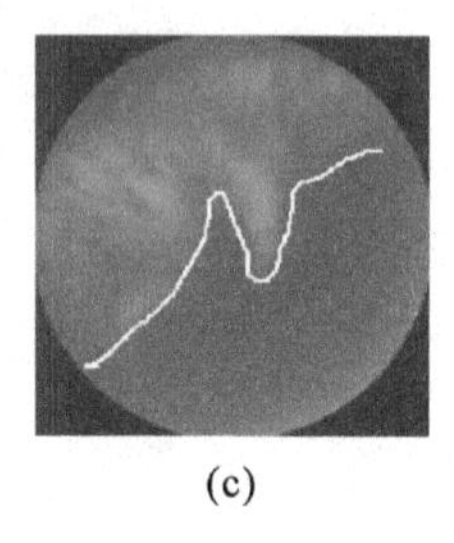
(c)
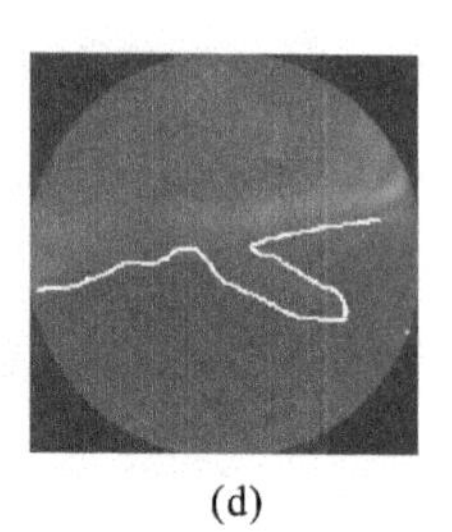
(d)

图 2-26　喉区极光示例图

佟欣等人[55]使用 DenseNet 对喉区极光进行识别,将喉区极光识别任务作为二分类任务对模型进行训练,输出每幅图像为喉区极光和非喉区极光的概率。该方法虽然取得了不错的识别准确率,但存在两个问题:① 喉区极光事件间的极光形态差异较大,且喉区极光结构在图像中较暗、形态较为复杂,因此二分类模型难以提取到喉区极光具有良好泛化性的特征表示,导致喉区极光识别的召回率较低;② 本任务的识别数据集是由北极黄河站 ASI 实时采集的全天空图像序列,训练数据负样本中包含多个种类的非喉区极光,不同于二分类任务负样本为确定的一个类别,因此直接使用二分类的方法对喉区极光进行识别,使得非喉区极光被归为一个类别进行训练,无法提取到区别于喉区极光的特征表示,最终影响识别准确率。

2.4.2　数据集介绍

本节数据由中国极地研究中心提供,由北极黄河站 630.0 nm 波段全天空成像仪[55]采集。该成像仪在 2003 年至 2017 年每年 1 月、2 月、11 月、12 月(极夜期间)连续采集全天空极光图像,去除因云雾、曝光过度等严重干扰的异常样本,共得到正常样本 51 240 幅,其中包含喉区极光图像 11 110 幅。图 2-27 为数据集中非喉区极光示例图。

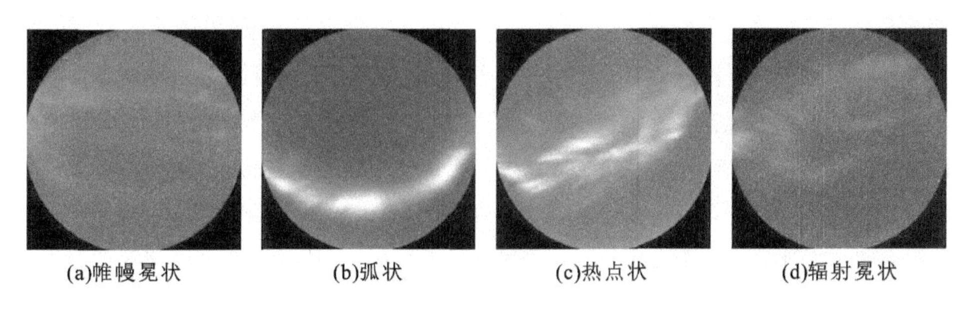

图 2-27 数据集中的非喉区极光示例图

2.4.3 基于改进 IncepResNet-V2 的喉区极光自动识别

1. 训练阶段

针对喉区极光特点，本节基于 IncepResNet-V2[56] 提出一种喉区极光自动识别模型。该模型使用两个损失函数反向传播更新特征提取器和全连接的参数，一个负责缩小喉区极光事件间的特征差异，使得喉区极光在特征空间中的分布更为紧凑，从而提高喉区极光识别的召回率，称为紧凑性损失函数 L_C(compactness loss)；另一个损失函数为区分性损失函数 L_D(descriptiveness loss)，用于增大喉区极光与非喉区极光在特征空间的距离，增加对非喉区极光的识别准确率。

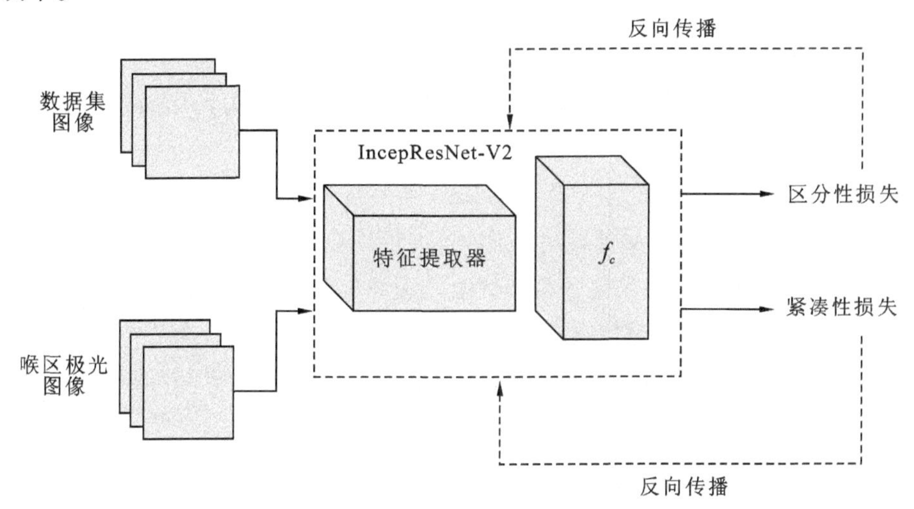

图 2-28 喉区极光识别模型图

图 2-28 为喉区极光自动识别模型示意图。首先，模型训练数据集被分为

两部分:一部分只包含喉区极光图像,另一部分包含喉区极光和非喉区极光图像。将喉区极光图像送入模型计算紧凑性损失函数 L_C,该函数使用欧式距离进行计算,表征同一批次(batch)内不同喉区极光图像间的特征差异性。具体来说,将批大小为 n 的喉区极光图像输入模型中,则输出的特征表示为 $X=\{x_1, x_2, \cdots, x_n\}$,对于第 i 幅喉区极光图像的特征 x_i,该图像与同一批次的其他图像的特征距离可以表示为 $z_i=x_i-m_i$,其中 m_i 为其他 $i-1$ 幅喉区极光图像特征的平均值:

$$m_i=\frac{1}{n-1}\sum_{j\neq i} x_j \tag{2-53}$$

计算紧凑性损失函数:

$$L_C=\frac{1}{n}\sum_{i=1}^{n} z_i^T z_i \tag{2-54}$$

随后,将随机抽取的喉区极光和非喉区极光图像送入模型计算区分性损失函数 L_D,为了增加喉区极光和非喉区极光特征的区分性,选择交叉熵损失函数:

$$L_D=-\sum_{i=1}^{m} y_i \log \hat{y}_i \tag{2-55}$$

其中,m 为 2,表示非喉区极光和喉区极光。

本部分使用上述两个损失函数对模型进行交替训练。首先计算紧凑性损失函数值,模型进行第一次反向传播更新参数;再计算区分性损失函数值,模型进行第二次反向传播更新参数。经过多次迭代后两个损失函数值逐步下降,喉区极光事件间的特征距离逐渐减小,并与非喉区极光明显区分开来。

2. 测试阶段

如图 2-29 所示,模型测试分为两步,第一步我们随机抽取训练数据集中的部分极光图像输入模型提取特征序列,将提取到的训练数据特征输入一个 k-NN 分类器,k 值为 5;第二步将测试极光图像 y 输入模型提取特征 F_y,将 F_y 输入分类器中输出决策分数值,表示为 $C_y=f(F_y)$,其中 $f(\cdot)$ 为分类器的决策函数,本部分采用欧氏距离。根据决策分数值得出图像 y 是否为喉区极光图像,具体如下:

$$\text{class}(y)=\begin{cases}1, \text{if } C_y\leqslant\delta, \\ 0, \text{if } C_y>\delta\end{cases} \tag{2-56}$$

其中 1 表示测试图像 y 为喉区极光图像,0 为非喉区极光图像,δ 表示阈值。

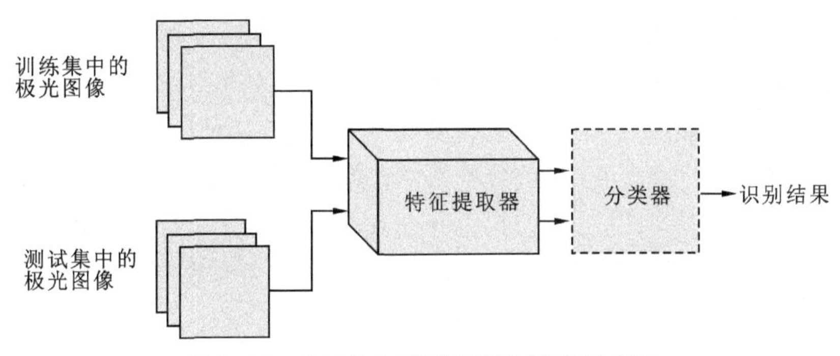

图2－29　喉区极光识别模型测试阶段示意图

3. 实验结果分析

1）模型训练结果分析

在模型训练过程中，本部分使用 Adam 优化器和反向传播来优化学习模型参数，使用欧式距离计算紧凑性损失函数，使用交叉熵计算区分性损失函数，批次值设置为32，训练迭代次数为100，丢弃率（dropout）和权重衰减分别设置为0.8和0.000 4。初始学习率为0.000 1，分别在第50次和第65次迭代时下降0.5倍。图2－30给出了100个迭代周期中两个损失函数的变化情况，图中可以看出紧凑性损失函数在前16迭代过程中快速下降，之后与区分性损失函数保持相近的下降速度，最后逐渐趋于平稳。

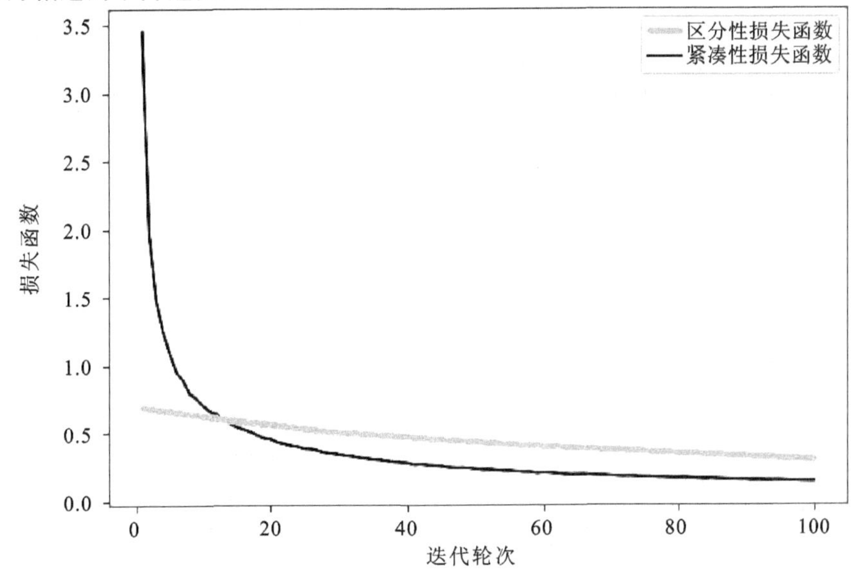

图2－30　迭代过程损失函数变化曲线图

为了可以直观地判断模型的训练效果,本部分使用 t - SNE[52] 可视化方法将模型输出的特征映射到二维特征空间中,映射结果如图 2 - 31 所示。其中中心区域圆点表示喉区极光图像输入模型后在特征空间中的位置,散在四周的为非喉区极光图像。喉区极光在特征空间中呈现在一定范围内集中分布,非喉区极光特征分布则与喉区极光明显区分开来,这初步验证了本节提出的猜想。后续实验中对这一结果进行定量分析,测试了模型只使用其中一种损失函数和两种损失函数都使用在识别准确率上的差异。

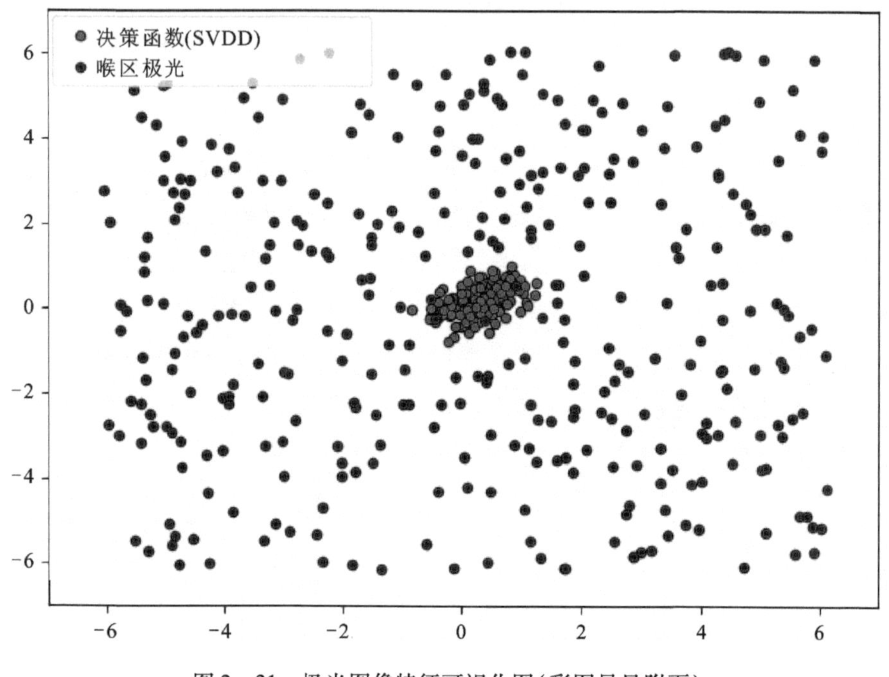

图 2 - 31　极光图像特征可视化图(彩图另见附页)

2)喉区极光识别结果

为了进一步验证本节所提方法的有效性,设计了消融实验,使用三种损失函数训练模型:紧凑性损失函数、区分性损失函数、紧凑性损失函数 + 区分性损失函数。模型训练数据集共 21 936 幅全天空极光图像,包含 4 087 幅喉区极光图像,测试集共 5 484 幅图像,包含 1 196 幅喉区极光图像。本节使用准确率作为模型性能判别指标,取 10 次测试结果的平均值作为最终结果,三种方案在测试集上的识别准确率见表 2 - 10。

表2-10　使用不同损失函数模型的识别准确率

损失函数	准确率
紧凑性损失函数	83.51%
区分性损失函数	93.23%
紧凑性损失函数+区分性损失函数	99.59%

对表2-10结果进行对比可以看出，只使用紧凑性损失函数的识别准确率最低，分析该方法识别结果中的错误案例，我们发现模型将非喉区极光识别为喉区极光的比例明显增多，导致识别准确率降低。由此可见，紧凑性损失函数虽然使得模型将喉区极光特征空间缩小，增加了喉区极光识别的召回率，但由于模型没有喉区极光和非喉区极光的区分能力，使得非喉区极光被映射在喉区极光的特征空间中，分类器无法有效区分喉区极光和非喉区极光。对于只使用区分性损失函数训练的模型，其识别准确率较只使用紧凑性损失函数有明显的提升，分析识别结果发现模型将多个喉区极光事件识别为非喉区极光的比例增加。这是因为缺少了紧凑性损失函数，模型无法将形态、亮度有差异的喉区极光事件映射在特征空间同一区域。使用两种损失函数训练模型时，模型有区分性地将喉区极光事件映射在对应的特征空间中，与非喉区极光明显区分开，使得分类器能很好地识别出喉区极光和非喉区极光。

表2-11给出了本节方法与佟欣等人[55]提出的喉区极光识别方法准确率的比较，佟欣等人采用DenseNet识别喉区极光，损失函数采用交叉熵损失函数。从表中可以看出，本节方法采用两个损失函数训练模型有效提升了识别准确率。

表2-11　本节提出方法和佟欣等人[55]方法对比

喉区极光识别方法	准确率
佟欣等人[55]	96.00%
本节方法	99.59%

利用本节方法对2003—2017年越冬观测采集的全天空图像进行喉区极光识别，统计每月喉区极光图像数和当月极光图像总数，得到如图2-32所示的喉区极光每月的发生频次分布图。从图中可以看出，2月份喉区极光仅发生100余次，相较其他月份发生频率和次数明显降低。1月和12月喉区极光发生

次数最多,达4 000余次且发生频次基本一致。11月份喉区极光发生次数达1 600余次,发生频率达35.8%。

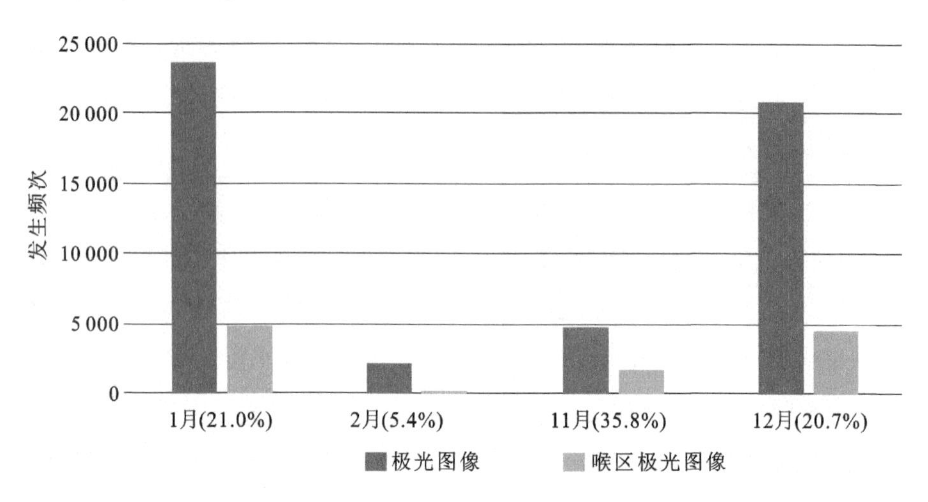

图2-32　黄河站2003—2017年1月、2月、11月、12月喉区极光发生数量统计图

2.4.4　小结

本节提出一个使用两个损失函数训练的喉区极光识别模型。考虑到喉区极光形态多变性和结构复杂性对识别造成的影响,本节设计了一个紧凑性损失函数训练模型参数,缩小喉区极光类内特征差异性。同时,考虑到识别喉区极光不仅需要模型具有对喉区极光形态多变的鲁棒性,还要具有区分喉区极光与非喉区极光的能力,本节设计了一个区分性损失函数,与紧凑性损失函数共同训练模型参数。实验结果表明,两种损失函数在训练迭代过程中稳定下降,最后趋于平稳。使用t-SNE特征可视化方法将喉区极光和非喉区极光特征映射到二维特征空间中,喉区极光特征集中分布,明显区分于非喉区极光。为了定量验证本节方法的有效性,在多年的黄河站观测数据上对比了使用不同损失函数训练模型的识别准确率,本节方法获得了99.59%的识别准确率。最后利用模型识别2003—2017年越冬观测数据,发现喉区极光在不同月份的发生次数与人工标注的结果基本一致,证明本节方法能够用于对大型极光数据库中的喉区极光进行自动识别。

2.5 本章参考文献

[1]STORMER C. The polar aurora[M]. Oxford:Clarendon Press,1995.

[2]AKASOFU S I. The development of the auroral substorm[J]. Planetary and space science,1964,12(4):273 -282.

[3]STEEN Å,BRÄNDSTRÖM U,GUSTAVSSON B,et al. ALIS - a multi - station imaging system at high latitudes with multi - disciplinary scientific objectives [C]//Proceedings of the 13th ESA Symposium on European Rocket and Balloon Programmes and Related Research,Öland,Sweden,1997,397:261.

[4]SIMMONS D A R. A classification of auroral types[J]. Journal of the British Astronomical Association,1998,108(5):247 -257.

[5]胡红桥,刘瑞源,王敬芳,等. 南极中山站极光形态的统计特征[J]. 极地研究,1999(1):11 -21.

[6]YANG H,SATO N,MAKITA K,et al. Synoptic observations of auroras along the postnoon oval:a survey with all - sky TV observations at Zhongshan,Antarctica [J]. Journal of atmospheric and solar - terrestrial physics,2000,62(9):787 - 797.

[7]SANDHOLT P E,CARLSON H C,EGELAND A. Dayside and polar cap aurora [M]. Boston,Lancaster:Kluwer Academic Publishers,2002.

[8]HU Z J,YANG H,HUANG D,et al. Synoptic distribution of dayside aurora:multiple - wavelength all - sky observation at Yellow River Station in Ny - Ålesund, Svalbard[J]. Journal of atmospheric and solar - terrestrial physics,2009,71(8 - 9):794 -804.

[9]杨秋菊,胡泽骏. 一种基于形态特征的极光自动分类方法[J]. 中国科学:地球科学,2017,47(2):252 -260.

[10]HAN D S,CHEN X C,LIU J J,et al. An extensive survey of dayside diffuse aurora based on optical observations at Yellow River Station[J]. Journal of geophysical research:space physics,2015,120(9):7447 -7465.

[11]PARTAMIES N,JUUSOLA L,WHITER D,et al. Substorm evolution of auroral structures[J]. Journal of geophysical research:space physics,2015,120(7):

5958 - 5972.

[12] HAN D S, NISHIMURA Y, LYONS L R, et al. Throat aurora: the ionospheric signature of magnetosheath particles penetrating into the magnetosphere[J]. Geophysical research letters, 2016, 43(5): 1819 - 1827.

[13] HAN D S, HIETALA H, CHEN X C, et al. Observational properties of dayside throat aurora and implications on the possible generation mechanisms[J]. Journal of geophysical research: space physics, 2017, 122(2): 1853 - 1870.

[14] SYRJÄSUO M T, DONOVAN E F. Diurnal auroral occurrence statistics obtained via machine vision[J]. Annales geophysicae, 2004, 22(4): 1103 - 1113.

[15] BIRADAR C, PRATIKSHA S B. An innovative approach for aurora recognition [J]. International journal of engineering research and technology, 2012, 1(7): 1 - 5.

[16] FU R, LI J, GAO X, et al. Automatic aurora images classification algorithm based on separated texture[C]//2009 IEEE International Conference on Robotics and Biomimetics (ROBIO), IEEE, 2009: 1331 - 1335.

[17] WANG Q, LIANG J, HU Z J, et al. Spatial texture based automatic classification of dayside aurora in all - sky images[J]. Journal of atmospheric and solar - terrestrial physics, 2010, 72(5 - 6): 498 - 508.

[18] YANG Q, LIANG J, HU Z, et al. Auroral sequence representation and classification using hidden Markov models[J]. IEEE transactions on geoscience and remote sensing, 2012, 50(12): 5049 - 5060.

[19] 韩冰,杨辰,高新波. 融合显著信息的 LDA 极光图像分类[J]. 软件学报, 2013, 24(11): 2758 - 2766.

[20] 杨曦,李洁,韩冰,等. 一种分层小波模型下的极光图像分类算法[J]. 西安电子科技大学学报, 2013, 40(2): 18 - 24.

[21] CHEN J, SHAN S, HE C, et al. WLD: a robust local image descriptor[J]. IEEE transactions on pattern analysis and machine intelligence, 2009, 32(9): 1705 - 1720.

[22] THOROLFSSON A, CERISIER J C, LOCKWOOD M, et al. Simultaneous optical and radar signatures of poleward - moving auroral forms[C]//Annales Geophysicae, Springer - Verlag, 2000, 18: 1054 - 1066.

[23]RABINER L R. A tutorial on hidden Markov models and selected applications in speech recognition[J]. Proceedings of the IEEE,1989,77(2):257 -286.

[24]VAN BAO L,GARCIA - SALICETTI S,DORIZZI B. On using the Viterbi path along with HMM likelihood information for online signature verification[J]. IEEE transactions on systems, man, and cybernetics, part b (cybernetics), 2007,37(5):1237 -1247.

[25]DUDA R O,HART P E,STORK D G . Pattern classification[M]. 2th ed. Hoboken:Wiley,2006.

[26]BICEGO M,MURINO V,FIGUEIREDO M A T. Similarity - based classification of sequences using hidden Markov models[J]. Pattern recognition,2004,37(12):2281 -2291.

[27]GARCÍA - GARCÍA D,HERNÁNDEZ E P,DÍAZ - DE MARÍA F. A new distance measure for model - based sequence clustering[J]. IEEE transactions on pattern analysis and machine intelligence,2008,31(7):1325 -1331.

[28]PORIKLI F. Clustering variable length sequences by eigenvector decomposition using HMM[C]// Proceedings of the International Workshop on Structural and Syntactic Pattern Recognition, LNCS 3138, London: Springer - Verlag, 2004: 352 -360.

[29]CHEN C,LIANG J,ZHAO H,et al. Gait recognition using hidden markov model[C]//International Conference on Natural Computation. Berlin,Heidelberg: Springer Berlin Heidelberg,2006:399 -407.

[30]JELINEK F. Continuous speech recognition by statistical methods[J]. Proceedings of the IEEE,1976,64(4):532 -556.

[31]CHEN C,LIANG J,ZHAO H,et al. Frame difference energy image for gait recognition with incomplete silhouettes[J]. Pattern recognition letters,2009,30(11):977 -984.

[32]KRISHNAPURAM R,KELLER J M. A possibilistic approach to clustering[J]. IEEE transactions on fuzzy systems,1993,1(2):98 -110.

[33]PAL N R,PAL K,KELLER J M,et al. A possibilistic fuzzy c - means clustering algorithm[J]. IEEE transactions on fuzzy systems,2005,13(4):517 -530.

[34]MILONE D H,DI PERSIA L E. An EM algorithm to learn sequences in the

wavelet domain[J]. Lecture notes in computers science,2007,4827(1):518 - 528.

[35]SIN B,KIM J H. Nonstationary hidden Markov model[J]. Signal processing, 1995,46(1):31 -46.

[36]RAZAVIAN A S,AZIZPOUR H,SULLIVAN J,et al. CNN features off - the - shelf:an astounding baseline for recognition[C]//Proceedings of the IEEE conference on computer vision and pattern recognition workshops,2014:806 - 813.

[37]王菲,杨秋菊.基于卷积神经网络的极光图像分类[J].极地研究,2018,30(2):123 -131.

[38]CLAUSEN L B N,NICKISCH H. Automatic classification of auroral images from the Oslo Auroral THEMIS (OATH) data set using machine learning[J]. Journal of geophysical research:space physics,2018,123(7):5640 -5647.

[39]NIU C,ZHANG J,WANG Q,et al. Weakly supervised semantic segmentation for joint key local structure localization and classification of aurora image[J]. IEEE transactions on geoscience and remote sensing,2018,56(12):7133 - 7146.

[40]HAN B,CHU F,GAO X,et al. A multi - size kernels CNN with eye movement guided task - specific initialization for aurora image classification[C]// Proceedings of the CCF Chinese Conference Computer Vision, Tianjin, China, 2017:533 -544.

[41]KRIZHEVSKY A,SUTSKEVER I,HINTON G E. ImageNet classification with deep convolutional neural networks[J]. Advances in neural information processing systems,2012,25.

[42]SIMONYAN K,ZISSERMAN A. Very deep convolutional networks for large - scale image recognition[C]//3rd International Conference on Learning Representations (ICLR 2015). Computational and Biological Learning Society,2015.

[43]JADERBERG M,SIMONYAN K,ZISSERMAN A. Spatial transformer networks [J]. Advances in neural information processing systems,2015,28.

[44]LIU W,WEN Y,YU Z,et al. Large - margin softmax loss for convolutional neural networks[C]//Proceedings of the 33rd International Conference on Interna-

tional Conference on Machine Learning - Volume 48,2016:507 - 516.
[45]王倩,胡泽骏,丘琪. 基于聚类的极光形态分类的探索性研究[J]. 极地研究,2016,28(3):353 - 360.
[46]孙羊子. 基于流形距离的聚类算法研究及其在极光分类中的应用[D]. 西安:陕西师范大学,2017.
[47]李娇. 谱聚类算法的研究及其在极光分类中的应用[D]. 西安:陕西师范大学,2019.
[48]SHAHAM U,STANTON K,LI H,et al. SpectralNet:Spectral clustering using deep neural networks[C]//6th International Conference on Learning Representations,ICLR 2018.
[49]SHAHAM U,LEDERMAN R R. Learning by coincidence:Siamese networks and common variable learning[J]. Pattern recognition,2018,74:52 - 63.
[50]JIA X,RICHARDS J A. Efficient maximum likelihood classification for imaging spectrometer data sets[J]. IEEE transactions on geoscience and remote sensing,1994,32(2):274 - 281.
[51]KOCH G,ZEMEL R,SALAKHUTDINOV R. Siamese neural networks for one - shot image recognition[C]//ICML deep learning workshop,2015,2(1).
[52]VAN DER MAATEN L,HINTON G. Visualizing data using t - SNE[J]. Journal of machine learning research,2008,9(11).
[53]JIANG Z,ZHENG Y,TAN H,et al. Variational deep embedding:a generative approach to clustering[J]. CoRR,abs/1611.05148,2016,1.
[54]DILOKTHANAKUL N,MEDIANO P A M,GARNELO M,et al. Deep unsupervised clustering with gaussian mixture variational autoencoders [J]. Statistics,2016.
[55]佟欣,邹自明,白曦,等. 喉区极光的机器识别[J]. 空间科学学报,2021,41(4):654 - 666.
[56]SZEGEDY C,IOFFE S,VANHOUCKE V,et al. Inception - v4,Inception - ResNet and the impact of residual connections on learning[C]//Proceedings of the AAAI conference on artificial intelligence,2017,31(1).

第 3 章 极光图像分割

本章主要讨论极光图像自动分割，即获得每个像素的类别标签，包括基于传统机器学习的极光弧自动分割和基于深度学习的极光关键局部结构自动分割等。

3.1 三种基于传统机器学习的极光弧分割方法对比

3.1.1 研究背景与动机

在宽广而相对均匀的弥散极光中，常有各种结构复杂的离散极光，如极光弧、极光射线、Ω 带极光。其中，极光弧是离散极光的基本形式，其结构最明亮、最明显，长期以来一直是极光研究的热点话题。弧状极光一般以单个或多个东西向延伸的条带或条纹为特征[1]，大多出现在 08:00 MLT、14:00 MLT 以及午夜前的极光亚暴附近。

目前，极光弧的研究主要集中在产生机制和观测特征上。极光弧的产生机制尚不清楚[2]，评价一个极光弧理论是否正确，就是看对极光弧物理特征的预测是否与观测值一致。极光弧的物理特征包括宽度、倾斜角度/方向、漂移速度等。准确的极光弧边界提取为获得其物理特性提供了强有力的保障。

然而，人工确定图像中的极光弧有些烦琐，有时还很困难，尤其是 ASI 图像的数量正以每年数百万的速度增加，这使得极光自动分割成为分析极光弧的有益和关键的早期处理步骤。图 3－1 显示了两张 ASI 图像的样本。从图 3－1(a)可以看出，图像中存在几种极光类型，包括弧状、热点状和冕状结构；从图 3－1(b)可以发现，极光弧的边缘不明显，极光弧内部的强度也不稳定(矩形标记区域)，这些都是自动检测所面临的挑战。

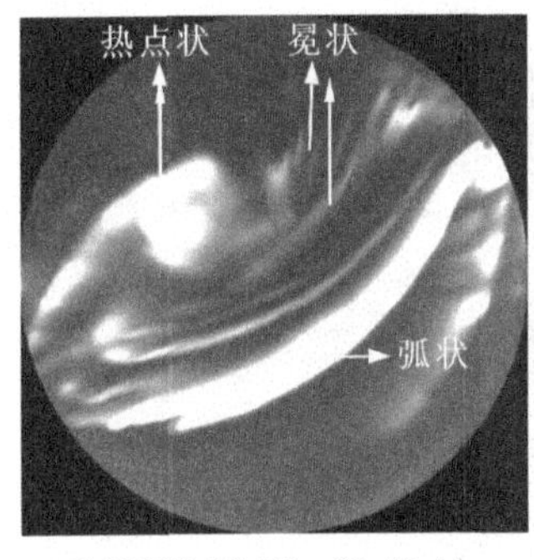

(a)2003-12-22　13:40:11

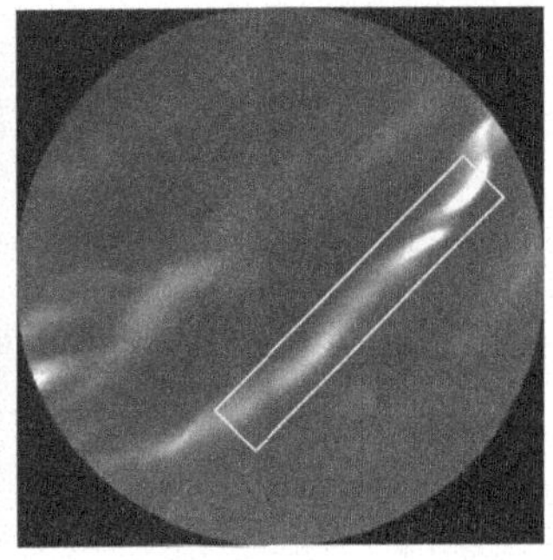

(b)2003-12-26　13:41:31

图3-1　ASI弧状极光图像样本

图像分割的算法有很多[3]。考虑到ASI弧状极光图像的特点，本节将考虑三种图像分割算法，包括自适应模糊阈值法[4]、空间模糊聚类与水平集方法相结合方法[5]以及区域生长法[6]。这些技术被应用于一组选定的ASI弧状极光图像，以检验它们在极光弧边界检测中的有效性。

3.1.2　数据和方法

本研究使用的数据是从2003年12月至2005年1月的06:00—18:00 MLT，在北极黄河站观测的全天空图像。图像分辨率为10 s，图像大小为512×512。

1. 空间模糊 c 均值聚类

空间模糊 c 均值聚类（spatial fuzzy c means）[7]是一种模糊 c-means（FCM）算法，将空间信息纳入成员函数进行聚类。像素 x_i 属于第 i 个簇的概率的空间函数被定义为

$$h_{ij} = \sum_{k \in \mathrm{NB}(x_j)} u_{ik} \tag{3-1}$$

其中 $\mathrm{NB}(x_j)$ 代表空间域中以像素 x_j 为中心的一个方形窗口。

$$u_{ij} = \frac{1}{\sum_{k=1}^{c} \left(\frac{\| x_j - \nu_i \|}{\| x_j - \nu_k \|} \right)^{2/(m-1)}} \tag{3-2}$$

其中

$$\nu_i = \frac{\sum_{j=1}^{N} u_{ij}^m x_j}{\sum_{j=1}^{N} u_{ij}^m} \tag{3-3}$$

空间函数被纳入成员函数中，具体如下：

$$u'_{ij} = \frac{u_{ij}^p h_{ij}^q}{\sum_{k=1}^{c} u_{kj}^p h_{kj}^q} \tag{3-4}$$

其中 p 和 q 是控制两个函数的相对重要性的参数。

2. 空间模糊聚类和水平集相结合方法

空间模糊聚类和水平集相结合方法（integrating spatial fuzzy clustering with level set，FCMLSM）[5]利用空间模糊聚类[7]作为初始水平集函数，模糊水平集算法通过局部正则化演化得到加强。这种改进有利于水平集的操作，并导致更稳健的分割。具体来说，假设 FCM 结果中感兴趣的成分是 $R_k:\{r_k=\mu_{nk}, n=x\times N_y+y\}$。水平集函数被初始化为

$$\phi_0(x,y) = -4\varepsilon(0.5-B_k) \tag{3-5}$$

其中 ε 是一个调节狄拉克函数的常数。迪拉克函数的定义如下：

$$\delta_\varepsilon(x) = \begin{cases} 0, & |x|>\varepsilon, \\ \frac{1}{2\varepsilon}\left[1+\cos\left(\frac{\pi x}{\varepsilon}\right)\right], & |x|\leqslant\varepsilon \end{cases} \tag{3-6}$$

B_k 是一个二进制图像

$$B_k = R_k \geqslant b_0 \tag{3-7}$$

其中 $b_0[\in(0,1)]$是一个可调整的阈值。

3. 自适应模糊阈值法

阈值处理是一种从图像中提取不同区域的直接而简单的方法。具有相同强度水平的像素总是会被分割到同一类别。然而，单一的硬阈值往往会在许多场景下导致错误的分类，如嘈杂的图像或不均匀的光照。与文献[7]中提出的方法一样，该方法考虑了每个像素周围的空间信息，以克服全局阈值的限制。

这里使用的方法是基于通过模糊隶属函数[4]将图像中的每个像素与不同的输出中心点联系起来，避免了任何最初的硬性决定。该方法通过局部聚合步骤利用空间信息，其中每个像素的隶属度通过考虑周围像素的隶属度来进行修改。

4. 区域生长

区域生长是一种简单而有效的分割方法。这种方法的概念是通过像素聚合,从一个点(称为种子点)开始,通过比较所有未分配的邻近像素与该点的关系,迭代地将该点向各个方向扩展[6]。一个像素的强度值与该区域的平均值之间的差异被用作衡量相似性的标准。当区域平均值和新像素之间的强度差大于某个阈值时,这个过程就会停止。在本研究中,非常重要的种子点是通过人机交互设置的,阈值被定义为种子点数值的0.25。

3.1.3 实验结果分析

本节试图通过使用模糊阈值、FCMLSM 和区域生长方法研究极光弧分割。这些分割技术被应用于一组 ASI 图像,并对分割结果进行了相互比较。图 3 -2 显示了一些例子。从图 3 -2 中我们可以得出以下结论:① 极光弧没有规则的边界和均匀的强度,如图 3 -2(a)所示;② 多个离散的弧总是在图像中共存,而它们的形状、位置和强度是不同的;③ 模糊阈值法和 FCMLSM 的结果非常相似,因为这两种方法都是利用空间模糊 c - means 方法的结果。④ 模糊阈值法和 FCMLSM 法能够分割图像中的多条弧,而且这两种方法总是产生多个小的像素块;⑤ 相比之下,区域生长法总是获得单一的极光弧轮廓,因为在我们的实验中每幅图像只设置一个种子。这种方法的优点是,由于种子是手工设置的,所以得到的极光弧轮廓总是正确和干净的。

3.1.4 总结与展望

极光是一种自然现象,并且是动态演变的,这使得极光弧的分割变得困难。通过结合空间信息和强度信息,本节中使用的三种方法都能相对较好地分割极光弧。具体来说:① 本节中使用的区域生长法是以半自动的方式开展的,这需要极光专家仔细设置种子以获得最佳性能。虽然对于单个弧的检测来说,分割的结果是最好的,但它有点耗费人力。而且考虑到多弧,应同时启动多个种子的分割。② FCMLSM 法减少了人工干预,但它也是互动的,需要手动选择感兴趣的 SFCM 结果。这种技术适用于多弧的分割。③ 模糊阈值法的结果与FCMLSM非常相似。而且它是一种完全自动化的方法,处理速度非常快。因此,考虑到操作的方便性,模糊阈值法是最好的。

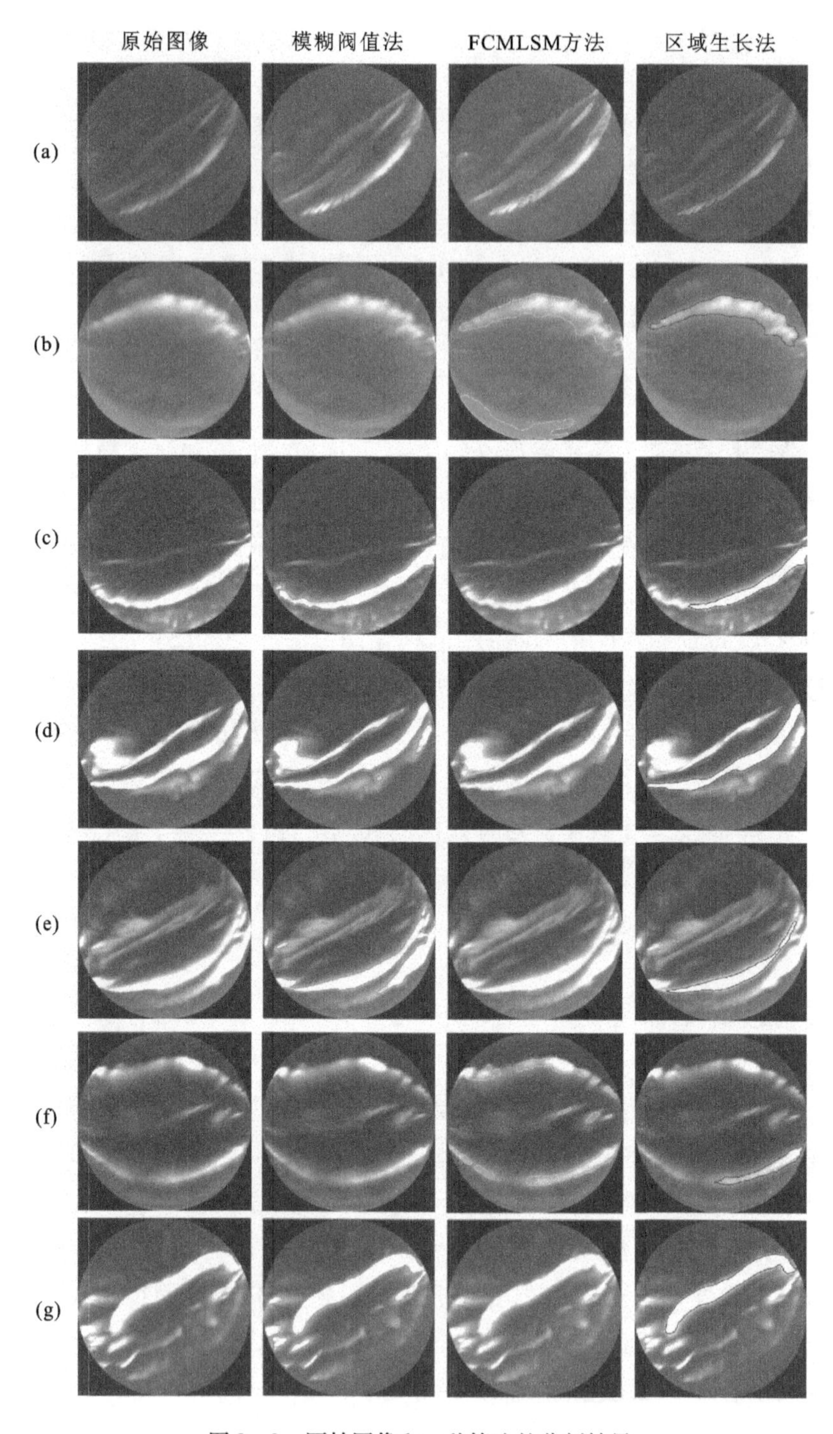

图 3－2　原始图像和三种算法的分割结果

分割的定量评价取决于正确的基准(ground truth),而这些基准总是由人工标注的。然而,由于边界模糊和一些模糊的极光弧结构,即使是极光研究专家,在这种情况下,人工标注的结果也会相当主观。因此,本研究没有给出任何客观评价,因为基准很难获得。

在得到分割的结果后,需要进行一些后处理来改善目前的结果。首先,应进行形态学处理,以填补极光弧内的小块或连接不连续的弧线,如图3-2(f)所示。其次,应去除一些孤立的像素,因为这些像素可能是热点而不是极光弧,如图3-2(g)所示。再次,根据极光弧的定义,它总是以单个或多个东西向的延伸带或条纹为特征,我们应从分割的轮廓线中剔除那些非弧结构。最后,许多文献[8-9]已经证明,UVI 图像中极光卵的形状通过椭圆拟合得到了很好的模拟。极光弧呈现的电子加速事件,与极光卵中的活动区域是一致的[10]。因此我们可以考虑极光弧的形状知识,尝试通过椭圆拟合来改进分割的极光弧。

至于评估,除了视觉估计,我们可以根据检测到的弧形轮廓计算极光弧的一些物理特征(如弧宽)来进一步评估这些方法。如果得到的结果与观测值宽度一致,那么该方法的有效性就得到了验证。

3.2 基于全卷积神经网络的极光图像自动分割

3.2.1 研究背景与动机

如上所述,Clausen 和 Nickisch[11]已经将深度学习技术引入极光图像分析,他们利用深度卷积神经网络(DCNN)提取了 ASI 极光图像特征并进一步实现了极光图像自动分类和检索。由于分类网络模型在训练过程中丢失了局部纹理细节,使其不能很好地表示物体的具体轮廓并分辨出每个像素的类别,因此2015 年加利福尼亚大学伯克利分校的 Long 等人[12]提出全卷积神经网络(fully convolutional networks,FCN)用于图像语义分割,该网络真正实现了 DCNN 从图像级别的分类延伸到像素级别的分类。随后,基于 FCN、SegNet、U-Net、Deeplab 系列、RefineNet、TernausNet 等诸多分割网络的框架被相继提出。

尽管各种深度分割模型层出不穷,但训练深度模型需要大量的标记数据,如图3-3 所示。与图像识别和物体检测相比,为分割任务人工标注像素级标签是一项更困难的任务,对医学、极光等专业背景很强的图像尤为如此:专家稀缺,时间成本也很高。近几年来,弱监督方式下的语义分割方法受到越来越多的关注,只需要图像级别的标注(image level annotations)或者仅对目标标注一个边界框(bounding box)即可完成分割任务,降低了人工标注的难度。Niu 等人[13]利用图像级标签作为监督信息并联合关键局部结构定位,提出了一种弱监督方式下 ASI 极光图像语义分割方法。极光表象复杂,其非刚性空间结构随时间快速演变的特性使得人工标注非常烦琐。针对这个问题,本节利用杨秋菊等人[14]的改进种子区域生长方法(seeded region growing,SRG)[15]来自动识别极光轮廓,用其作为训练标签来训练 FCN-8s 模型,整个过程仅需人工指定极光区域的一个像素点作为 SRG 的"种子点",极大地解决了分割模型人工标注困难的问题。本节的训练策略受到 Wei 等[16]针对弱监督任务提出的一种从简单到复杂学习方式的启发,采用从简单到复杂的学习方式实现对极光轮廓进行分割。最后用全连接条件随机场(Dense CRF)模型[17]对分割结果进行迭代优化以获得较为准确的轮廓边缘。

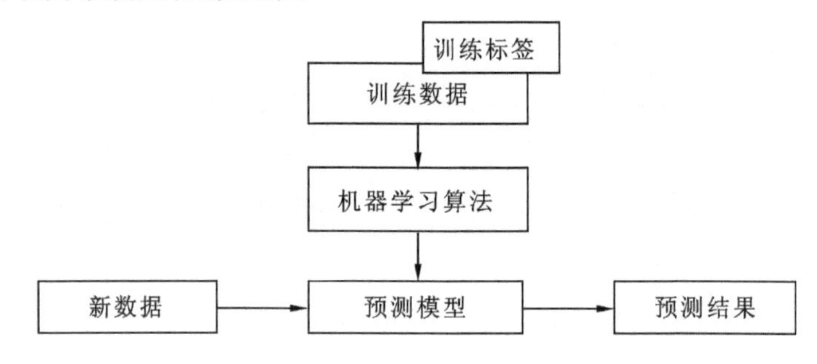

图 3-3　基于机器学习的自动分割过程示意图

3.2.2　方法介绍

本节提出了一种从简单到复杂的学习方式来逐步实现极光图像自动分割,如图 3-4 所示。从左往右,先由单弧状极光原始图(Single-Arc-images)和 SRG 生成的单弧状标签(SRG-Single-Arc-labels)经过 FCN-8s 网络训练得到 Model1;用 Model1 分割生成的热点状标签(Hot-spot labels)和 SRG 生成的多弧状标签(SRG-Multi-Arc-labels),与它们原始图(Hot-spot images、Multi-Arc-images)一起再次经过 FCN-8s 网络训练得到 Model2,最后经过 Dense CRF 模型迭代优化得到分割结果(Seg-results)。以下部分是对本节数据标注、FCN-8s 网络架构和 Dense CRF 模型的详细介绍。

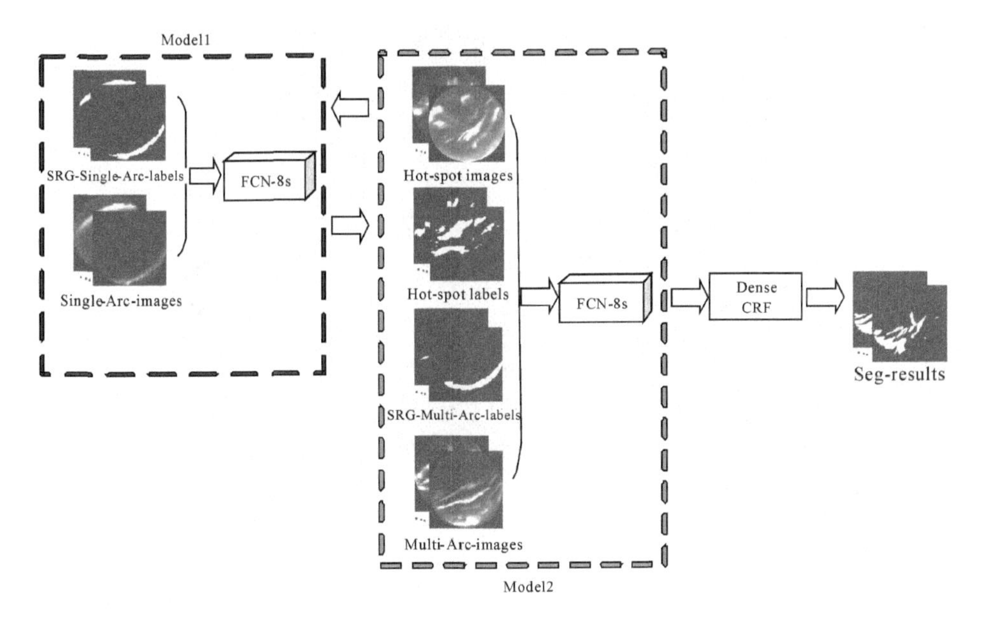

图3-4 训练流程图

1.数据标注

本节首先采用SRG方法对单弧状极光图像进行自动分割,该方法操作简单,对轮廓清晰的图像分割较为准确。如图3-5所示,从左往右,第一列是ASI极光原始图像,第二列是用种子区域生长方法生成的分割结果,第三列是对从第二列提取出的标注区域进行二值化得到的训练标签。SRG是图像分割的一种常用算法,2016年杨秋菊等[14]基于ASI极光图像测定极光弧宽时利用该方法对极光弧轮廓进行提取。该方法从某个种子点出发,按照设定的生长准则,逐步加入邻近像素,经适当的约束条件去判断该像素点属于边界区域或是目标区域,当达到终止条件时,区域生长终止,目标区域形成一个封闭区域,从而实现目标提取,整个过程通过迭代运算完成[15]。区域生长结果的好坏由初始点(种子点)的选取、生长准则及终止条件决定。杨秋菊等[14]通过人机交互方式选定种子点,即根据极光弧轮廓所在的区域,手动从中选择一个像素点作为算法种子点,生长准则是像素间差值小于某个阈值,该阈值设置为种子点像素值的25%,终止条件是一直进行到再没有满足生长准则条件的像素点为止。

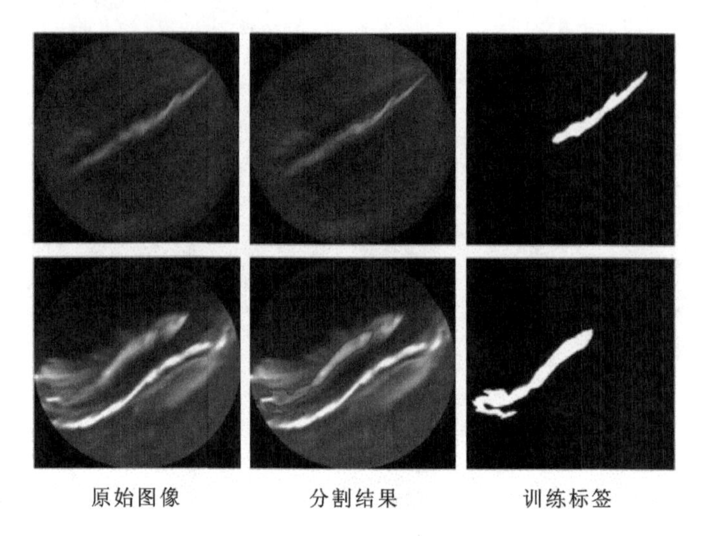

图 3-5 基于 SRG 方法的图像标注示意图

弧状极光是最常见的一种极光类型,多表现为东西向延伸的条带状结构,具有分立的射线状结构,其形状结构比较简单,轮廓较清晰[如图 2-1(a)所示],标注相对容易。相反,热点状是一类非常复杂的极光类型,包含射线、束、斑点、不规则斑块等多种极光结构,主要特点是存在明显的极光亮斑[如图2-1(d)所示],人工标注难度很大,为了能够较为方便、准确地标注出热点状极光区域,本节采用训练好的初始分割模型(Model1)对热点状极光图像进行分割。值得说明的是,本节提出的训练策略中并没有用初始分割模型对多弧状图像进行分割,原因是在一幅多弧状图像里面存在像素强弱不等的弧状结构,而 FCN-8s 网络对于像素比较强的弧状结构易于学习,对于像素比较弱的弧状结构难于学到,为了强化像素较弱的弧状结构,我们在标注时,尽量将种子点选在像素较弱的弧状区域,如图 3-5 第 2 行所示,标注的弧状区域像素明显弱于相邻的弧状区域。

2. 全卷积神经网络(FCN-8s)

FCN 网络[18]架构采用端到端(end-to-end)的方式实现了图像语义分割,即输入一幅图像后在输出端得到每个像素所属的类别(前景/背景)。如图 3-6 所示,该网络框架基于 VGGNet-16 分类网络框架改进而来,网络的前五层依然采用卷积层(Conv)和池化层(Pool)交替连接来进行特征提取,激活函数采用 ReLU 函数,最后的全连接层替换为卷积核大小为 1×1 的卷积层。该替换优化了在分类网络中因全连接层而限制图像大小必须是固定维度的特殊性,网络输入数据维度可以是任意大小的图像。

由于FCN网络架构在前五层特征提取过程中，池化层采用最大池化的方式大大减小了网络参数，同时也降低了图像的维度和分辨率。为了与输入图像的原有维度保持一致，对Conv7层经过1×1的卷积层生成的像素类别预测结果（feature map）进行双线性插值，即上采样处理。为了提高图像的分辨率，如图3-6所示，先是将Pool4层经过1×1的卷积层产生附加像素类别预测结果，将Conv7层生成的像素预测结果经过2×上采样层与Pool4层产生的附加像素类别预测结果进行融合，以同样的方式将Pool3层经过1×1的卷积层产生新的附加像素类别预测结果，与Conv7层和Pool4层融合后的像素类别预测结果经过2×上采样再进行融合，最后将融合后的结果采用双线性插值的方式8×上采样得到与输入图像同样大小的维度，即本节用到的FCN-8s网络架构。

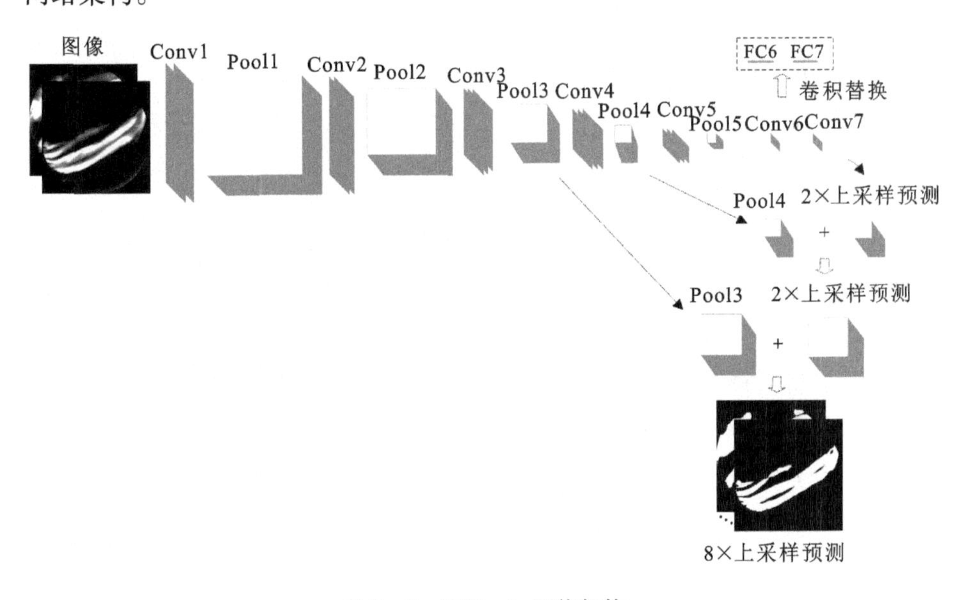

图3-6　FCN-8s网络架构

3. 全连接条件随机场模型（Dense CRF）

在深度卷积神经网络（DCNN）中，卷积层、最大池化层利用表征不变特性，对网络起到很好的减参作用，使得网络输出的特征图（feature map）非常平滑。但对于图像分割来说，这个特性会导致图像中一些局部纹理细节丢失严重，从而影响某些像素点准确定位，本节利用Dense CRF算法对分割结果进行优化。

该算法主要参照 Chen 等人[19]和 Krähenbühl 等人[17]来计算完成。Dense CRF 由一个一元势函数和一个二元势函数构成。其定义如下[16]:

$$E(X) = \sum_{i} \theta_i(x_i) + \sum_{ij} \theta_{ij}(x_i, x_j) \tag{3-8}$$

在公式(3-8)中,x 表示像素值,i、j 表示图像中像素点的位置。一元势函数 $\theta_i(x_i) = -\log[P(x_i)]$ 表示每个像素点是所属类别的概率,本节中该值来自 FCN-8s网络最终计算输出的所有像素点准确值。该函数反映了每个预测像素标签对真实像素所属类别的影响。二元势函数 $\theta_{ij}(x_i, x_j)$[17]定义为

$$\theta_{ij}(x_i, x_j) = \mu(x_i, x_j) \sum_{m=1}^{K} \omega_m k_m(f_i, f_j) \tag{3-9}$$

其中 $\mu(x_i, x_j)$ 表示标签兼容性函数,当 $x_i \neq x_j$ 时,$\mu(x_i, x_j) = 1$,否则为 0。$k_m(f_i, f_j)$ 表示两个不同像素点之间的高斯核,其中 f_i 表示像素 i 的特征向量。ω_m 表示线性组合权重。两个高斯核之间采用线性组合[19],

$$\theta_{ij}(x_i, x_j) = \mu(x_i, x_j)\left[\omega_1 \exp\left(-\frac{\| p_i - p_j \|^2}{2\sigma_\alpha^2} - \frac{\| I_i - I_j \|^2}{2\sigma_\beta^2}\right) + \omega_2 \exp\left(-\frac{\| p_i - p_j \|^2}{2\sigma_\gamma^2}\right)\right] \tag{3-10}$$

其中 p 表示像素位置,I 表示像素灰度强度。第一个核的作用在于强制相似灰度强度和邻近位置像素具有相同的标签,而第二个内核在强制平滑时仅考虑像素位置的空间邻近性[13]。ω_1、ω_2 和超参数 σ_α、σ_β、σ_γ 通过网格搜索来获得,本节中 σ_α 网格大小 30×30,σ_β 网格大小 10×10,σ_γ 网格大小 2×2。最后,平均场近似(mean field approximation)被用来进行 Dense CRF 迭代优化,该近似法为近似推断产生了一个迭代的信息传递。平均场近似算法可以近似计算一个分布 $Q(X) = \prod_i Q_i(X_i)$,然后采用最小化 KL 散度进行迭代更新,其中迭代更新过程中信息传递可以用特征空间的高斯滤波进行,具体细节可以参考文献[17]。

3.2.3 实验过程及结果

Hu 等[20]基于北极黄河站观测数据将日侧极光卵划分成四个极光活动区并进一步将日侧极光细分为弧状、帷幔冕状、辐射冕状和热点状四大类,本节主要研究形状轮廓比较显著的弧状和热点状两种类型。训练集和验证集采用 2003—2007 年北极黄河站越冬观测的部分数据,包括 2 264 幅弧状图像和

451幅热点状图像。测试集采用人工标注的100幅极光图像,其中弧状和热点状图像各50幅(这100幅图像对应的人工标签,仅用来评估算法的有效性,并不参与模型训练)。训练策略采用一种从简单到复杂的学习方式,并将其命名为Aurora-seg,该策略中训练数据集共计2 092幅,其中Model1用962幅弧状图像作为训练集(787幅)和验证集(175幅),Model2用451幅热点状和679幅弧状图像作为训练集(925幅)和验证集(205幅)。本节也使用了其他两种对照训练策略,Aurora-seg1策略使用的数据集和Aurora-seg策略的一样,以保持数据集一致性;Aurora-seg2策略的训练集和验证集用且仅用到了全部弧状极光图像,其中Model1用1 275幅弧状图像作为训练集(1 044幅)和验证集(231幅),Model2用989幅弧状图像作为训练集(809幅)和验证集(180幅),相比Aurora-seg策略用到的数据集,弧状图像由1 641幅扩充至2 264幅,总的训练数据集也由2 092幅扩充至2 264幅。

1. 训练策略

本节将训练策略命名为Aurora-seg,具体流程如图3-4所示,两次训练均采用经典的FCN-8s网络[19]作为训练框架。其中,Model1用ImageNet数据集预训练好的VGGNet-16分类网络模型[21]作为网络初始化。单弧状极光图像作为训练集和验证集,超参数设置为固定学习率1e-13、动量0.95。Model2用热点状和多弧状极光图像作为训练集和验证集,采用Model1自动标注热点状极光图像,采用SRG方法标注多弧状极光图像。同时Model2利用Model1训练结果进行初始化,超参数设置为固定学习率1e-13、动量0.98。相比Model1,Model2用到的数据复杂度较高,网络学到的语义特征更加抽象,分割模型的泛化能力更强。

本节在实验过程中还对比了以下两种训练策略:① Aurora-seg1:Model1来自Aurora-seg策略,用Model1对热点状和多弧状极光图像进行分割,分割结果作为Model2新的训练集和验证集,但Model2初始化网络模型依然采用VGGNet-16分类网络模型。② Aurora-seg2:此策略训练阶段用且仅用到全部的弧状数据集(由1 641幅扩充到2 264幅),Model1用弧状(单弧状为主)图像训练得到的初始网络分割模型,Model2只用多弧状极光图像作为训练集和验证集,并用Model1作为初始化网络,此策略旨在证明热点状图像参与训练的必要性。最后经过测试集验证,实验结果表明Aurora-seg训练策略是最佳策略。

本节用 Dense CRF 模型对上述三种训练策略分割结果均进行了迭代优化,使得分割区域边缘更加光滑,分割结果更为准确。

2. 测试过程

对于任意一幅新来的测试图像(未参与训练过程),送入训练好的 Model2 即可得到分割结果,然后用 Dense CRF 做进一步优化,即可得到最终结果(如图 3-3 所示)。本节后面的对比实验,都是基于这个结果进行定量和定性比较。

3. 实验结果

本节用人工标记的弧状和热点状各 50 幅极光图像来评估分割策略的有效性。采用通用的分割结果和分割基准的“交并比”IoU 作为分割评估指标,其表达式如下:

$$\mathrm{IoU}=\frac{\text{Area of Overlap}}{\text{Area of Uninon}}=\frac{A_{\mathrm{pred}}\cap A_{\mathrm{true}}}{A_{\mathrm{pred}}\cup A_{\mathrm{true}}},\qquad(3-11)$$

其中 A_{pred} 和 A_{true} 分别表示预测分割结果和分割基准。图 3-7 分别展示一幅弧状和热点状极光图像的 IoU 求解流程。其中最后一幅图像中,深色阴影部分表示未被检测出的区域或者多余被分割出的区域。

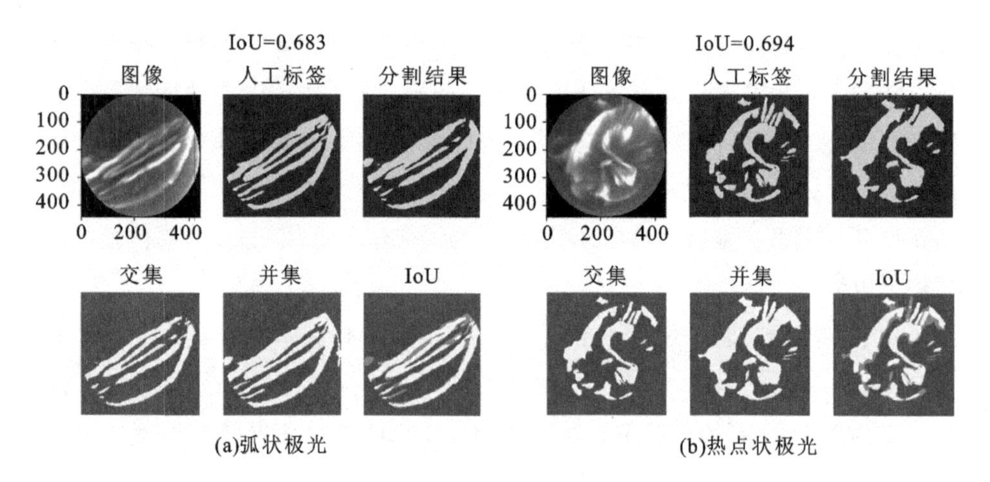

图 3-7　IoU 计算示意图

1)三种训练策略比较

三种训练策略经过 Model2 分割的结果见表 3-1,可见 Aurora-seg 训练策略在两类图像的平均分割结果中平均 IoU 最高。与 Aurora-seg1 相比,弧状分割结果略有提高，说明本节介绍的数据标记策略是合理的；与 Aurora - seg2 相比，热点状分割结果提高明显，说明热点状极光参与训练的必要性。

经过 Dense CRF 处理上边的分割结果后，总体的 IoU 提高很多，见表 3-2。我们可以看到 Aurora - seg 策略平均分割结果最好，弧状和热点状两类极光图像分割结果均高于其他两种策略，说明本节选用的 Aurora - seg 是三种训练策略当中最佳的。

表 3-1 三种训练策略分割结果（IoU 值）

训练策略	弧状	热点状	平均值
Aurora - seg1	0.581	0.478	0.530
Aurora - seg2	0.587	0.528	0.558
Aurora - seg	0.597	0.559	0.578

表 3-2 Dense CRF 优化后的分割结果（IoU 值）

训练策略	弧状	热点状	平均值
Aurora - seg1	0.591	0.489	0.540
Aurora - seg2	0.604	0.554	0.579
Aurora - seg	0.613	0.586	0.600

2）与现有方法对比

表 3-3 是本节的分割结果与 Niu 等[22]的结果比较，他们利用图像级标签作为监督信息进行联合关键局部结构定位和极光图像分类，该分割方法使得极光图像分割准确率提高较多，是目前极光图像分割最好的结果。与其结果进行比较可以看到，本节平均 IoU 高出他们 0.084，具体而言，弧状 IoU 提高了 0.058，热点状提高了 0.110，提高比较明显。由此说明了本节提出的分割方法是有效的。图 3-8 给出了部分分割结果对比实例，从左往右分别表示极光原始图像、Aurorao - seg 和 Niu 等人的分割结果以及人工标签。

表 3-3 与 Niu 等[22]分割结果（IoU 值）对比

方法	弧状	热点状	平均值
PSM + RD + Merge（Niu et al.，2018）	0.555	0.476	0.516
Aurora - seg	0.613	0.586	0.600

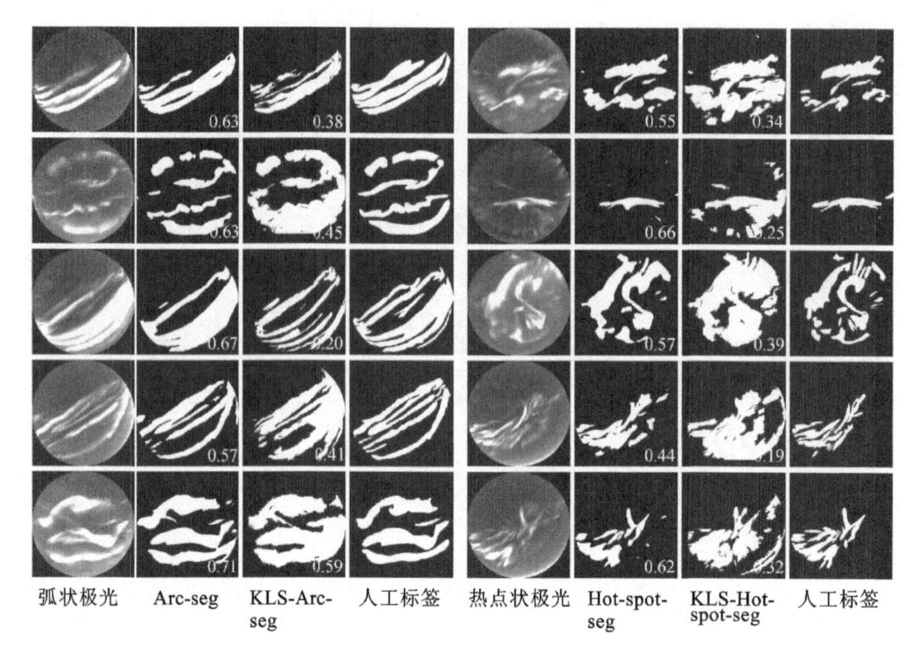

图 3 –8　分割结果对比图

4. 失败案例

如前所述,FCN –8s 网络架构对像素强弱不同的弧状结构学习时的难易程度不同,尽管在人工标注时也做了相应处理,但当观测视野中极光强度变化很大时,本节分割模型仍很难分割出像素较弱的极光区域,图 3 –9 中展示了部分失败的分割结果。

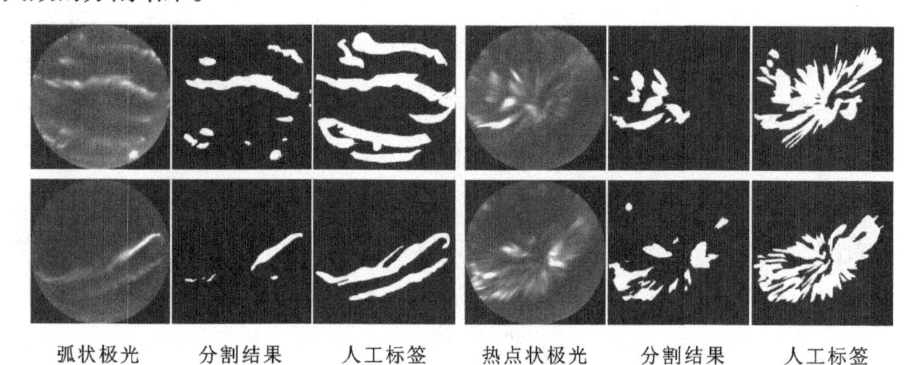

图 3 –9　分割结果较差案例

3.2.4　结论和讨论

本节采用一种由简单到复杂的两步式极光图像分割策略。针对极光变化复杂,逐像素人工标注非常困难这一问题,采用弱监督方式对极光图像进行分割。利用传统自动分割方法获得粗糙的像素级标签,整个过程人工参与的地方只有区域生长方法的种子点选取,解决了机器学习分割模型训练标签难以获取的问题。实验结果表明,本节提出的分割策略对弧状和热点状两类极光图像分割是有效的,相比目前最新的实验结果,分割准确率均得到了不同程度的提高。整个实验过程简单易实现,可以很好地迁移至其他复杂自然数据集上,解决了复杂图像分割人工标注样本困难这一难题。此外,本节利用传统种子区域生长方法(SRG)为初始训练模型 FCN－8s 提供训练标签,并用 Dense CRF 模型迭代优化处理 FCN－8s 训练得到的分割结果,有效提升了分割精度。这进一步说明将传统计算机视觉技术与深度学习技术结合是一种有效的研究思路。

当然,本节利用 SRG 方法生成 FCN－8s 训练标签时,由于 SRG 方法分割精度有限,极光图像越复杂,训练标签中的噪声越多。当观测视野中极光强度变化很大时,本节分割模型仍很难分割出像素较弱的极光轮廓。另外,本节只对弧状、热点状极光图像进行分割,尽管 Davis[23] 提到弧状是离散极光的最基本形式,但帷幔冕状、辐射冕状极光的研究仍有着十分重要的意义。在后续工作中,我们将针对所有极光观测图像展开实验,并在模型训练阶段提高难分样本(hard examples)的比重,进一步提升极光分割精度。

3.3 基于 CycleGAN 的极光关键局部结构自动提取

3.3.1 研究背景与动机

我们知道,当人类专家对极光进行分类或分析特殊的极光事件时,他们的注意力总是集中在与他们的任务有关的典型结构上,如极光分类中的极光弧、带和射线结构,或极光亚暴中的点亮结构。在本节中,我们称这些为关键局部结构(KLS)。提取相关的 KLS 不仅有助于对极光图像进行分类,还可以为统计分析极光的空间结构和形态演变提供位置信息[22]。

然而,目前还没有可用的预训练好的深度神经网络用于极光图像 KLS 提取。简单地说,KLS 提取就像图像分割一样,是为图像的每个像素分配一个标签的任务。不同的是,极光图像分割的目的是将所有的极光像素从背景中分割出来[22],而 KLS 提取是将感兴趣的极光与其他极光分开。尽管原始图像包含了更多的信息,但我们通常希望集中在我们所关注的信息上。KLS 的定义往往与任务有关,例如,如果人们想确定极光亚暴的开始,他们的 KLS 就是亚暴的点亮。在本节中,我们遵循 Niu 等人[22]的定义,KLS 指的是与典型的日侧极光形态有关的极光结构,更具体地说,是与极光弧、帷幔冕状、辐射冕状和热点状极光有关的结构。与极光图像分类相比,手动逐个像素地标记训练数据以生成 KLS 提取的基准要费时得多,主观性强,且容易出现误差。Niu 等人[22]提出了一种弱监督的语义分割方法,将图像标签作为监督,实现了极光图像 KLS 的像素级定位和图像级分类。为了实现像素级准确定位极光图像的 KLS,他们开发了一个从粗到细的程序,结合了斑块尺度模型(PSM)和区域尺度模型(RSM)。然而,他们的方法涉及大量的试错来精心调整参数,因此很难推广到其他极光数据集。

在本节中,我们将极光 KLS 提取直接表述为一个问题,即基于循环一致生成对抗网络[24]学习从 ASI 图像到 KLS 掩码(mask)的映射。这一方法的优点是,利用未配对的极光图像 - KLS 掩码进行模型训练,可以通过旋转少量手工标记的样本来构建足够的训练样本。因此,大大减轻了人工标注的负担。具体来说,我们探索了利用 CycleGAN(Cycle - consistent GAN)来生成 KLS 掩码,该数据集由中国黄河站 2003—2009 年的 2 508 幅 ASI 图像组成,其中只有 200 幅图像是逐像素手工标注的,作为 KLS 掩码的基准。我们的模型可以推广到其他台站或其他仪器拍摄的极光数据集,如利用 UVI 图像进行极光亚暴分析的极光点亮定位。

3.3.2 模型框架

我们的目标是从 ASI 图像中提取极光关键局部结构,这可以通过创建一个系统来实现,该系统将 ASI 极光图像作为输入,随后输出与输入图像相对应的 KLS 掩码图像。它可以被表述为学习一个从 ASI 图像(域 A)到 KLS 掩码(域 S)的映射 G。为了学习这种映射,图像的训练数据集与 KLS 掩码可以是配对的,也可以是不配对的。配对的图像意味着每个例子都是成对的,都有一个来自 ASI 图像域和 KLS 掩码域的图像;相反,未配对的数据集意味着 ASI 图像域和 KLS 掩码域的训练图像之间没有一一对应的关系。图 3 - 10 说明了配对与未配对训练数据集的例子。配对的训练数据集显示在图 3 - 10(a)中。它由训练实例$\{a_i, s_i\}_{i=1}^{N}$组成,其中 a_i 和 s_i 之间存在对应关系。这里 a_i 和 s_i 分别是 ASI 图像和其相应的 KLS 掩码。图 3 - 10(b)是未配对的训练数据集,它包含了一组分别为 ASI 图像($\{a_i\}_{i=1}^{N}, a_i \in A$)和 KLS 掩码的图像($\{s_j\}_{j=1}^{M}, s_j \in S$),$a_i$ 和

s_i 之间没有匹配关系。

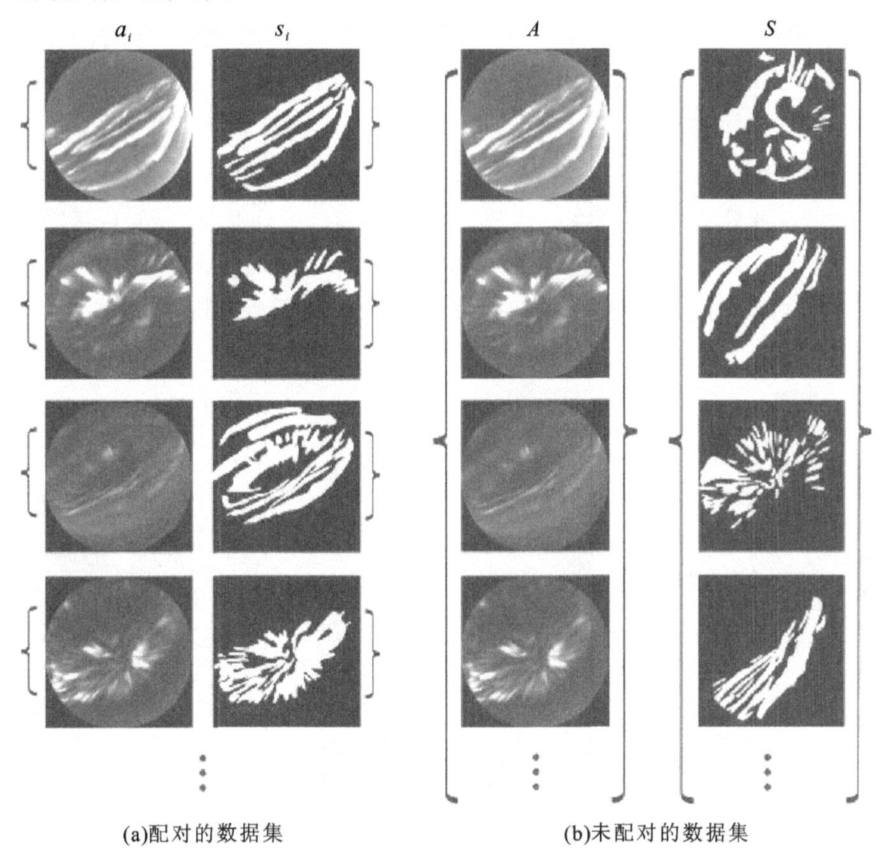

图 3－10　配对的与未配对的训练数据集

由于获得大型的成对训练数据集用于极光图像 KLS 提取是非常困难的，因此在我们的研究中需要进行未配对图像间的转换。我们的目标与 CycleGAN[24] 一致，后者是一种有效的技术，可以从未配对训练数据集中学习映射关系。一旦模型被训练好，它就可以用来对新数据进行预测。如图3－11所示，整个过程包括训练阶段和测试阶段。两个分别包含 ASI 图像和 KLS 掩码的数据集被用来训练模型。一个简化的 CycleGAN 框架在左边的阴影框中显示出来。两条虚线分别代表训练路径 $A \to S$ 和 $S \to A$。A 表示 ASI 图像域，S 表示 KLS 掩码域。两个生成器网络，$G:A \to S$ 和 $F:S \to A$，在训练阶段被训练，只有 G 生成器被用于 KLS 掩码的预测。在这种表述中，模型训练时不再需要匹配的图像对。这使得我们可以通过旋转和裁剪来增加 KLS 标记的数据集，并通过未配对的极光图像和 KLS 掩码来训练模型,从而大大减少了人工标注的工作量。

具体来说,给定一组来自域 A(ASI 图像)和域 S(KLS 掩码)的未配对数据,CycleGAN 同时学习两个映射 $G:A\rightarrow S$ 和 $F:S\rightarrow A$,以及两个生成器 G 和 F。目标是学习一个映射,使 $G(A)$ 的图像分布与分布 S 不可区分。因为这个映射是高度欠约束的,CycleGAN 将其与一个反向映射 $F:S\rightarrow A$ 耦合,并引入一个循环一致性损失来执行 $F(G(A))\approx A$(反之亦然)。这个想法是,生成的目标域数据能够返回到它所生成的源域中的确切数据。图 3-11 左边的阴影框中显示了 CycleGAN 架构的简化视图。关于 CycleGAN 的更多细节可以参考 Zhu 等人的文献[24]。

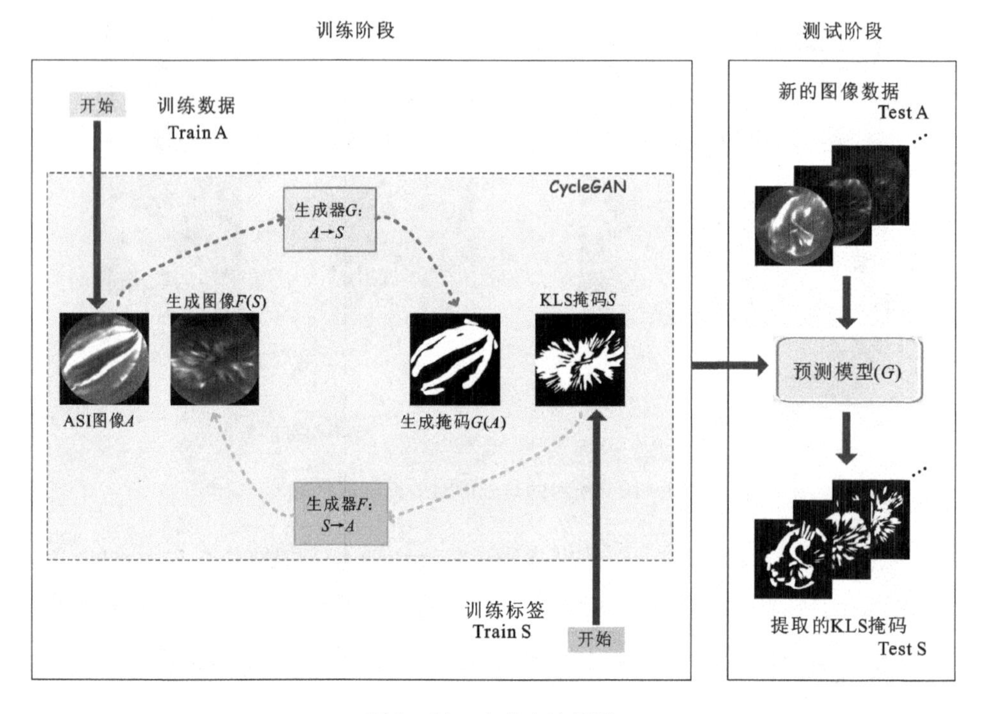

图 3-11　本节方法概述

3.3.3 数据集构建

1. 数据来源

在本节中,我们使用了北极黄河站的全天空成像仪 ASI 获得的 557.7 nm 波长的观测数据。这些图像的空间分辨率为 512×512。我们只关注离散极光,根据其空间形态,通常分为弧状极光和冕状极光。基于北极黄河站的 ASI 图像,Hu 等人[25]将冕状极光进一步细分为帷幔冕状、辐射冕状和热点状。本节共考虑了 2003 年 12 月至 2009 年 2 月的 2 508 幅日侧极光图像。为了便于后续处理,对数据集中的所有图像都进行了预处理,步骤与 2.1.2 节相同。

2. KLS 掩码标签

决定某种极光类型的掩码可以称为该极光类型的 KLS。在这个定义下,Niu 等人[22]对所选择的 2004 年 12 月至 2009 年 1 月的 200 幅 ASI 图像的 KLS 进行了人工标注。具体来说,每幅图像的 KLS 掩码被标记为根据 ASI 图像的类别属于弧状、帷幔冕状、辐射冕状和热点状之一的像素的联合。由于这些 KLS 掩码是由人工标记的,所以它们被用作评估算法提取的 KLS 的基准。

3. 数据集构建

(1)训练数据集:TrainA 包含 2003 年 12 月至 2009 年 1 月获得的 2 308 幅典型的 ASI 图像。TrainS 由两部分组成。第一部分是 Niu 等人[22]手动标注的 200 幅 KLS 掩码图像,其对应的 ASI 图像是在 2004 年 12 月至 2009 年 1 月观察到的;然后我们将这些标注的图像顺时针旋转 15°、30°、45°,逆时针旋转 15°、30°,以构建 TrainS 的第二部分。在 TrainS 中总共有 1 200 幅 KLS 掩码图像,且没有一幅 KLS 掩码图像能在 TrainA 中找到其对应的 ASI 图像。

(2)测试数据集:为了定量评估 KLS 的提取结果,我们测试了 200 幅有人工标注的 ASI 图像。TestA 包含 2004 年 12 月至 2009 年 1 月的 200 幅 ASI 图像,这些图像由 Niu 等人[22]手动给出了像素级标注。由于不同极光类型的 KLS 提取难度不同(例如,弧状极光最容易提取),为了充分验证模型的有效性,TestA 中四种极光类型的图像数量相同(每类 50 幅)。注意 TrainA 和 TestA 之间没有相同的图像,所有的测试图像在训练阶段都没有见过。TrainA 和 TestA 中的所有图像都是随机选择的,保证了极光形态的多样性和典型性。预测的 KLS 掩码结果被放在 TestS 中。

3.3.4 实验及结果分析

在这一节中,将我们的模型所提取的 KLS 与 Niu 等人[22]最近提出的极光图像 KLS 定位方法进行了定量和定性的比较。此外,还进行了极光分类以证明 KLS 提取结果的有效性。

1. 实现细节

我们主要采用 Zhu 等人[24]介绍的原始模型架构,并对训练集中的数据进行了翻转、旋转和随机裁剪等数据增强操作。CycleGAN 的架构要求输入尺寸为 256×256。在我们的实验中,ASI 图像和 KLS 掩码图像都被调整为 286×286,然后裁剪为 256×256。更具体地说,在模型训练的过程中,我们随机裁剪了输入图像(从随机位置裁剪一个补丁,从 286×286 的尺寸裁剪到 256×256)。通过随机裁剪,原始训练集在每次训练之间变得不同,这相当于我们有一个更大的训练集,因此可以期待更好的模型性能。此外,当从 286×286 的尺寸裁剪到 256×256 时,图像的主要语义被保留下来。虽然只增加了训练集数目,但我们也需要将测试图像裁剪成与训练图像相同的大小。因此,在测试过程中采用了中心裁剪(从中心位置裁剪一个补丁),也是先将大小调整为 286×286,然后裁剪为 256×256。所有的网络都从头开始训练了 200 次。

2. 定量评价

在这一节中,我们从交并比(intersection - over - union, IoU)的角度来定量评估 KLS 提取的有效性。这是一种量化真值和我们的预测输出之间的重叠百分比的方法。给定一个图像,IoU 度量给出了图像中存在物体的预测区域和真值区域之间的相似性,并被定义为两个区域交集的大小除以并集的大小,即

$$\mathrm{IoU} = \frac{\text{Area of Overlap}}{\text{Area of Union}} = \frac{A_{\mathrm{pred}} \cap A_{\mathrm{true}}}{A_{\mathrm{pred}} \cup A_{\mathrm{true}}}, \tag{3-12}$$

其中 A_{pred} 和 A_{true} 分别代表预测输出和真值。图 3-12 显示了四个典型极光图像的 IoU 计算过程。最后一个子图像中的深色阴影部分表示未检测到的区域或额外的检测区域。

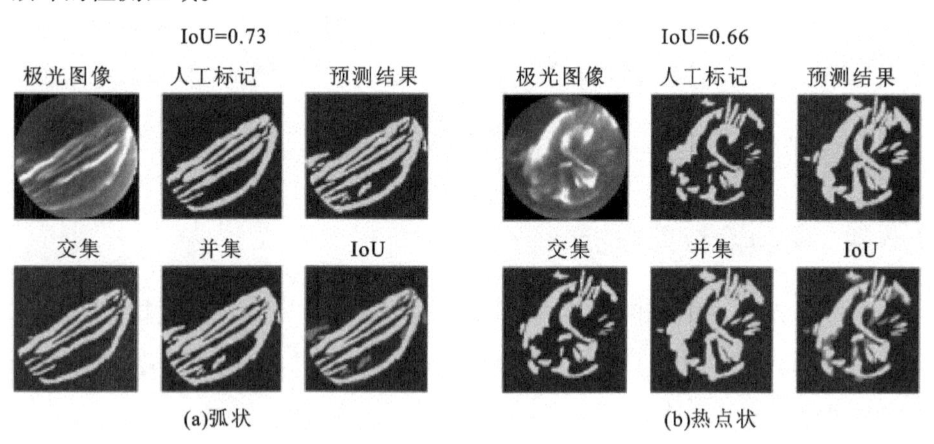

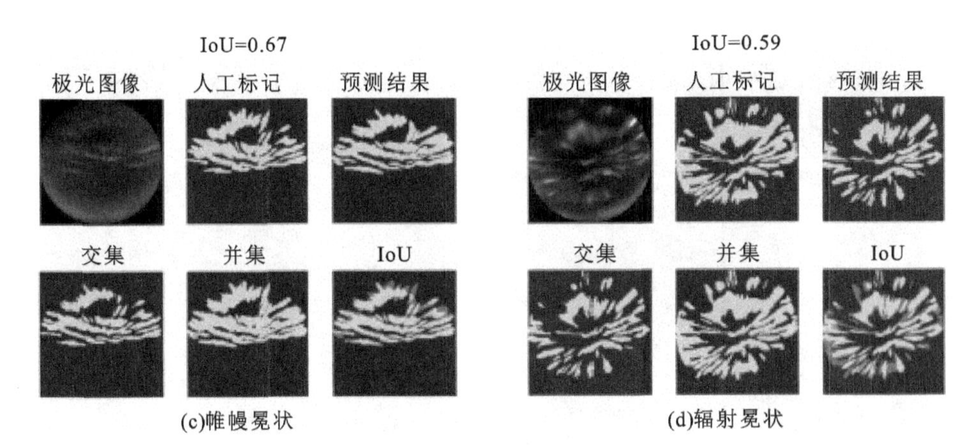

(c)帷幔冕状　　(d)辐射冕状

图3-12　IoU的计算

表3-4列出了CycleGAN和Niu等人[22]的IoU值的比较。由于KLS是根据极光的外观来标记的，所以在弧状、热点状、帷幔冕状和辐射冕状等类型方面进一步比较了性能。从表3-4中我们可以得出以下结论：① CycleGAN对极光图像KLS的提取是有效的，在平均IoU方面明显优于Niu等人[22]的结果，超过了17%。此外，CycleGAN实现了更低的标准差。② 两种方法在简单的弧状极光上的表现都比日冕极光好得多，包括热点状、帷幔冕状和辐射冕状。背后的原因是，形状和外观先验在极光图像KLS提取中起着重要的作用，然而日冕通常很弱，没有明确的轮廓，有时甚至伴随着具有均匀亮度的弥散极光。③ 与图像层面的指标相比，如分类精度，两种方法的IoU值似乎都有点低。这是因为KLS提取是一个像素级的任务，而IoU是逐个像素计算的，这需要大多数像素都是正确的，才能获得高的性能。通常情况下，当IoU的值高于0.5时，我们认为对于分割/检测的任务来说是可以接受的结果。

表3-4　CycleGAN和Niu等人[22]的KLS提取性能比较（平均IoU值±标准差）

方法	弧状	热点状	帷幔冕状	辐射冕状	平均值
Niu等人	0.53±0.14	0.46±0.14	0.36±0.08	0.42±0.11	0.44±0.14
CycleGAN	0.69±0.09	0.58±0.11	0.60±0.08	0.66±0.05	0.63±0.10

3. 定性评估

为了根据人类视觉感知给出直观的比较，我们将CycleGAN的KLS提取性能可视化，并与Niu等人[22]和基准进行比较，如图3-13所示。与表3-4相同，我们将获得的KLS掩码按照四种极光类型进行可视化，包括弧状、帷幔冕状、

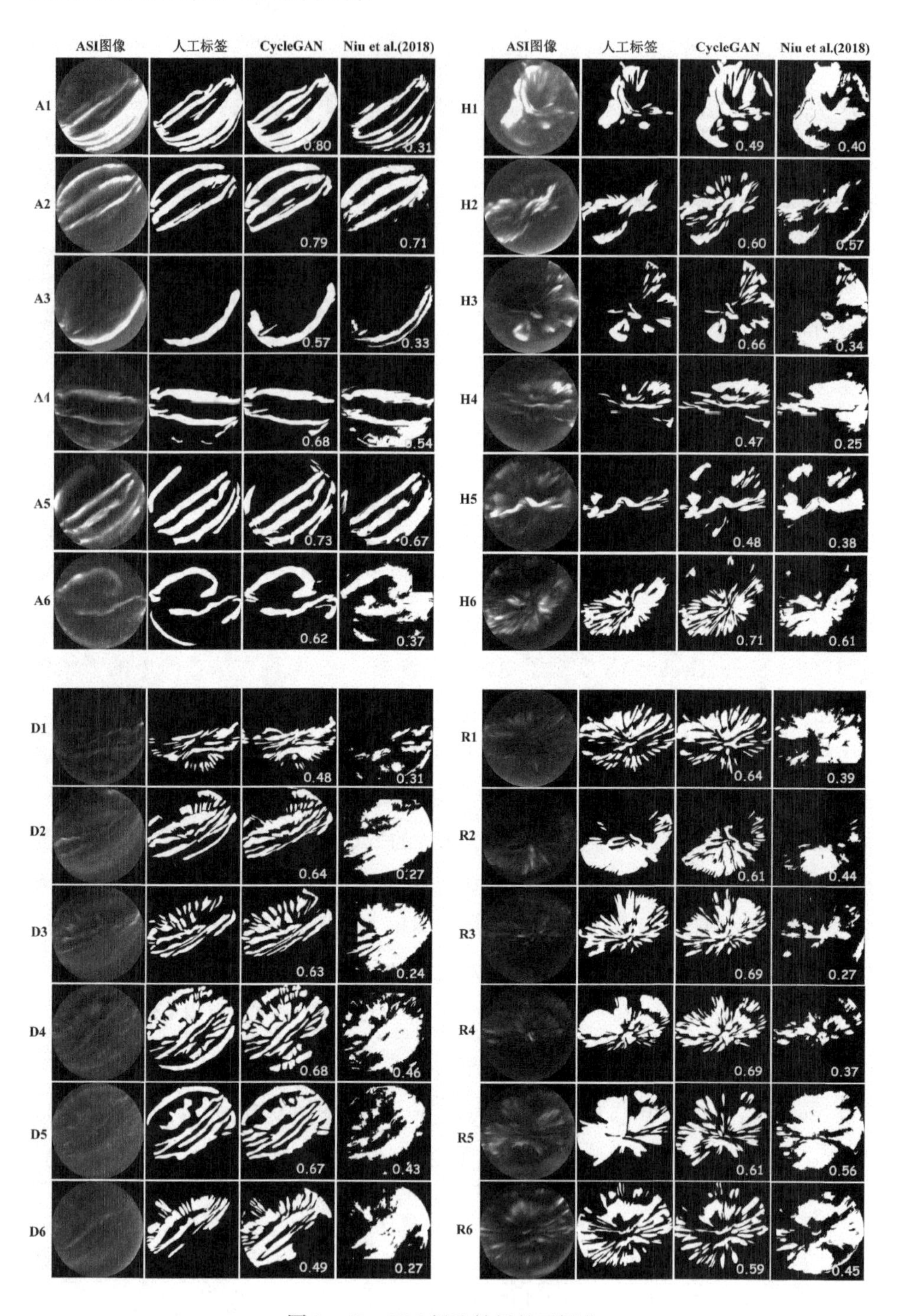

图 3－13　KLS 提取结果的可视化

辐射冕状和热点状,并分别为每一类呈现6个例子。其中,A1—A6,H1—H6,D1—D6,R1—R6分别表示弧状、热点状、帷幔冕状和辐射冕状极光。第1列和第5列是ASI图像,第2列和第6列是人工标签,第3列和第7列是CycleGAN得到的KLS掩码,第4列和第8列分别是Niu等人[22]的结果。最后两列中的数字给出了每个KLS提取的IoU值。总的来说,图3-13中显示的可视化KLS掩码与表3-1中给出的IoU结果非常一致。CycleGAN的表现远远超过了Niu等人[22]的表现;此外,外观最简单的弧状极光比其他极光类型取得了更高的IoU。

接下来,我们基于图3-13以四种极光类型为例,对极光的外观、人工标记和提取的KLS掩码进行详细的分析:

(1)弧状极光(A1—A6)是具有清晰轮廓的单个或多个离散弧,实现了最佳的KLS提取性能。然而,A6的人工标记有些问题,它的左侧底部边界不应该被手动标注,就像A4的底部和H2的右侧底部一样。

(2)热点状极光(H1—H6)是一种混合的极光模式,包括射线结构、斑点和不规则斑块,具有强的发射。只有强的斑点或斑块,而不是所有的极光,能被人工标记出来。

(3)帷幔冕状极光(D1—D6)是多个东西向拉长的射线带,具有微弱的发射,伴随着模糊的、均匀的弥散极光。与具有一定结构的离散极光不同,弥散极光代表着相对均匀的发光区域。因此,我们的任务和人工标签只关注离散极光。尽管弥散极光可能会干扰提取过程,并且其中一些极光被检测到,例如用Niu等人[22]的方法检测到D2和D3,但CycleGAN提取了关键的帷幔冕状结构,几乎不受弥散极光结构的影响。

(4)辐射冕状极光(R1—R6)是指从天顶向各个方向径向发射的弱射线,呈现出爆炸性的形式。我们观察到,R2、R4和R5被误标,也许是因为人的疲劳。相比之下,我们的模型具有非常好的性能,并能捕捉到符合人类视觉感知的关键射线结构。

此外,随着极光的逐渐演变,当图像处于过渡状态时,不同类别之间会有一些重叠,在这种情况下,各种极光类型可能在图像中共存,如H6(热点和辐射)和D3(帷幔和辐射)。

总的来说,Niu等人[22]提出的当前最先进的方法对轮廓清晰的弧状极光是有效的,但几乎不能处理其他三种日冕极光,因为提取的KLS被连接成一个区域。相比之下,CycleGAN根据人类视觉感知,提取了令人满意的所有极光类型的基本局部结构。它有时甚至比人工标注表现得更好(例如,对于辐射冕状极光 R2、R4 和 R5)。虽然 IoU 值不是很高,但一方面,IoU 是一个逐像素计算的性能指标。从图 3-13 所示的这些例子中,我们可以得出结论,当 IoU 的值高于 0.5 时,KLS 的提取结果是可以接受的。另一方面,人工标注需要进一步验证以确保其准确性。以上分析表明,逐像素的人工标注是有点主观和依赖操作者的,而且标注标准有时也不一致。对于极光图像 KLS 提取来说,获取人工标注是一个很大的挑战,尤其是对于日冕极光来说,它主要包含的是纹理信息,轮廓非常模糊。从图 3-6 中我们可以进一步发现,CycleGAN 提取的 KLS 包含了极光类型的强大语义信息。为了证明这一点,我们设计了以下分类实验。

4. 分类验证

由于 KLS 是根据极光类型来定义和标记的,在这一节中,极光分类是作为提取 KLS 的一个应用来开发的。我们设计并对比了两个实验:一个是直接在 ASI 图像上进行;另一个是将 ASI 图像和提取的 KLS 掩码结合起来进行的。具体来说,利用局部二进制模式(LBP)提取极光特征,然后使用 k 近邻分类器,通过其 k 个邻居的多数投票,将 TrainA 中的每幅图像分为四种类型之一(当没有多数投票时,图像被标记为“其他”,被视为错误分类)。在 TrainA 中共有 2 308 幅图像,其中 725 幅弧状极光图像,543 幅帷幔冕状图像,538 幅辐射冕状图像和 502 幅热点状图像。在分类实验中,我们从每个类别中随机抽取 80% 的图像来构建训练集并训练 k-NN 分类器,其余 20% 的图像则用于测试。我们将数据集打乱,用不同的随机分组独立地重复这个过程 100 次,以获得对模型差异的测量。

表 3-5　k-NN 分类器在不同数据集上的分类性能比较(平均精度 ± 标准差)

数据集	$k=1$	$k=3$	$k=5$
TrainA(ASI 图像)	89.22% ±1.28%	89.62% ±1.41%	89.25% ±1.19%
TrainA(ASI 图像)+KLS 掩码	91.29% ±1.18%	92.64% ±1.01%	92.58% ±1.05%

表 3-5 比较了分别使用 k 值为 1、3 和 5 的 k-NN 分类器的分类性能。从表 3-5 中我们可以发现,当结合 KLS 掩码时,分类精度提高了约 2% ~3%,而标准差减少了 0.1% ~0.4%。这为我们工作的有效性提供了一个很好的证据,并表明了进一步利用 KLS 掩码的价值。被错误分类的图像主要来自过渡状态和几个极光类型同时存在于一个图像中,这些图像对于算法和人类来说都很难

被分类。

5. 运行时间

我们的模型不仅实现了良好的 IoU 准确性，而且还非常高效。使用 GeForce GTX 1080 Ti GPU，只需要 710 s 就可以训练一个轮次；而在测试阶段，只需要 40 s 就可以处理 200 幅图像。我们的方法比 Niu 等人[22]提出的方法要高效得多，后者在测试阶段需要 800 多秒来处理 200 幅图像。

3.3.5　总结和讨论

近年来，人工智能技术，特别是深度神经网络被广泛地应用于各种视觉识别任务。本节研究了如何利用 CycleGAN 实现从全天空极光图像中提取极光 KLS。KLS 是我们感兴趣或关注的极光，通过使用 TrainS 中的例子告诉 CycleGAN 它们是什么样子。这一模型的优点是，模型训练不再需要匹配的极光图像 - KLS 掩码对。有了这种方法，我们可以通过旋转和裁剪，只用少量的手工标注的样本来进行数据扩充，解决了大量标注训练数据集的要求和费力且容易出错的标注过程之间的矛盾。因此，人工标注的负担可以大大减轻。

实验结果表明，我们的方法在准确性、效率和鲁棒性方面有非常好的表现。首先，它只需几个标记的 KLS 训练样本，其性能明显优于目前最先进的方法。其次，该方法简单高效，适用于大规模数据集。最后，模型的性能是稳健的，不依赖于任何特定参数的微调。因此，只要提供一些相应的例子（在 TrainS 中），这种方法就很容易被推广到其他极光图像数据集和 KLS 提取问题。

KLS 提取并不是最终目的，如何利用获得的 KLS 结果进一步开展极光物理学研究才是更重要的。在结合 KLS 掩码时，分类得到了很大的改善，这表明我们的工作是有意义和有效的。在未来，我们将根据所获得的 KLS 掩码并结合行星际条件和地磁参数，进行更多的极光物理学研究，例如极光亚暴的研究和弧宽的统计。

3.4　本章参考文献

[1] HU Z J, YANG H, HUANG D, et al. Synoptic distribution of dayside aurora: multiple - wavelength all - sky observation at Yellow River Station in Ny - Ålesund, Svalbard[J]. Journal of atmospheric and solar - terrestrial physics, 2009, 71(8 -

9):794 - 804.

[2]HAERENDEL G. Auroral generators: a survey[J]. Auroral phenomenology and magnetospheric processes: earth and other planets, 2012, 197: 347 - 354.

[3]ZHANG J, GAO Y, WANG L, et al. Automatic craniomaxillofacial landmark digitization via segmentation - guided partially - joint regression forest model and multiscale statistical features[J]. IEEE transactions on biomedical engineering, 2015, 63(9): 1820 - 1829.

[4]AJA - FERNÁNDEZ S, CURIALE A H, VEGAS - SÁNCHEZ - FERRERO G. A local fuzzy thresholding methodology for multiregion image segmentation[J]. Knowledge - based systems, 2015, 83: 1 - 12.

[5]LI B N, CHUI C K, CHANG S, et al. Integrating spatial fuzzy clustering with level set methods for automated medical image segmentation[J]. Computers in biology and medicine, 2011, 41(1): 1 - 10.

[6]ADAMS R, BISCHOF L. Seeded region growing[J]. IEEE transactions on pattern analysis and machine intelligence, 1994, 16(6): 641 - 647.

[7]CHUANG K S, TZENG H L, CHEN S, et al. Fuzzy c - means clustering with spatial information for image segmentation[J]. Computerized medical imaging and graphics, 2006, 30(1): 9 - 15.

[8]YANG X, GAO X, LI J, et al. A shape - initialized and intensity - adaptive level set method for auroral oval segmentation[J]. Information sciences, 2014, 277: 794 - 807.

[9]YANG X, GAO X, TAO D, et al. Improving level set method for fast auroral oval segmentation[J]. IEEE transactions on image processing, 2014, 23(7): 2854 - 2865.

[10]NEWELL P T, LYONS K M, MENG C I. A large survey of electron acceleration events[J]. Journal of geophysical research: space physics, 1996, 101(A2): 2599 - 2614.

[11]CLAUSEN L B N, NICKISCH H. Automatic classification of auroral images from the Oslo Auroral THEMIS (OATH) data set using machine learning[J]. Journal of geophysical research: space physics, 2018, 123(7): 5640 - 5647.

[12]LONG J, SHELHAMER E, DARRELL T. Fully convolutional networks for se-

mantic segmentation[J]. IEEE transactions on pattern analysis and machine intelligence, 2015, 39(4):640 -651.

[13]NIU C,ZHANG J,WANG Q,et al. Weakly supervised semantic segmentation for joint key local structure localization and classification of aurora image[J]. IEEE transactions on geoscience and remote sensing,2018,56(12):7133 -7146.

[14]杨秋菊,丘琪,韩德胜. 一种新的基于日侧全天空图像的极光弧宽测定方法[J]. 中国科学:地球科学,2016(8):1141 -1148.

[15]ADAMS R,BISCHOF L. Seeded region growing[J]. IEEE transactions on pattern analysis and machine intelligence,1994,16(6):641 -647.

[16]WEI Y,LIANG X,CHEN Y,et al. Stc:a simple to complex framework for weakly -supervised semantic segmentation[J]. IEEE transactions on pattern analysis and machine intelligence,2016,39(11):2314 -2320.

[17]KRÄHENBÜHL P,KOLTUN V. Efficient inference in fully connected crfs with gaussian edge potentials[J]. Advances in neural information processing systems,2011,24.

[18]LONG J,SHELHAMER E,DARRELL T. Fully convolutional networks for semantic segmentation[C]//Proceedings of the IEEE Conference on Computer Vision and Pattern Recognition,2015:3431 -3440.

[19]CHEN L C,PAPANDREOU G,KOKKINOS I,et al. Deeplab:semantic image segmentation with deep convolutional nets,atrous convolution,and fully connected crfs[J]. IEEE transactions on pattern analysis and machine intelligence,2017,40(4):834 -848.

[20]HU Z J,YANG H,HUANG D,et al. Synoptic distribution of dayside aurora: Multiple - wavelength all - sky observation at Yellow River Station in Ny - Ålesund,Svalbard[J]. Journal of atmospheric and solar - terrestrial physics, 2009,71(8 -9):794 -804.

[21]SIMONYAN K,ZISSERMAN A. Very deep convolutional networks for large - scale image recognition[C]//3rd International Conference on Learning Representations (ICLR 2015). Computational and Biological Learning Society,2015.

[22]NIU C,ZHANG J,WANG Q,et al. Weakly supervised semantic segmentation

for joint key local structure localization and classification of aurora image[J]. IEEE transactions on geoscience and remote sensing,2018,56(12):7133 - 7146.

[23]DAVIS T N. Observed characteristics of auroral forms[J]. Space science reviews, 1978, 22(1): 77 - 113.

[24]ZHU J Y,PARK T,ISOLA P,et al. Unpaired image - to - image translation using cycle - consistent adversarial networks[C]//Proceedings of the IEEE international conference on computer vision. 2017:2223 - 2232.

[25]HU Z J,YANG H,HUANG D,et al. Synoptic distribution of dayside aurora: Multiple - wavelength all - sky observation at Yellow River Station in Ny - Ålesund,Svalbard[J]. Journal of atmospheric and solar - terrestrial physics, 2009,71(8 - 9):794 - 804.

第4章 极光弧宽测定和统计

极光弧是最亮、最显著的一种极光形态,它与特定的磁层状态和动态过程相关,是太阳风与地球磁层相互作用的典型轨迹,而该轨迹是空间天气活动的重要指标。其中,极光弧的弧宽是理解和检验极光弧物理机制的重要指标之一。本章主要研究极光弧自动分割、基于分割结果计算极光弧宽并统计不同尺度极光弧宽度分布规律,因而可以看作是极光图像分割的应用之一。

4.1 基于传统机器学习的极光弧宽测定

4.1.1 研究背景和动机

极光卵表现为环绕在地磁极的发光带,在这里各种复杂结构的分立极光(如弧状极光、极光射线、Ω 条带极光)常常被发现出现在广阔的、没有明显结构的弥散极光背景之中。弧状极光(也称极光弧)是离散极光的基本形式,也是最明亮、最显著的极光形态,一直以来都是极光研究的一个热点。极光弧通常是指东西向延伸的条带状极光,主要出现在午前 08:00 MLT、午后 14:00 MLT 及午夜前的极光亚暴区附近。对极光弧的研究主要集中在针对其产生机制的理论与观测实验研究两个方面。目前,极光弧的产生理论不下几十种[1-2],衡量一条极光弧理论是否正确的主要标准就是看它预测产生的极光弧的各种物理特征是否与观测值相符。极光弧的物理特征包括弧的宽度、走向、漂移速度、不同波段的相对强度等。其中,极光弧的空间尺度(宽度)与磁场边界层各种动态过程的尺度有关,是理解极光形态的一个非常关键的物理量[1]。

Kim、Volkman[3]分析了用广角镜头观测到的 40 条平稳极光弧,发现平稳极光弧的空间尺度在 10 km 量级。Maggs、Davis[4]和 Borovsky 等人[5]用窄视野 TV

相机识别出大量空间尺度在 100 m 量级的极光弧。Knudsen 等人[6]利用位于加拿大曼尼托巴省的全天空成像仪分析了 3 126 条中尺度平稳极光弧的宽度,并选择位于磁天顶附近 ±5°范围内的中尺度极光弧进行统计,发现这些极光弧的平均宽度在 18 km 左右。Partamies 等人[7]利用空间分辨率约为 100 m 的加拿大密集阵列成像系统(DAISY)确认了 1 km 弧宽分布的存在。最近,Qiu 等人[8]分析了北极黄河站 2003—2004 年越冬观测到的 17 571 条日侧极光弧,发现不同天顶角下对应的极光弧宽度基本一致,都在 18.5 km 左右,且磁地方时接近正午时极光弧宽要窄一些。

最近的这些文献[6-8]在获得极光弧图像后,都是利用极光亮度剖线的峰值半高度之间的距离(full - width half - maximum,FWHM)来计算极光弧宽。其中文献[6]和[7]是过天顶,在多个方向上做剖线(取一条直线),每个方向都计算 FWHM,然后取最小值作为弧宽;Qiu 等人[8]是过天顶,在多个方向上做剖线后,找到弧上离天顶最近的点,定义这个方向为法线方向,然后计算法线方向上的 FWHM 作为弧宽。可是,极光亮度剖线的 FWHM 没有考虑极光弧的轮廓和走势。

本节从极光图像出发,基于北极黄河站 2003—2005 年越冬观测数据,对 2 520幅日侧全天空极光弧图像,利用区域生长[9]方法,自动识别出极光弧轮廓,并在此基础上计算极光弧的宽度,统计弧宽分布及其随天顶角大小的变化情况。

4.1.2 数据与方法

本节观测数据来自我国北极黄河站 2003 年 12 月至 2005 年 1 月两个越冬观测的全天空成像仪。黄河站全天空极光图像大小为 512 × 512,视野中心为天顶(地理天顶)。在极光发光高度 150 km 处,沿磁子午线天顶角 45°以内单个像素平均空间分辨率约为 1.35 km。为了方便后续操作,我们对原始观测数据进行了减去暗电流及图像灰度拉伸、旋转、剪裁等预处理操作,详见 2.1.2 节。为了保证每帧图像的典型性,本节在挑选极光弧图像时,相邻图像之间的时间间隔不少于 30 s。此外,本节主要考虑比较典型的极光弧(单弧、多弧),舍弃那些弧冕过渡状态模棱两可的情况。

1. 极光弧轮廓提取

区域生长(region growing)是一种广泛应用的图像分割算法,其基本思想是将具有相似性质的像素集合起来构成区域。该方法通过迭代运算完成,从某个像素出发,按照一定的准则,逐步加入邻近像素,当满足一定的条件时,区域生长终止,从而实现目标的提取[9]。区域生长结果的好坏由初始点(种子点)的选取、生长准则及终止条件三个方面决定。本节中,种子点通过人机交互方式实现,即根据极光弧所在的区域,手动从中选择一个像素点作为算法种子点;生长准则是像素间差值小于某个阈值,本节中阈值定义为种子点像素值的25%;终止条件是一直进行到再没有满足生长准则条件的像素为止。图4-1中给出了6幅极光原始图像及对应的极光弧轮廓提取图,其中(a1)—(f1)为极光弧图像,(a2)—(f2)图中曲线所包围的区域为与之对应的极光弧轮廓。

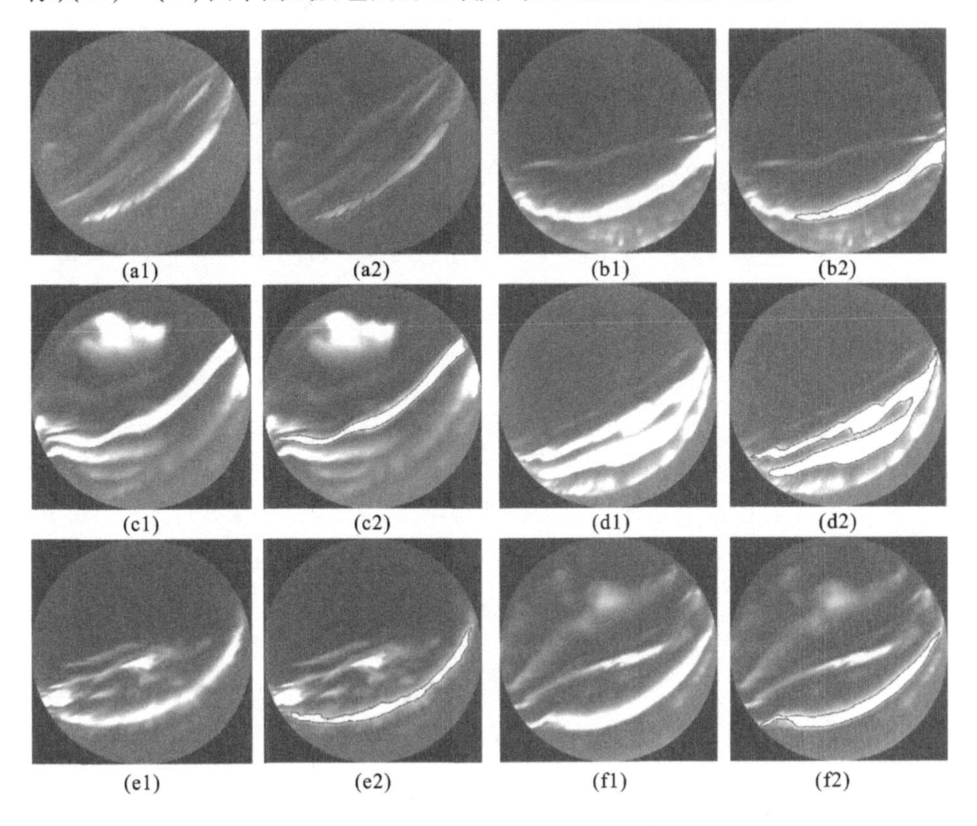

图4-1　极光弧图像及极光弧轮廓提取

2. 极光弧宽计算

得到极光弧轮廓后，下一步要解决的问题是如何计算极光弧宽。同一幅全天空极光图像中，每个像素都具有相同的立体角。利用三角函数关系，任意一个像素点所在的地心角 α 及其到天顶之间的距离 d 与天顶角 θ 的关系可以分别表示为[8]：

$$\alpha = \theta - \sin^{-1}\left(\frac{R_E}{R_E + h}\sin\theta\right) \tag{4-1}$$

$$d = (R_E + h) \times \alpha \tag{4-2}$$

其中 R_E 为地球半径，本节中取 6 370 km，h 为极光发射高度 150 km。注意，由于公式(4－2)中 d 表示的是弧长（弧的长度＝半径×弧度），所以公式(4－1)中 α、θ 都应该用弧度表示。

下面以图 4－2 为例，给出本节计算弧宽的具体步骤：

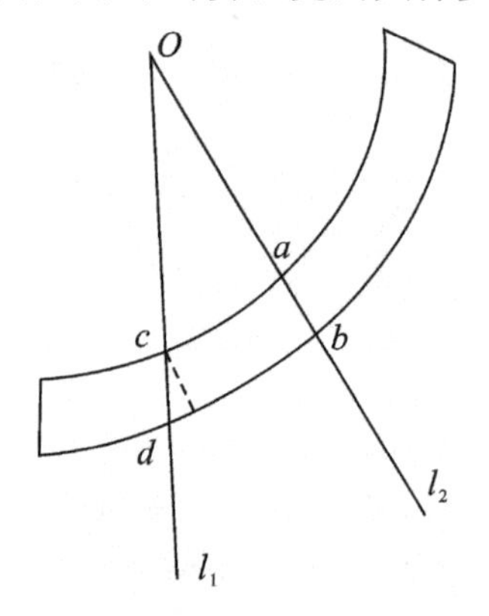

图 4－2　弧宽计算

(1) 过天顶[图像中心 O 点，像素坐标为(220,220)]，沿着不同方向对极光弧做剖线（图 4－2 中 l_1 和 l_2），极光弧上任意边界点(x_i,y_i)（如图 4－2 中的 a、b、c、d 点）与天顶 O 点连线斜率的计算公式为

$$k = \frac{y_i - 220}{x_i - 220} \tag{4-3}$$

为了方便分析，将斜率转换为倾斜角度表示：

$$s_k = \frac{\arctan k \times 180}{\pi}, 0 \leqslant s_k < 180° \tag{4-4}$$

其中 s_k 表示剖线与水平线（x 轴）的夹角。内、外边界点与天顶连线角度小于 0.5° 认为斜率相等（即认为此时内、外边界点为同一条剖线上的点）。为了结果可靠，本节不考虑倾斜角在20°以内及160°以上的情况，即不考虑极光弧两端的情况。

(2)计算不同剖线方向上的弧宽(图 4－2 中 $|ab|$ 和 $|cd|$)，取最小值($|ab|$)，记为弧宽(这里假定极光弧内、外侧曲线比较平滑，接近弧线，与极光弧垂直方向上值最小)。具体弧宽($|ab|$)的计算是先根据 a 点和 b 点的坐标位置按照公式(4－3)分别计算 a 点和 b 点的天顶角 θ：

$$\theta = \frac{\sqrt{(220 - x_i)^2 + (220 - y_i)^2} \times 90}{246} \tag{4-5}$$

然后根据公式(4－1)和(4－2)，得到极光弧内、外边界点(a 点和 b 点)与天顶的距离，两个距离相减即为弧宽。所有由成对边界点计算出的弧宽取最小值作为最终弧宽($|ab|$)，并计算这个最小弧宽所在的方向(l_2 所在的方向)。要注意的是，公式(4－5)中得到的 θ 是用角度表示的，应先转化为弧度表示，弧度 = 角度 × π/180，再使用公式(4－1)(4－2)。

(3)根据计算出的弧宽变化曲线(剖线斜率倾斜角 $s_k$vs 弧宽)，计算曲线上每个点处的斜率。若当前点与其前后 4 个点斜率的平均倾斜角度不超过 10°，且最大倾斜角度不超过 60°，认为当前点属于平稳变化。若整个弧宽变化曲线没有平稳变化的点，舍弃当前图像(如图 4－3 所示)。定义所有平稳变化点中对应的弧宽最小值为当前极光弧的最终弧宽。图 4－4 以 2003 年 12 月 26 日 12:47:22 时观测到的全天空极光图像为例，给出了极光原始图像、极光弧轮廓提取、极光弧轮廓平滑、极光弧宽 vs 剖线斜率变化曲线。根据图 4－4(d)弧宽变化曲线，可知当前极光弧真正的弧宽应取斜率倾斜角度为 110°左右(B 点)的值，对应图 4－4(b)中右下角斜线所在的方向，而非 90°附近(A 点)对应的最小弧宽(因为 A 点处曲线不是平稳变化的)。

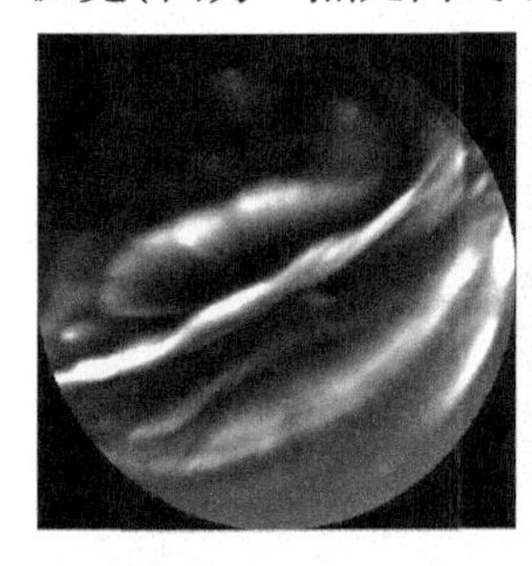
(a)极光原始图像

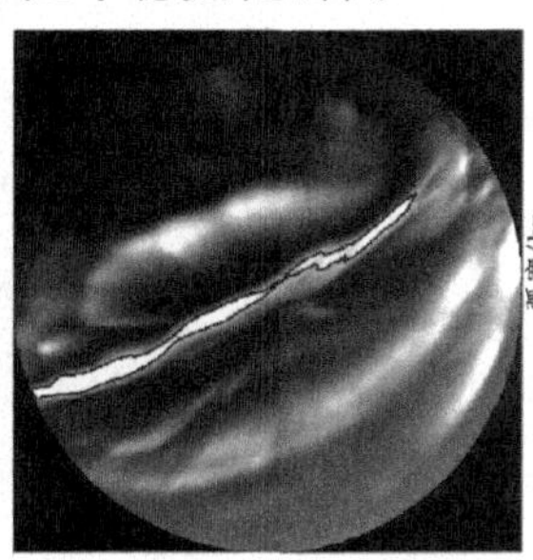
(b)极光弧轮廓提取

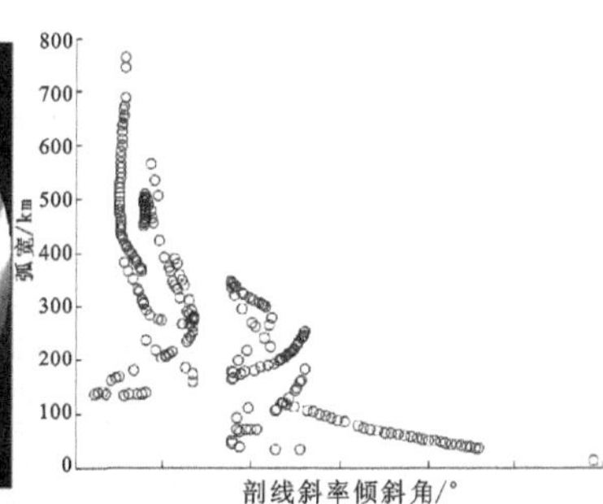

(c)弧宽vs剖线斜率变化曲线

图4－3　2003 年 12 月 22 日 14:18:11 极光原始图像、极光弧轮廓提取及弧宽 vs 剖线斜率变化曲线

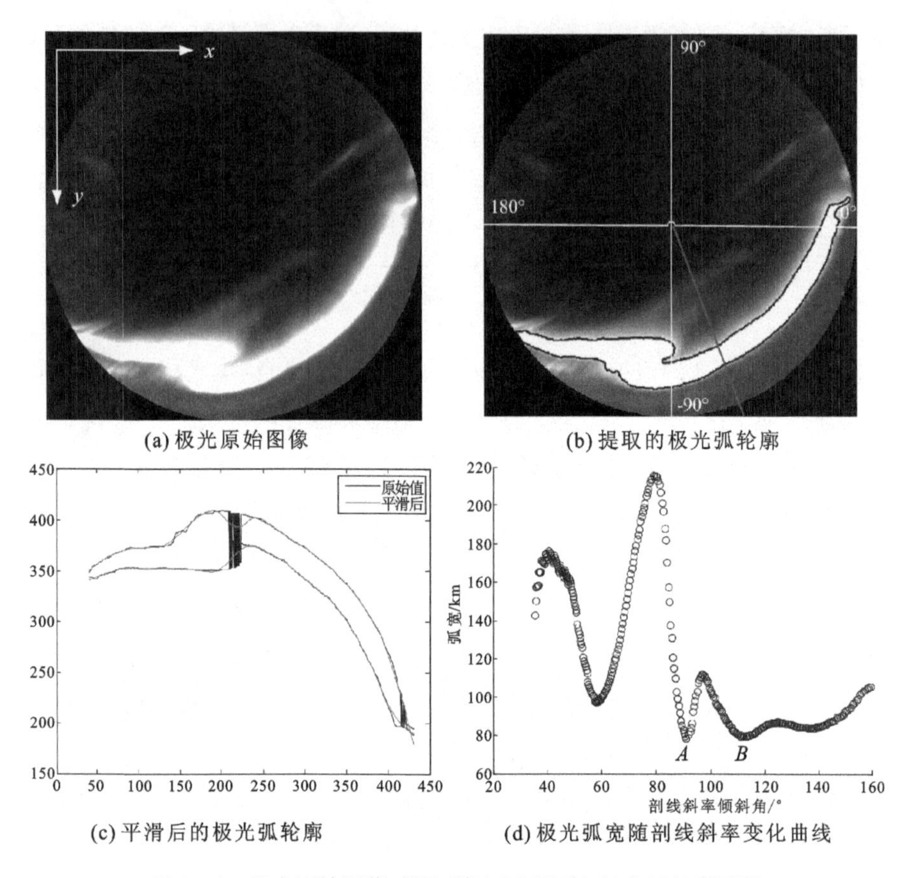

(a) 极光原始图像　(b) 提取的极光弧轮廓

(c) 平滑后的极光弧轮廓　(d) 极光弧宽随剖线斜率变化曲线

图 4-4　极光原始图像、提取的极光弧轮廓、极光弧轮廓平滑及极光弧宽随剖线斜率变化曲线

4.1.3　基于 2003—2005 年北极黄河站越冬观测的弧宽测定

本节共分析了 2 520 幅极光弧图像,剔除无效结果(如图 4-3 所示及一些极光弧宽度特别大的异常情况)后,得到 1 861 个弧宽结果。图 4-5 给出了弧宽大小随天顶角的变化关系[图 4-5(a)],并与 Qiu 等人[8]的结果进行对比[图 4-5(b)],发现大体分布是一致的:最小弧宽均位于天顶角 -8.9°(磁天顶)附近,并随着天顶角远离磁天顶,弧宽增大,两结果吻合。考虑到极光弧的立体结构,离磁天顶太偏的弧宽度测量误差太大,所以本节考虑磁天顶附近 ±15°极光弧,计算极光弧宽的平均值为 19.65 km,标准差为 13.52 km,与 Knudsen 等人[6]磁天顶附近 ±5°弧宽大小为(18 ±9)km 及 Qiu 等人[8]磁天顶附

近±5°弧宽均值为(17.7±12.6)km的结果基本吻合。

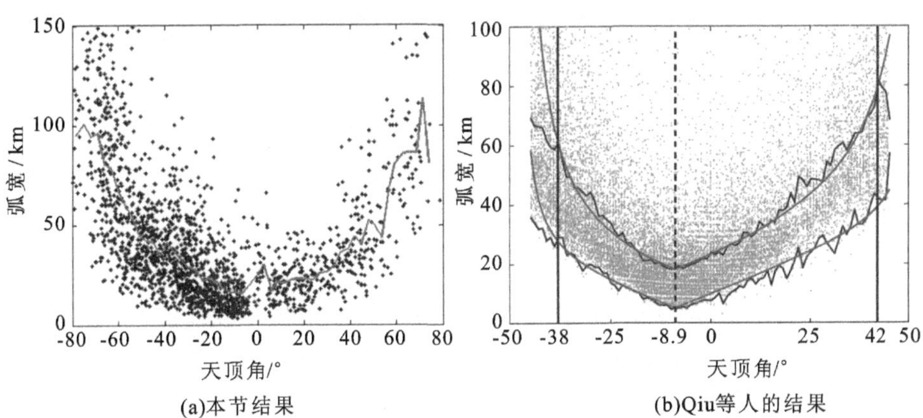

图4-5　弧宽随天顶角变化关系

图4-6给出了极光弧宽的综观分布结果及与Qiu等人[8]结果进行对比的情况。结果显示,本节基于全部数据和磁天顶附近±5°数据的弧宽分布和Qiu等人基本一致,但天顶角在-38°~42°之间的极光弧宽综观分布差别较大。其原因在于-38°~42°是Qiu等人利用亮度剖线的FWHM进行角度修正后得出的置信区间,本节方法与之不同。此外,二者的极光弧宽度分布并非完全一致,本节计算的弧宽比Qiu等人的都小1~2 km,这一方面与极光弧数据不同有关,另外最重要的是二者的弧宽计算方法不同:本节是根据极光弧轮廓计算极光弧宽,Qiu等人利用的是亮度剖线的FWHM值。

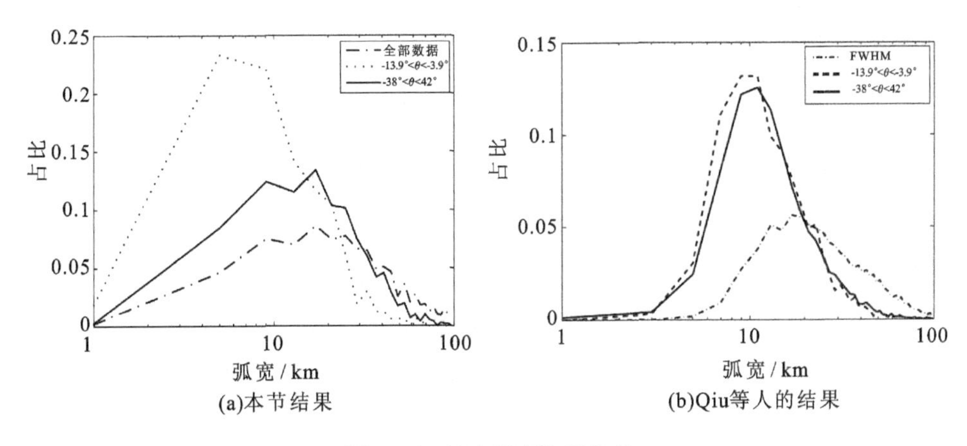

图4-6　极光弧宽综观分布

4.1.4 结论与讨论

本节提出了一种新的极光弧宽测定方法,通过与 Qiu 等人[8]计算的弧宽结果进行对比验证了该方法的有效性。本节主要贡献及结论如下:

(1)利用区域生长方法自动识别极光弧轮廓;

(2)提出了一种新的弧宽测定方法:基于极光弧轮廓,过天顶做各个方向的剖线,找出弧宽最小的方向,以最小宽度作为极光弧宽;

(3)极光弧宽大小随天顶角变化关系:最小弧宽均位于天顶角 -8.9°(磁天顶)附近,并随着天顶角远离磁天顶,弧宽增大;

(4)极光弧宽综观分布:黄河站全天空成像仪观测到的日侧极光弧空间尺度主要在 1~100 km 量级,磁天顶附近 ±15°极光弧宽的平均值为 19.65 km。

本节研究的极光弧包含单弧和多重弧(图 4-1),书中没有将二者加以区分。弧宽大小与极光弧粒子的加速机制(加速区域的大小)以及粒子源区的大小等有关。单弧和多重弧的产生机制不一样可能会对结果造成影响,但如果单弧和多重弧分别对应不同的弧宽,弧宽分布曲线应该呈现双峰结构,而实验结果(图 4-6)是个单峰结构,所以我们可以认为极光弧是单弧还是多重弧对弧宽的影响不大。虽然相比以往文献采用的极光亮度剖线的 FWHM 方法,本节极光弧测定方法考虑了极光弧的轮廓信息,更加直观,但该方法的准确性依赖于两个关键步骤:(1)获取准确的极光弧轮廓,对于那些没有明显弧轮廓的图像,需要进行剔除。如图 4-7 所示的前 6 幅图像,这些图像处在弧冕过渡状态,轮廓不清晰。此外,还有一些极光弧图像,因为包含极光热点结构,如图 4-7 第三行所示的 3 幅图像,这些图像按照本节计算方法得到的弧宽是不准确的,也应该剔除。(2)在计算弧宽时,本节假定弧宽在视野中变化不大,与极光弧垂直方向上值最小[见弧宽计算步骤(2)],这就要求极光弧轮廓边界比较光滑,接近于圆弧,可实际的极光图像中,极光弧的内外边界并非如此(如图 4-1 所示的极光弧图像)。虽然本节通过考虑弧宽变化曲线中平稳变化来解决这一问题[见弧宽计算步骤(3)],但会导致舍弃较多的图像(如图 4-3 所示),下一步应考虑通过曲线拟合等方法得到比较光滑的极光弧。

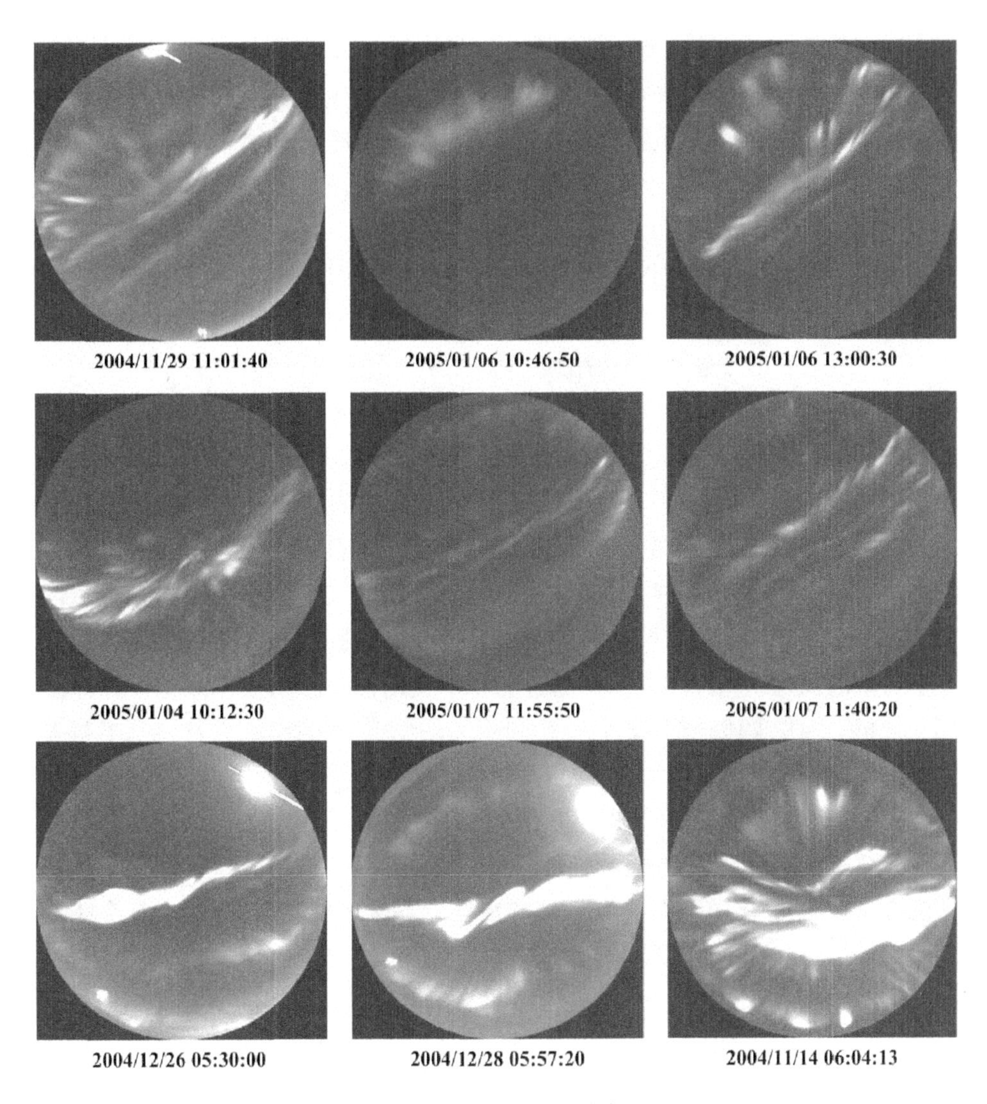

图4－7　剔除极光弧举例

4.2　基于实例分割的极光弧宽自动计算

4.2.1　研究背景与动机

本节旨在提出一种极光弧宽的全自动计算方法。要想实现极光弧宽计算完全自动化，最关键的步骤是能够自动检测并分割出极光图像中的每条极光弧。其实在人机交互式的极光弧宽计算方法中[10]，在标记极光弧的方向时，人已经隐性地完成了这个步骤。然而,由于极光弧有各种各样的形状、尺度、角度和亮度,并且可以出现在任意位置,导致我们很难手工设计一个规则去实现极光弧的自动检测与分割。极光弧的检测与分割对应于计算机视觉中的实例分割任务,实例分割任务是既要判断图像中每个像素属于哪个类别也要判断属于哪个个体[11]。

基于以上分析,我们对目前最好的实例分割方法 Mask R - CNN[11] 从两方面进行改进,致力于实现准确的极光弧检测与分割。第一方面,原始的 Mask R - CNN 用水平矩形边界框来检测物体。然而,当极光图像中互相平行的极光弧相距很近且与水平方向存在一定角度时,水平方向的矩形框很难区分不同的极光弧,因为这时不同极光弧的矩形框重合度极高。为了解决这个问题,本节提出了两阶段推理过程,平均准确率(mAP)比原始 Mask R - CNN 提高了 20% 以上。另外,要想最大化两阶段推理过程的效果,随机旋转的训练策略是必不可少的。第二方面,通过探索常用的卷积网络框架,我们为全天空极光图像设计了一个有效的特征提取网络。最后,基于极光弧的实例分割结果,我们设计了全自动的极光弧宽计算方法。通过将本节提出的全自动极光弧宽计算方法用于分析 18 417 幅极光图像,我们检测到了 29 938 条极光弧,并且得到了与人工标记方法[8]类似的统计结果,证明了其有效性。

本节的工作主要有两方面贡献:第一,我们提出了一个基于实例分割模型的极光弧宽全自动计算方法。据我们所知,这是第一个能够全自动计算极光弧宽的方法。第二,本节根据极光弧的特性设计了两阶段推理方法、随机旋转策略以及有效的特征提取网络,极大地改进了现有最好实例分割模型 Mask R - CNN 的性能,使其能够准确地检测并分割出图像中出现的每条极光弧。

4.2.2 数据来源

本节使用的数据为2003—2004 年观测到的全天空极光图像,共包括38 044 幅图像,在前期的工作中[8],已经给这些图像标记了类别标签。为了训练和测试实例分割模型,我们标记了 1 058 幅包含极光弧的全天空图像,其中对图中的每个像素既标记了是否属于极光弧也标记了属于哪条极光弧。我们按时间顺序排列,前 642 幅图像用来训练,后 416 幅用来测试。

4.2.3 极光弧宽全自动计算方法

本节提出的极光弧宽全自动计算方法包含两步,第一步,对极光弧进行实例分割;第二步,根据极光弧的实例分割结果计算弧宽。具体来说,属于一幅全天空图像,实例分割模型首先检测并分割出图像中出现的每条极光弧。然后根据实例分割结果计算出通过天顶并垂直于极光弧方向的法线,并按照文献[8]和[10]中极光弧宽的定义,利用法线上像素值曲线以及三角集合关系与相机参数来计算极光弧宽。

1. 极光弧的实例分割

本节中我们改进了 Mask R-CNN 实例分割模型[11],使得它能够用任意角度的矩形边界框来检测并分割图像中的每条极光弧,如图 4-8 所示。Mask R-CNN 包含五个模块:① 骨干网络,用于提取图像特征;② 候选区域生成网络,用于生成可能包含目标的区域;③ 兴趣区域对齐层(region-of-interest align, RoI align),用于生成区域特征;④ 检测网络,用于对每个候选区域进行分类和回归边界框;⑤ 分割网络,用于分割出每个包含物体边界框中的物体。

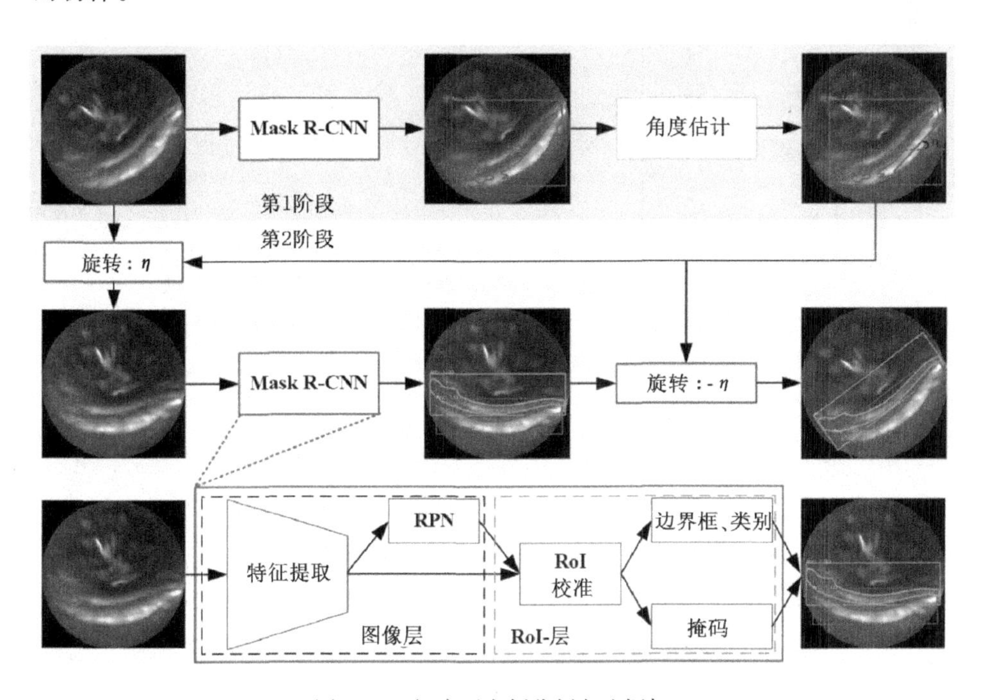

图 4-8 极光弧实例分割方法框架

当极光弧相互平行、距离较近且与水平方向有个角度 η 时,Mask R-CNN 很难区分不同的极光弧,如图 4-8 所示。这是因为此时兴趣区域对齐层生成的特征几乎是一样的[11]，无法区分不同的极光弧。然而，我们发现尽管实例分割结果不够好，但极光弧最主要的部分能准确地被分割出来。这样，我们就可以估计相互平行极光弧与水平方向的角度 η。根据预测的角度我们可以旋转极光图像，使得极光弧处于水平方向，此时实例分割模型便能容易地用水平边界框检测并分割出图像中的每条极光弧。基于以上分析，本节提出两阶段推理过程。

第一阶段：首先输入测试图像，用训练好的 Mask R－CNN 输出实例分割结果。然后我们用文献[12]中的方法从实例分割结果中提取出预测的极光弧边界，本节选择最大联通区域的边界坐标集合 $B=\{b_i=(x_i,y_i)\}, i=1,\cdots,m$，$m$ 为边界点的个数，用来估计极光弧的角度 η。具体算法如下：

（1）通过解公式（4－6）和（4－7）得到方向向量 $\mu=(u,\nu)$：

$$\text{Maximize}: \mu^{\mathrm{T}}\left(\frac{1}{m}\sum_{i=1}^{m}\hat{b}_i\hat{b}_i^{\mathrm{T}}\right)\mu \tag{4-6}$$

$$\text{Subject to}: \|\mu\|_2=1 \tag{4-7}$$

其中，$\hat{b}_i=b_i-\frac{1}{m}\sum_{i=1}^{m}b_i$。

（2）计算角度 η：

$$\eta=\arctan\frac{\nu}{u} \tag{4-8}$$

第二阶段：旋转测试图像，旋转角度为 η，使得极光弧的方向为水平方向。然后将旋转后的图像输入训练好的 Mask R－CNN 实例分割模型中，输出旋转后图像的实例分割结果。最后，将输出的实例分割结果旋转 $-\eta$ 便得到最终的实例分割结果，如图 4－8 所示。

由于极光弧可能以任意的角度出现在极区上空，因此旋转不变性对极光弧的实例分割模型是必不可少的。然而只用原始观测的极光图像训练很难使实例分割模型具备旋转不变性。一方面，极光弧在不同角度上的分布是极其不均衡的，东西方向的极光弧远比南北方向的极光弧多；另一方面，由于极光结构是透明的且很难辨别其边界，因此很难获取大量的像素级标记。为了缓解以上两个问题，本节在训练过程中使用了随机旋转策略。具体来说，在训练过程中，我们将极光图像及其像素级标记同时随机旋转一个角度 η，$\eta\in[0°,360°)$，然后根据旋转后的像素级标记图重新生成水平矩形边界框，用来训练 Mask R－CNN。

为了进一步提高实例分割的准确率，我们研究了五种特征提取网络结构，如图4-9所示，图中阴影块代表输出层。五个特征提取网络如下：① C4[11]：该网络直接将卷积网络的第四个卷积模块的输出作为特征，用于极光弧的检测与分割；② FPN[13]：该网络在传统的卷积神经网络上又增加了一个自顶向下的通路，并输出多尺度卷积特征；③ FPN-Bottom[14]：该网络在FPN的基础上又加了一个自底向上的通路，并输出多尺度卷积特征；④ FPN-C4：为了使图像特征同时具备语义表征能力和精确的位置信息，本节设计了该网络，即对FPN的多层输出进行上采样和下采样，使得所有卷积特征的分辨率与第四层相同，然后将采样后的特征级联在一起并通过一个3×3的卷积层进行融合；⑤ FPN-Bottom-C4：该网络在FPN-C4的基础上增加了一个自底向上的通路。

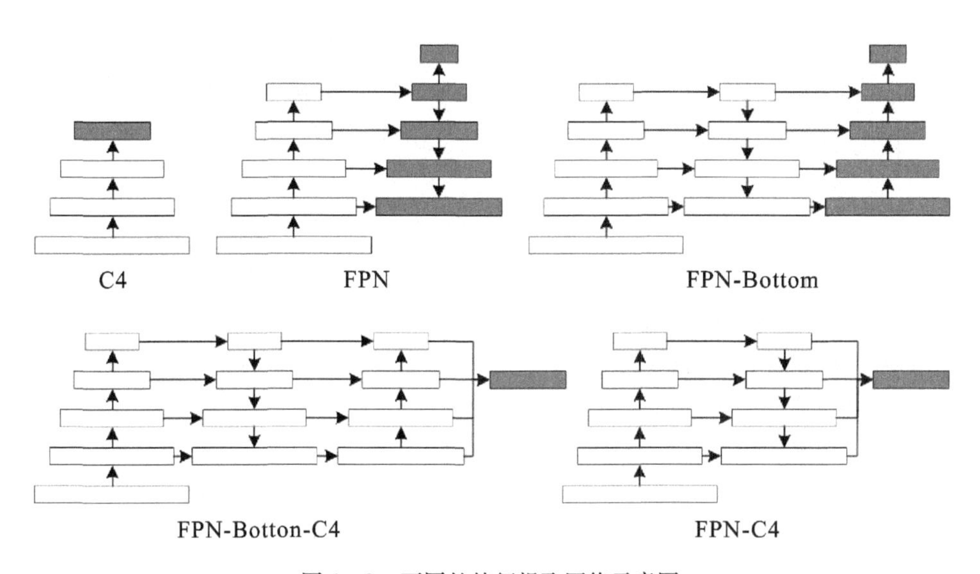

图4-9　不同的特征提取网络示意图

2. 极光弧宽的计算

本节将描述利用实例分割结果计算极光弧宽的方法，主要分为两步。

第一步：确定通过天顶并垂直于极光弧的法线，如图4-10所示。该法线可通过天顶坐标和弧的方向确定。天顶坐标即为图像的中心坐标。我们将弧的方向定义为图像中所有弧的方向的平均，而每个弧的方向可以根据实例分割模型输出的分割图，并用公式(4-6)至公式(4-8)计算得到。

第二步:首先,根据三角集合关系和全天空极光图像参数[15],按照公式(4-9)至公式(4-10)计算第一步中法线上每一点(x_i, y_i)的天顶角θ、地心角α、与天顶的距离d:

$$\theta = \frac{\sqrt{(x_i - S/2)^2 + (y_i - S/2)^2} \times \pi}{S^*} \tag{4-9}$$

$$\alpha = \theta - \arcsin\left(\frac{R_E}{R_E + h}\sin\theta\right) \tag{4-10}$$

$$d = (R_3 + h) \times \alpha, \tag{4-11}$$

其中,$S^* = 512$是原始全天空极光图像的大小,$S = 440$为预处理后图像的大小,$R_E = 6\ 370$ km是地球的半径,$h = 150$ km是极光的高度。然后,根据公式(4-9)计算法线上像素值与天顶角的关系曲线,如图4-10所示。接下来,计算该曲线上波峰,如果波峰与波谷的像素值之差大于0.1,与文献[8]中的定义相同,那么该波峰代表一个弧,并确定半波宽上具有相同像素值的两个点。最后,计算半波宽上两点与天顶的距离之差$|d_1 - d_2|$,即极光弧的宽度,如图4-10所示。图4-10中左图为法线和检测到的极光弧示意图,其中1~5表示检测到的5条极光弧;右图为法线对应的天顶角与像素强度的关系曲线,其中每一对虚线对应于左图中的一条弧。

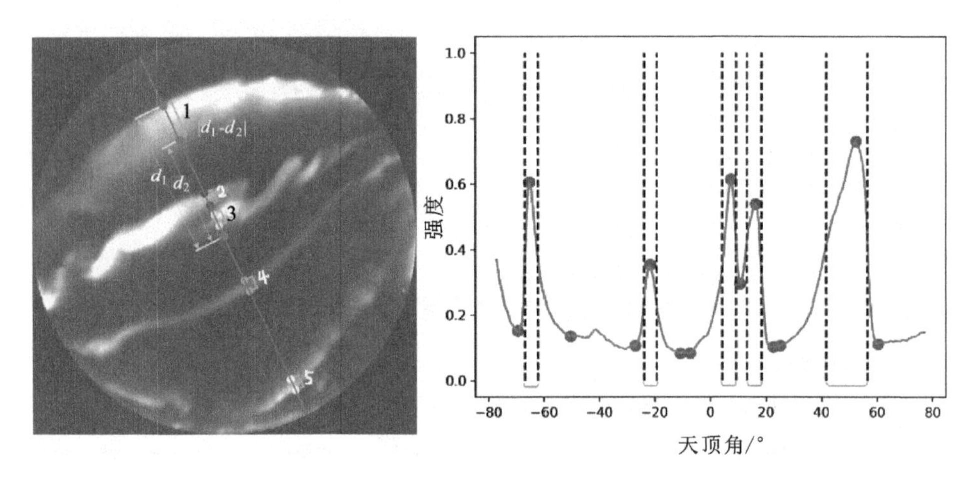

图4-10　极光弧宽计算示例图

4.2.4　实验与结果分析

1. 极光弧的实例分割

本节的所有实验均使用 ResNet－50 作为基础网络，并在 ImageNet 的分类任务上进行预训练。为了验证本节所提出方法的有效性，我们评估了两阶段训练过程，随机旋转训练策略以及五种特征提取网络结构，实验结果见表4－1。表格最后一列显示了使用随机旋转和两阶段推理过程后 mAP 的增量。

表4－1　极光弧实例分割结果

特征	随机旋转	两阶段	mAP(BBox)	mAP(Seg)	↑ mAP(Seg)
C4			0.788	0.673	—
		√	0.798	0.710	3.7%
	√		0.856	0.706	3.4%
	√	√	0.886	0.840	16.7%
FNP			0.796	0.601	—
		√	0.824	0.679	7.8%
	√		0.858	0.678	7.7%
	√	√	0.894	0.838	23.7%
FPN－Bottom			0.775	0.582	—
		√	0.790	0.672	9.0%
	√		0.819	0.673	9.1%
	√	√	0.896	0.841	25.9%
FPN－Bootoom－C4			0.748	0.638	—
		√	0.793	0.695	5.7%
	√		0.799	0.706	6.8%
	√	√	0.884	0.849	21.1%
FPN－C4			0.748	0.632	—
		√	0.802	0.701	6.9%
	√		0.810	0.896	9.9%
	√	√	0.896	0.868	23.6%

本节用 IOU 阈值为50%的 mAP 指标衡量实例分割准确率和目标检测准确

率。主要考虑像素级分割结果(Seg),因为极光弧宽是在像素级分割结果的基础上进行计算的。但检测结果(BBox)同样重要,因为像素级分割的结果直接与检测结果相关。通过比较不同特征提取结构的实验结果,我们可以发现:第一,FPN、FPN - Bottom 的分割结果与 C4 的分割结果相似(0.838、0.841 vs 0.840),说明多尺度特征金字塔结构不能提高极光弧实例分割准确率,这是因为极光弧没有特别大的尺度变化,也没有特别小尺度的极光弧;第二,FPN - Bottom 的准确率为 0.841,FPN 的准确率为 0.838,说明文献[14]中提出的自底向上的结构不能显著提高极光弧分割准确率,FPN - Bottom - C4 的准确率为0.849,FPN - C4 的准确率为 0.868,说明准确率甚至有所降低,表明 FPN 足够提取极光弧图像的多尺度特征;第三,FPN - Bottom - C4 和 FPN - Bottom 的准确率分别为 0.849和 0.841,FPN - C4 和 FPN 的准确率分别为 0.868 和 0.838,说明将多尺度特征融合到具有较高分辨率的 C4 层上对提取极光弧图像的特征非常有效,本节设计的 FPN - C4 实现了最好的结果,相比目前常用结构(C4、FPN 和FPN - Bottom)准确率提高了约 3%。

本节提出的两阶段推理过程和随机旋转训练策略对所有的特征提取网络都能显著提高实例分割准确率。具体来说,只用两阶段推理过程可以提高 9% 的实例分割准确率,只用随机旋转训练策略可以提高 9.9% 的实例分割准确率。当把两者结合,可以提高 20% 以上。这种显著的提升可以归结为两方面:第一,两阶段推理方法将极光弧旋转为水平方向,使得实例分割模型能够轻松地检测并分割出不同的极光弧;第二,旋转不变性对两阶段推理过程极其重要,因为第二阶段的输入为旋转的图像,而随机训练策略恰好是提高模型旋转不变性的有效方式。

为了直观地评估本项目提出的方法,我们展示定性的视觉效果,如图 4 - 11 所示。其中,第一列为原始输入极光弧图像,第二列为人工标记结果,第三列为第一阶段的输出结果,第四列为旋转后的实例分割结果,第五列为最后的输出结果。我们可以看出,本项目提出的方法能够检测分割出各种角度和亮度的极光弧。例如第二行的实例图表明:原始 Mask R - CNN 很难分辨相互靠近的多条极光弧,而相比之下,本节提出的两阶段推理过程能够准确地用带有角度的边界框检测并分割出这些极光弧。

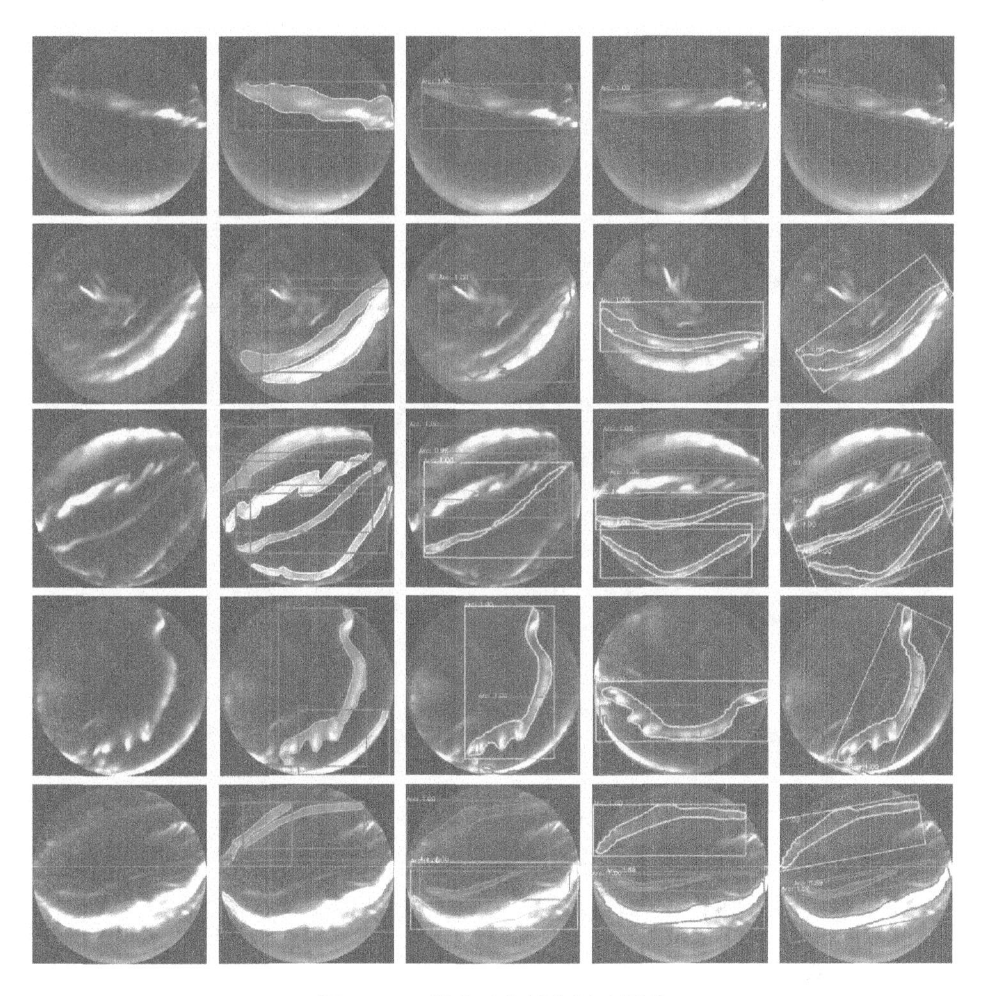

图4-11 极光弧实例分割示例图

2. 极光弧宽分布

我们将本节提出的方法应用于自动分析从2003年12月到2004年2月观测到的所有包含极光弧的18 417幅图像，即计算所有极光弧的弧宽并给出极光弧宽的统计分布。这里，实例检测分割模型用所有标记的1 058幅极光弧图像进行训练。本实验中，我们共检测到了29 938条极光弧，其分布情况如图4-12所示。我们用全自动方法得到的极光弧宽分布与手工标记方法[8]得到的分布十分接近，如，最窄弧出现在天顶角为-8.9°的地方，正好对应于地磁的天顶。远离地磁天顶时，观测到的极光弧会变宽。该实验结果证明了本节提出的全自动极光弧宽计算方法是有效的。

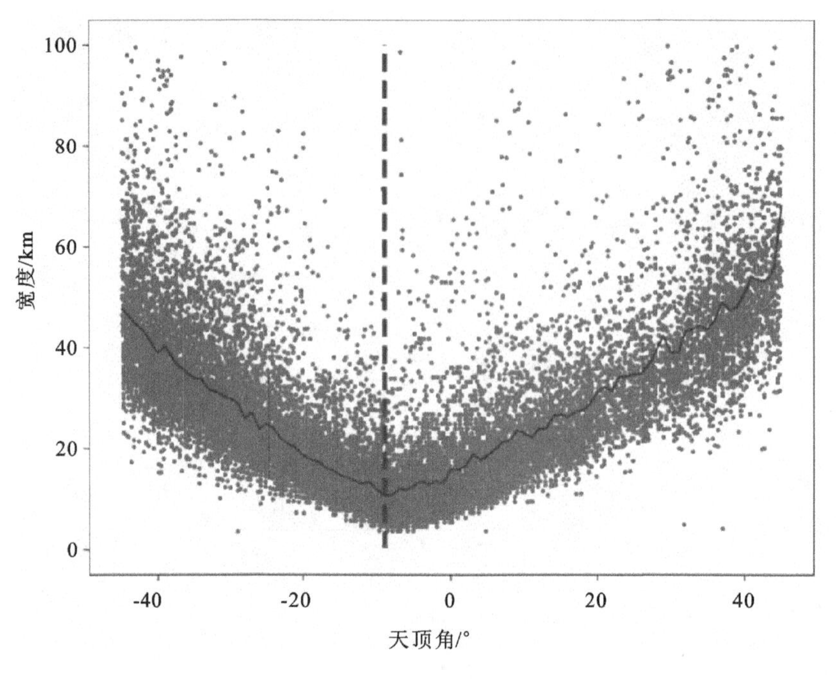

图 4－12　极光弧宽分布图

4.2.5　小结

本节提出了一个基于实例分割极光弧宽的全自动计算方法。具体来说，首先我们设计了两阶段推理过程、随机旋转策略和有效的特征提取网络结构，使得 Mask R－CNN 能够准确地检测并分割出图像中出现的每条极光弧。然后，我们设计了基于实例分割结果的极光弧宽自动计算方法。最后，我们进一步扩展成可同时实现极光弧图像分类与极光弧实例分割的极光弧宽全自动计算方法。本节对提出的方法进行了定量和定性的评估，实验结果证明了该方法的有效性且能够用于分析海量的全天空极光数据集。

本节方法的核心部分是极光弧的实例分割模型，实例分割模型能够识别并实现像素级的极光局部结构定位。本节提出的方法框架能够拓展并应用到识别其他各种类型的局部极光结构（如喉区极光）和计算其各种属性（如尺度、强度、漂移速度等）。

4.3　基于实例分割的多尺度极光弧分割与弧宽分布统计

4.3.1　研究背景与动机

弧的宽度是理解极光弧形态及产生机制的重要指标之一，其空间尺度小至几十米，大至上百千米。参考相关研究[16]对稳定极光尺度的大致分类，我们将特征宽度上百千米的极光弧称为大尺度极光弧，数十千米的称为中尺度极光弧，小于5 km的称为小尺度极光弧。

部分观测实验聚焦于小尺度极光弧，如Chaston等[17]通过分析不同波段的卫星观测数据，发现由惯性阿尔芬波驱动的极光弧的宽度可以小至100 m，这一观测结果与Trakhtengerts等[18]推理的极光电离层和极光加速区之间阿尔芬波加速机制一致；另一些观测实验则利用全天空成像仪观测中大尺度极光弧，如Qiu等[8]基于北极黄河站CCD相机拍摄的全天空图像，利用极光发光强度和相机参数关系计算弧宽，并绘制了极光弧宽度随天顶角的散点分布图，后续Niu等[26]基于同样的数据，提出了一种基于极光图像实例分割的全自动极光弧宽计算方法，得出中大尺度极光弧宽分布图，结果与Qiu等得出的分布结果一致。Kataoka等[19]对以往针对极光弧宽观测开展的研究进行了总结，明确了小至70 m的精细结构的存在，这些小尺度极光也是亚暴发生后极光分裂的一个常见特征[20]，中尺度稳定极光弧的特征宽度呈现10～30 km的类高斯轮廓[6]。

理论研究方面，早在30年前，Borovsky等[5]就已系统地研究了22种极光弧的理论机制（12种电子加速机制和10种发生器机制），并计算了除一种机制外的每种机制的极光弧宽度，结果显示极光弧宽从0.35 km至340 km呈连续分布。然而Knudsen等[6]结合窄视场和全天空观测的极光弧宽分布，指出1 km附近存在间隙，极光弧宽呈现两个独立分布，如图4－13(a)所示。为进一步探究极光尺度谱是连续谱还是离散谱，Partamies等[20]利用密集阵列成像仪DAISY(dense array imaging system)拍摄的窄视野图像对1 km尺度的观测进行优化，在500幅观测图像中有约70%的弧宽度为0.5～1.5 km，全尺寸分布填补了之前由Maggs和Davis[4]进行的小尺度统计以及Knudsen等[6]进行的中尺度统计之间未观察到的尺度空间，如图4－13(b)所示。近几年来极光弧理论研究方面也有了长足的进展，Nishimura等[21]总结了高纬度电离层多尺度结构和动力学的最新发现，特别是中尺度（10～100 km）极光的跨区域相互作用；Borovsky

等[22]回顾了驱动低纬度非阿尔芬弧和高纬度弧等两种静态极光弧的磁层机制,通过大规模计算机模拟对极光弧电流的产生机制进行了研究;Lysak 等[23]分析了从小于 1 km 到几十千米的极光弧的粒子加速理论,结果表明加速过程可能取决于场向电流是否远离地球、是否朝向地球运动或者是否在与阿尔芬波传播有关的电流混合区域。遗憾的是,我们目前还没有找到最新的涉及极光弧宽理论的文献,这或许与缺少弧宽观测实验支撑有关。

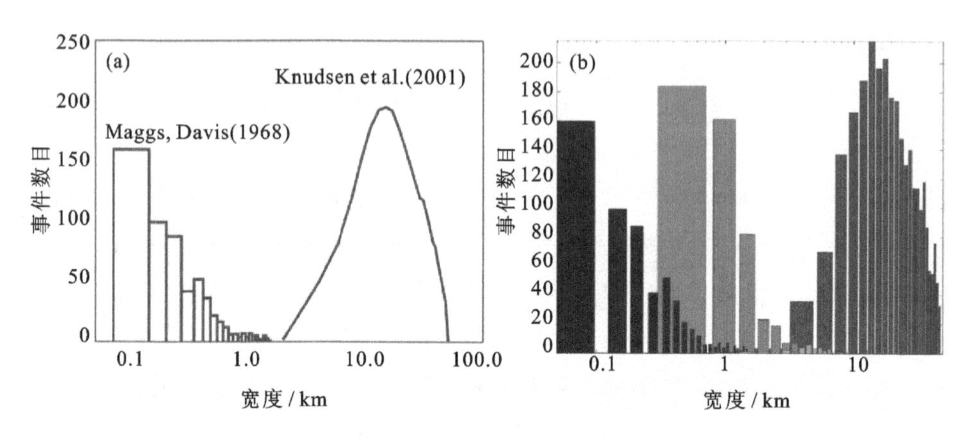

图 4－13　极光尺度直方图

综上所述,近几年针对极光弧开展的研究缺少对极光弧宽的统计分析,极光弧宽的分布是离散谱还是连续谱仍存在争议。Partamies 等[20]指出通常观察到的尺度大小在很大程度上取决于可用仪器的空间分辨率,那么通过统计不同分辨率观测设备采集的数据,可以更好地探究极光弧分布是否连续这一问题。中国南极中山站的多视野极光成像仪具有 580 m、90 m、36 m、15 m 的分辨率,使得我国在多尺度极光研究方面具有独特的优势。本节基于中国南极中山站采集的多视野极光数据,设计多尺度极光弧宽计算方法,研究极光弧宽分布呈离散谱还是连续谱。

本节设计的多尺度极光弧宽计算方法包含三步:首先,设计有效的极光弧图像自动识别网络,分别筛选三种视野下包含极光弧的图像;然后,对多视野下极光弧图像进行实例分割,获得极光弧的轮廓;最后,基于极光弧轮廓计算极光弧宽并绘制多视野弧宽分布图,研究不同空间分辨率下的极光弧尺度分布规律。

4.3.2 模型框架

1. 构建数据集

本节使用的数据由南极中山站架设的多波长全天空极光成像仪(multiple-wavelength all-sky auroral imaging observation, MWASI)和多尺度极光成像仪(multi-scale auroral imaging observation)拍摄。中山站地理坐标为(69.4°S, 76.4°E),修正地磁坐标为(74.49°S,96.01°E),地处极隙区纬度,可以观测到丰富的极光现象,适合极光观测的时段为每年的2月底到10月初。中山站于2010年架设了多波段多视野极光成像系统,包含一台多波段极光全天空成像仪和视场角分别为76°、47°、19°、8°的小尺度极光成像仪(small-scale auroral imagers, SSAI),该系统可以记录从大尺度(约100 km)到小尺度(约10 m)的极光形态,为极光跨尺度研究提供了数据支撑。

本节选用南极中山站2012年采集的557.7 nm波段180°、47°、19°视野极光图像作为数据集,180°、47°、19°视野极光成像仪在极光高度的空间分辨率分别为580 m、90 m、36 m,该成像系统可实现对同一极光结构两次逐级放大,如图4-14所示。180°全天空成像仪可用于监测中大尺度极光,后两个窄视野成像仪聚焦于偏离地理天顶12.13°的磁天顶附近,可用于中小尺度极光观测。各视野极光图像按照以下步骤进行预处理:① 减去暗电流;② 去除边缘噪声;③ 灰度拉伸;④ 图像裁剪。预处理后的图像尺寸为480×480。

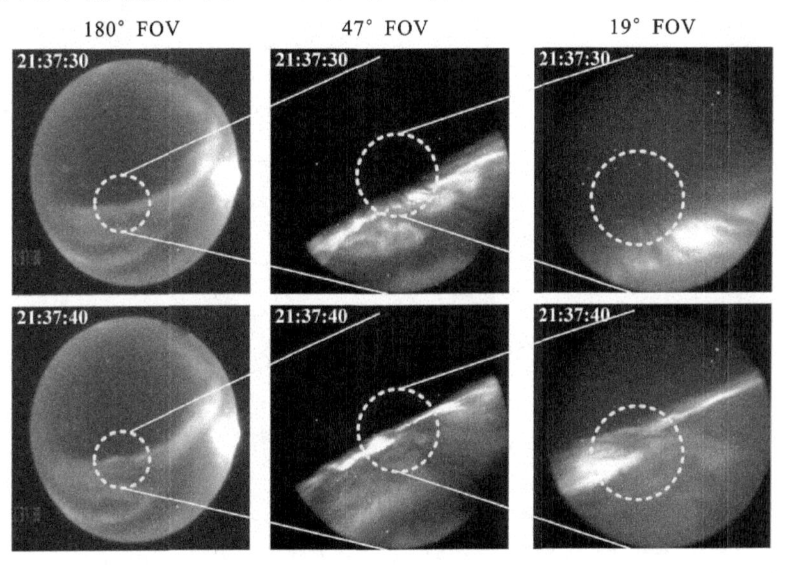

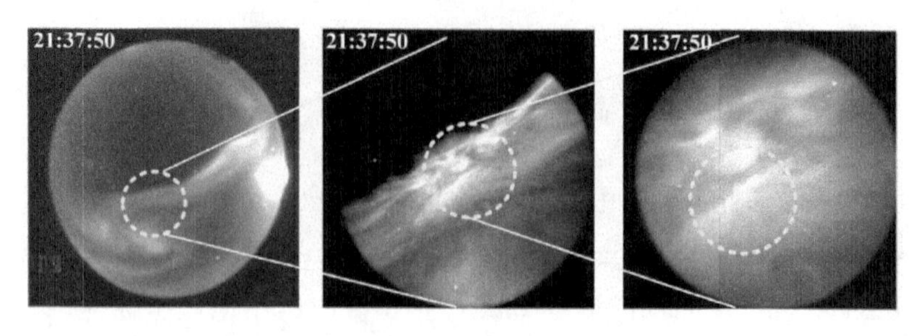

图 4-14　中国南极中山站多尺度极光观测图像(2010/07/02,21:37:30—21:37:50 UT)

2. 模型设计

本节设计的多尺度极光弧宽计算方法如图 4-15 所示。首先将 180°、47°、19°极光图像分别输入识别网络,筛选三种视野下包含极光弧的图像;接着,对多视野下极光弧进行实例分割获得极光弧轮廓;最后,根据实例分割结果计算弧宽,并绘制多视野极光弧宽分布图。

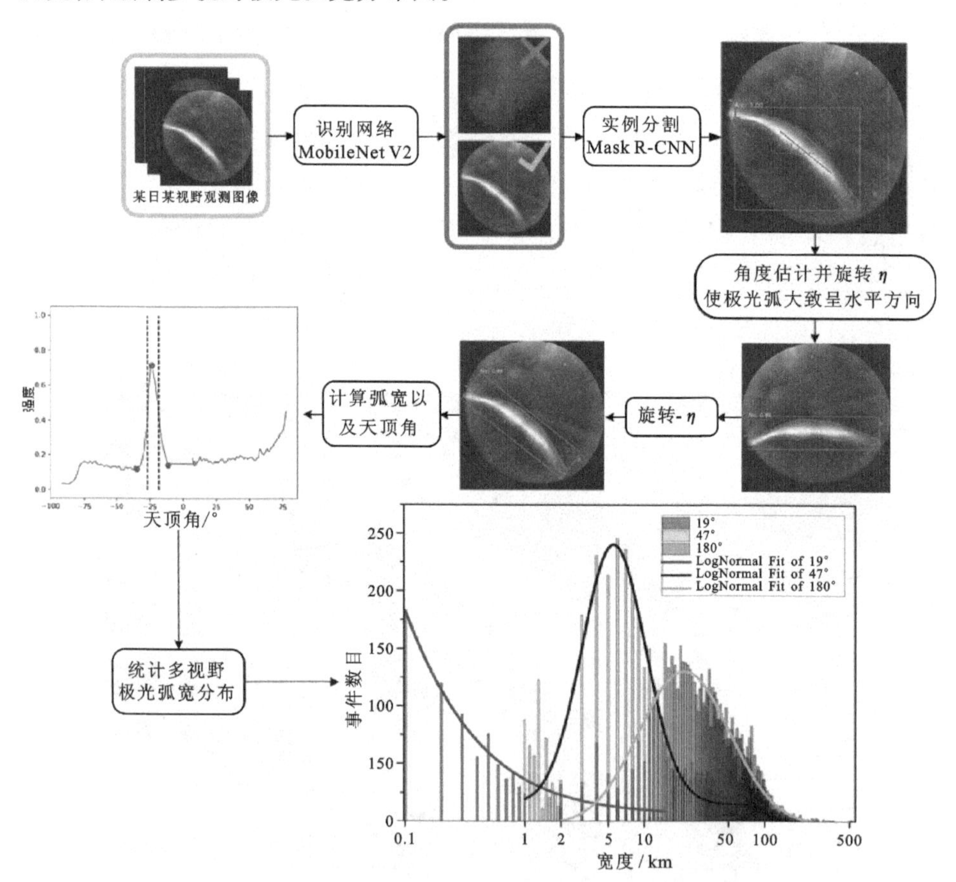

图 4-15　基于机器学习的多尺度极光弧宽分布统计框架图

1)极光弧图像自动识别

极光弧是一种最为典型、明亮的极光形态,稳定的极光弧在经度方向延伸,在纬度方向相对狭窄,可能是一条、两条或多条(多重极光弧),其形态特征明显。然而受拍摄条件影响,南极中山站数据中含有大量光斑干扰,使得极光弧识别难度加大。并且在47°和19°数据中,一天内拍摄到极光弧的数量非常少,训练数据的缺乏也给多尺度极光弧识别带来挑战。针对南极中山站数据特点,我们需选择一个高效轻便的极光弧识别网络,对海量拍摄数据进行自动识别,从而建立起多尺度极光弧数据库。

本节选用 MobileNet V2[24] 作为极光弧识别网络,相比传统的卷积神经网络模型,MobileNet V2 用深度可分离卷积替换标准卷积,能够在确保准确率的前提下大大减少参数量和运算量,在同等计算资源的前提下能够获得更好的性能。MobileNet V2 中下采样操作使用步长为 2 的卷积进行运算来代替池化层,避免了信息丢弃问题,适用于解决数据质量较差、训练数据有限的多尺度极光弧识别问题。我们使用在 ImageNet 上预训练过的 MobileNet V2 进行迁移学习,使用极光数据重新训练全连接层。

2)极光弧实例分割

极光弧的分割对应于机器视觉中的实例分割任务。实例分割为属于同一类对象的每一实例提供不同的标签,可以同时解决目标检测/定位和语义分割(预测输入图像中每个像素的标签)问题。

Mask R – CNN 是目前主流的实例分割网络[11],由五部分组成:① 主干网络(backbone),使模型具备提取特征的能力;② 预选框提取网络(region proposal network,RPN),短时间内生成并提取可能包含目标的预选框;③ 兴趣区域对齐层(region of interest align,RoIAlign),用于区域特征聚集,解决区域不匹配问题;④ 分类与回归分支(classification and regression branch),计算目标类别并获得检测框最终的精确位置;⑤ 掩码分支(mask branch),用于分割出检测框中的物体。

针对极光弧尺度分布范围广的特点,我们选用特征金字塔(feature pyramid networks,FPN)作为 Mask R – CNN 实例分割框架的骨干网络,FPN 是用于检测不同尺度物体的识别系统的通用特征提取器[25]。FPN 以特征金字塔为基础结构,对每一层级的特征图分别进行预测,如图 4 – 16 所示,这种多尺度特征表示的所有层都具有很强的语义信息,使用 FPN 作为特征提取器将提高多尺度极光弧检测精度,进而提高极光弧分割精度。

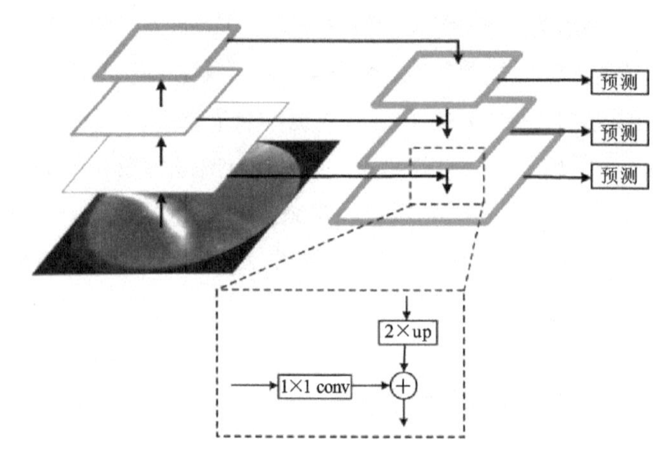

图 4 – 16　特征金字塔

Mask R – CNN 提供的检测框均呈水平方向,然而极光弧的走向往往与水平方向存在夹角,并且对于多弧情况,Mask R – CNN 网络难以准确分割每一条弧。针对这些不足,我们参考 Niu[26] 的方法,可以通过估计极光弧偏离水平方向的角度,旋转图像,使得极光弧大致处于水平方向,那么此时实例分割网络可以准确地用水平检测框检测并分割出每条极光弧,推理过程可以归纳为两阶段[26],分割结果如图 4 – 17 所示。

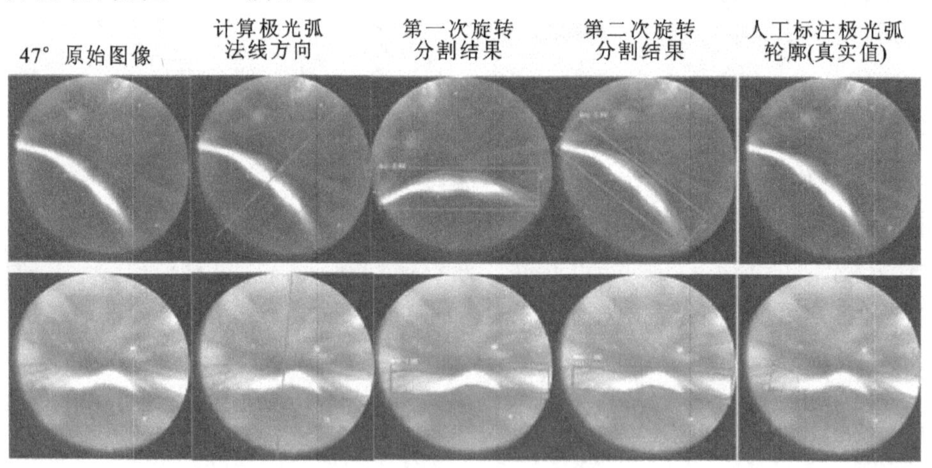

图 4 – 17　47°极光弧分割示例图

第一阶段:将测试图像输入 Mask R – CNN 网络可以得到大致分割结果,尽管此时网络不能准确地检测和分割每条弧,但我们可以通过第一阶段分割结果计算极光弧方向。参考 Niu[26] 的方法，提取第一阶段预测的极光弧边界，选择用最大连通区域的边界坐标集合 $B=\{b_i=(x_i,y_i)\},i=1,\cdots,m$ 来估计极光弧的角度 η，其中 m 为边界点的个数。具体步骤如下：

(1)通过解公式(4－12)、(4－13)得到方向向量 $\mu=(u,\nu)$，

$$\text{Maximize}:\mu^{\mathrm{T}}\left(\frac{1}{m}\sum_{i=1}^{m}\hat{b}_i\hat{b}_i^{\mathrm{T}}\right)\mu \tag{4-12}$$

$$\text{Subject to}:\|\mu\|_2=1 \tag{4-13}$$

其中，$\hat{b}_i=b_i-\frac{1}{m}\sum_{i=1}^{m}b_i$。

(2)计算角度 η：

$$\eta=\operatorname{argtan}\frac{\nu}{u} \tag{4-14}$$

当视野中仅有一条极光弧时，每条弧的角度可以根据实例分割模型输出的分割图，利用公式(4－12)、(4－13)、(4－14)计算得到；当视野中存在多条极光弧时，我们将多弧的角度定义为图像中所有单弧的角度的平均。

第二阶段：根据角度 η 旋转图像，使得极光弧走向大致沿水平方向。将旋转后的图像输入训练好的 Mask R－CNN 模型中，输出图像旋转 $-\eta$ 便得到第二阶段的分割结果，也就是我们所需的结果。

3)极光弧宽计算

我们以 φ 代表极光图像观测视野，参考 Qiu[8] 的方法，根据第二阶段分割结果计算出通过天顶并垂直于极光弧方向的法线，利用法线上像素值曲线以及三角函数关系与相机参数来计算极光弧宽，该计算方法分为两步。

第一步：以47°视野图像为例，首先确定通过天顶并垂直于极光弧的法线，如图4－18(a)所示，极光弧的法线方向定义为极光弧上离天顶最近的点与天顶的连线，图像中心点表示天顶，长直线表示极光弧法线，线段 d_1、d_2 代表弧边界到天顶的距离，线段 $|d_1-d_2|$ 代表弧宽。然后计算法线方向上极光发光强度随天顶角的变化曲线，如图4－18(b)所示，由此可以测量极光弧的观测宽度，即图中箭头之间的距离。具体步骤为：首先，作一条过天顶的剖线，绕着天顶旋转这条剖线，直至找到极光弧的位置离天顶最近，此时这条剖线即为极光弧的法线方向；接着，利用沿着法线方向得到的发光强度随天顶角的变化曲线找到极光弧，曲线中一个峰对应于一条极光弧；最后，测量峰值半高度对应像素点之

间的距离得到极光弧宽。

第二步:首先,根据三角函数关系和全天空极光图像参数,按照公式(4－15)、(4－16)、(4－17)计算第一步中法线上每一点的天顶角 θ、地心角 α 和与天顶的距离 d:

$$\theta = \frac{\sqrt{(x_i - S/2)^2 + (y_i - S/2)^2} \times \varphi}{S^*} \tag{4-15}$$

$$\alpha = \theta - \arcsin\left(\frac{R_E}{R_E + h}\sin\theta\right) \tag{4-16}$$

$$d = (R_E + h) \times \alpha \tag{4-17}$$

其中,$S^* = 512$ 是原始极光图像的尺寸,$S = 480$ 为预处理后图像的尺寸,$R_E = 6\ 370$ km 是地球的半径,$h = 150$ km 是极光的发光高度。

然后,根据公式(4－15)计算法线上像素值与天顶角的关系曲线,如图4－18(b)所示,每个峰对应于一条极光弧,峰值半高度的位置分别用竖虚线表示,竖虚线间双向箭头表示的距离对应于图4－18(a)中的线段$|d_1 - d_2|$,该距离即为极光弧的观测宽度。

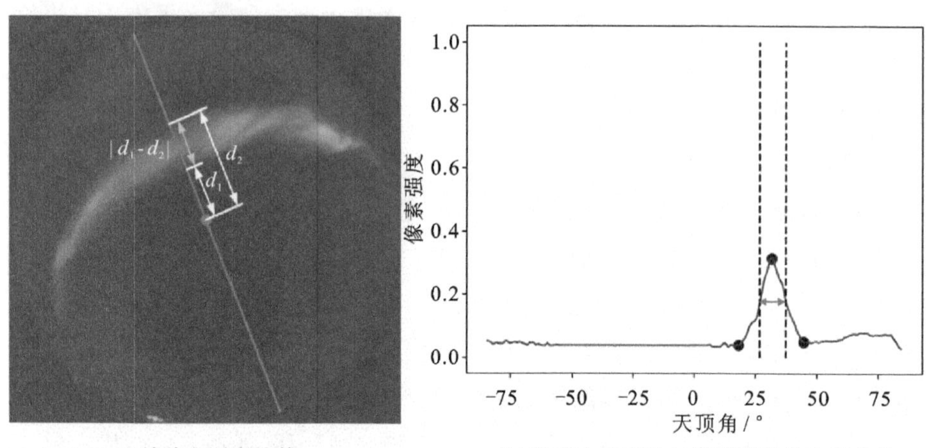

(a) 法线和弧宽计算　　(b) 法线上天顶角与像素强度的关系曲线

图4－18　极光弧宽计算示例图

4.3.3　实验与结果分析

1. 数据集构建

本节建立了以下三个数据集:

(1)数据集1(Dataset1):该实验数据为从2012年2月至10月557.7 nm

波段的180°、47°、19°极光数据中人工随机挑选出的极光弧图像(正样本)和非极光弧图像(负样本),按8∶2的比例随机划分为训练集和测试集,数据分布见表4－2。该数据集用于训练和测试极光弧图像识别模型。

表4－2 数据集1

观测视野	极光弧图像数量	非极光弧图像数量
180°	857	909
47°	870	1 229
19°	356	465

(2)数据集2(Dataset2):对2012年180°、47°、19°三个视野下的极光弧图像进行像素级标记,即对图中的每个像素既标记是否属于极光弧也标记属于哪条极光弧。对180°、47°、19°三个视野,我们分别标记了1 068幅、508幅、198幅极光弧图像,并分别按2∶1的比例将各视野对应的数据集划分为训练集和测试集。该数据集用于训练和测试极光弧实例分割模型。

(3)数据集3(Dataset3):极光弧识别网络在2012年2月至10月180°、47°、19°观测数据上识别出的极光弧图像构成数据集3,包含7 968幅180°、4 437幅47°、893幅19°极光弧图像。该数据集用于统计并绘制极光弧宽分布图。

2. *极光弧图像识别*

本节我们将MobileNet V2与其他经典识别网络AlexNet、GoogleNet、ResNet 34、DenseNet 121进行了性能比较,网络均在ImageNet的分类任务上进行了预训练,保留除全连接层外前面每一层的权重,使用Dataset1对网络进行微调。我们采用准确率(accuracy,ACC)作为评价指标

$$\mathrm{ACC}=\frac{\mathrm{TP}+\mathrm{TN}}{\mathrm{All\ images}} \tag{4-18}$$

其中,T表示true,F表示false,P表示正样本(极光弧图像),N表示负样本(非极光弧图像),TP(true positive)表示极光弧图像被正确识别,TN(true negative)表示非极光弧图像被正确识别。

识别网络在全天空图像测试集上的实验结果见表4－3,由于各网络在47°和19°视野测试集上均可取得高于99%的准确率,故未列出。MobileNet V2模型在180°全天空图像测试集上取得了92.4%的识别精度,远高于其他识别网

络,证明了该网络在极光弧识别任务上的优势。

表 4-3　180°视野下极光弧图像识别准确率

识别网络	识别准确率
AlexNet	0.725
GoogleNet	0.852
ResNet 34	0.818
DenseNet 121	0.825
MobileNet V2	0.924

3. 极光弧实例分割

本节实验在 Dataset2 上开展,为充分评估网络性能,我们选用 IoU 阈值为 50% 的平均精度指标 AP_{50} 和 AP_{50}^{bb} 分别衡量实例分割准确率和目标检测准确率。IoU 是用来评估模型预测准确性的指标,衡量目标检测准确性时,其计算的是预测边框和真实边框的交并比;衡量分割准确率时,其计算的是预测分割结果和目标分割结果的交并比。AP_{50} 计算的是在分割 IoU =0.5 时,极光弧分割召回率 - 精确率曲线下的面积;AP_{50}^{bb} 计算的是在目标检测 IoU =0.5 时,极光弧检测边框召回率 - 精确率曲线下的面积。

表 4-4 给出了采用 FPN 特征提取结构的实例分割模型在 Dataset3 上取得的图像分割结果 AP_{50} 和目标检测结果 AP_{50}^{bb}。可以看出,无论是实例分割还是目标检测,网络都取得了较高的准确率,特别是在小视野数据上。

表 4-4　多视野极光弧实例分割结果

视野	AP_{50}	AP_{50}^{bb}
180°	0.779	0.816
47°	0.855	0.904
19°	0.874	0.923

4. 实验结果与分析

将上述方法应用于自动分析 2012 年南极中山站观测到的 180°、47°、19°视野极光弧图像上,即分别计算三个视野下极光弧的弧宽并给出统计分布。实例分割模型分别用 Dataset2 中三组不同视野极光弧图像进行训练。将识别网络输出的 Dataset3 输入训练好的多视野极光弧实例分割模型,得到的弧宽分布直方图如图 4－19 所示。其中横坐标表示极光弧宽，纵坐标表示极光弧数量。图 4－19 中，为更好分析 1 km 附近的小尺度极光弧，对 19°和 47°视野极光弧宽统计时横坐标采用非均匀分布坐标，即图 4－19(a)中 0～1 km 弧宽范围内采用 0.1 km 的统计间隔，1 km 以上弧宽范围采用 1 km 的统计间隔；图 4－19(b)中 1～5 km 弧宽范围内采用 0.1 km 的统计间隔，5 km 以上弧宽范围采用 1 km 的统计间隔，横坐标取对数；图 4－19(c)对 180°视野极光弧宽进行统计，横坐标采用 1 km 统计间隔的对数坐标；图 4－19(d)对 180°、47°、19°视野极光弧宽的统计直方图进行非线性拟合，横坐标采用对数坐标。

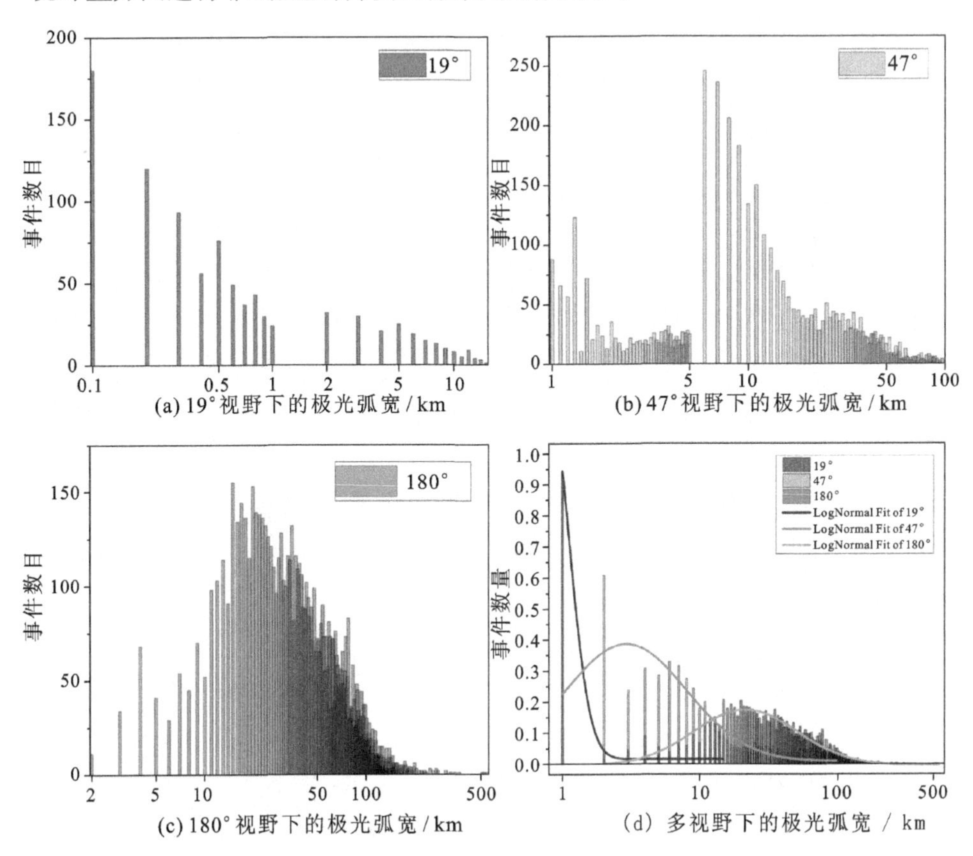

图 4－19 多尺度极光弧宽直方图

从图 4－19(a)可以看出，19°视野存在大量宽度为 0.1～5 km 的极光弧，且它们连续分布，这与 Partamies 等[20]的结论一致。图 4－19(b)所示的 47°视野衔接了小尺度与中大尺度极光弧宽之间的间隙，主要观测了数十千米的中尺度极光弧。图 4－19(c)所示的 180°视野中,尽管我们观测到的上百千米大尺度极光弧较少,但仍可以看出小－中－大尺度极光弧总体呈现连续分布。连续的极光尺度谱表明,负责弧结构形成的机制应该能够产生整个尺寸范围[7]。图 4－19(d)显示了三个视野下的多尺度极光弧宽度分布直方图的对数正态拟合。我们还通过统计分析确定了观测值与拟合值之间的拟合度系数(R^2):19°、47°和 180°视野的 R^2 分别为 0.998、0.861 和 0.932,表明所生成的对数正态模型对弧宽分布的解释分别为 99.8%、86.1%和 93.2%,即所生成的对数正态模型对每个视野的极光弧宽分布都有较好的拟合。此外,在 47°视野内,弧宽分布集中在 2.893 km 附近,而在 180°视野内,弧宽分布集中在 21.506 km 附近。这些结果表明,可以观测到的主要极光弧宽度在很大程度上取决于观测仪器的空间分辨率,Borovsky 等[5]和 Partamies 等[7]已经讨论了这一点。

4.3.4 结论与讨论

为解决目前极光弧宽分布研究存在的争议,本节基于中山站多尺度极光观测数据设计了一种基于实例分割的多尺度极光弧宽计算方法。首先由极光弧识别网络从海量数据中筛选极光弧图像,再由实例分割网络检测并分割极光弧结构,进而计算多视野下的极光弧宽分布。我们的多尺度极光弧宽分布统计工作弥补了以往研究只聚焦于特定极光尺度范围的缺陷。从统计规律来看,极光弧宽分布从小于 5 km 的小尺度到几十千米的中尺度,再到上百千米的大尺度,总体呈现连续分布,无明显缺口,这将为研究极光弧产生机制提供新的观测实验基础。

不过,本节研究并没有区分非天顶观测的极光弧实际宽度和视向宽度,而且确定的极光弧既包括安静的均匀弧,也包括一些射线带。此外,本书只研究了中山站极光弧宽度的分布,如果能纳入其他地点的数据,可能会有更全面的认识;特别是,将卫星 UVI 数据与地面测量相结合,可以研究更大视场范围内的极光结构。我们今后的工作包括:① 增加更多数据,只考虑近天顶弧,从而消除视角效应;② 进一步区分静态弧和极光带;③ 寻找同时在不同视野中观测到的典型极光弧,并分析小尺度、中尺度和大尺度极光弧之间的相关性。例如,小尺度极光弧是否总是出现在大尺度极光弧的背景中? 小尺度极光弧是否会从大尺度极光弧中分离出来? ④ 统计分析极光弧的出现率及其宽度与磁地方时、地磁活动和电离层特性的相关性,以研究极光弧的产生机制。

4.4 本章参考文献

[1]BOROVSKY J E. Auroral arc thicknesses as predicted by various theories[J]. Journal of geophysical research:space physics,1993,98(A4):6101 -6138.

[2]MARGHITU O. Auroral arc electrodynamics: review and outlook[J]. Auroral phenomenology and magnetospheric processes: earth and oher planets, 2012, 197:143 -158.

[3]KIM J S,VOLKMAN R A. Thickness of zenithal auroral arc over Fort Churchill, Canada[J]. Journal of geophysical research,1963,68(10):3187 -3190.

[4]MAGGS J E,DAVIS T N. Measurements of the thicknesses of auroral structures [J]. Planetary and space science,1968,16(2):205 -209.

[5]BOROVSKY J E,SUSZCYNSKY D M,BUCHWALD M I,et al. Measuring the thicknesses of auroral curtains[J]. Arctic,1991:231 -238.

[6]KNUDSEN D J,DONOVAN E F,COGGER L L,et al. Width and structure of mesoscale optical auroral arcs[J]. Geophysical research letters,2001,28(4): 705 -708.

[7]PARTAMIES N,SYRJÄSUO M,DONOVAN E,et al. Observations of the auroral width spectrum at kilometre -scale size[J]. Annales geophysicae,2010,28(3): 711 -718.

[8]QIU Q,YANG H G,LU Q M,et al. Widths of dayside auroral arcs observed at the Chinese Yellow River Station[J]. Journal of atmospheric and solar -terrestrial physics,2013,102:222 -227.

[9]ADAMS R,BISCHOF L. Seeded region growing[J]. IEEE transactions on pattern analysis and machine intelligence,1994,16(6):641 -647.

[10]KNUDSEN D J,DONOVAN E F,COGGER L L,et al. Width and structure of mesoscale optical auroral arcs[J]. Geophysical research letters,2001,28(4): 705 -708.

[11]HE K,GKIOXARI G,DOLLÁR P,et al. Mask r -cnn[C]//Proceedings of the IEEE international conference on computer vision. 2017:2961 -2969.

[12]GAO X,FU R,LI X,et al. Aurora image segmentation by combining patch and

texture thresholding[J]. Computer vision and image understanding,2011,115(3):390 -402.

[13]LIN T Y,DOLLÁR P,GIRSHICK R,et al. Feature pyramid networks for object detection[C]//Proceedings of the IEEE conference on computer vision and pattern recognition,2017:2117 -2125.

[14]LIU S,QI L,QIN H,et al. Path aggregation network for instance segmentation[C]//Proceedings of the IEEE conference on computer vision and pattern recognition,2018:8759 -8768.

[15]HU Z J,YANG H,HUANG D,et al. Synoptic distribution of dayside aurora:multiple - wavelength all - sky observation at Yellow River Station in Ny - Ålesund,Svalbard[J]. Journal of atmospheric and solar - terrestrial physics,2009,71(8 -9):794 -804.

[16]GALPERIN Y I. Multiple scales in auroral plasmas[J]. Journal of atmospheric and solar - terrestrial physics,2002,64(2):211 -229.

[17]CHASTON C C,PETICOLAS L M,BONNELL J W,et al. Width and brightness of auroral arcs driven by inertial Alfven waves[J]. Journal of geophysical research:space physics,2003,108(A2).

[18]TRAKHTENGERTS V Y,RYCROFT M J. Whistler - electron interactions in the magnetosphere:new results and novel approaches[J]. Journal of atmospheric and solar - terrestrial physics,2000,62(17 -18):1719 -1733.

[19]KATAOKA R,CHASTON C C,KNUDSEN D,et al. Small - scale dynamic aurora[J]. Space science reviews,2021,217:1 -32.

[20]PARTAMIES N,JUUSOLA L,WHITER D,et al. Substorm evolution of auroral structures[J]. Journal of geophysical research:space physics,2015,120(7):5958 -5972.

[21]NISHIMURA Y,DENG Y,LYONS L R,et al. Multiscale dynamics in the high-latitude ionosphere[J]. Ionosphere dynamics and applications,2021:49 -65.

[22]BOROVSKY J E,BIRN J,ECHIM M M,et al. Quiescent discrete auroral arcs:a review of magnetospheric generator mechanisms[J]. Space science reviews,2020,216(1):1.

[23]LYSAK R,ECHIM M,KARLSSON T,et al. Quiet,discrete auroral arcs:acceler-

ation mechanisms[J]. Space science reviews, 2020, 216: 1 - 31.

[24] SANDLER M, HOWARD A, ZHU M, et al. Mobilenetv2: inverted residuals and linear bottlenecks[C]//Proceedings of the IEEE conference on computer vision and pattern recognition, 2018: 4510 - 4520.

[25] LIN T Y, DOLLÁR P, GIRSHICK R, et al. Feature pyramid networks for object detection[C]//Proceedings of the IEEE conference on computer vision and pattern recognition, 2017: 2117 - 2125.

[26] NIU C, YANG Q, REN S, et al. Instance segmentation of auroral images for automatic computation of arc width[J]. IEEE geoscience and remote sensing letters, 2019, 16(9): 1368 - 1372.

第 5 章　基于日地空间环境参数的极光卵边界建模和预测

本章主要研究在 UVI 图像中自动分割极光卵赤道向/极向边界,并讨论极光卵边界位置随行星际/太阳风和地磁条件的变化规律。因而可以看作是极光图像分割的应用之一。

5.1　研究背景与动机

极光卵是极光粒子沉降以磁极为中心在地球南北极地区形成的椭圆带状区域,是地球上来自太阳的能量粒子的影响区域。极光卵能从全局尺度上对空间天气进行表征和预测,所以一个好的极光卵模型能有效地帮助人们理解空间天气并预测其对极区和次极区的影响[1]。在过去的几十年里,学者们就如何利用空间参数来描述极光卵已经开展了广泛的研究,具体的研究工作可以分为以下两大类:

第一类是利用单变量回归分析的方法,其中回归量常常取某一个地磁指数。比如,在文献[2]和[3]中,极光卵边界位置被近似描述成磁地方时和地磁指数 Q 的函数;Starkov[4]曾将极盖大小的变化、极光卵和弥散极光分别估计成 AL 指数(表征极光电集流下包络线最小扰动)的函数;在每个亚暴阶段,对每个预设定的极光电集流 AE 指数,Kauristie[5]提出将极光卵边界拟合成局部时间的函数;Carbary[1]曾将每个磁地方时处的极光卵极向边界、赤道向边界以及峰值都拟合成 K_p 指数的线性函数;Sigernes 等人[6]比较了文献[4]和[7]中的方法,它们都通过 K_p 指数的函数来计算极光卵的大小和位置。

然而,从物理源头来说,这些地磁活动指数(Q、AL、AE、K_p 等)与极光是同一个层面的物理量:它们都受太阳风－磁层－电离层耦合作用的影响。换句话说,这些地磁活动指数仅仅能从一个侧面来反映极光卵的属性,因为它们都受同一个“源”的影响,但并非因果关系。因此,第二类研究工作主要集中于从引发极光卵变化的源头来研究极光卵的变化,即采用多变量回归分析方法研究极光卵对太阳风等离子体和行星际磁场(IMF)参数的依赖性。比如,Cho 等人[8]探讨了磁层被行星际激波冲击时极光卵夜侧极向边界的纬度变化;Holzworth、Meng[9]研究了 150 幅极光图像,将所有磁地方时作为一个整体来考虑,将极光卵边界拟合成一个椭圆,椭圆的大小被拟合成 IMF B_z 分量的线性函数;更为常见的情况是,通过考虑不同 IMF 的方向,IMF 分量被用来进行定性分析(如 $B_z>0$ 和 $B_z<0$ 分开讨论)[10];Milan 等人[11]利用 IMAGE 卫星数据,把 K_p 指数、IMF、太阳风参数按大小进行分段,分别讨论每个参数对极光卵亮度、形状的影响。事实上,极光活动是受所有行星际参数共同影响的,传统的一元回归分析或定量分析的方法不能充分表征极光卵的变化。鉴于地球环电流也被证实与极光卵半径密切相关,Milan[12]首次将行星际条件和环电流结合在一起,采用多元回归分析的方法研究其对极光卵半径的影响。

Kauristie[5]曾指出,使用卫星图像是同时确定整个(或绝大部分)极光卵边界的唯一途径。本章利用 Polar 卫星的 UVI 极光图像数据来研究极光卵边界在不同空间环境下的变化。因为从大量的 UVI 图像中人工确定极光卵边界是非常烦琐的,而且效率很低,本章借助于计算机自动图像分割技术。相关研究[13]已经证实模糊聚类技术是分割极光卵边界的一种有效方法,而且通过把从 DMSP 卫星中获得的粒子沉降边界作为基准,发现模糊聚类方法分割得到的极光卵边界优于之前的方法。

基于 Polar 卫星海量极光图像数据,本章将通过多元回归分析的方法来研究极光卵边界位置的变化,获得的回归模型能给空间天气预测提供有用信息。在模型参数的选取方面,本章首先考虑 IMF 三分量变化对极光卵的影响。因为 IMF 尤其是 IMF B_z 分量能控制极光卵的位置已被广泛认识[14],不同的 IMF 条件会使得极光卵转向不同的方向。其次,除了 IMF 外,太阳风,特别是太阳风动压,能显著地影响地球磁场,从而影响极光卵边界的位置[15]。绝大多数之前的研究都把太阳风动压作为一个整体来研究其与极光亮度的关系,可 Shue 等人[16]统计发现太阳风密度和速度是单独作用于极光亮度的,因此在本章的回归模型中,太阳风动压、速度、密度都被考虑进来。最后,IMF 和太阳风只反映了日侧极光动力学过程,而极光电集流指数 AE 与大的地磁活动比如磁暴或亚暴紧密相关[5],因而能反映夜侧极光卵的边界情况。基于上述考虑,本章建立了两个极光卵预测模型。在第一个模型中,只考虑用简单的一次多项式来对 IMF、太阳风的 6 个行星际参数进行回归分析。在第二个模型中,我们只考虑独立参量,把与太阳风速度和密度紧密相关的太阳风动压参量去掉,换成与夜侧极光紧密相关的地磁指数 AE。因为每个磁地方时处极光卵的变化规律都不一样,本章将针对每个磁地方时分别进行建模分析。将模型结果与两种有代表性的模型进行对比:第一类研究中典型的 K_p 模型[1],第二类研究中性能表现非常好的 Milan[12]模型。

综上,本章基于 1996 年 12 月至 1999 年 1 月 3 个冬季的 6 万多幅 Polar 卫星紫外极光图像,讨论两种基于行星际和地磁参数的极光卵边界预测方法,根据行星际和地磁环境对所有 24 个磁地方时处的极向、赤道向极光卵边界的地磁纬度进行估计。具体实现步骤包括:UVI 图像预处理、极光卵边界自动分割、行星际和地磁参数获取、数据集构建、回归建模、极光卵边界位置预测及预测结果评价。本章的研究可以用于空间天气研究中对极光卵边界位置的预测。

5.2 基于 SFCM 的极光卵边界分割及位置预测

5.2.1 数据集构建

1. 数据来源及简介

Polar 卫星上的 UVI 能同时观测到日侧和夜侧的极光图像,并返回了大量北半球极光图像。本章涉及 1996 年 12 月至 1999 年 1 月 3 个冬季(共 6 个月,183 天)的极光图像,因为在这些月份里,日辉效应带来的不利影响可以基本忽略。和之前很多研究一样,本章也仅使用 LBH 的长波段数据(约 170 nm)。普通观测模式下两帧连续图像之间的时间间隔基本上都在 0.5 ~ 3 min 之间,图像大小为 200 × 228。

本章所使用的 IMF 三分量,太阳风密度、速度和动压,以及地面观测指数 AE、环电流测度 Sym - H 指数,都是从 NASA OMNI 数据中获得的,时间分辨率为1 min。因为OMNI数据在磁层顶给出,我们需要考虑在电离层看到极光现象时经历的延迟时间。这个延迟时间估计为穿越磁鞘的5 min延迟和到达电离层的2 min Alfven波传送时间之和[10]。

2. 极光卵边界自动分割

在极光卵边界自动分割之前,本章先对高噪声的UVI图像进行了预处理操作[17],包括移除低纬区域、用椭圆形状截取原图、负值点清零、图像平滑等。图5-1(b)是图5-1(a)所示的原始极光图像预处理后的结果。以往的研究已经证实模糊 c 均值聚类方法是分割模糊极光卵边界的有效方法。在本章中,一种包含空间信息的模糊 c 均值聚类方法(SFCM)[18]被用来分割UVI图像的极光卵边界。在分析了大量UVI图像后,本章最终决定将每幅UVI图像聚类成6类[图5-1(c)]。根据聚类结果,强度最小的两个或三个聚类簇被视为背景,其他则为极光卵区[图5-1(d)]。因为聚类过程是基于亮度强弱进行的,所以图像中经常会出现一些非常小的斑块与周围区域类别不同的情况,这不符合实际情况,所以本章用其周围邻域的类别信息来对这些小块进行填充处理[图5-1(e)]。图5-1(f)给出了获得的赤道向边界(边界点)和极向边界(内边界点)

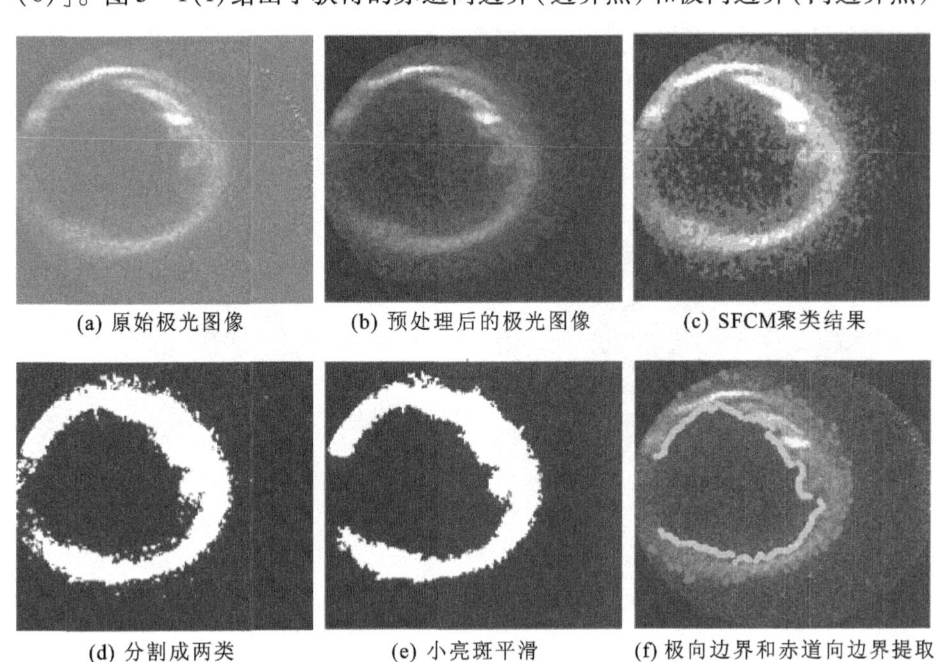

(a) 原始极光图像　(b) 预处理后的极光图像　(c) SFCM聚类结果

(d) 分割成两类　(e) 小亮斑平滑　(f) 极向边界和赤道向边界提取

图5-1　极光卵边界抽取过程示意图

在原始图像上的叠加效果图。为了能更好地进行后续回归分析,本章对一些不好的分割结果进行了人工剔除,如一些 θ 极光。

3. 实验数据集构建

经过上述处理,本章共得到了极向边界分割很好的 61 210 幅图像和赤道向边界分割很好的 60 180 幅图像。为了研究不同参数对极光卵边界的影响,获得的边界点被进一步的处理(每一个边界点自带有 UT 时间、磁地方时、地磁纬度等信息;根据 UT 时间,可从 OMNI 数据库中查询到与其对应的行星际和地磁参数值)。第一,本章仅关注位于北半球的边界点。第二,删除那些有一个或多个参数值为无效值的边界点。第三,对每个参数,包括地磁纬度,本章忽略那些不经常出现的情况,即那些参数值特别大或特别小的数据(在 20 个区间的直方图里,那些出现频率小于 0.02 的区间里的数据被视为不经常出现的数据),因为这些点不是统计上显著的,仅仅在一些极端的地磁活动现象中出现。第四,本章认为 5 min 间隔内极光卵边界位置变化不会超过 5 个地磁纬度。这样处理之后,约 3 805 000 个极向边界点和 1 215 000 个赤道向边界点被提取出来。图 5-2按磁地方时排列给出了这些点的综观分布图。第五,因为在后续的极光卵预测模型建立环节,是以一个磁地方时为单位建立一个预测模型,因此,本章将同一幅图像(UT 时间相同)、同一个磁地方时内的所有边界点进行了合并,地磁纬度用其均值表示。

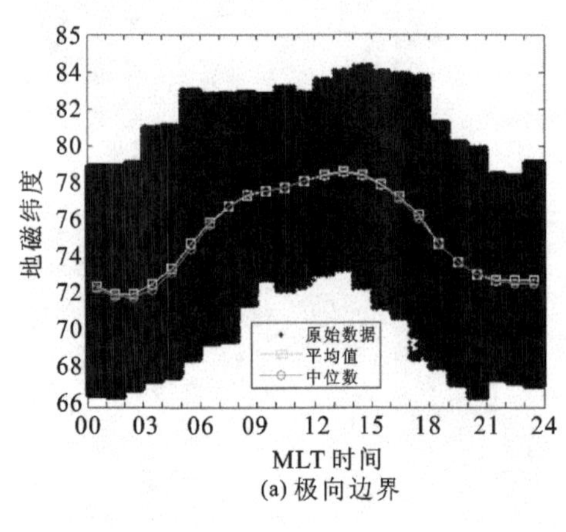

(a) 极向边界

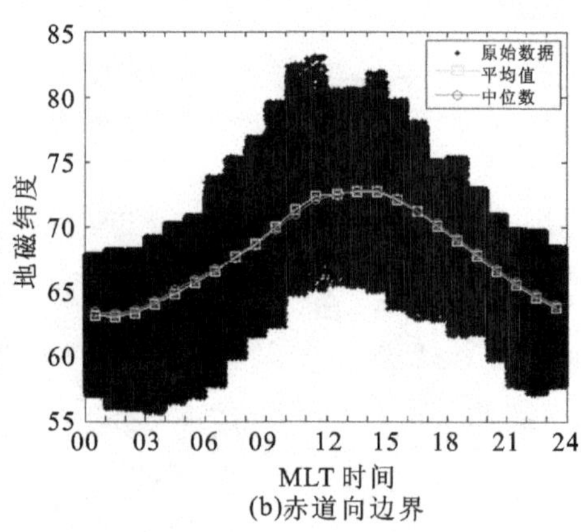

(b)赤道向边界

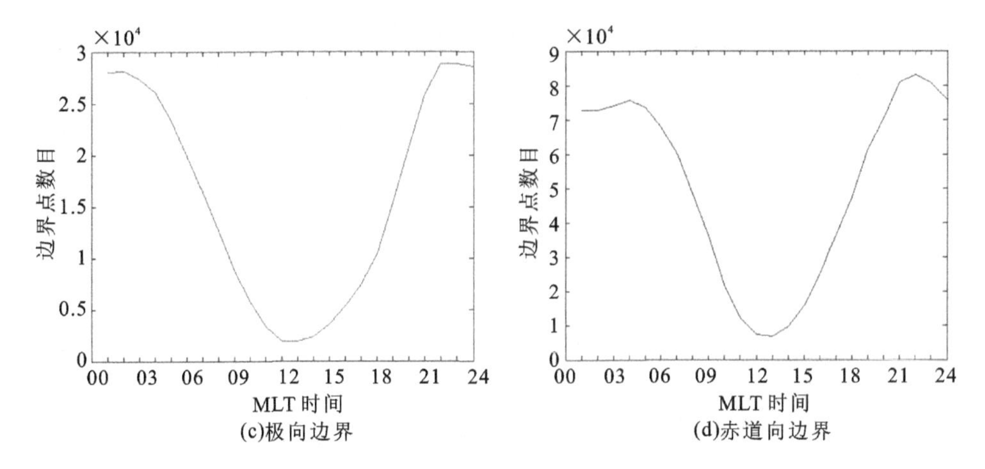

图 5 - 2　极光卵极向边界点和赤道向边界点的散点图及其综观分布

5.2.2　数据分析及结果

太阳风、IMF、地磁参数等不同的空间参数之间存在一定的相关关系，这些互相关可能会影响对结果的分析。因此，在数据分析之前有必要对变量之间的互相关性进行讨论。表 5 - 1 给出了 6 个行星际参数以及地磁活动指数 AE 的相关系数矩阵，上三角矩阵表示极向边界数据，下三角表示赤道向边界数据。众所周知，太阳风动压（P_{dyn}）变化主要来自太阳风密度（N_p）的变化，在本章数据库里 P_{dyn} 和 N_p 之间也显示出了很高的相关性，赤道向/极向数据的相关系数分别为 $r=0.874/0.860$（在公式 $r=n_1/n_2$ 中，n_1 表示赤道向边界的系数，n_2 表示极向边界的系数，下同）。行星际参数之间还存在两个中度负相关，即 IMF B_x 和 B_y 之间相关系数为 $r=-0.468/-0.464$，而太阳风速度（V_p）和密度（N_p）之间相关关系为 $r=-0.633/-0.625$。地面观测指数 AE 与行星际参量之间的相关系数都非常低（绝对值小于 0.2）。在后续的预测模型构建中，将 B_x、B_y、B_z、V_p、N_p、AE 作为彼此独立的参量进行分析。

表 5-1　极光卵极向边界点和赤道向边界点的相关系数矩阵

相关系数	B_x	B_y	B_z	V_p	N_p	P_{dyn}	AE
B_x	1	-0.464	0.103	-0.177	0.212	0.185	-0.126
B_y	-0.468	1	0.026	0.039	-0.117	-0.093	0.086
B_z	0.097	0.048	1	0.012	-0.029	-0.017	-0.344
V_p	-0.222	0.074	-0.009	1	-0.625	-0.209	0.330
N_p	0.202	-0.095	-0.026	-0.633	1	0.860	-0.092
P_{dyn}	0.159	-0.066	-0.032	-0.244	0.874	1	0.104
AE	-0.112	0.066	-0.367	0.338	-0.080	0.112	1

注:下三角表赤道向边界,上三角表极向边界。

1. 单变量分析

为了描述太阳风等离子体和行星际磁场对极光卵边界的影响,在每个磁地方时处,极向/赤道向边界点分别根据这6个行星际参数和地磁指数AE、Sym-H进行了分段合并,划分成20个数据区间段。结果分别在图5-3(a)和5-3(b)中予以显示,其中纵轴表示每个区间段里所有数据点地磁纬度的均值。需要注意的是,因为划分数据区间段时,各区间段里的数据点数目是相同的,所以对每个参数而言各区间段的长度是不规则的。类似的分段划分方法在以往文献[1,16]中都有用到。

从图5-3(a)中我们可以看到行星际磁场、太阳风参数能导致极光卵边界呈现如下变化特征:

(1)随着IMF B_z 分量的减小(尤其 B_z 是负值时),日侧极向边界(06:00—18:00 MLT)和夜侧赤道向边界(18:00—06:00 MLT)呈现一个显著的赤道向偏移。这是由于南向行星际磁场有利于日侧重联的发生,使得开放的磁通量大量进入极盖,从而导致极盖区面积增大,极盖边界向赤道向膨胀。

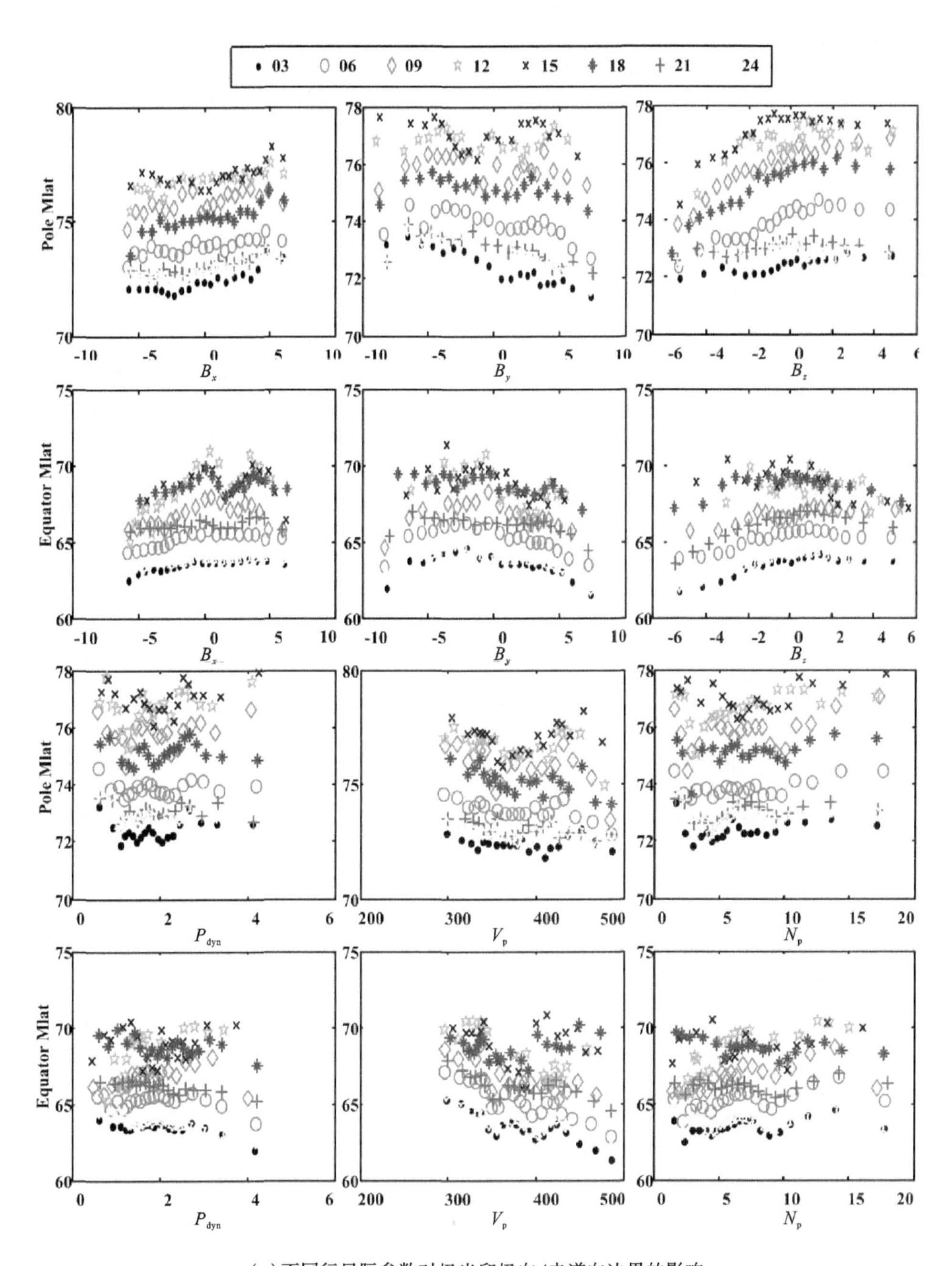

(a)不同行星际参数对极光卵极向/赤道向边界的影响

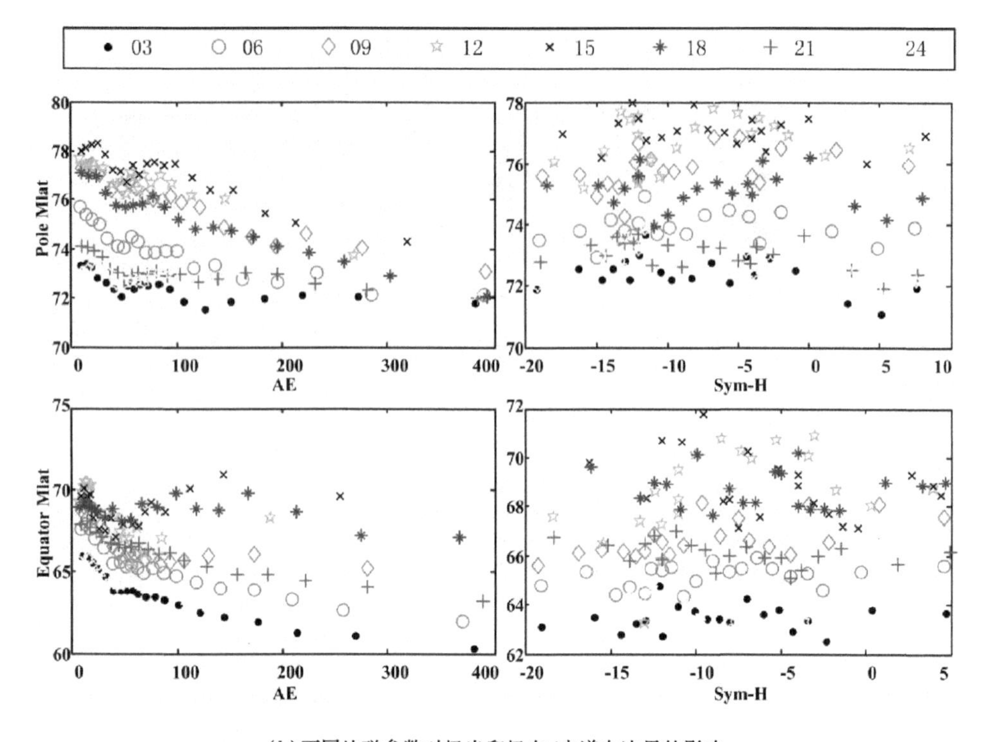

(b)不同地磁参数对极光卵极向/赤道向边界的影响

图 5-3　不同行星际参数和地磁参数对极光卵极向/赤道向边界的影响(彩图另见附页)

(2)随着 IMF B_y 分量的减小,晨昏和夜侧极光卵(18:00—06:00 MLT)的极向/赤道向边界呈现一个极向偏移。这种变化可能由与 IMF B_y 有关的半球间场向电流导致[19]。

(3)随着 IMF B_x 分量的增大,日侧极光卵的极向边界向极向移动。因为电离层越极盖电势和磁层顶重联率随 IMF B_x 的增加而减小[20]。减小的日侧磁重联率导致进入极盖区的开放磁通量减少,从而使得极盖区面积收缩,极光卵极向边界向极向移动。

(4)在夜侧扇区极光卵极向/赤道向边界随着太阳风动压的增大而近似线性地向赤道向移动。先前的观测和模拟显示太阳风动压的增加能增强电离层越极盖电势和相应的场向电流强度,这可以导致全球极光活动强度的增强,极光卵的纬度活动范围向低纬扩展[21]。

(5)夜侧极光卵 21:00—03:00 MLT 扇区的极向边界和 18:00—03:00 MLT 的赤道向边界随着太阳风速度的增加而向低纬偏移。

(6)00:00—09:00 MLT 扇区的赤道向边界随着太阳风密度的增加而向极向偏移。

不同的地磁活动指数可用于表征不同类型或动力学过程的地磁活动强弱。分析极光卵与地磁活动指数之间的变化关系,可以给出不同类型地磁活动对极光卵的影响的物理信息。如图5－3(b)所示:① 随 AE 指数的增大,极光卵极向/赤道向边界向赤道向扩展。AE 指数常用于表征磁层亚暴活动的强弱,因此,可以认为极光卵随着磁层亚暴活动的增强,而向赤道向膨胀。② 环电流指数 Sym－H 相对于其他空间环境变量,其与极光卵之间相互关系的线性特征表现最不明显。但这并不意味着 Sym－H 所表征的环电流对极光卵没有影响[12]。

此外,由图5－3可知:① 在不同的磁地方时,任何一个参数与极光卵边界的相互关系是不同的。因此我们需要对每个磁地方时分别做回归分析。② 极光卵的活动是磁层和磁层边界层各类动力学过程的一个综合反映,没有哪个空间参数可以单独将其完全表征。所以,需要进行多元回归分析。③ 8个空间参数中,规律性表现最不明显的是环电流密度 Sym－H 指数,因此本章两个多元回归模型没有考虑将 Sym－H 作为回归量。

2. 多元回归分析

1)回归方法及评价准则

回归分析是研究变量之间关系的一种统计工具。多元回归模型能包含独立或交互作用的多个变量,共同解释因变量的变化。以上述空间参数为自变量的回归模型不仅能预测极光卵边界的预期位置,还能估计由于某个参数变化而导致的边界位置的变化量。

线性回归是回归分析中最简单,并在实际应用中得到了广泛使用的一种方法,因为线性依赖于未知参数的模型比非线性更容易拟合,产生的估计的统计特性也更容易确定。在本章的研究中,导致极光卵变化的具体原因尚不明确,无法给出回归模型的具体形式,所以为了简单起见,本章选用常用的线性回归分析方法。

在统计学中,确定性系数(R^2)、F 统计量和 t 统计量常常被用来对一个回归模型进行评估,但对海量的极光数据而言,每个系数都很可能是有统计意义的。为了考察回归模型的实际效果(而非这些统计指标),本章中极光卵边界数据集被分成了两部分:一部分数据用来拟合回归模型的系数,另一部分数据当作测试集。之后,根据测试集数据对应的行星际和地磁环境参数,用训练好的模型来对其极光卵边界位置进行预测。预测值与实际边界纬度之间的平均绝对误差(MAD)用来评估模型效果。

2)回归建模

用一元线性回归模型,利用行星际和地磁参数,对赤道向和极向极光卵边界位置进行建模。因变量取赤道向或极向极光卵边界的地磁纬度值,自变量取行星际和地磁参数。每一个磁地方时处的极向/赤道向边界纬度都被拟合成了部分空间参数的线性函数,具体考虑如下两个模型:

(1)模型1:旨在从源头来研究极光卵的变化。考虑行星际磁场(IMF)三分量和太阳风三分量对极光卵边界位置的影响,即模型参量包括6个行星际分量(IMF B_x、B_y、B_z;P_{dyn}、V_{p}、N_{p})。模型1的回归方程为

$$B_{\mathrm{BLT}}^{\mathrm{bnr}} = a_0 + a_1 \cdot B_x + a_2 \cdot B_y + a_3 \cdot B_z + a_4 \cdot P_{\mathrm{dyn}} + a_5 \cdot V_{\mathrm{p}} + a_6 \cdot N_{\mathrm{p}} \tag{5-1}$$

其中,bnr表极向边界或赤道向,$B_{\mathrm{MLT}}^{\mathrm{bnr}}$表示在某个MLT时间处的极向/赤道向边界纬度值,以下模型相同。a_0—a_6表示模型1的回归系数,B_x、B_y、B_z为行星际磁场的三分量,P_{dyn}、V_{p}、N_{p}分别为太阳风动压、速度和密度。

(2)模型2:模型1没有考虑与夜侧极光有关的动力学过程,所以在模型2中,本章加入了与夜侧极光活动紧密相关的地磁指数:极光电集流指数AE。同时,与模型1相比,去掉了与太阳风速度和动量密切相关的太阳风动压参量,即在模型2中,模型参量包括5个行星际独立参量(IMF B_x、B_y、B_z、V_{p}、N_{p})以及地磁指数AE。模型2的回归方程为

$$B_{\mathrm{MLT}}^{\mathrm{bnr}} = b_0 + b_1 \cdot B_x + b_2 \cdot B_y + b_3 \cdot B_z + b_4 \cdot V_{\mathrm{p}} + b_5 \cdot N_{\mathrm{p}} + b_6 \cdot \mathrm{AE} \tag{5-2}$$

其中,b_0—b_6表示模型2的回归系数。

对上述两个模型来说,因为在不同的磁地方时(共24小时),每一个参数与极光卵边界的相互关系都是不同的,因此建模的时候按24个MLT分别做回归建模。

表5-2至表5-5给出了两个回归模型的极向边界和赤道向边界回归模型系数(由于OMNI数据中,V_{p}的单位用的"百千米/秒",所以回归建模时V_{p}参数值除以100)。根据这些模型系数,对任意给定的行星际和地磁条件,按照相应的回归模型即可计算出与之对应的极向和赤道向极光卵边界位置。

表 5-2　01:00—24:00 MLT 时刻回归模型 1 的极向边界回归模型系数

MLT	a_0	$a_1(B_x)$	$a_2(B_y)$	$a_3(B_z)$	$a_4(P_{dyn})$	$a_5(V_p/100)$	$a_6(N_p)$
01:00	73.719	0.049	-0.104	0.002	-0.272	-0.143	0.022
02:00	73.340	0.049	-0.118	0.032	-0.172	-0.128	0.007
03:00	73.084	0.034	-0.125	0.097	0.175	-0.166	-0.045
04:00	73.247	0.033	-0.112	0.156	0.074	-0.114	-0.032
05:00	73.573	0.049	-0.078	0.207	-0.186	-0.035	0.036
06:00	73.739	0.025	-0.055	0.217	-0.699	0.109	0.166
07:00	74.808	-0.005	-0.029	0.229	-0.927	0.056	0.208
08:00	76.339	0.004	-0.006	0.251	-0.980	-0.151	0.219
09:00	78.175	0.029	0.003	0.277	-0.361	-0.559	0.091
10:00	74.096	0.094	0.014	0.213	-0.661	0.504	0.224
11:00	73.476	0.125	0.011	0.174	-0.903	0.768	0.259
12:00	76.664	0.092	0.039	0.117	-0.044	-0.036	0.040
13:00	76.352	0.112	0.036	0.118	-0.039	0.168	0.021
14:00	72.954	0.091	0.009	0.075	-0.821	1.104	0.232
15:00	70.523	0.070	0.002	0.220	-1.173	1.638	0.362
16:00	71.514	0.044	-0.030	0.279	-1.267	1.324	0.365
17:00	75.187	0.057	-0.020	0.312	-0.900	0.331	0.216
18:00	76.559	0.101	-0.002	0.277	-0.672	-0.210	0.136
19:00	75.578	0.074	-0.031	0.216	-0.524	-0.256	0.116
20:00	75.247	0.057	-0.056	0.124	-0.271	-0.363	0.045
21:00	74.971	0.034	-0.071	0.048	-0.096	-0.437	-0.006
22:00	73.838	0.022	-0.063	0.002	-0.173	-0.195	0.014
23:00	72.538	0.027	-0.063	0.021	-0.527	0.178	0.102
24:00	72.368	0.036	-0.084	0.007	-0.658	0.245	0.125

表 5-3　01:00—24:00 MLT 时刻回归模型 1 的赤道向边界回归模型系数

MLT	a_0	$a_1(B_x)$	$a_2(B_y)$	$a_3(B_z)$	$a_4(P_{dyn})$	$a_5(V_p/100)$	$a_6(N_p)$
01:00	70.339	-0.036	-0.077	0.212	-0.927	-1.475	0.070
02:00	70.320	-0.017	-0.066	0.223	-0.919	-1.522	0.082
03:00	70.246	-0.005	-0.072	0.220	-0.953	-1.469	0.108
04:00	71.610	-0.012	-0.081	0.226	-0.756	-1.739	0.073
05:00	71.542	0.009	-0.068	0.209	-0.904	-1.579	0.125
06:00	72.483	-0.002	-0.064	0.177	-1.050	-1.675	0.160
07:00	74.126	-0.014	-0.040	0.156	-0.861	-1.987	0.107
08:00	74.024	-0.017	-0.016	0.114	-0.849	-1.888	0.128
09:00	74.369	0.003	0.015	0.140	0.102	-1.960	-0.055
10:00	67.017	0.135	-0.006	0.144	-1.115	0.073	0.329
11:00	66.898	0.263	-0.030	0.051	-1.556	0.417	0.387
12:00	69.486	0.269	0.034	-0.124	-0.525	-0.425	0.255
13:00	72.118	0.140	-0.190	-0.182	0.998	-0.998	-0.135
14:00	71.350	0.126	-0.105	-0.421	-0.253	-0.757	0.112
15:00	68.385	0.013	-0.115	-0.225	0.018	0.034	0.053
16:00	63.415	0.052	-0.068	-0.196	-0.789	1.390	0.237
17:00	62.905	0.074	-0.052	-0.149	-1.134	1.612	0.282
18:00	64.264	0.040	-0.099	0.033	-1.284	1.277	0.282
19:00	66.565	0.054	-0.084	0.214	-1.411	0.497	0.285
20:00	68.225	0.042	-0.060	0.267	-1.428	-0.117	0.276
21:00	69.026	-0.036	-0.080	0.249	-1.304	-0.462	0.212
22:00	70.341	-0.057	-0.092	0.202	-1.180	-0.945	0.139
23:00	70.179	-0.050	-0.083	0.178	-1.150	-1.112	0.127
24:00	70.699	-0.047	-0.088	0.193	-0.976	-1.438	0.078

表 5 - 4　01:00—24:00 MLT 时刻回归模型 2 的极向边界回归模型系数

MLT	b_0	$b_1(B_x)$	$b_2(B_y)$	$b_3(B_z)$	$b_4(V_p/100)$	$b_5(N_p)$	$b_6(\mathrm{AE})$
01:00	74.559	0.046	-0.106	-0.002	-0.363	-0.047	0.000
02:00	73.742	0.047	-0.117	0.022	-0.224	-0.034	-0.001
03:00	71.904	0.037	-0.116	0.065	0.191	0.011	-0.002
04:00	71.665	0.035	-0.098	0.093	0.391	0.010	-0.005
05:00	72.061	0.048	-0.062	0.121	0.476	0.026	-0.007
06:00	73.561	0.019	-0.037	0.117	0.268	0.032	-0.008
07:00	74.916	-0.012	-0.023	0.112	0.161	0.021	-0.009
08:00	76.256	-0.012	-0.004	0.112	0.018	0.028	-0.010
09:00	76.349	0.015	0.003	0.134	0.088	0.052	-0.010
10:00	75.165	0.080	0.007	0.116	0.391	0.069	-0.009
11:00	74.970	0.112	0.002	0.050	0.574	0.046	-0.012
12:00	74.028	0.083	0.004	0.015	0.835	0.058	-0.014
13:00	74.309	0.096	0.017	0.011	0.904	0.029	-0.013
14:00	74.687	0.057	-0.006	-0.041	0.884	0.033	-0.014
15:00	74.563	0.020	-0.013	0.086	0.805	0.064	-0.012
16:00	75.265	0.005	-0.029	0.131	0.556	0.056	-0.011
17:00	76.479	0.025	-0.020	0.159	0.199	0.017	-0.011
18:00	75.925	0.060	-0.005	0.110	0.160	0.014	-0.011
19:00	74.865	0.046	-0.025	0.084	0.123	0.017	-0.009
20:00	74.511	0.045	-0.047	0.050	-0.056	0.002	-0.006
21:00	74.520	0.031	-0.065	0.007	-0.262	-0.017	-0.003
22:00	74.212	0.021	-0.063	-0.009	-0.282	-0.027	-0.001
23:00	74.129	0.022	-0.067	0.011	-0.236	-0.033	-0.001
24:00	74.364	0.029	-0.089	-0.005	-0.277	-0.043	-0.001

表 5-5　01:00—24:00 MLT 时刻回归模型 2 的赤道向边界回归模型系数

MLT	b_0	$b_1(B_x)$	$b_2(B_y)$	$b_3(B_z)$	$b_4(V_p/100)$	$b_5(N_p)$	b_6(AE)
01:00	70.698	-0.038	-0.062	0.075	-1.430	-0.118	-0.010
02:00	70.254	-0.023	-0.049	0.078	-1.365	-0.092	-0.011
03:00	70.186	-0.006	-0.049	0.067	-1.292	-0.075	-0.012
04:00	70.733	0.004	-0.046	0.069	-1.334	-0.058	-0.012
05:00	71.072	0.015	-0.043	0.038	-1.266	-0.046	-0.013
06:00	72.579	-0.001	-0.043	0.012	-1.517	-0.055	-0.013
07:00	73.648	-0.012	-0.030	-0.001	-1.693	-0.059	-0.012
08:00	74.559	-0.016	-0.025	0.008	-1.894	-0.051	-0.010
09:00	72.605	0.007	-0.002	0.053	-1.345	-0.015	-0.009
10:00	68.953	0.124	-0.022	0.042	-0.274	0.057	-0.012
11:00	69.956	0.246	-0.067	0.004	-0.334	0.008	-0.006
12:00	68.924	0.233	0.011	-0.099	-0.267	0.151	-0.006
13:00	70.521	0.143	-0.156	-0.102	-0.600	0.088	0.006
14:00	71.564	0.116	-0.126	-0.397	-1.034	0.091	0.012
15:00	68.336	0.015	-0.113	-0.220	0.029	0.059	0.001
16:00	65.272	0.039	-0.085	-0.277	0.979	0.054	-0.005
17:00	66.312	0.060	-0.057	-0.197	0.791	-0.011	-0.004
18:00	67.398	0.025	-0.103	-0.057	0.560	-0.039	-0.006
19:00	69.143	0.032	-0.104	0.041	0.006	-0.053	-0.010
20:00	70.668	0.001	-0.064	0.078	-0.555	-0.060	-0.012
21:00	70.738	-0.045	-0.074	0.105	-0.771	-0.074	-0.010
22:00	71.509	-0.060	-0.080	0.079	-1.131	-0.111	-0.010
23:00	71.261	-0.057	-0.072	0.059	-1.283	-0.115	-0.009
24:00	70.945	-0.052	-0.072	0.065	-1.389	-0.117	-0.009

3)预测结果评价

极光卵边界位置预测评价包含定性和定量两方面的评价。其中定量评价为:根据行星际和地磁参数用回归模型估计极光卵边界位置,计算其与真实边界的平均绝对误差值(MAD),给出各模型的效果。定性评价为:对比 UVI 图像极光卵的真实边界、SFCM 聚类算法自动分割得到的边界以及运用回归模型得到的预测边界,视觉比较三种边界,评价自动分割的结果及模型预测的效果。

(1)定量评价:为了评价模型的实际效果,本章把数据集分为 4:1 两部分,用 80% 的数据来拟合模型参数,剩余 20% 当作测试集;再用训练好的模型根据测试集数据的行星际地磁参数来对其极光卵边界纬度进行估计预测。预测纬度与实际边界之间的平均绝对误差(MAD)用来评价模型好坏。这个过程在整个极光卵数据库上重复操作 5 次,每次都用不同的 20% 数据作为测试集。这就是所谓的 5 重交叉验证(five - fold cross - validation)方法。为了使结果可靠,本章进行了 5 轮上述操作,每一轮的数据划分都不一样。这样得到的 25 个 MAD 值取平均后即为最终结果,如图 5 -4 所示。MAD 值越小越好。可以看出,回归模型2 的效果比模型1 好,这也符合我们之前的分析:因为模型1 没有加入表征夜侧极光活动的参量。极向边界最佳预测出现在 15:00 MLT 处,误差为 1.23 MLAT,平均误差为 1.55 MLAT;而对赤道向边界,最佳预测出现在 20:00 MLT 处,误差为 1.21 MLAT,平均误差为 1.66 MLAT。

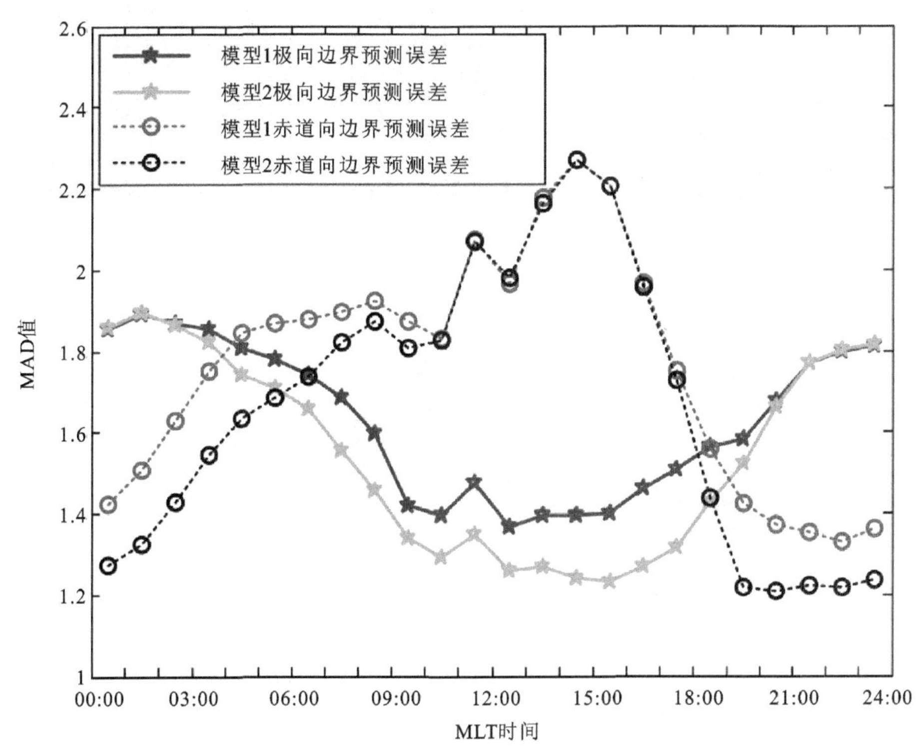

图 5 -4　两个模型预测结果与极光卵实际边界的平均绝对误差

(2)定性评价:除了上述定量评价之外,图 5 - 5 给出了极坐标系下 9 幅 UVI 图像,我们可以从视觉上比较极光卵的真实边界(白色阴影区域)、SFCM 自动分割得到的边界(蓝色点)及运用回归模型 2 得到的预测边界(绿色点),对比三种边界之间的差异,由此定性评价本章的方法效果。

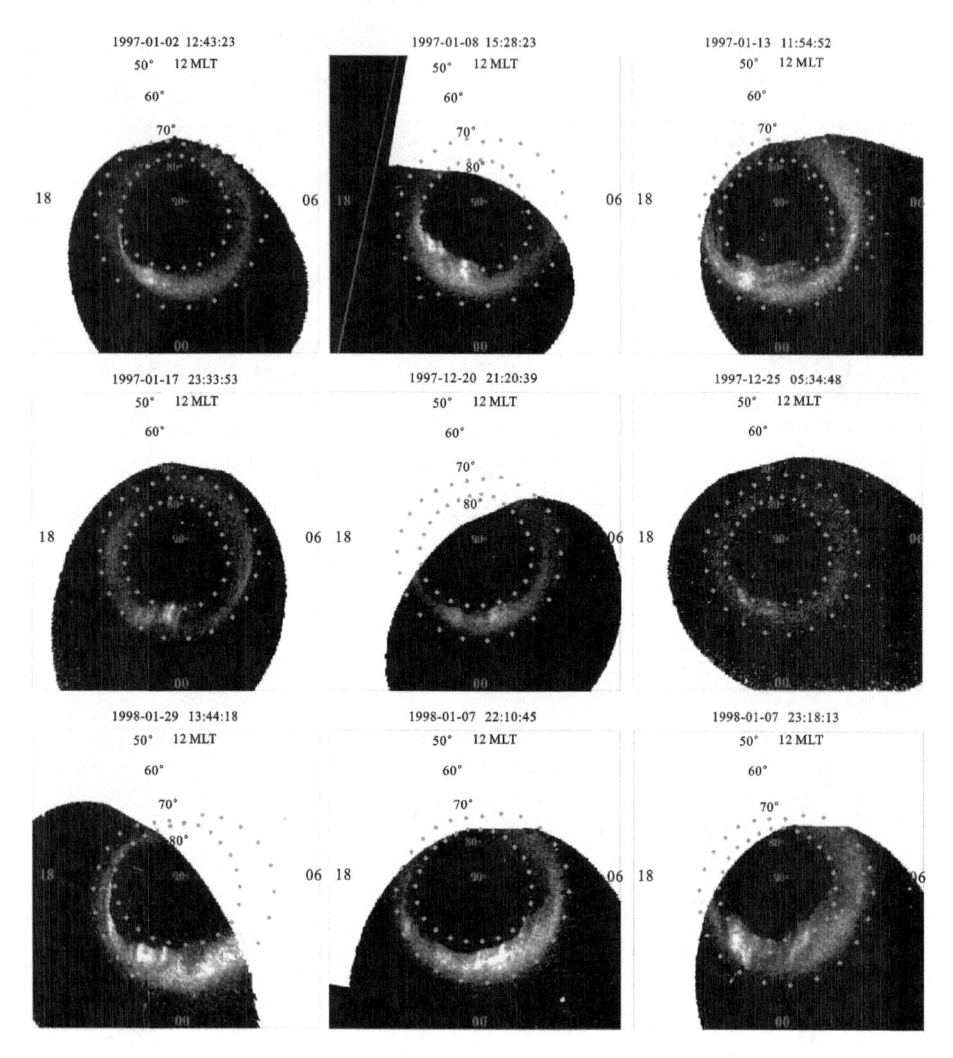

图 5 - 5 UVI 图像极光卵的真实边界、SFCM 自动分割得到的边界(蓝色点)和运用回归模型 2 得到的预测边界(绿色点)对比(彩图另见附页)

图 5 - 5 中各幅极光图像对应的空间环境参数见表 5 - 6。

表5-6　图5-5中各幅极光图像对应的空间环境参数

时间	参数						
	$B_x(n_T)$	$B_y(n_T)$	$B_z(n_T)$	V_p(km/s)	$N_p(cc^{-1})$	$P_{dyn}(n_{Pa})$	AE
1997-01-02 12:43:23	4.69	-1.97	2	399.5	14.42	4.6	171
1997-01-08 15:28:23	1.2	3.17	0.48	413.6	6.76	2.31	110
1997-01-13 11:54:52	-3	1.18	-0.84	515.4	2.66	1.41	150
1997-01-17 23:33:53	-1.75	4.04	3	326.4	17	3.62	42
1997-12-20 21:20:39	1.61	-2.3	-3.51	330	15.2	3.31	80
1997-12-25 05:34:48	-2.43	-3.68	-0.79	339.3	10.64	2.45	13
1998-01-29 13:44:18	-0.94	5.01	-0.99	374.3	9.95	2.79	300
1999-01-07 22:10:45	-0.13	-8.65	-1.1	456.9	6.43	2.68	200
1999-01-07 23:18:13	3.06	-9.41	0.25	447.1	6.4	2.56	250

3. 与现有模型对比

为了将本章模型和已有文献中的极光卵模型进行比较，本章选取了比较有代表性的 K_p 模型[1]和复合模型[12]两个模型与本章模型2进行比较。其中 K_p 模型的极向和赤道向回归方程分别为

$$B_{MLT}^{PO}(K_p) = c_0^{PO} + c_1^{PO} \cdot K_p \tag{5-3}$$

$$B_{MLT}^{EQ}(K_p) = c_0^{EQ} + c_1^{EQ} \cdot K_p \tag{5-4}$$

其中 c_0 和 c_1 为回归系数，上标 PO 和 EQ 分别表极向边界和赤道向边界。Milan 的复合模型综合考虑了行星际条件和地球环电流对极光卵的影响。其中环电流密度用 Sym-H 指数 H_{SYM} 表征，而行星际条件用日侧重联率 Φ_D 表征。Φ_D 用 ACE 卫星观测到的上行太阳风条件来计算：

$$\Phi_D = 2.75 R_E V_{SW} \sqrt{B_y^2 + B_z^2} \sin^2 \frac{1}{2}\theta \tag{5-5}$$

即 Kan-Lee 重联电场乘以一个特征长度尺度以匹配日侧重联率的观测。其中 R_E 是地球半径(6 370 km)，V_{SW} 是太阳风速度，B_y 和 B_z 是 IMF 的两个分量，θ 是 IMF 时钟角。这样表示以后，Milan 认为极光卵半径长度即可用 H_{SYM} 和 Φ_D 来线性表示：

$$B_{MLT}^{PO}(H_{SYM}, \Phi_D) = m_0^{PO} + m_1^{PO} \cdot H_{SYM} + m_2^{PO} \cdot \Phi_D \tag{5-6}$$

$$B_{\mathrm{MLT}}^{\mathrm{EQ}}(H_{\mathrm{SYM}}, \Phi_D) = m_0^{\mathrm{EQ}} + m_1^{\mathrm{EQ}} \cdot H_{\mathrm{SYM}} + m_2^{\mathrm{EQ}} \cdot \Phi_D \tag{5-7}$$

其中 m_0 和 m_1 为回归系数，上标 PO 和 EQ 分别表极向边界和赤道向边界。

与本章模型 2 的建立过程一样，Carbary 的 K_p 模型和 Milan 的复合模型在回归建模时，无论是赤道向边界还是极向边界，本章也都是对每个磁地方时分别进行回归分析；同样也是把数据集分成 4∶1 两部分，进行 25 次实验，计算平均绝对误差 MAD。图 5－6 给出了本章模型 2 与 K_p 模型及 Milan 模型的预测误差结果。从图中我们可以看出，本章模型除了赤道向边界的预测结果在正午及午后四个小时稍微落后于 Milan 模型，其他时间的表现都远远超过 K_p 模型和 Milan 模型。表现最差的是 K_p 模型，尤其是其对日侧赤道向极光卵边界的预测，误差范围超出了图 5－6 的图示范围。

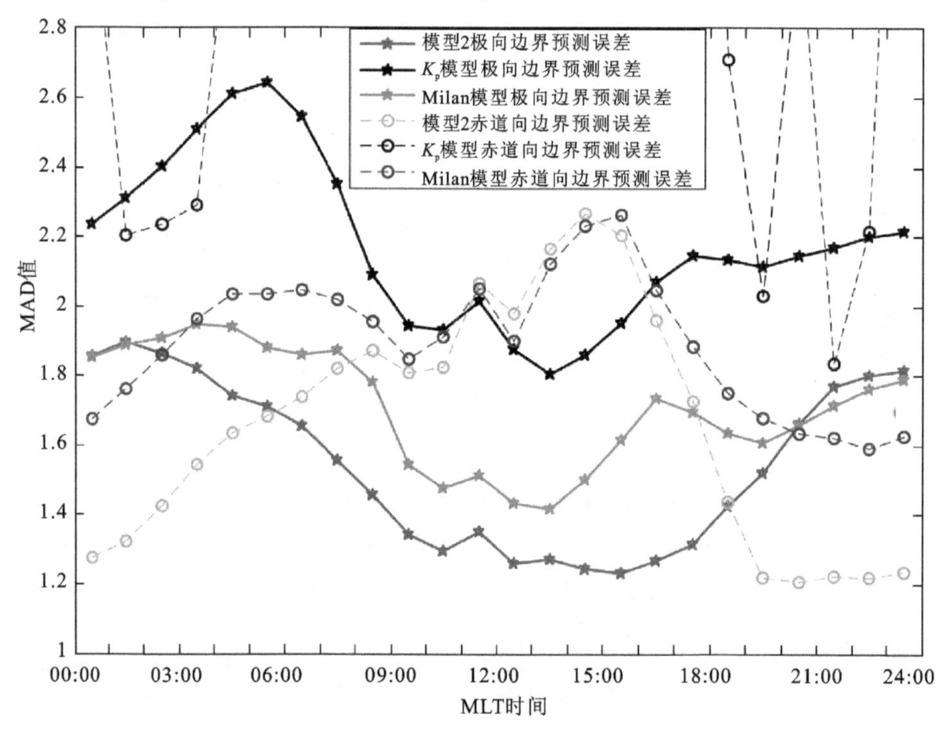

图 5－6　本章模型 2 与 K_p 模型和复合模型的对比

5.2.3　问题讨论

(1) 回归分析时最大的困难在于影响极光卵变化的物理过程尚不明确，因而无法准确给出回归模型的具体形式。多元线性回归模型虽然简单，但回归模

型的 R^2 值偏小,说明可能还有一些其他的空间参数或更复杂的参数组合形式(如幂指数、三角函数形式、除法等)需要被考虑。如果回归方程的形式确定了,基于海量数据集用回归分析方法就能很容易求出比较可靠的回归系数。

(2)回归分析的边界数据来自极光卵边界的自动提取,而 SFCM 分割算法存在误差。为了得到更精确的回归模型,分割方法还有待进一步改进。

(3)OMNI 数据是在磁层顶给出的,需要考虑在电离层看到极光现象时经历的延迟时间。本章使用的是经典的 7 min 时延(穿越磁鞘 5 min 时延 + 到达电离层 2 min Alfven 波传送时间),可实际情况是日侧和夜侧的传播时间是不同的。在将来的工作中,我们需要对此进行详细的讨论。

(4)本章只使用了冬季极光卵数据,没有考虑季节变化对极光卵所带来的影响。为了得到更普适的极光卵模型,在将来的工作中,还需要加入其他季节的数据。

5.2.4 小结

本章充分利用了 Polar 卫星返回的海量 UVI 图像数据来研究不同空间环境对极光卵边界位置的影响。SFCM 聚类方法被用来自动分割极光卵边界,为回归分析提供了海量边界点数据。大数据库本身可以作为一个查询表,用于对给定的空间环境定位极光卵的位置。作为研究极光卵随行星际和地磁环境变化的一项初步研究,本章最大的问题在于具体的物理模型是未知的。本章仅采用简单的一次多项式来构建回归模型,多次五重交叉验证实验保证了结果的可靠性。极光卵边界的实际地磁纬度和模型预测值之间的 MAD 值被用来定量评价回归模型的效果。对极向边界而言,平均 MAD 值近似 1.55 个地磁纬度,对赤道向边界来说,平均 MAD 值近似 1.66 个地磁纬度。通过与以往研究中两个经典模型预测结果定量比较,以及举例对比极光卵真实边界和预测结果,证明本章提出的方法是有效的。本章对每个磁地方时处的极光卵极向、赤道向边界位置进行了多元回归建模,这样得到的回归模型可以用来对所有磁地方时处的极光卵极向、赤道向边界的地磁纬度进行预测,因而可以用于空间天气中预测整个极光卵的位置。

5.3 本章参考文献

[1]CARBARY J F. A Kp - based model of auroral boundaries[J]. Space weather,

2005,3(10):1 -10.

[2]STARKOV G V. Analiticheskoe predstavlenie ekvatorial'noy granitsy oval'noy zony polyarnikh siyaniy (Analytical representation of the equatorward boundary of the polar auroral oval)[J]. Geomagn aeron,1969,9:759.

[3]HOLZWORTH R H,MENG C I. Mathematical representation of the auroral oval [J]. Geophysical research letters,1975,2(9):377 -380.

[4]STARKOV G V. Mathematical model of the auroral boundaries[J]. Geomagnetism and aeronomy,1994,34(3):331 -336.

[5]KAURISTIE K. Statistical fits for auroral oval boundaries during the substorm sequence[J]. Journal of geophysical research:space physics,1995,100(A11):21885 -21895.

[6]SIGERNES F,DYRLAND M,BREKKE P,et al. Two methods to forecast auroral displays[J]. Journal of space weather and space climate,2011,1(1):A03.

[7]ZHANG Y,PAXTON L J. An empirical Kp - dependent global auroral model based on TIMED/GUVI FUV data[J]. Journal of atmospheric and solar - terrestrial physics,2008,70(8 -9):1231 -1242.

[8]CHO J S,LEE D Y,KIM K C,et al. Response of the poleward boundary of the nightside auroral oval to impacts of solar wind dynamic pressure enhancement [J]. Journal of astronomy and space sciences,2010,27(3):189 -194.

[9]HOLZWORTH R H,MENG C I. Auroral boundary variations and the interplanetary magnetic field[J]. Planetary and space science,1984,32(1):25 -29.

[10]LIOU K,NEWELL P T,MENG C I,et al. Characteristics of the solar wind controlled auroral emissions[J]. Journal of geophysical research:space physics,1998,103(A8):17543 -17557.

[11]MILAN S E,EVANS T A,HUBERT B. Average auroral configuration parameterized by geomagnetic activity and solar wind conditions[J]. Annales geophysicae,2010,28(4):1003 -1012.

[12]MILAN S E. Both solar wind - magnetosphere coupling and ring current intensity control of the size of the auroral oval[J]. Geophysical research letters,2009,36(18).

[13]王倩,孟庆虎,胡泽骏,等. 紫外极光图像极光卵提取方法及其评估[J]. 极

地研究,2011,23(3):168 - 177.

[14] HARDY D A, BURKE W J, GUSSENHOVEN M S, et al. DMSP/F2 electron observations of equatorward auroral boundaries and their relationship to the solar wind velocity and the north - south component of the interplanetary magnetic field[J]. Journal of geophysical research: space physics, 1981, 86(A12): 9961 - 9974.

[15] HU Z J, EBIHARA Y, YANG H G, et al. Hemispheric asymmetry of the structure of dayside auroral oval[J]. Geophysical research letters, 2014, 41(24): 8696 - 8703.

[16] SHUE J H, NEWELL P T, LIOU K, et al. Solar wind density and velocity control of auroral brightness under normal interplanetary magnetic field conditions [J]. Journal of geophysical research: space physics, 2002, 107(A12): SMP 9 - 1 - SMP 9 - 6.

[17] 杨秋菊,梁继民,刘俊明,等. 一种基于紫外极光图像的亚暴膨胀期起始时刻的自动检测方法[J]. 地球物理学报,2013,56(5):1435 - 1447.

[18] CHUANG K S, TZENG H L, CHEN S, et al. Fuzzy c - means clustering with spatial information for image segmentation[J]. Computerized medical imaging and graphics, 2006, 30(1): 9 - 15.

[19] STGAARD N, LAUNDAL K M. Auroral asymmetries in the conjugate hemispheres and interhemispheric currents[J]. Auroral phenomenology and magnetospheric processes: earth and other planets, 2012, 197: 99 - 112.

[20] PENG Z, WANG C, HU Y Q. Role of IMF Bx in the solar wind - magnetosphere - ionosphere coupling[J]. Journal of geophysical research: space physics, 2010, 115(A8): A08224.

[21] PENG Z, WANG C, HU Y Q, et al. Simulations of observed auroral brightening caused by solar wind dynamic pressure enhancements under different interplanetary magnetic field conditions[J]. Journal of geophysical research: space physics, 2011, 116(A6).

第 6 章 极光事件自动识别

极光事件自动识别的目的是判断一段极光观测序列/视频中是否发生了感兴趣的极光事件，因而也可看作是对极光序列进行二分类。极光事件自动识别的目的是极光序列/极光运动表征。本章主要研究 PMAFs 自动识别。

6.1 PMAFs 自动识别的研究背景和动机

极向运动的极光形式(poleward moving auroral forms，PMAFs)[1-3]是日侧极光研究中的一个热点，其最主要的特征就是显示出极向移动的运动趋势。PMAFs 被广泛认为是脉冲日侧磁重联通量传输事件的典型电离层特征[1]。在早期的研究中，PMAFs 通常是人工通过子午线扫描光度计来进行观测或从 ASI 图像的 Keogram 图中来研究的。Keogram 图将二维全天空极光图像降为一维矩阵，这种识别方式虽然直观、易于人工观察，但它失去了大量的关于极光的形态结构和运动特征的信息，不仅会对远离磁子午线的 PMAFs 有所遗漏，而且也会将一些非极向运动极光识别为 PMAFs。而全天空图像序列包含了 PMAFs 的形态、频谱、位置、发生时间、持续时间和运动情况，直接从全天空图像序列进行 PMAFs 识别显然会更有利。但是全天空成像系统每年获得上千万张极光图像，这使得仅仅依靠人工的方法进行识别越来越难。

PMAFs 极光事件的定义里包含了很多基本要素，比如物理机制、持续时长、纬度宽度、经度跨度和准周期性等等[1,4]。然而，不是所有具有极向运动特征的极光都被定义为 PMAFs。Milan 等人[5]识别了另外一种准连续、短周期(1 ~ 2 min)的波状极光发射现象。Kozlovsky 和 Kangas[4]发现了正午附近高纬地区的极向运动极光弧。他们的研究显示，尽管这些极光具有相似的极向运动特性，但是它们的物理机制和 PMAFs 是非常不一样的。Sandholt 和 Farrugia[2-3]

发现,始于午前午后区域的 PMAFs 活动被一个正午极光增亮序列(MABS)给分隔开了。MABS 在 Keogram 图中表现出了明显的极向运动特征,但是在光谱和形态上却和 PMAFs 有着本质上的差异。

本章我们直接从 ASI 图像序列中识别 PMAFs。值得一提的是,由于 PMAFs 在 ASI 图像序列中如何定义尚不明确,因此,本书从 ASI 图像序列中研究的 PMAFs 包括如下两种情况:① 从 Keogram 中可以识别出的 PMAFs;② ASI 图像序列中表现出了极向运动但在 Keogram 图中没有体现出来的事件。

人工识别 PMAFs,特别是从海量的极光图像序列中来完成,是非常麻烦和难操作的。我们的工作旨在应用机器学习技术从 ASI 图像序列中自动识别 PMAFs。这个工作有两方面的难度。首先,极光是一种随时间持续变化着的自然现象,它的形态和运动都没有显示出均一的统计特性。由于极光持续变化的性质,从 ASI 图像序列中获得的 PMAFs 事件在形状、亮度、速度和持续时长上都变化万千。在极光图像的不同区域,多种运动形式可能同时发生,掺杂在一起的运动形式给 PMAFs 事件自动识别带来了挑战。其次,PMAFs 的发生不是很频繁。所以在极光观测中,非极向运动的极光事件数目要远多于 PMAFs。这就导致了不平衡数据分类问题的出现:负类数目远多于正类的数目,这是数据挖掘领域十大具有挑战性的课题之一[6]。

6.2 基于 HMM 和 SVM 的 PMAFs 自动识别

6.2.1 方法框架

本节提出了一个在 ASI 图像序列中自动检测 PMAFs 的三层框架。底层包括图像预处理和特征提取,中间层包括用 HMM 建模极光序列和基于 HMM 的相似度表征,高层主要指不同测度下的 SVM 二元分类。ASI 图像的预处理工作与 2.1.2 节一样,这里不再赘述。

1. 底层:特征提取

许多运动估计的方法都是从一帧图像到另一帧图像这样来确定像素的运动的。这些方法可以粗略分为基于像素的方法和基于特征的方法。基于特征的方法首先提取图像的特征,如边缘、拐角、目标边界或完整的目标,然后通过分析他们之间的关联来确定运动。基于像素的方法包括变换域的方法、光流和块匹配算法等等。变换域的方法把运动从空域转到其他域如频域来估计参数。光流是对局部图像运动的一种近似,估计每个图像像素在相邻图像间的运动情况。Blixt 等人[7]曾运用光流算法来估计极光图像序列间的运动情况。光流算法的孔径问题使得采用这个算法求解问题时还需要增加其他的限制条件,如亮度一致性和空间连续性。可是,极光运动是流体运动,亮度模式通常短暂而多变,这些约束条件常常没法满足。日侧极光在极向运动的过程中还会有再增亮的现象发生,使得均一亮度的要求更难实现。块匹配算法常常用来计算光流以及估计目标的运动。块匹配算法的思想是将图像序列的每一帧划分成若干相同的子块,计算当前帧中每一子块与其相邻帧中给定区域内(称为搜索窗口)各子块间的误差函数,把具有最小误差的相邻帧的对应子块作为当前块的预测块,并把两个子块的相对位移定义为位移矢量(运动矢量)[8]。本节中,基于块匹配算法,结合方向编码机制和直方图统计策略,我们提出了一种特征提取方法来表征极光的极向运动。

2. 中间层:HMM 建模和基于相似度的表征方法

PMAFs/非 PMAFs 极光事件演化过程中包含了两个随机过程,一个是看不见的来自地球磁层和太阳风的带电粒子的碰撞过程,另外一个是我们能看到的极向/非极向的极光结构。这让我们很自然地想到用隐马尔可夫模型(HMM)[9]来对 PMAFs/非 PMAFs 极光事件进行建模表征。因为 HMM 就是一个双重随机过程,潜在的那个随机过程看不见,但是可以通过另外一组看得见的观测序列来对其进行推断。选用 HMM 模型的另一个原因是它可以处理不等长的特征向量,这是它比其他很多算法都优越的一个地方。而这一点对于 PMAFs 的识别是非常重要的,因为 PMAFs 事件的持续时长常常不一样。

HMM 模型本身可以用来进行分类。可是,标准的基于 HMM 的方法采用最大似然准则作为其分类准则。最大似然准则只利用了一类事物的信息而忽略了其他类的信息,所以虽然 HMM 的建模能力强但区分能力很弱。Bicego 等人[10]提出了一种基于相似度的分类方法,可以改进最大似然分类机制。他们的实验结果显示,即使是采用一些简单的分类器如 k - NN 分类器,这种方法的结果也比标准的基于 HMM 的分类机制好很多。在本节中,我们采用基于相似度的方法来表征 PMAFs/非 PMAFs 极光事件。

3. 顶层:不平衡分类以及 SVM 分类器

k - NN 分类器对噪声很敏感,所以对复杂问题需要考虑全局分类器。因为

k - NN 分类器采用的是邻域内多数投票的原则进行的，所以对不平衡的数据集非常敏感。当将 k - NN 用于 PMAFs 识别时，测试序列很容易被划分成非 PMAFs 类型。在数据层和算法层，有很多对类不平衡问题的解决方案[11]。在数据层，常见的是上下采样的方法；而在算法层，值得一提的方法包括代价敏感学习、支持向量机（SVM）、一类分类器以及集成方法。

SVM 是统计学习理论领域非常强大的一个工具，是一种具有强大区分能力和良好推广能力的全局分类器。相比其他分类器，SVM 更适合处理不平衡数据集。原因是 SVM 分类时只考虑支持向量，许多远离决策边界的多数类样本被忽略掉从而不会影响到分类结果[12]。相关文献[13]提出了一种改进的 SVM 分类器，即有偏 SVM，通过对每一类设置不同的惩罚因子来解决数据不平衡问题。本节中，在基于 HMM 相似度表征的基础上，有偏 SVM 被用来识别 PMAFs 事件。

基于 HMM 相似度表征的 SVM 分类器可以被视为是结合了 HMM 和有偏 SVM 的两层结构。它继承了 HMM 的动态建模能力以及 SVM 鲁棒的区分能力，研究人员在其他领域已经做过类似的工作了[14-18]。这些文献中采用的是标准 SVM，只考虑到了精度（识别率）。我们的目标是利用 HMM - SVM 混合结构来完成 PMAFs 识别。前面已经提到，这是一个类不平衡问题。估计分类器表现优劣常用的准则是预测精度，可是当各类数目严重失衡的时候，这个准则不再适用。比如，如果一个数据库是由 95 个多数类和 5 个少数类两大类组成，当把所有数据都划分到多数类这一类时，精度还高达 95%；而这种分类方式明显是不合适的。标准 SVM 分类器在设计时是通过最大化分类精度来优化参数的，所以它会恶化少数类的分类表现。对不平衡的数据问题，我们常常采用平衡精度（BAC）、几何均值（GMean）、F1 评分（即 F_β 测度中 $\beta=1$）、平均 F1 评分、ROC 曲线下方图面积（AUC）这些准则来评价模型的性能。所以，很自然地，我们想如果 SVM 模型优化时能直接采用这些准则，最终得到的模型会更适合不平衡分类，结果也更鲁棒。

前人在这方面已经有一些研究成果了。Callut 和 Dupont[19]提出了如何在 F_β 准则下优化 SVM 模型。Brefeld 和 Scheffer[20]研究了如何在 AUC 准则下优化 SVM 模型。Joachims[21]研究了在多种准则下来优化 SVM 模型。然而，尽管这些工作从理论上看起来似乎很吸引人，他们的研究也发现当 SVM 不是基于精度最大化来设计时，在求解参数过程中会遇到很多问题，而且很可能求出的是次优解,从而使分类器性能下降。为了避免这个问题,我们在标准 SVM 上进行元学习(meta - learning)[22]。来获得各种准则意义下最优的 SVM 分类器,包括 BAC - SVM、GMean - SVM、F1S - SVM、MF1S - SVM 以及 AUC - SVM。这些分类器被用来和标准 SVM 分类器进行性能比较。

6.2.2 极向运动特征提取

1. 数据库介绍

本节用到的极光数据同样来自我国北极黄河站的 ASI。本节关注的是 2003 年 12 月到 2004 年 1 月这段时间的观测数据。不考虑那些下雪天和有云天气等天气因素造成的无效观测数据,我们最终筛选出了 20 天的极光数据。为了避免日辉的影响,我们只关注日侧极光数据(03:00—15:00 UT/06:00—18:00 MLT)。考虑到极光图像的质量,和前面章节一样,我们也只采用绿色波段(557.7 nm)的极光图像。数据库分为两部分,数据库 1,简记为 DS1,由人工标记的发生在 5 天内的 137 个极向运动序列和 414 个非极向运动序列组成;数据库 2,简记为 DS2,包括了剩余 15 天中的极光图像。我们首先将这些连续的极光观测以 3 min(18 帧)为间隔进行划分。由于有些观测效果不太好,或者没有观测到极光,这些图像都被人工剔除了,所以导致有些相邻图像时间不连续。我们把这种情况下出现的个别几帧往其相邻帧上进行合并,共得到了 3 319 个序列,长度在 18 ~ 35 帧之间不等。ASI 图像预处理方式和 2.1.1 节一样。由于在预处理过程中 ASI 图像进行了 61.1°逆时针旋转,所以正上方表示的是地磁北极,因此 PMAFs 事件检测就转换成了在极光图像序列中寻找向上运动的极光。

2. 极向运动特征提取

本节中提出的特征提取方法是受文献[23]启发而提出的,在该文献中,Yuan 根据烟雾是由热流驱动而往上飘这一特性进行了烟雾检测。在积分图的基础上,Yuan 提出了一种快速的累积运动方向模型用于视频烟雾检测。极光和烟雾一样都是非刚体。而且,PMAFs 也呈现出均一的运动模式,即在 ASI 图像序列中呈现出向上飘的运动趋势。在 Yuan 的方法中,特征是一个序列中所有帧的累积效应,通过比较向上运动的模式与其他所有方向相比所占的比例是否达到了预先设定的阈值来判断当前视频是否是烟雾视频。可是,极光的运动远比烟雾的运动复杂。如前面提到的,一个极向运动的序列中还有很多其他的运动模式。因此，Yuan 的累计的方法在 PMAFs 识别中会导致一些误判。而且，Yuan 的方法中直接影响结果判断的最重要的参数——门限阈值是通过实验试探出来的经验值。受 Yuan 工作的启发，我们基于块匹配算法并结合方向编码机制和直方图统计策略提出了一种表征极光极向运动的新特征。图 6－1 给出了方法框图。每一帧图片都提取出一个特征向量，然后这些向量被送入 HMM 模型中，包括三个步骤。

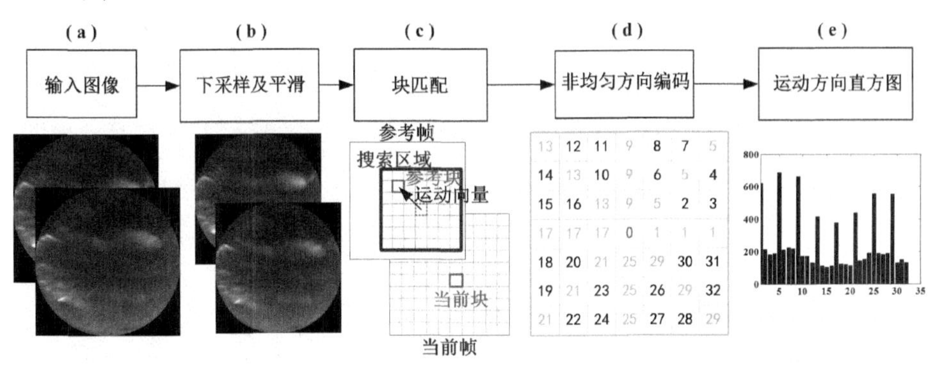

图 6－1　极向运动特征提取方法框图

步骤 1：下采样和平滑处理。每帧 ASI 图像都被划分成 4×4 大小的小方块。为了减少噪声干扰，每个小方块都通过对块内像素求和表示成一个点，即

$$f(x,y)=\sum_{i,j\in b(x,y)} I(i,j)\ ,\ i,j\in[1,440]\ ,\ x,y\in[1,110] \tag{6-1}$$

其中 $I(i,j)$ 表示 440×440 大小的 ASI 图像，$b(x,y)$ 是位于第 x_{th} 行第 y_{th} 列的块，而 $f(x,y)$ 为下采样后得到的 110×100 大小的积分图。

步骤 2：简化的块匹配算法。ASI 图像中的块匹配操作在下采样后的图像中转换成了点匹配操作。所以即使采用全搜索策略依然可以保持高效率。在分析了大量的 ASI 图像后，我们发现将搜索块的大小选定为 7×7 是估计极光运动的一个很好的选择[图 6－1(c)]。匹配误差函数定义为

$$E(x,y)=|f(x,y,t)-f(x,y,t-2)| \tag{6-2}$$

我们的目标是估计运动方向，而非运动大小。为了提高计算效率，我们将运动方向离散成 33 个方向，并对其从 0～32 进行编码。图 6－1(d)给出了各个方向的编码值。那些运动幅度非常小的块被编码成 0，视为静止。

步骤 3：运动特征表征。运动方向的编码直方图被用来统计表征每帧 ASI 图像的极光运动。在直方图计算过程中，为了集中分析运动方向，我们不考虑

静止编码($c=0$)。

6.2.3 不平衡分类准则

二分类的结果常常用一个混淆矩阵来记录每一类正分和误分的样本,见表6-1。除了准确率(又名“精度”)[公式(6-3)]外,还有一些适合不平衡分类的综合性准则。平衡精度(BAC)[公式(6-8)]和几何均值(GMean)[公式(6-9)]是敏感性[公式(6-6)]和特效性[公式(6-7)]的几何平均和算术平均。通过结合准确率和召回率,F1 分数(F1S)[公式(6-10)]也是一个估计有偏系统的常用准则。因为准确率和召回率关注的是正类,所以 F1S 在某种程度上来说也是一个有偏的准则。基于此,MF1S[公式(6-11)]通过加入从负类计算出的 F1 分数,即 $F1S_{-1}$而消除这种有偏的影响[24]。

表6-1 混淆矩阵

样本	预测正类	预测负类
真实正类	TP(真阳性)	FN(假阴性)
真实负类	FP(假阳性)	TN(真阴性)

$$准确率=(TP+TN)/(TP+FP+FN+TN) \tag{6-3}$$

$$精确率=TP/(TP+FP) \tag{6-4}$$

$$召回率=TP/(TP+FN) \tag{6-5}$$

$$敏感性=TP/(TP+FN)=召回率 \tag{6-6}$$

$$特效性=TN/(TN+FP) \tag{6-7}$$

$$平衡精度=(敏感性+特效性)/2 \tag{6-8}$$

$$几何均值=\sqrt{敏感性\times特效性} \tag{6-9}$$

$$F1S=\frac{2\times精确率\times召回率}{精确率+召回率} \tag{6-10}$$

$$MF1S=(F1S+F1S_{-1})/2 \tag{6-11}$$

另外一个针对不平衡分类的常用且可视的准则是接受者操作特征曲线(ROC 曲线),它是一个描绘所有阈值下的敏感性和特效性的二维图。ROC 曲线表示的是收益(真实正类)和成本(错误正类)之间的一个相对权衡。为了方便比较,ROC 常常被退化至一个单一向量值,即 ROC 曲线下方的面积(AUC)。文献中有很多计算 AUC 值的方法介绍。Hand 和 Till[25]提出了一种简单而直接

的方法,且不用考虑任何阈值

$$\mathrm{AUC}=\frac{S_1-n_1(n_1+1)/2}{n_1n_{-1}} \tag{6-12}$$

其中 n_1 和 n_{-1}是正类和负类的样本数。参数 S_1 定义如下:

$$S_1=\sum_{i=1}^{n_1}r_i \tag{6-13}$$

其中 r_i 是第 i_{th}个正类样本在数据库中的序号,即首先对得分从大到小排序,令最大得分对应的样本的序号为 n,第二大得分对应的序号为 $n-1$,依此类推。公式(6-12)分子的含义就是所有样本中有多少正类样本的得分大于负类样本的得分。

6.2.4 HMM 表征及 SVM 分类

相比2.1.3节,本节中HMM模型在设计过程只是用到的特征向量不同。我们将上述提取到的运动直方图特征向量作为HMM观测值,用HMM来对其进行建模表征。类似地,我们仍采用基于相似度的表征方法来对极光序列做进一步的表征。与2.1.3节不同的是,我们选用了有偏SVM分类器替代之前的 $k-$NN分类器。

1. 有偏SVM

SVM的主要思想是用一个线性决策平面将样本分隔开来,并最大化决策边界的边缘。当原始样本线性不可分时,SVM通过使用非线性映射算法将低维输入空间线性不可分的样本转化为高维特征空间使其线性可分。通常情况下,我们通过在拉格朗日乘子上使用不同的预定义惩罚常数 C^+ 和 C^- 来解决类不平衡问题[13]。目标函数因此变成了

$$\min_{w,w_b}\frac{1}{2}\|w\|^2+C^+\sum_{(i|y_i=+1)}\xi_i+C^-\sum_{(i|y_i=-1)}\xi_i \tag{6-14}$$

这就是所谓的有偏SVM,这种算法也是本节所采用的Libsvm程序包[26]中所采用的算法。少数类赋予更大的惩罚因子,表示我们重视这类样本。实际操作中,人们常常按照使两类总惩罚相等来设置两个惩罚常数,即

$$C^+N^+=C^-N^- \tag{6-15}$$

其中 N^+和 N^-是正类和负类的样本数。通过增大分类边界到少数类的边缘距离,这种方法提供了一种如何诱导出一个决策边界使其到“关键类”的距离比到

另外一类的距离远很多的方法[27]。

2. 不同准则下的 SVM

如上所述,标准 SVM 是按精度最大化诱导出来的(最小化总误差),不太适合不平衡数据集。因此,我们采用各种不平衡分类准则来优化有偏 SVM,通过元学习的方法基于标准 SVM 来求解参数[22]。下面给出了具体的过程,这些过程被重复多次以获得可信的结果。训练集和测试集分别被记为 S_{train}和 S_{test}。

步骤 1:选定核函数的类型并选取一组超参数。比如,如果选用的是 RBF 核,需要考虑对 SVM 性能影响很大的核参数 γ 以及正则化常数 C。

步骤 2:基于上面的参数,在 S_{train}上进行 ν 重交叉验证实验。即使用 S_{train}的一部分数据,$(\nu-1)/\nu$,来训练模型参数,剩余 $1/\nu$ 用来完成 SVM 预测,得到各种测度的值。这个过程被重复 ν 次最终求出平均结果。

步骤 3:基于网格搜索方法,重复步骤 2,我们获得各种准则诱导下的最优 SVM 模型超参数,如 γ、C 等。

步骤 4:通过在所有 S_{train}数据上用各种准则诱导下得到的 SVM 模型超参数来训练 SVM 模型,我们得到了不同准则诱导下的 SVM 分类器(决策面)。我们称这些为 * * -SVM,其中 * * 指的是第三节中描述的那些准则。

步骤 5:用步骤 4 中得到的 SVM 模型,对 S_{test}数据集中的样本进行分类预测,并计算各种准则。

6.2.5 实验与结果分析

1. 数据标记

我们把包含了极向运动结构的连续 ASI 图像帧从数据库中挑选出来,记为一个 PMAFs 序列。在数据标记的过程中,我们还参考了 Keogram 图,PMAFs 在 Keogram 图中表现为长条状,在时间增长方向上是向上倾斜的结构。PMAFs 事件的时间间隔在 2 ~ 18 min 之间。非 PMAFs 事件从剩余的极光观测中挑选,然后根据其形态和运动信息进行了人工分割。在 2003 年 12 月黄河站上的 5 天有效数据中,我们共标记了 137 个 PMAFs 事件,414 个非 PMAFs 事件。

2. 有监督二分类实验

10 次 10 重交叉验证方法被用来在 DS1 数据库上验证各种算法的性能。实验包括两部分。

1）本节算法和已有算法性能比较

在这部分，本节提出的基于HMM相似度的有偏SVM算法（HMM + bSVM）被用来和Yuan的方法[23]、标准HMM方法以及基于HMM相似度的k - NN（k = 3）分类器（HMM + k - NN）[10]进行对比。在用HMM方法进行分类时，为了得到鲁棒的模型参数，我们采用的是多序列训练方法[28]。PMAFs事件和非PMAFs事件分别训练出一个HMM模型，对任意一个ASI图像序列，它在哪个模型下能得到较高的似然度我们就认为它属于哪一类。加权欧式距离被用来改进基于HMM相似度的k - NN分类器性能，权重$w_i = \exp[\log P(O|\lambda_i)/T]$。本节使用的SVM分类器调用的是Libsvm程序包。选定一个好的核函数$K(x,y)$对SVM分类来说是至关重要的，因为它实质上是数据相似度的一个测度。考虑到极光序列已经由包含HMM似然度的相似度向量进行表征，我们选用RBF核。在Libsvm中，对RBF核函数，我们只需考虑核参数γ和正则化常数C。精度（ACC）、BAC、GMean、F1 - score（F1S）、平均F1 - score（MF1S）以及AUC这些准则被用来对各种算法的性能进行定量评估。结果如图6 - 2所示。

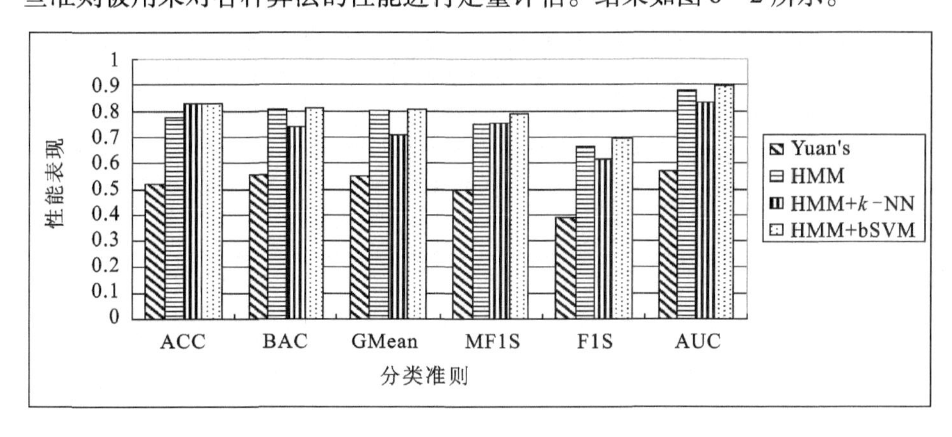

图6 - 2 本节提出的算法和已有算法性能比较

从图6 - 2可以看出：① Yuan提出的简单运动方向累计方法不能有效识别出PMAFs序列，因为极光的运动比烟雾运动复杂得多。除了极向运动外，一个PMAFs序列中还有很多其他类型的运动结构。累计的方法丢掉了太多有效信息，所以需要更复杂的模型。② 基于HMM的k - NN分类器并没有如预期所想那样比普通HMM分类器效果好。这并不是说文献[10]提出的基于相似度的方法不好，而是由于数据集不平衡严重影响了k - NN分类器的性能。而对HMM方法来说，由于每一类都有足够的数据来训练鲁棒的HMM模型，所以它们对类不平衡问题没有如此敏感。其实这有点类似 SVM 分类器由于是基于支持向量(SVs)来进行分类的,所以能对抗不平衡分布。③ 即使仅采用缺省值,本节提出的基于 HMM 相似度的有偏 SVM 分类器性能都远超其他算法。尽管在有些测度上,如 BAC 和 GMean,这个优点没有那么明显。这是因为常规的有偏 SVM 是在精度最大化的准则下诱导出来的。

2)基于不同准则优化的 SVM 性能比较

在第二部分中,在相似度空间里,精度驱动的 SVM 分类器与其他 5 种参数 SVM 进行了比较,即基于 BAC、GMean、F1 - score、平均 F1 - score 以及 AUC 准则诱导的 SVM。在 SVM 训练过程中,最优参数值是根据网格搜索法得到的,具体的参数选取见表 6 - 2。图 6 - 3 给出了常规精度最大化得到的 SVM 分类器精度最高,而且明显偏向多数类(非 PMAFs),即 TNR 高而 TPR 低。基于其他准则优化得到的 SVM 分类器能在不同程度上纠正这个偏差。基于 AUC 最大化得到的 SVM 除了在 AUC 上表现较好之外,在其他指标上的表现并不佳。其原因可能是虽然 AUC 本身和分类阈值无关,但是其他指标会受阈值选择的影响,而我们将分类函数用于预测是必须确定一个分类阈值,若选择不当,那么即使在 AUC 上表现好,在其他指标上的性能表现也不会理想[22]。与平均 F1 - score 相比,F1 - score 呈现出的更高的 TPR 和更低的 TNR 表明它更关注正类样本。GMean - SVM 和 BAC - SVM 分类表现比其他准则驱动的 SVM 性能好。

表 6 - 2 参数列表

参数	取值	物理含义
γ	$2^{-20}:2^{0.5}:2^{4}$	RBF 核参数
C_1	$C_1 = u\,C_2, u = 1, \mathrm{IR}$	PMAFs 的正则化常数 IR = (# non - PMAFs)/(# PMAFs)
C_2	$2^{-10}:2^{0.5}:2^{15}$	非 PMAFs 的正则化常数
ν	5	ν - 重交叉验证

3. PMAFs 检测实验

上面有监督实验已经证明了本节提出的算法能对 PMAFs 序列进行有效识别。在上面的实验中,极光观测被人工标记成 PMAFs 序列和非 PMAFs 序列。当统计研究中需要考虑大量的样本时,这样的人工标记是烦琐且难以完成的。我们希望能从大量的极光数据库中自动识别出 PMAFs 序列。因此,我们使用

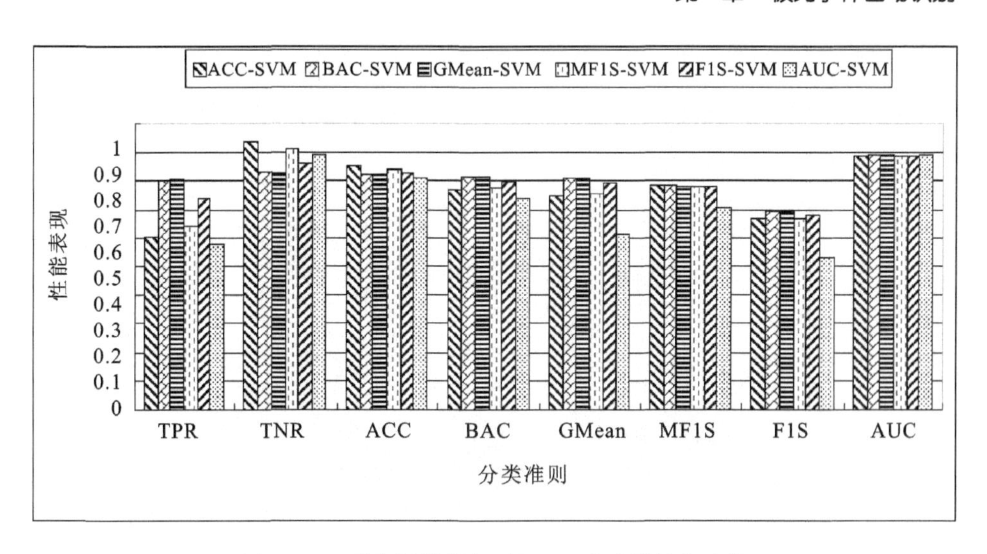

图6-3　不同准则诱导下的SVM分类器性能比较

标记好的DS1数据库中的551个序列作为训练集,来对DS2中的序列来进行PMAFs事件检测。我们选用监督实验中表现最好的分类器,即GMean-SVM,共识别出了909个PMAFs和2 410个非PMAFs。PMAFs和非PMAFs的比例是909/2410=37.7%,这个比例和DS1数据库中人工标记的结果很吻合(137/414=33.1%)。图6-4给出了检测到的PMAFs序列在时间轴上的分布,时间轴依然按照3 min一个间隔进行划分。很明显,日侧PMAFs有个明显的双峰分布,峰值出现在午前09:00 MLT和午后15:00 MLT附近。双峰分布和之前对北半球的统计研究结论很一致:PMAFs活动出现的频率在磁正午时分有个明显的下降趋势[1]。近期的研究也发现,PMAFs在午前和午后时段常常被一个正午附近强度弱一些的极光带所隔开,这些极光带常被称为"正午间隙极光"[2-3]。虽然图6-4显示的PMAFs发生规律和以往研究基本一致,但由于本节是基于ASI图像序列研究的,和传统基于Keogram图的还是有些差异。接下来,我们会进一步讨论利用本节算法从ASI图像序列中检测到的结果和从Keogram图中人工标记出的PMAFs两者之间的关系。

图6-5给出了算法检测到的PMAFs事件和人工标记的PMAFs事件在时间上的分布。为了能清晰地展示结果,每个子图只呈现3个小时的极光。在图6-5中,算法检测到的PMAFs包括了几乎所有人工标记的PMAFs,但有些检测到的PMAFs在Keogram图中没有极向运动的特征。这说明不是所有具有极向运动结构的极光都是PMAFs。而绝大多数检测到的PMAFs都能在Keogram图

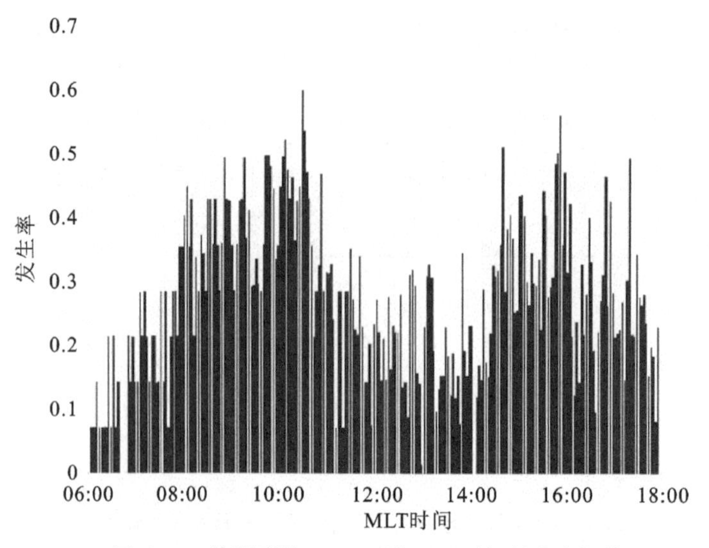

图 6－4　检测到的 PMAFs 随 MLT 时间的分布规律

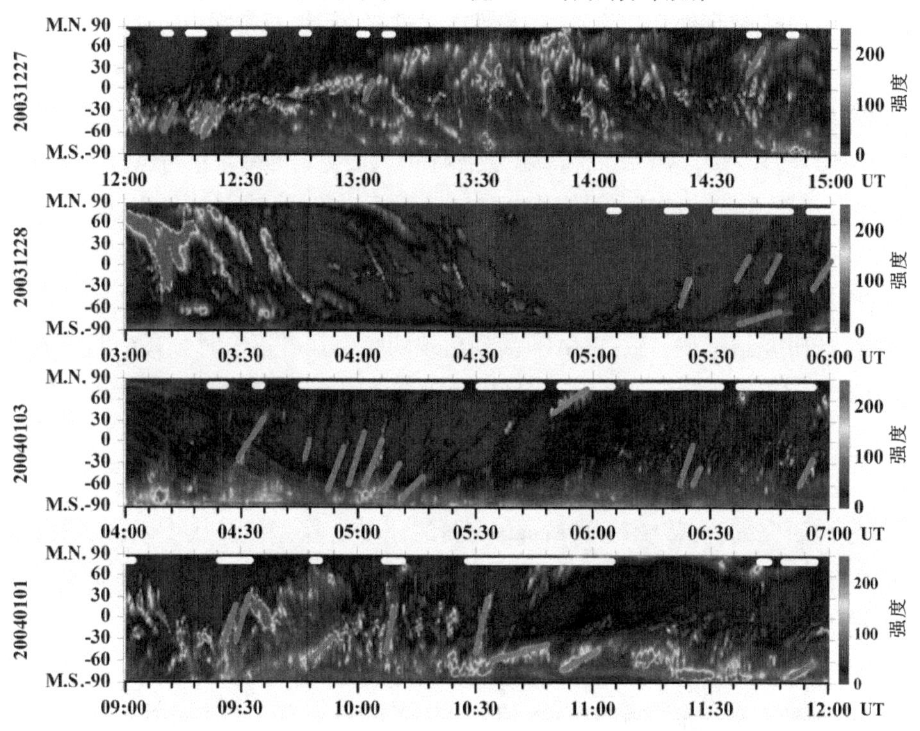

水平的白色线条给出的是用算法检测到的 PMAFs 事件的时间分布，朝右上方倾斜的线段标记的是从三个波段的 Keogram 图中人工标记出的 PMAFs 的发生时间。

图 6－5　算法检测到的 PMAFs 事件和人工标记的 PMAFs 事件在时间上的分布(彩图另见附页)

中有所体现，这说明 Keogram 图确实是一个分析极光活动的有效工具。图 6－5 给出的这些时间中，被 Keogram 图忽略掉的 PMAFs 主要发生在 2004 年 1 月 3 日。我们挑选出了四个事件在图 6－6 中进行显示，分别发生在04:21—04:26 UT、05:33—05:40 UT、06:09—06:13 UT 和 06:42—06:45 UT 这几个时间段。我们能够清晰看到极向运动结构存在于每个 ASI 图像序列，这些结果进一步证明了我们算法从 ASI 图像序列中检测极向运动结构的有效性和鲁棒性。

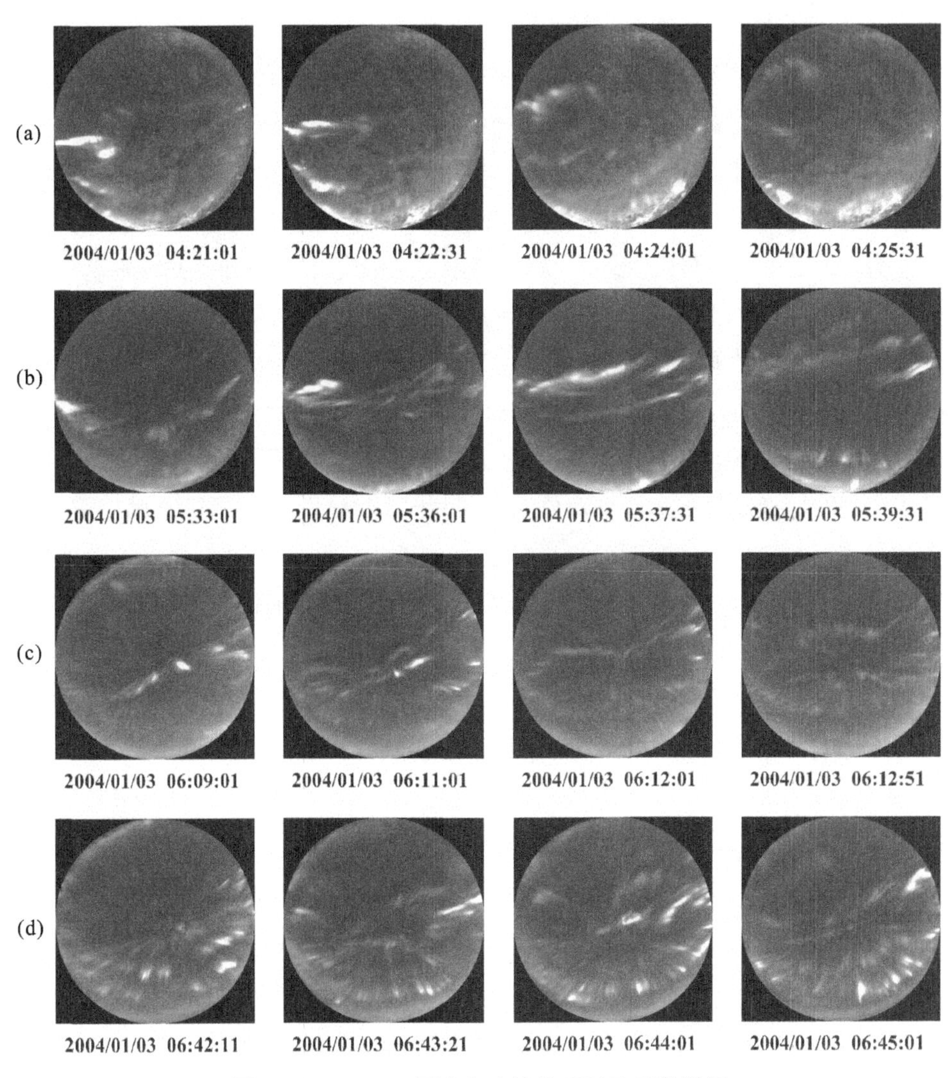

图 6－6　Keogram 图中忽略掉的 PMAFs 事件举例

PMAFs 事件的开始和结束时间在我们的实验中很难精确确定，因为我们采用的是固定长度序列划分方法,而且一个序列的运动是按照其大多数帧呈现出来的运动模式来确定的。即,如果在一个序列中间部分有 PMAFs 和非 PMAFs 的转换,这个时间点是检测不出来的。所以,在有些检测结果中,如 1 月 3 日的 04:45—05:27 UT 以及 1 月 1 日的 10:27—11:06 UT,包含了若干非 PMAFs 的帧。但反过来,每个检测到的 PMAF 序列里一定是包含极向运动结构的。

6.2.6 小结

本节主要研究了如何从 ASI 图像序列中自动识别出 PMAFs 事件。这是一个重要的新的研究课题,一方面,ASI 图像序列中包含的有效信息比 Keogram 图中多得多;另一方面,自动的研究方法可以很方便地为统计研究提供大量的极光事件。混合 HMM - SVM 结构综合了 HMM 的动态建模能力和 SVM 鲁棒的区分能力。非 PMAFs 事件远多于 PMAFs 事件这个问题通过设计不同准则诱导的 SVM 模型得到了有效解决。我们通过有监督实验和 PMAFs 事件检测两类实验验证了提出算法的有效性。

极光序列的自动分析目前还在其研究的初步阶段。由于 PMAFs 的开始时间、结束时间及持续时间都与其物理机制紧密相关,我们下一步的工作需要对极光序列按照运动模式进行自动分割,使得能对 PMAFs 的间隔进行精确界定。自动分割还能避免人工分割时标准难统一的弊端。本节主要关注 2003—2004 年这个冬季一个月内 557.7 nm 波段的数据。在将来的工作中,我们需要考虑更长时间段、更多波段的数据。

6.3 基于光流的 PMAFs 自动识别

6.3.1 基于光流场估计的极光运动表征

6.3.1.1 极光运动表征的研究现状

早期关于极光运动的研究通过人工视觉追踪极光某一特定结构或特征来估计极光的运动速度,而且这些特定结构或特征是通过人工进行标记的,这样的人工研究方式使得对极光运动的分析往往被局限于案例分析,只有少数的极光事件得到研究。然而,随着科技发展和时间的推移,极光观测设备越来越先进,获取的数据也会越来越多。仅 ASI 观测系统每年都会获取数以百万计的极光观测数据,人工分析极光运动特征难以满足当前极光研究的需求。

后来的研究旨在探索自动获取极光运动表征的有效方法。Blixt 等人[7]将变分光流法用于估计极光的二维速度场并分析了光流法用于极光数据的可行性。但是,该方法存在以下问题:第一,他们的光流场计算基于经典的亮度不变假设,即观测对象在运动过程中亮度保持不变,且运动物体被假设为刚性的,存在稳定、显著的轮廓特征,然而绝大多数极光图像中不存在这样稳定的观测对象,极光的形状、亮度、体积等在演变过程中都会发生改变,所以极光数据是不满足亮度不变假设的。第二,在该文献的光流求解过程中,目标方程的解是用微分形式表示的视标速度。由于微分的性质,基于速度方法的一个隐含假设是图像序列中的运动尺度较小,然而在极光的演变过程中,两帧间的运动可能包含不同大小的运动尺度。Wang 等人[29]将流体运动场的估计方法引入极光光流场估计,他们使用质量和动量守恒而不是亮度恒定约束作为光流的基本约束条件,并使用 div - curl 正则化来协调运动的一致性,以此来获得更为精确的极光光流场。张军等人[30]采用基于方向能量的三维序列极光动态表征方法,通过分解若干方向上的能量来描述极光图像序列中的局部纹理和不同方向的运动信息,并利用二元编码重组的方式融合不同方向的能量,使得极光运动表征能够捕获多种类型信息。

虽然极光自动分析已经取得了较多的成功,但是针对 PMAFs 的自动识别研究还处于起步阶段。早期的研究[7]利用 Keogram 图或子午线扫描光度计的观测来人工识别 PMAFs,而全天空极光图像只用于帮助进一步分析。而 Keogram 图是通过抽取每一幅 ASI 极光图像磁子午线上的极光强度,并按照时间顺序排列而成的。显而易见,这样的人工识别方式存在两个问题:第一,Keogram 图的制作过程会丢失大量极光结构和运动信息,从而导致漏掉或误判许多事件;第二,极光 ASI 设备每年会获取数以百万计的图像,面对多年累积的极光观测数据,人工识别方法越来越力不从心。借助机器学习技术,Yang 等人[31]利用隐马尔可夫模型(HMM)对极光图像序列进行建模,采用 HMM 相似度方法来进行极光运动表征,然后使用有偏支持向量机(SVM)实现 PMAFs 的自动识别与检测,大大降低了人工识别成本。Wang 等人[29]首先引入流体的光流场方法估计极光光流场,再利用光流场构造极向特征,完成了 PMAFs 事件的识别。

6.3.1.2 光流场估计算法

事件识别任务的关键在于准确表征图像中的运动。光流法一直是计算机视觉领域的热点,已被广泛应用于计算机视觉中的运动表示,例如视频超分辨率、目标跟踪、动作识别等。光流场方法是视频分析任务中的关键技术之一,光流不仅用于表征被观测对象的像素级运动信息,同时还携带图像中部分空间结构信息。利用光流,我们可以了解许多重要的运动特征,在运动图像的分析与计算上扮演着非常重要的作用。主流的光流场估计方法可以分为以下三种:

(1)变分光流算法:自 Horn 等人[32-33]提出的方法问世以来,变分算法主导了光流估计方法很多年,他们将光流场计算表示为基于亮度恒定和空间平滑的能量最小化问题。这种方法对于刚性的小尺度运动有效,但用于极光数据往往会出现问题。后来,Brox 等人[34]和 Revaud 等人[35]结合特征匹配方法,针对大尺度运动问题提出解决方案,他们发现稀疏特征相关性可以用于初始化光流计算,并以金字塔结构从粗到细的方式进一步细化。后来的研究[36-37]使用卷积神经网络学习有效的特征嵌入来改进稀疏匹配。但是这些方法通常需要很大的计算量,并且无法进行端到端的训练。

(2)有监督学习的卷积神经网络:2012 年,基于 ImageNet 数据集大规模计算机视觉识别挑战赛中,Krizhevsky 等人[38]证实了用反向传播训练的卷积神经网络(CNNs)在大规模图像分类任务上具有十分出色的表现,这使得 CNNs 被广泛应用于各种计算机视觉的任务中,例如语义分割、深度预测、关键点预测和边缘预测等,这些任务都涉及每像素的预测。深度学习技术的成功为光流法的发展带来了启发,近期的研究开始利用 CNNs 端到端地估计图像间的光流场。2015 年,Dosovitskiy 等人[39]基于 CNNs 的启发,首次提出了基于 CNNs 的 Flownet 监督学习光流卷积网络,该网络能够端到端地学习像素级光流场估计,以两幅连续图像作为输入,采用先编码再解码的网络结构,输出密集光流场。但是,训练这种大型卷积神经网络需要大量的监督数据作为标签,当时的人工标记光流场数据不足以支撑这样的网络。因此,他们生成了一个大型的合成数据集 Flyingchairs 用于训练,取得了有竞争性的成果。随后的 Ilg 等人[40]引入了更精确、更慢、更复杂的 Flownet 2.0 网络体系。他们将几个基本 Flownet 模块进行堆叠,并一起进行迭代训练,改进了原有的体系结构,除了原有的合成数据集以外,还使用了一个更具有多样性的合成数据集用于训练,在当时取得了最好的估计精度。SpyNet[41]提出对光流进行多尺度翘曲来处理大位移问题,并引入空间金字塔网络来预估光流。随后,PWC-Net[42]的核心思路从图像翘曲转向特征翘曲,以构建特征金字塔、翘曲特征和匹配成本的方式为设计原则,并在取得优秀结果的同时保持较小的模型尺寸。在一个可学习的特征金字塔中,PWC - Net 使用当前估计的光流场来翘曲第二帧图像的特征,然后利用翘曲特征和第一帧图像的特征来构造匹配代价,然后利用最终的 CNNs 来估计光流。与其他 CNNs 光流模型相比,PWC - Net 在模型尺寸和精度方面都具有显著的优势,受到了研究者们的广泛接受。然而,这些基于 CNNs 的有监督光流网络大多采用合成数据集进行训练,合成图像和现实场景之间存在的内在差异以及合成数据集的有限可变性,使得对真实场景的泛化能力仍然具有很大的挑战性。

(3)无监督学习的卷积神经网络:光流场的本质是表示两帧连续图像之间的像素级运动场,并且从理论上讲,如果给出了光流和其中一帧图像,那么就可以计算出另一帧图像。基于这个思想,最近的工作开始探索无监督光流场估计方法,试图避免使用合成数据集训练网络的局限性。Yu 等人[43]和 Ren 等人[44]首次提出以翘曲的方式来重建翘曲图像,然后使用基于亮度不变假设的光度损失函数来优化原始图像和扭曲图像之间的差异。这种无监督学习方式仅利用数据集中未标记的原始图像进行训练,其性能与 FlowNet 等有监督方法还有较大的差距。造成这种结果的原因可能是因为某些具有挑战性的场景中不能简单地依赖于亮度不变假设,当物体亮度过高或像素发生遮挡,这种重建方式将提供不正确的信息,重构图像的某些区域将缺少与原始图像相对应的像素。最近的研究通过添加不同的正则化约束来提高准确性,例如遮挡推理[45-46]、空间平滑性[45]或全局对极几何(epipolar geometry)约束[47]。2018 年,UnFlow[45]和 OccAwareFlow[46]模型提出先推理出图像中的遮挡区域,然后在损失函数中排除那些遮挡区域进行训练。DDFlow[48]提出了一种数据蒸馏方法,可以从未标记的数据中学习光流。一些方法[45]使用空间平滑度约束来促进相邻流的共线性并提高流估计的准确性。但是,由于极光的独特性质,这些方法很难很好地应用于极光数据。

上文中描述的这些光流场估计技术主要考虑的是刚性物体的运动。然而,极光运动与流体的运动[29]非常相似,它们的亮度、形状和轮廓总是随时间发生变化。在大多数极光图像序列中,没有明显的“物体”之类的对象,直接使用亮度恒定假设不适用于极光的光流场估计。根据极光的性质,全天空图像中的极光类似于气象学图像中的气流,它们在同一结构中包含不同方向和大小的运动矢量,并且某些像素的强度会随极光的运动而变化。尽管如此,极光运动的可变性质导致重建所需的像素不足,这仍然与刚性运动的遮挡具有一定的相似性。因此,并非所有基于标准计算机视觉的几何正则化都可用于极光序列。例如,我们可以采用前后向一致性先验来估计极光图像中的形变区域,但是与刚性场景中物体的遮挡相比,极光的形变往往占据更多的图像区域;局部平滑度约束会过于增强相邻光流的共线性运动,而忽略其他方向的运动。因此,极光运动估计仍然是一个悬而未决的问题。针对极光运动场标记复杂这一难题,本部分提出了一种端到端的自监督训练方法来预测极光序列的光流场,并利用 Census 变换[49]补偿极光演变过程中的亮度变化,引入形变检测来避免形变像素提供误导信息。与有监督光流算法不同,我们的方法仅使用极光图像序列,而不需要任何人工标记数据,从而避免了昂贵的真实光流数据的获取。

6.3.1.3 基于 ASI 图像序列的极光光流场估计

现有的极光自动分析大多数都是基于极光图像开展的,不关注极光的时序信息。然而,只依赖静态信息研究极光是远远不够的。极光现象是地球南北极高空的一个自然现象,它无时无刻不在演变,是一个动态演化的过程。本部分用到的全天空极光连续观测数据中,不仅包含丰富的极光二维形态信息,还包含极光运动、演变等时序信息,极光图像序列中包含的信息远远比一幅单独的极光图像更加丰富。许多极光现象从单一的静态图像中几乎无法分辨。例如,极光亚暴是一种发生在极光卵夜侧区域的能量瞬间释放现象,它的发生往往伴随着形态和亮度的巨大变化,根据极光形态变化特征,一个典型的极光亚暴发生过程包含增长阶段、膨胀阶段和消退阶段[50]。常在极光卵低纬侧出现的喉区极光是一种沿南北向分布的分立极光结构,在它发生的同时往往伴随着条带状弥散极光由低纬向高纬延伸并与极光卵接触的情况[51]。对上述这些极光事件不仅要依赖于图像二维空间信息,还需要配合丰富的时序信息,所以准确的极光动态过程分析有助于更好地理解这种自然现象。

极光的演变过程非常复杂,与真实场景中的运动之间存在一定的差别和联系,本部分内容主要针对极光运动特性展开研究。以往的光流场估计方法主要针对刚性物体的运动,而极光的运动特征与流体运动非常相似,其局部亮度、形状和轮廓会不断发生改变,基于亮度不变假设的光流估计方法不能运用于极光运动场估计。并且,极光领域缺少真实的光流场数据作为标签训练大规模光流网络。为此,本部分结合光流领域知识和极光数据的特征,引入了形变检测和

Census 变换用于无监督深度学习来实现极光光流场估计。基于估计的极光光流场,本部分简单地实现了 PMAFs 事件识别,用于验证无监督极光光流场估计模型(UnAurFlow)的有效性。

1. 无监督极光光流场估计模型

基于 CNNs 的有监督学习光流场估计方法往往需要大量的像素级光流场标签用于训练,而不同于现实场景中的刚体运动,极光的运动非常复杂,与流体运动颇为相似,人工标记像素级别的光流场非常困难。为此,本部分提出了无监督极光光流场估计模型 UnAurFlow,该模型的基本依据是:光流场用于表征两幅图像间的像素级运动场,也表示两幅图像对应像素之间的映射关系,因此,利用光流场和其中一幅图像可以精确地重建另一幅图像,通过优化重建图像与原始图像之间的差异,则可以用反向传播学习光流网络参数。然而,当某些区域在运动过程中强度变化太大或发生形变,模型缺少对应像素用于重建,那么将会产生难以预知的错误结果。针对这些问题,下文将介绍本部分提出的方法。

本部分提出的 UnAurFlow 框架如图 6 – 7 所示,它包含两个共享参数的光流网络用来估计双向光流。向光流网络中输入两个时间上连续的极光 ASI 图像 I_1 和 I_2,可以输出前向光流 w_f,交换输入图像顺序为 I_2 和 I_1 可以得到后向光流 w_b。然后,形变检测模块利用双向光流进行形变区域推理,得到前向形变图 D_f 和后向形变图 D_b。本部分使用空间变换网络模块来计算翘曲图像,并引入对称的损失函数来最小化原始 ASI 图像和翘曲图像之间的差异,前向过程与后向过程使用对称的损失函数进行训练。在下文的介绍中,本部分以前向过程为例,后向过程与此类似。

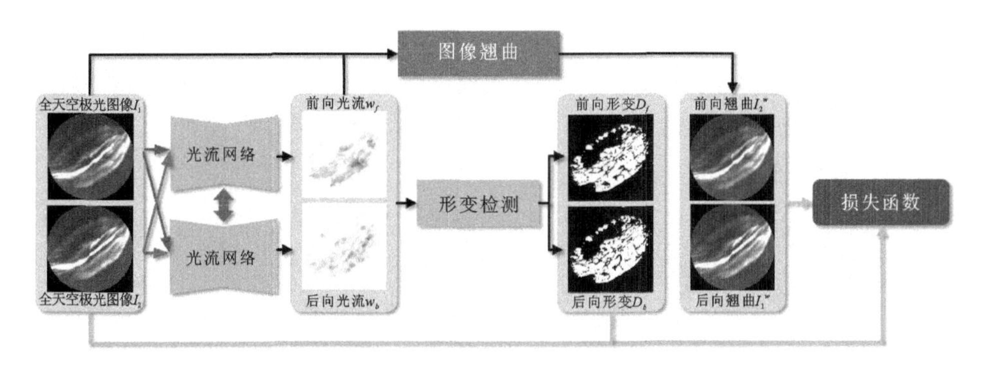

图 6 – 7　自监督极光光流场估计模型框架图

1)光流网络

近年来,PWC-Net因其优秀的性能和紧凑的模型尺寸受到人们的广泛关注,本部分将其作为UnAurFlow模型的基础光流网络。图6-8给出了PWC-Net的关键组成部分。首先,PWC-Net具有7层可学习的特征金字塔网络,并

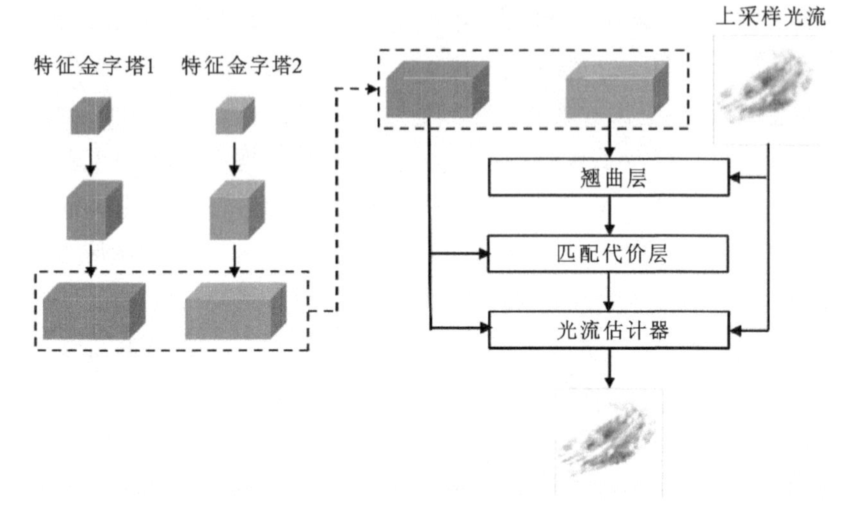

图6-8 PWC-Net的主要组成部分

使用上采样的方式将高阶特征与低阶特征相连接。通常情况下,低阶特征包含与几何概念(例如形状和纹理)有关的信息,而高阶特征包含与任务的最终结果有关的语义信息。极光在演化过程中通常具有不同的运动尺度和亮度变化等复杂信息,高阶和低阶特征对于极光光流场估计都很重要。给定两个输入图像 I_1 和 I_2,金字塔生成网络可以分别输出两幅图像的 L 级特征金字塔。其中,第0级为输入图像,即 $F_t^0=I_t$,通道数为3。后面各级的通道数依次为16、32、64、96、128、192,每级由一个2倍下采样层和一个卷积层组成,下采样层和卷积层均使用尺寸为3×3、步长为2的卷积核来实现,并在卷积层后通过Leaky Relu函数输出各级特征图。最终,所有级别的特征图构成7级特征金字塔。其次,在第 l 级,利用第 $l+1$ 级的二倍上采样光流 w^{l+1} 将第二幅图像的特征向第一幅图像特征翘曲,该操作表达式如下:

$$\hat{F}_2^l(x)=F_2^l[x+\mathrm{up}_2(w^{l+1})(x)] \tag{6-16}$$

其中,x 表示像素索引,$\mathrm{up}_2(\cdot)$ 表示二倍上采样操作。当 $l=7$ 时,w^{l+1} 被设为0。然后,利用第一帧图像第 l 级的特征图 F_1^l 和第二幅图的翘曲特征图 $\hat{F}_2^l$ 构建

第 l 级特征图匹配代价 cv^l(cost volume),公式如下:

$$cv^l = \frac{1}{N}(F_1^l)^{\mathrm{T}}\hat{F}_2^l \tag{6-17}$$

其中,N 表示 F_1^l 的列向量长度,T 是转置运算符。匹配代价 cv^l 用于存储某个像素与其在下一帧中对应像素之间的匹配成本,而匹配成本被定义为第一幅图像特征和第二幅图像的翘曲特征之间的相关性。

最后,在通道维度拼接第 l 级匹配代价 cv^l、第一帧图像的第 l 级特征图 F_1^l 和第 $l+1$ 级的上采样光流 $up_2(w^{l+1})$,将拼接得到的通道数为 115 的特征图输入光流估计器中。光流估计器是由多个卷积层构成的,每个卷积层使用尺寸为 3×3、步长为 1 的卷积核,输出通道分别为 128、128、96、64、32、2,除最后一个卷积层外,每个卷积层后添加 Leaky Relu 函数。它的输出是第 l 级光流图 w^l,不同金字塔层之间具有独立的网络参数,而不是共享相同参数。重复上述估计过程直到最上层。

为了提升网络的运行速度,本部分仅从最后一级到第三级进行特征翘曲,构建匹配代价,最终输出光流图的分辨率是原始图像的 1/4,使用双线性插值法将其还原到原始图像的分辨率。

2)图像翘曲

为了通过预测的光流场和 ASI 图像重建翘曲目标,我们借助了 Jaderberg 等人[52]提出的空间变换网络(spatial transform networks,STN)。该网络能够根据任务目标自适应地对特征图进行非刚性的空间变换,能够使模型学习到平移不变性、缩放不变性、旋转不变性以及其他常见的几何不变性。本部分使用空间变换网络计算翘曲图像,且能够以端到端的方式通过反向传播学习参数。空间变换网络包含三个部分:① 定位网络(localisaton network);② 网格生成器(grid generator);③ 图像采样器(image sampler)。

经典的定位网络是自定义的卷积神经网络架构,用于计算生成 2D 仿射变换参数。但是,由于光流网络预测的光流场为两帧对应点之间的映射提供了必要的 2D 仿射变换参数,所以此处不需要定位网络。第二部分的网格生成器是用于求解目标图像中每一个像素坐标映射到原始图像中的采样像素坐标,其中的像素坐标对应关系由以下方式逐点转换生成:

$$\begin{pmatrix} x_2 \\ y_2 \end{pmatrix} = W_{(u,\nu)}\begin{pmatrix} x_1 \\ y_1 \end{pmatrix} = \begin{pmatrix} x_1 + u \\ y_1 + \nu \end{pmatrix} \tag{6-18}$$

式中，(x_2,y_2)是原始图像中的对应像素坐标，此处对应第二帧图像中求解得到的即将被采样的像素坐标。(x_1,y_1)是目标图像中的像素坐标，此处对应翘曲图像中的即将被填充的像素坐标。(u,v)为预测得到的光流向量，$W_{(u,v)}$表示二维仿射变换矩阵，它们由光流网络预测生成。由于映射的原始图像中的对应像素坐标有可能是小数，因此需要该坐标的周围像素来共同决定该像素值，第二部分的图像采样器用双线性插值法对翘曲图像进行像素填充，以前向翘曲图为例，公式如下：

$$I_1^w(x_1,y_1) = \sum_j^H \sum_i^W I_2(i,j)\max(0,1-|x_2-i|)\max(0,1-|y_2-j|) \tag{6-19}$$

其中，i 和 j 表示原始图像中(x_2,y_2)周围的坐标位置，$I_2(i,j)$表示原始图像中某一点的像素值，$I_1^w(x_1,y_1)$表示目标图像中需要被填充的像素值。关于更多通过空间变换网络实现反向传播的详细信息，可以参照文献[52]。

3）极光形变检测

极光作为一种发生在地球南北极高空的自然现象，其形态变化复杂而且无法估计，在其变化过程中往往伴随着结构的分裂、膨胀以及合并等。当同一极光结构中具有不同大小和方向的运动，或者极光强度变化过大，将会导致在下一帧图像中找不到与上一帧图像中相对应的像素。这与现实场景中的刚性物体发生遮挡时的情况非常相似。因此，我们受到现实场景中刚性物体的遮挡问题的启发，将遮挡推理运用到极光图像中进行形变检测，并将检测到的形变区域归纳到损失函数中，以避免网络在重建过程中使用其他的像素来填补对应区域，导致网络学习到错误的特征信息。

本部分利用前-后一致性先验方法[53]来实现形变检测。理论上来说，对于未处于形变区域的像素，它的前向光流和其第二帧中对应像素的后向光流应当互为相反数。当某一区域对应像素的前向光流和后向光流绝对值差异太大、光流超出了图像边界或光流计算不正确时，我们就可以认为该处发生了形变。以前向形变图为例，我们先计算翻转的前向光流 $\hat{w}_f = w_b[p + w_f(p)]$，其中 $p \in \Omega$，Ω 是图像像素的集合。由于光流估计过程中可能会有一些较小的估计误差，本部分给出了一个容错区间，如果不符合以下任何一个约束条件，那么就将该像素认定为形变像素：

$$\begin{cases} |w_f + \hat{w}_f|^2 < \alpha_1(|w_f|^2 + |\hat{w}_f|^2) + \alpha_2, \\ p + w_f(p) \notin \Omega \end{cases} \tag{6-20}$$

本部分设置 $\alpha_1 = 0.01, \alpha_2 = 0.5$。当某一像素不符合上述约束，该像素处的形变 D_f 就将被标记为1，反之则为0。对于后向形变 D_b，只需交换 w_f 和 w_b 并以相同的方法计算。

4）无监督损失函数

在深度学习模型中，针对特定任务设计合适的损失函数十分关键。在有监督学习任务中，损失函数往往用来计算网络预测结果与人工制作的标签之间的差异。与之不同的是，本部分的无监督损失函数用于计算输入图像与翘曲图像之间的差异，而无须任何人工标记的光流场。

以往的一些无监督光流估计算法[43]与传统变分光流估计方法相同，基于亮度不变假设设计了亮度差损失函数，他们利用亮度不变约束公式 $f_D(I_1, I_2^w) = I_1 - I_2^w$ 计算图像间的亮度差异。然而，由于极光运动具有流体性质，传统的亮度不变假设不能用于极光光流场估计。因此，本部分改用 Census 变换对图像进行处理，它可以补偿加性和乘性的亮度变化以及伽马变化，为极光光流场估计提供了一个对亮度鲁棒的一致性假设，许多工作[45]都证明了将 Census 变换用于光流预测任务中的可靠性。

简单来说，Census 变换将每个像素的灰度值与其邻域中的灰度值进行比较，为每个像素计算一个二进制的字符串编码。Census 变换编码规则可以用如下公式表示：

$$H(g_{i+d_1, j+d_2} - g_{i,j}) \tag{6-21}$$

其中 $g_{i,j}$ 表示像素 (i,j) 处的灰度值，$(i+d_1, j+d_2)$ 表示邻域像素，$H: \mathscr{R} \to \{0,1\}$ 表示阶跃函数：

$$H(z) = \begin{cases} 0 & \text{if } z < 0, \\ 1 & \text{if } z \geqslant 0 \end{cases} \tag{6-22}$$

由上述分析可知，第一帧图像 I_1 应该与通过光流场 w_f 重建得到的翘曲图像 I_2^w 中的像素具有相似性。然而，由于发生形变的结构在第二帧图像中会发生的变化未知，这可能会导致模型学习错误的运动信息。因此，本部分利用前向形变 D_f 和后向形变 D_b 建立掩码，在损失函数中屏蔽这些形变像素以避免网络学习到不正确的光流。具有形变感知的无监督损失函数表达式如下：

$$L = \sum (1 - D_f) \cdot \rho[f_D(I_1, I_2^w)] + (1 - D_b) \cdot \rho[f_D(I_2, I_1^w)] + \lambda(D_f + D_b) \tag{6-23}$$

其中,I_1、I_2 为时间上连续的两帧 ASI 极光图像,I_2^w、I_1^w 分别为前向和后向翘曲图像,D_f、D_b 分别为前向和后向形变图,$f_D(I_1, I_2^w)$ 表示利用 Census 变换预处理两幅图像并计算 I_1 和 I_2^w 的汉明距离,$\rho(x) = (x^2 + \varepsilon^2)^\gamma$ 是鲁棒的广义 Charbonnier 惩罚函数,用于减轻异常值的影响,式中 $\varepsilon = 0.001$,$\gamma = 0.45$。

许多研究利用复杂的正则化来提高光流估计精度,例如遮挡推理、极线约束以及局部平滑约束。这些正则化约束主要是针对刚性物体的运动。而极光运动与流体运动非常相似,其亮度、形状和轮廓会随时间发生变化。ASI 图像中的极光在同一结构中往往会包含不同方向和大小的运动矢量,并且像素强度也可能随极光的移动而变化。极光运动的不确定性导致一些基于标准计算机视觉的几何正则化无法用于极光序列。例如,可以采用前后一致性先验方法来估计极光图像中的形变区域,但是与刚性场景中物体的遮挡相比,极光图像中的形变占据更多的图像区域;局部平滑约束会过度增强邻域内运动向量的共线性,从而削弱甚至忽略其他方向的运动。基于此,本部分设计了一个简单的形变约束 $\lambda(D_f + D_b)$,为所有形变像素添加惩罚项,从而避免网络将过多的像素判定为形变。接下来,我们将对提出的 UnAurFlow 模型进行多角度评估。

2. 实验结果分析

不同于在公开大型数据集上的研究任务,本部分所用的数据集中所有真实光流值都是未知的,没有精确的极光光流场标签,因此,本部分内容将借助经验丰富的极光研究人员定性地评估 UnAurFlow 的有效性。进一步地,有效的极光运动表征方法应当具有物理意义且符合自然规律,本部分简单地利用极光光流场实现 PMAFs 事件自动识别,间接评估本部分方法的有效性和准确性,并将 UnAurFlow 与现有光流估计方法进行定量比较。

1)数据预处理与数据集挑选

本部分使用的极光数据均来自北极黄河站的全天空 CCD 成像仪。所有 ASI 图像按照以下步骤进行预处理:① 减去暗电流;② 去除边缘噪声;③ 灰度拉伸;④ 图像旋转;⑤ 图像裁剪。预处理后的 ASI 图像大小为 440×440,旋转后的图像正上方为极向方向。为了更好地关注极光图像中的运动特征,本部分通过简单的视觉观察去除了极端恶劣天气条件下拍摄的图像(例如有较厚的云

层遮挡)和不包含极光的图像。基于此,本部分建立了以下三个数据集:

(1)AuFlG5K:我们从2003年12月到2004年1月557.7 nm波段的日侧(03:00—15:00 UT/06:00—18:00 MLT)极光数据中随机挑选了5 173对ASI图像,每两幅连续的ASI图像为一对。该数据集用于训练UnAurFlow模型。

(2)AuReG24D:该数据集包含具有24天序列级标签的557.7 nm波段极光ASI图像序列,用于PMAFs事件自动识别的训练与测试。它分为训练集和测试集两个部分:第一部分为训练集,包含从2003年11月到2004年1月中挑选的共20天极光观测中的349个PMAFs和431个非PMAFs,每段序列的持续时间从2~24 min不等;第二部分为测试集,数据来自2004年11月23日、11月24日、11月30日和12月26日的日侧(03:00—15:00 UT/06:00—18:00 MLT)连续观测。高时间分辨率的数据有利于识别不同生存周期的PMAFs,本部分参考Drury等人[54]的研究,以2 min(12帧)为间隔对连续的极光观测进行分段,得到共1 440个样本(每天360个样本)。其中,训练集中的349个PMAFs样本是从极光研究者利用Keogram图粗略标记结果中进行粗挑选,再经过人工对比ASI图像序列进行筛选得到的;测试数据集是直接通过人眼观察分段后的ASI图像序列进行手动标记的。依据PMAFs在ASI图像中的运动特点和极光研究人员的经验判断,本部分将包含极向运动极光的序列标记为正样本,而将那些仅具有明显赤道向运动、看起来模棱两可或处于过渡阶段的序列标记为负样本。

(3)AuStaG9D:是从2004年11月至2005年1月挑选的共9天的冬季极光观测的557.7 nm波段极光ASI图像序列,不包含任何标签,并同样以2 min(12帧)为间隔对连续的极光观测进行分段,得到共3 240个样本(每天360个样本)。该数据集用于研究PMAFs事件随时间的分布规律。

2)定性分析:极光光流场视觉评估

在实验过程中,UnAurFlow通过Adam优化器($\beta_1=0.9$,$\beta_2=0.999$)和反向传播原理来优化模型参数,初始学习率设置为0.000 001,每10 000次迭代后学习率降低0.1倍。在开始训练之前,使用随机翻转、随机裁剪和随机通道交换的方式进行数据增强,输入图像的大小被随机裁剪为320×320,小批量值(batch size)设置为4。

首先,本部分以随机初始化的方式获取模型初始参数,先不考虑形变且使用亮度一致性约束(即将损失函数中的D_f和D_b简单地设置为0)将模型迭代10 000次作为预训练;然后,使用Census变换来补偿图像中的亮度变化,并利用形变图屏蔽形变像素,使用无监督损失函数公式(6-23)对网络进行20 000次迭代训练。最后,使用文献[55]中的颜色编码方法来可视化极光光流场,光流方向用颜色编码,光流大小用颜色强度编码,白色表示没有运动。图6-9展示了光流颜色编码,其中每个像素点的光流矢量是从正方形中心到该像素点的矢量。

图6-9 光流场颜色编码(彩图另见附页)

本部分将通过视觉观察模型估计的极光光流场,来验证本部分提出方法的准确性。图6-10给出了三个极光序列示例及其对应的光流场可视化图像。图6-10中的第一行和第二行是两个典型的PMAFs事件,第三行是一个非PMAF事件。由于极光运动较为缓慢,10 s间隔的原始极光序列难以观察出明显运动。因此,本部分从原始ASI极光序列中以30 s的时间间隔进行采样,(a)(b)(c)三列分别是采样的ASI极光图像,(d)(e)(f)列分别是与之对应的光流图。图中的虚线是辅助定位的参考轴,用于表示极光弧的起始位置。从图中可以看出,事件Ⅰ和事件Ⅱ中的两条极光弧具有明显的极向运动趋势,其中事件Ⅰ的极光弧自东南向西北方向移动,光流图中的对应位置以蓝色为主;事件Ⅱ的极光弧不仅具有更为明显的极向运动,并且伴随着向东延伸的趋势,在光流图中,我们可以看到对应区域主要呈现出紫色和洋红色两种颜色;事件Ⅲ是一个非PMAF事件,该极光弧自西北朝着东南方向缓慢运动,具有轻微的赤道向运动趋势,在光流图中,整条极光弧都呈现黄色。此外,可以看出每一幅光流图像中的运动边界与原始图像中的极光轮廓基本吻合,这进一步验证了UnAur-

Flow 模型的有效性。

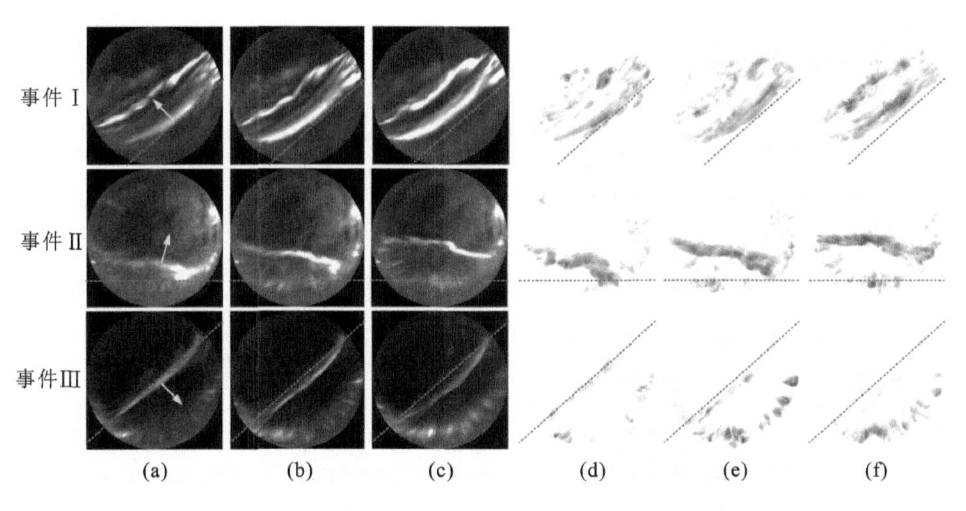

图6－10　三个极光序列及其光流场可视化示例(彩图另见附页)

以往的一些方法考虑添加适当的几何正则化来提高光流估计的准确性，为了验证这些正则化项对于极光图像是否有效，我们将本部分提出的方法与两种经典正则化方法进行了对比。参与实验的两种正则化方法为：局部平滑约束和极线约束，分别对应 Unflow 算法[45]和 EpiFlow 算法[47]。图6－11给出了每个示例对应的两幅连续的 ASI 图像及其通过不同方法估算的光流场可视化图。前两列中的虚线是用于更好地显示极光运动的位置参考轴，箭头方向表示极光运动的大致方向。在 Unflow 算法和 EpiFlow 算法预测的光流场中，只有紫色和绿色两种颜色，这意味着这两种方法仅仅能够估计极向和赤道向运动，而其他方向的运动被错误地估计。由于 UnFlow 算法和 EpiFlow 算法的几何正则化都是针对刚性场景中的刚体运动设计的，这种正则化会增强相邻像素的共线性运动。在刚性场景中，像素的邻域内往往具有相同的运动向量，且具有较为稳定的结构和轮廓。但是，极光与流体运动颇为相似，同一结构(或相邻区域)内的像素通常具有沿不同方向的多个运动向量。而 Un-AurFlow 方法在同一极光结构(例如极光弧)中显示出了多种不同的颜色，表现出明显的极光运动多样性特征，符合极光的流体性质。因此，传统光流算法中的局部平滑约束和极线约束不适合用于极光光流场估计，而本部分提出的方法更适合于极光数据。

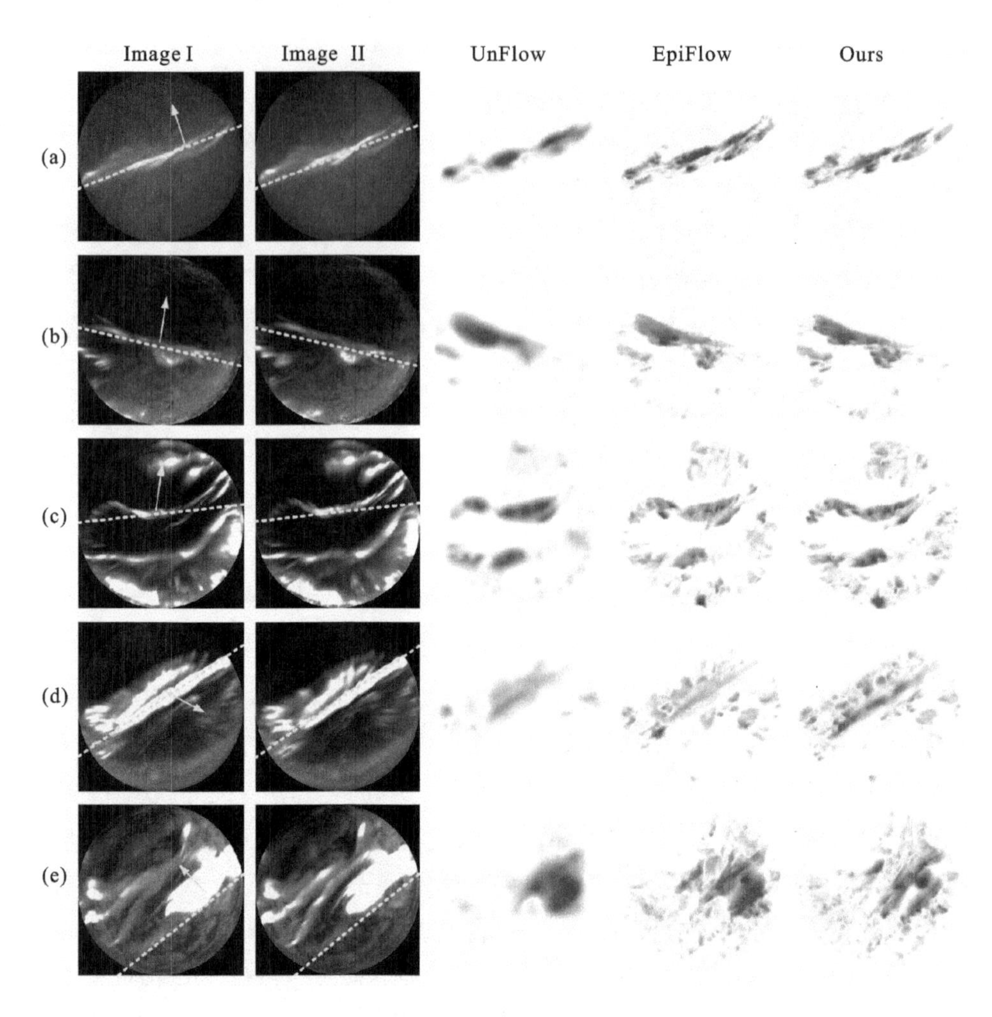

图 6－11　本部分提出的方法与不同光流模型的视觉对比(彩图另见附页)

为了验证 Census 变换和形变检测对于本部分提出方法的有效性,我们从损失函数中进行了消融实验。当不考虑形变时,公式(6－23)中 D_f 和 D_b 设置为 0;当不使用 Census 变换而采用亮度不变约束来计算差异时,$f_D(I_1, I_2^w) = I_1 - I_2^w$。图6－12给出了两个极光示例和利用不同损失函数训练模型后估计的光流可视化图像。图 6－12(a)是两幅预处理后的 ASI 极光图像,图 6－12(b)—(e)是使用不同损失函数计算的相应光流:(b)为使用亮度不变约束且不考虑形变,(c)为使用亮度不变约束且考虑形变,(d)为使用 Census 变换且不考虑形变,(e)为使用 Census 变换且考虑形变。对比(b)和(d)可以看出,Census 变换明显提高了光流估计性能,这是由于极光运动不符合亮度不变假设,而 Census 变换可以补偿极光运动过程中的亮度变化,为极光图像光流估计提供了一个具有亮度鲁棒性的可靠一致性假设。对比(d)和(e)可以看出,通过形变处理可以显著提高模型的光流估计性能,使模型更具准确性。(b)与(c)之间几乎没有差别,这是因为形变检测是基于双向光流的,当预测的光流不够准确以至无法推断出正确的形变区域时,形变处理很难提高光流估计的性能。

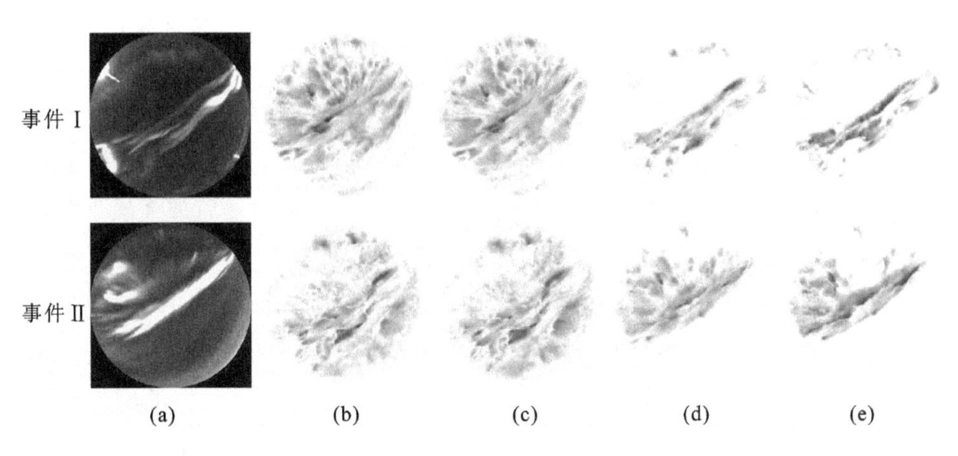

图6－12　针对无监督损失函数的消融实验(彩图另见附页)

3)定量分析:PMAFs 事件自动识别

不同于其他研究领域,ASI 极光图像中的运动真实值都是未知的,我们无法通过直接对比对模型进行定量评估,上文中对于实验结果的定性分析都来自经验丰富的极光研究人员的视觉评估。然而,有效的运动表征应当能够被运用于基于运动的研究任务中。因此,本部分通过简单地将估计的光流场运用于 PMAFs 事件自动识别中,并与现有的其他光流方法进行对比,来验证本部分方法的有效性和准确性。

PMAFs 是日侧极隙区最为常见的极光动态特征,它的发生时间、位置和空间尺度与空间环境密切相关,例如 IMF 方向等。顾名思义,PMAFs 是朝极向方向运动的一类极光现象,在本部分使用的黄河站 ASI 图像中表现为朝着图像上方运动,它的运动方向非常明确而且较为稳定。因此,我们利用训练好的 UnAurFlow 模型计算出数据集 AuReG24D 中所有序列的像素级光流场,以此作为输入,并利用 ResNet－18 作为基础识别网络,在每个残差模块中添加注意力模块 CBAM(convolutional block attention module)[56],用于从连续的极光观测中自动识别 PMAFs 事件。

数据增强:在本部分实验中,我们利用数据增强常来扩充实验数据集,防止模型过拟合。本部分使用两种数据增强的方式:角裁剪和缩放填充。角裁剪从图像的角点或中心进行裁剪,以避免模型的注意力过于聚焦在图像的中心区域。我们将 ImageNet 分类任务中使用的尺度抖动技术用于 PMAFs 事件识别任务上:原始极光光流图尺寸为 440 ×440,我们从{256,224,192,168}中随机选取裁剪区域的宽度和高度,最后,将裁剪后的光流图尺寸调整为 224 ×224 作为模型输入。

超参数设置:本部分在识别模型的最后一个池化层之后添加一个丢弃(dropout)层,用来减轻过拟合带来的影响,将丢弃率设置为 0.8。在训练过程中,本部分利用 Adam 优化器($\beta_1 = 0.9, \beta_2 = 0.999$)和反向传播原理来优化学习识别模型的参数权重,小批量值设为 16,初始学习率设置为 0.000 1,并且分别在第 50 次和第 100 次迭代后学习率降为 10%,最终在第 150 次迭代后停止并保存模型参数。每一个输入样本都将从中随机选择三个长度为 10 帧的连续光流图像片段,并在通道维度堆叠输入到网络中,将网络对三个片段的输出预测分数相加取平均值,作为该样本的最终识别结果。在测试阶段,由于测试数据集的样本长度固定为 12 帧(光流图 11 帧),我们仅使用单个片段作为输入进行测试。

为了验证识别模型是否捕获到了极光运动的典型特征,我们使用 Grad - CAM[57]可视化了模型对输入的注意力图(attention map)。注意,此处的注意力图是模型对一整段极光序列的注意力。图 6 - 13 给出了两个 PMAFs 序列示例,在每个事件中,第一行是按时间顺序排列的 ASI 极光图像序列,第二行的前六幅图像是 UnAurFlow 模型估计的光流场可视化,最后一幅图像是模型对整个序列的注意力可视化图,黄色虚线用于辅助定位,以便于观察出极光弧的运动趋势。图 6 - 13 事件 I 中有三条不同运动状态的极光弧,我们用红色的阿拉伯数字依次进行了标记。其中,弧 3 具有最为明显的极向运动,但由于弧 3 的极光强度太高甚至几乎相同,从而导致对弧 3 内部的光流预测出现失真,只有极光轮廓(外边缘)表现出了蓝色和紫色。同时,在事件 I 的注意力图中,我们可以看出模型对该事件的注意力集中在具有最明显极向运动的弧 3 上。与弧 3 相比,弧 1 的极向运动趋势要弱得多,因此在注意力图中对应的区域颜色较轻。另外,弧 2 与其他两条弧的运动方向完全相反,呈现了赤道向运动趋势,因此,注意力图在相应的区域没有任何颜色表示。我们在事件Ⅱ中标记了两条极光弧，其中弧1具有较明显的极向运动趋势，我们可以从光流图中看到弧1对应位置呈现蓝色表示的运动，而事件Ⅱ的注意力图表明，我们的识别模型仅关注在弧1对应的位置上。从这两个示例中可以看出，当极光图像序列中包含朝着不同方向运动的极光结构时，我们的PMAFs识别模型仍然可以准确地找出PMAFs发生的位置并很好地识别它们。

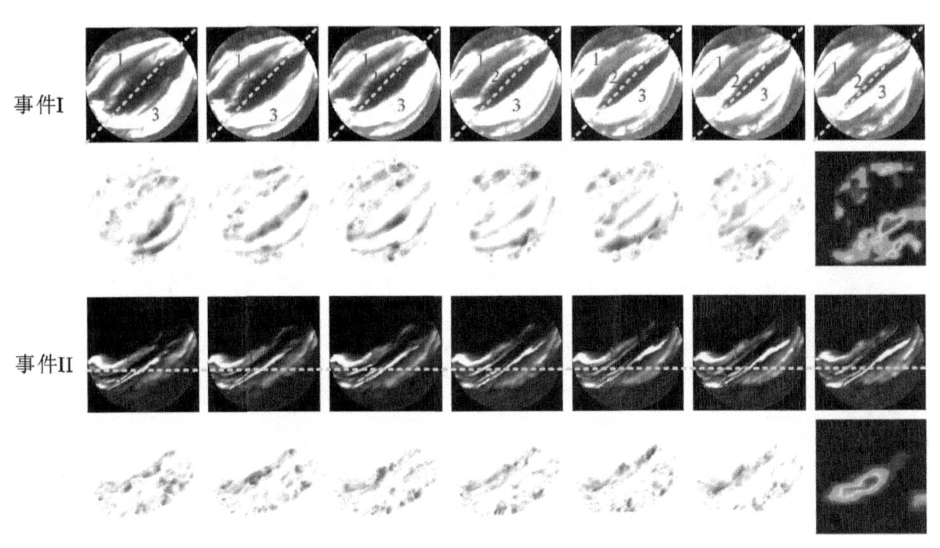

图6-13　模型识别到的两个PMAFs事件(彩图另见附页)

进一步地，本部分将现有的无监督光流估计算法与UnAurFlow方法用于估计极光图像序列的稠密光流场，以堆叠的光流场作为输入，使用ResNet-18作为基础网络实现PMAFs事件识别。为了使估计效果不受网络性能的影响，本部分将这些方法的基础光流网络统一替换为PWC-Net。表6-3给出了五种光流估计算法在AuReG24D测试集上的识别结果。2004/11/23、2004/11/24、2004/12/26的数据中有云层和月光干扰，2004/11/30的天气较为晴朗。对比各模型在这四天中的表现，11月24日的识别准确率较低，是因为该日数据中包含较多的辐射冕状极光的极向运动，这种极光结构从Keogram图中很难看出明显的极向运动，而训练集中的349个PMAFs事件是从Keogram图粗略标记结果中再次筛选得到的，这导致训练数据中缺少此种类型的极光结构。与其他方法相比，本部分提出的UnAurFlow优于所有现有的最新方法，并且在整个测试数据集上的准确度达到82.85%。值得一提的是，从表6-3中还可以看出，

UnFlow 和 EpiFlow 的性能优于 BacktoBasic 和 DDFlow。这是因为 UnFlow 和 EpiFlow 都使用了针对刚性物体的几何正则化,估计出的光流场都只关注图像中的极向运动和赤道向运动,恰好有益于 PMAFs 识别任务。最终,本部分为 ResNet-18 的每个残差块中添加 CBAM 模块,使 PMAFs 识别准确率进一步提高了 1.92%。

表 6-3 对 2004/11/23、2004/11/24、2004/11/30、2004/12/26 的观测数据使用不同无监督光流估计方法的 PMAFs 识别准确率

无监督光流估计方法	极光观测日期				平均准确率
	2004/11/23	2004/11/24	2004/11/30	2004/12/26	
ResNet-18 + BackToBasic[43]	59.7%	74.6%	78.7%	77.4%	72.6%
ResNet-18 + UnFlow[45]	78.2%	76.2%	89.2%	81.9%	81.3%
ResNet-18 + DDFlow[48]	65.2%	74.2%	78.8%	79.9%	74.5%
ResNet-18 + EpiFlow-sub[47]	79.6%	74.0%	88.0%	82.0%	80.9%
ResNet-18 + Ours	79.3%	79.0%	87.9%	85.3%	82.9%
ResNet-18 + CBAM + Ours	83.8%	81.9%	88.7%	85.0%	85.0%

6.3.1.4 小结

光流场方法是表征序列图像中运动特征的重要方法之一,然而,极光作为一种自然现象,其形状、亮度、体积等在演变过程中都会发生改变,极光数据不符合传统光流算法中的亮度不变假设。本部分主要将 ASI 极光图像序列作为研究对象,结合无监督学习和卷积神经网络,提取图像序列中的极光光流场。

本部分提出了一种有效的无监督极光光流场估计模型 UnAurFlow,并将其应用于 ASI 极光图像序列中自动识别 PMAFs。本部分提出的 UnAurFlow 充分考虑了极光数据的特征,解决了一些极光光流场估计的难点:第一,考虑到极光像素级光流场的标记难以实现,本部分提出了以无监督学习的方式对模型进行训练。第二,极光是动态变化的自然现象,具有类似于流体的运动特性,不满足亮度不变假设,因此本部分利用 Census 变换提供了一个对亮度鲁棒的一致性假设,它可以补偿加性和乘性的亮度变化以及伽马变化,通过实验证明,Census 变换对极光光流场估计更为有效。第三,由于极光在运动过程中往往会伴随着其形状的变化,这种变化会为光流模型带来错误的信息,因此,本部分利用双向光

流场检测极光的形变区域,并在无监督损失函数中屏蔽形变像素。同时,本部分进行了大量的实验来直观地展示 UnAurFlow 的有效性。最后,本部分利用 UnAurFlow 模型估计的光流场从连续的 ASI 极光观测中自动识别 PMAFs,并将其与最新的无监督光流场估计算法进行了比较。定性和定量实验结果均表明,本部分提出的方法可以很好地表征极光运动并从大规模的 ASI 极光图像序列数据集中识别 PMAFs。

6.3.2 基于光流和双流网络的 PMAFs 自动识别

本部分旨在利用深度学习技术从海量的 ASI 极光序列中自动地实现 PMAFs 识别。尽管一些现有的视频分类方法在一定程度上取得了较好的识别精度,但是通过对 ASI 极光数据长期的观察和分析,极光运动更为复杂,具有非刚性的空间形态特征,与基于刚性场景的任务具有明显的空间和运动特征差异,现有的一些方法不能有效地直接运用在极光领域中。此外,相对于其他领域的动作识别来说(例如人体行为识别),PMAFs 事件的发生频率更低,缺乏充足的数据对参数量较大的行为识别模型(例如 C3D 和 I3D)进行训练。

6.3.2.1 双流 PMAFs 识别模型

针对 PMAFs 事件的特殊性与现有事件识别方法的不足,本部分以基于 2D CNNs 的双流网络架构作为基础架构进行改进,实现 PMAFs 自动识别。本部分提出的双流网络模型包含两个网络:时空网络和时序网络。对于时空网络,由于 PMAFs 事件缺少明确的形态、亮度等空间特征,简单地利用单幅 ASI 图像难以提取有效的特征信息,因此本部分使用时序移位模块(temporal shift module, TSM)进行时序建模,并融合空间信息。对于时序网络,本部分利用 6.3.1 节介绍的 UnAurFlow 模型估计极光光流场作为极光运动表征,结合 CBAM 模块和 ResNet-18 学习 PMAFs 的时序运动特征。

1. 时空网络

近年来,深度学习已成为视频分类领域的主流方法。以往的一些方法[58]利用 RGB 图像作为空间网络的输入,旨在提取图像中的空间信息。但是,这些方法缺乏对时序信息的建模能力,对于 PMAFs 事件这种具有较强时序相关性的分类任务,仅仅依赖 ASI 图像无法获得有效的结果。当要区分极向运动和赤道向运动时,颠倒时间顺序就会获得完全相反的结果,因此,时序建模是利用 ASI 图像序列识别 PMAFs 事件的关键。

在视频任务中,特征图可以表示为 $A \in R^{N \times C \times T \times H \times W}$,其中 N 表示小批量值,C 表示通道数,T 表示时间维度,H 和 W 是特征图的高和宽。传统的空间网络使用2D卷积神经网络,对每帧输入图像在 T 维度上相互独立地进行特征提取,没有融合帧间信息。

传统的卷积神经网络通过在空间维度上移动卷积核并通过加权求和的方式提取图像中的空间特征信息,而时序移位模块将移动卷积核改为沿着时间维度移动特征通道,提取时序特征信息。我们以一个卷积核大小为3的一维卷积为例来简单说明。假设该卷积核的权重为 $W=(w_1,w_2,w_3)$,输入一个无限长的一维向量 X,卷积运算 $Y=\mathrm{Conv}(W,X)$ 可以写为以下形式:

$$\sum Y_i = w_1 X_{i-1} + w_2 X_i + w_3 X_{i+1} \tag{6-24}$$

这种传统的卷积运算可以分解为两个步骤:在 $H \times W$ 维度移动卷积核及加权求和。时序移位模块将这种移位操作转移到 $T \times C$ 维度,就像是一个大小为3的卷积核沿着时序维度运行,使得时序感受野扩大2倍,因此,本部分的时序网络将会有一个非常大的时序感受野来进行复杂的时序建模。虽然卷积操作中的加权求和需要足够的参数量和计算成本,但时序移位模块将加权求和操作交给后续的卷积层来处理,相比基于2D CNNs的基础识别网络来说,时序移位模块没有额外的计算成本。

图6-14给出了时序移位模块的示意图。其中,图6-14(a)为一个具有 C 通道和 T 帧的维度为 $T \times C \times H \times W$ 的张量,不同帧的特征图用不同的颜色表示,用来表示移位前的原始特征图。图6-14(b)为移位部分特征通道后的张量,不同的颜色表示不同时间维度的特征图,虚线箭头表示该通道的移位方向,

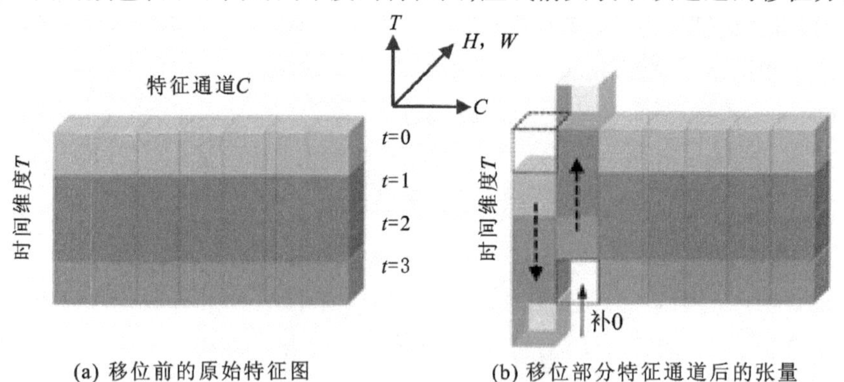

图6-14　时序移位模块示意图

可见一部分特征通道沿着时间维度向前移动了一个维度，还有一部分特征通道沿着时间轴向后移动了一个维度，超出部分的特征通道被直接删除，并对空出来的部分进行补0。这种双向移位操作能够将“过去”帧与“未来”帧进行混合，融合时序维度上的上下文信息。

Wu 等人[59]在图像分类任务中也使用了类似的空间移位策略，但这种策略用在时序建模上会带来一些问题：① 数据移动量过大，会导致模型效率下降。虽然移位操作不需要计算，但它涉及数据的移动。数据移动增加了硬件上的内存压力和识别延迟。当这种效应用在行为识别网络中时，由于视频任务的特征图尺寸较大，延迟往往会更大。根据文献[60]中提供的数据，当移动全部特征通道时，CPU 延迟增加了 13.7%，GPU 延迟增加了 12.4%，这使得模型的推理速度变慢。② 显而易见的是，通道移位会放弃部分空间特征，如果移动太多通道会严重损害网络的空间建模能力，导致模型性能下降。

为了解决上述的两个问题，本部分尝试了以下两种方式进行改进：① 仅对一部分特征通道进行移位，而不是移动所有通道，保持一定数量的空间特征信息。② 在 ResNet－18 中嵌入时序移位模块。一种直接的嵌入方式是在每个卷积层或残差模块之前进行时序移位，如图 6－15(a)所示，本部分将这种嵌入方式称为提前移位。然而，这种移位方式会丢失当前帧存储在被移位通道中的空间特征信息，影响模型的空间特征学习能力，尤其是在移动较多比例的通道时。另一种嵌入方式是将时序移位模块放在 ResNet－18 的残差模块的残差分支中，如图 6－15(b)所示，本部分将这种形式的移位称为残差移位。残差移位可以解决提前移位造成的空间特征学习问题，因为利用残差模块进行通道移位时，原始特征图中的信息不会受到任何影响。在后续的内容中，本部分将通过实验来比较不同的嵌入策略与移位通道比例效果。

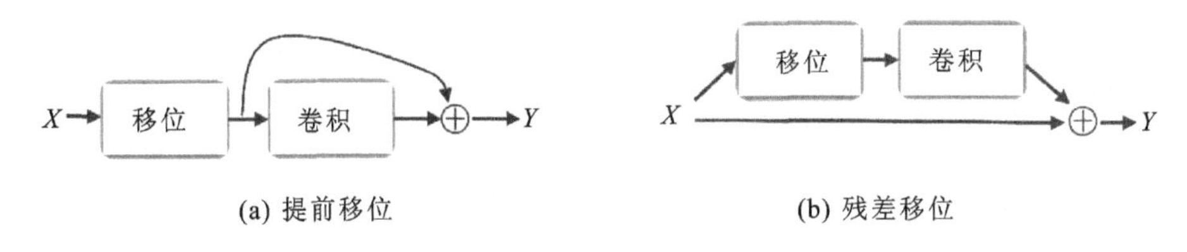

(a) 提前移位　　(b) 残差移位

图 6－15　时序移位模块的两种嵌入策略

2. 时序网络

在上一部分中，我们将时序移位模块嵌入 ResNet－18 的残差模块中，使模型不仅学习了 ASI 图像中的空间特征信息,还融合了相邻帧之间的时序信息。但是,PMAFs 事件的主要特征是朝着极向方向移动的运动信息,搭建一个针对时序信息的网络对于 PMAFs 事件识别任务更为重要。以往的双流网络方法中的时序网络利用帧间稠密光流场作为输入,这样的输入直接提供了视频帧间运动信息,能够较容易地实现事件识别。但是现有的光流场估计方法大多基于亮度不变假设,直接用于极光数据可能难以计算出有效的极光光流场。因此,我们利用上一节提出的 UnAurFlow 模型估计极光光流场。

早期的双流网络[58]仅从视频样本中提取一小段序列用于预测,缺乏整合较长时序结构的能力。而 PMAFs 事件的持续时间一般为 2 ~ 15 min,某些事件中可能还包含极向运动趋势变化较大或处于过渡的阶段。仅仅依靠提高输入序列的时序长度会产生过多的计算成本,过长的图像序列可能会提供冗余的空间信息,限制在实际情况中的应用。因此,本部分采用时序分段网络(temporal segment networks,TSN)提出的稀疏时序采样策略,从长视频序列中提取多个较短的视频片段样本,样本沿时间方向均匀分布。从某种意义上来说,TSN 能够对整个视频的较长持续时间的结构进行建模。此外,这种稀疏采样策略以极低的成本保存相关信息,从而在合理的时间和计算资源预算下实现长视频序列的端到端学习。

除此之外,相比于行为识别领域的其他研究对象,极光事件类型更为多样。在 ASI 图像中的不同区域,多种运动形式都有可能同时发生,掺杂在一起的运动形式给 PMAFs 事件自动识别带来了挑战。本部分将 CBAM 注意力模块引入时序网络中。注意力机制不仅能够告诉我们应该把注意力放在哪里,还能提高模型对于特征的表征能力,从而使得网络聚焦于"重要"的特征,抑制那些"不重要"的特征。如图 6 - 16 所示,本部分在 ResNet - 18 的残差模块分支中依次嵌入通道注意力模块和空间注意力模块,使得 ResNet - 18 的残差模块可以自适应

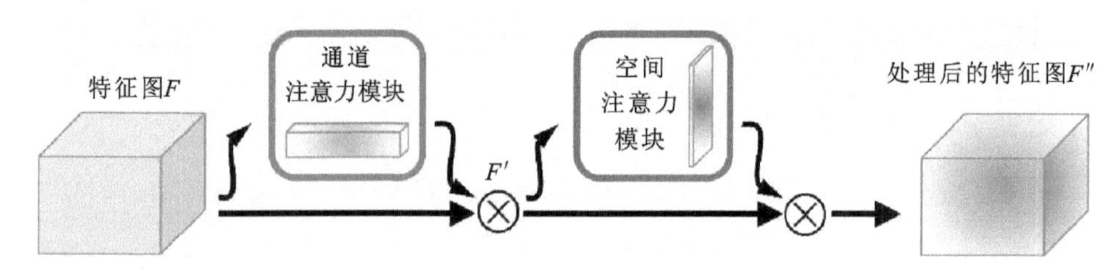

图 6 - 16　CBAM 模块概览

地处理特征张量，以便模型能够在通道和空间维度上分别学习到要关注的特征"是什么"和"在哪里"，有效地帮助特征信息在网络中的传递。

本部分的时序网络与6.3.1节中的PMAFs事件自动识别方法相同，将CBAM嵌入ResNet-18的每一个残差模块分支中作为本部分的时序网络，并采用稀疏时序采样策略从每一个事件的光流场序列中随机采样三个片段作为输入，每个片段共享时序网络的参数。接下来，我们将介绍时空网络和时序网络的实现细节，以及两个网络的融合方式，利用实验证明本部分提出的PMAFs双流模型的准确性和有效性。

6.3.2.2 实验结果与分析

1. 实验细节

在本部分中，我们利用AuReG24D数据集对模型进行实验，使用与6.3.1节中相同的方式进行数据增强。时空网络和时序网络在训练阶段是相互独立的，只有在测试时使用后期融合的方法融合模型输出。

在训练阶段，对于时空网络，本部分使用ImageNet数据集预训练的ResNet-18作为基础网络，每个残差模块的分支中加入一个时序移位模块，给定一个序列样本，首先从序列中采样8帧ASI图像作为输入，时序网络分别处理每一帧图像，取8帧图像的输出置信度的平均值作为该序列样本的最终预测得分。在实验过程中，我们使用Adam优化器（$\beta_1=0.9$，$\beta_2=0.999$）和反向传播原理来优化学习网络的参数权重，使用交叉熵作为损失函数，小批量值设为32，训练总轮次为55，丢弃率和权重衰减分别设置为0.8和0.000 4。初始学习率设置为0.000 2，分别在第20和第35个训练轮次时降为50%。对于时序网络，本部分采用在6.3.1节中训练好的模型。

在测试阶段，时空网络从序列样本中随机采样8帧作为输入，独立处理每一帧图像后，取输出置信度的平均值作为该序列样本的最终预测。为了检验本部分提出的PMAFs双流识别网络的有效性，分别测试了两个网络的识别准确率，并使用加权平均的方式融合时空网络和时序网络的预测分数。在后续的实验中，我们测试了不同权重比例的融合方式。

2. PMAFs识别实验结果

为了验证我们的猜想，本部分在AuReG24D数据集上比较了提前移位和残差移位的识别性能，并在不同移位通道比例下进行了实验，每一次的网络输入为从一个序列样本中按时间顺序随机采样的8帧ASI极光图像。实验结果如

图 6 - 17 所示,移位通道比例为 0 表示不采用时序移位策略,即仅使用 ResNet - 18 基础网络;移位通道比例为 1 表示移动所有特征通道。从图 6 - 17 可以看出,无论对多少比例的通道进行移位,残差移位都获得了较提前移位更好的识别效果。同时,依赖于时序移位模块的时序建模能力,即使将所有特征通道都移动到了相邻帧中,移位策略仍然获得了比 ResNet - 18 基础网络更好的识别效果。此外,我们还发现模型的识别性能与移位通道比例有关:如果移位比例太小,模型的时序建模能力不足以处理复杂的时序信息;如果移位比例过大,模型的空间特征学习能力也可能受到影响。本部分发现在利用残差移位策略时,对 1/2 的特征通道进行移位能够获得最优的模型性能。因此,本部分的其余部分都将使用残差移位策略,并将移位通道比例设置为 1/2(即向前移位 1/4 个通道,向后移位 1/4 个通道)。

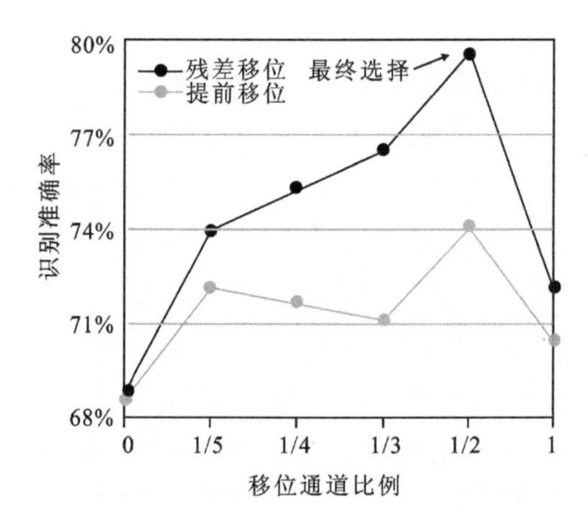

图 6 - 17　残差移位与提前移位在不同移位通道比例下的识别准确率

为了探索适合于时空网络与时序网络的融合权重,本部分首先利用 AuReG24D 的测试集对最佳性能下的时空网络和时序网络进行了测试,分别取得了 79.6% 和 85.4% 的识别准确率。然后,本部分尝试了使用不同的权重比例融合两个网络的输出分数,见表 6 - 4。从表中可以看出,当赋予时序网络的权重较低时,融合后的识别准确率较低,表明对于 PMAFs 识别任务来说,时序特征信息更为重要。结果显示,当时空网络与时序网络的权重分别为 1 和 1.5 时,融合后的准确率最高。因此,本部分的后续实验中,都将采用这个设置。

表6-4 PMAFs双流识别模型融合实验

时空网络权重	时序网络权重	识别准确率
2	1	84.3%
1.5	1	84.5%
1.2	1	84.8%
1	1	85.1%
1	1.2	85.4%
1	1.5	86.0%
1	2	85.6%

表6-5给出了本部分提出的PMAFs双流识别模型中的不同网络组成架构在AuReG24D数据集上的测试结果。对于每一天的识别准确率，取正类准确率与负类准确率的平均值；对于表中最后一列的平均准确率，取四天准确率的平均值。2004/11/23、2004/11/24、2004/12/26的数据中有云层和月光干扰，2004/11/30的天气较为晴朗。从表中可以看出，2004/11/24的准确率较低，造成这一结果的原因可能是由于这两日的数据中包含较多的辐射冕状极光的极向运动，这种极光结构的强度较低，从Keogram图中很难看出明显的极向运动，而AuReG24D训练集中的349个PMAFs事件是利用Keogram图粗略标记结果进行粗挑选，再利用ASI图像序列筛选得到的，这导致我们的训练数据中缺少此种类型的极光结构。而2004/11/23受到天气状况的影响，极光强度整体偏低，虽然时序网络得益于UnAurFlow方法提取了有效的极光运动表征没有受到过多影响，但是受到时空网络的影响降低了融合后的准确率。而天气较好的2004/11/30在融合两个网络以后，准确率达到了91.1%。

表6-5 PMAFs双流识别模型中不同网络组成架构在AuReG24D数据集上的测试结果

网络组成架构	极光观测日期				平均准确率
	2004/11/23	2004/11/24	2004/11/30	2004/12/26	
时空网络	74.8%	73.6%	83.8%	84.1%	79.1%
时序网络	83.8%	81.9%	88.7%	85.0%	84.9%
PMAFs双流识别模型	81.7%	80.3%	91.1%	86.9%	85.0%

表6-6给出了本部分提出的PMAFs双流识别模型与现有双流网络方法的识别准确率比较。其中,双流ResNet-18模型和Simonyan等人[58]的空间网络部分仅采样单帧ASI图像作为输入,时序网络使用基于UnAurFlow模型的10帧堆叠极光光流场作为输入;TSN模型[61]使用BNinception网络[62]作为基础识别网络,其空间网络使用从序列中采样的3帧ASI图像分别作为输入,取三个输出置信度的平均值作为序列预测,时序网络同样使用基于UnAurFlow模型的10帧堆叠极光光流场作为输入。三个模型统一使用平均融合的方法进行后期融合。从表中可以看出,由于双流ResNet-18模型、Simonyan等人和TSN模型的空间网络没有针对PMAFs进行时序建模,不能推断ASI图像之间的时间顺序或时序相关性,因此,本部分的时空网络较其他现有方法的空间网络提高了至少10.2%的识别准确率。由于使用了UnAurFlow模型提取的极光光流场,这些方法的时序网络都取得了较好的表现。而在添加了CBAM后,模型具有更好的表征能力,显著提升了时序网络的识别效果。在进行分数融合后,空间网络较差的性能使得双流ResNet-18模型、Simonyan等人和TSN模型的准确率有所下降,而TSM和CBAM为TSN方法提供了时序建模能力,增强了特定区域的表征,在一定程度上提升了PMAFs识别效果。综上所述,相较于现有的双流网络算法,本部分的时空网络和时序网络都具有非常明显的优势,在融合了两个网络以后也取得了最高的PMAFs识别准确率,证明了该模型对于PMAFs事件识别是非常有效的。

表6-6 PMAFs双流识别模型与现有双流网络方法的识别准确率比较

双流模型	空间/时空网络	时序网络	分数融合
Simonyan等人[58]	65.4%	82.6%	80.6%
TSN[61]	69.4%	80.7%	79.5%
双流ResNet-18	64.9%	84.3%	81.9%
ResNet-18_{TSM}	79.6%	83.5%	84.6%
ResNet-$18_{TSM+CBAM}$(Ours)	79.6%	85.4%	86.0%

图6-18给出了两个本部分模型识别到的PMAF和非PMAF示例。从图6-18(a)中可以清楚地看到极光在ASI图像序列中朝着极向方向运动,但是,由于该PMAF事件没有出现在图像的磁子午线上,因此它没有反映在Keogram图中。当依靠Keogram图人工识别PMAFs事件时,这种极光事件通常会被忽

略。在图6－18(b)的Keogram图中,有一个沿着时间轴倾斜向上的结构,这通常被认为是极向运动的典型特征。但是,通过观察ASI图像序列,我们可以发现它实际上是一条从东北向西南移动的极光弧,属于伪PMAF事件。这两个示例表明了以往仅依靠Keogram图识别PMAFs事件的局限性,而本部分提出的PMAFs识别模型能够准确地识别出从Keogram图中难以辨认的PMAFs与非PMAFs事件。

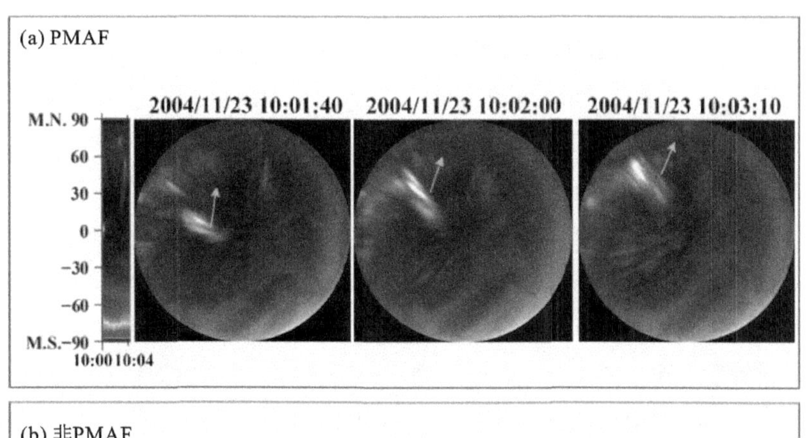

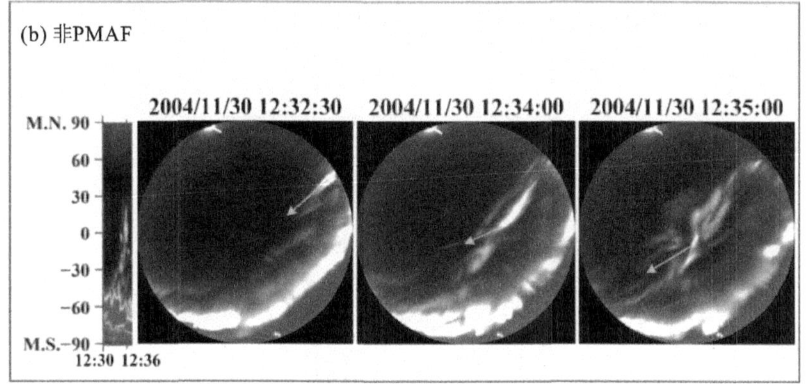

左边的坐标图是该序列发生时段的Keogram图(M. N.和M. S.分别表示地磁北极和地磁南极,y轴表示天顶角,x轴为时间轴),右侧的三幅图像是从该序列中采样的ASI极光图像。

图6－18　利用双流PMAFs模型识别到的PMAF和非PMAF示例(彩图另见附页)

6.3.2.3　PMAFs统计结果分析

上文中的实验结果证明了本部分提出的双流PMAFs识别模型能够有效地识别PMAFs事件。极光研究人员通常要从更大的极光数据库中快速地找出需要的事件,因此,本部分使用训练好的双流PMAFs识别模型从未标记的AuStaG9D 数据集中来进行 PMAFs 事件识别。

在该实验中,本部分共识别出 746 个 PMAFs 和 2494 个非 PMAFs,PMAFs 和非 PMAFs 的数量比例是 29.9%,这与 Yang 等人[31]的数据(人工标记的结果为 33.1%)非常接近。图 6-19 给出了识别到的 PMAFs 事件的时间分布规律,时间轴按照 2 min 为间隔进行划分。其中 06:00—09:00 MLT 和 15:00—18:00 MLT 时段共识别到 197 个 PMAFs(占比 197/746 = 26.4%),而 09:00—15:00 MLT 时段共识别到 549 个 PMAFs(占比 549/746 = 73.6%),可以明显地看出 PMAFs 集中分布在 09:00—15:00 MLT,这与 PMAFs 的发生规律[1]非常一致。同时,从图中可以看出 PMAFs 在午前午后几乎呈对称分布,分别有 293 个和 256 个 PMAFs 发生在午前(09:00—12:00 MLT)和午后(12:00—15:00 MLT),且在磁正午(12:00 MLT)附近 PMAFs 发生率有明显降低,这对应于 PMAFs 在正午附近的较弱极光活动区,称为"正午间隙区"[3,7]。本部分的实验结果与 Xing 等人[63]对 PMAFs 的统计研究结果(如图 6-20 所示)吻合,说明了本方法的有效性。而相比 Xing 等人[63]的统计结果,本部分的识别结果中 PMAFs 在磁正午附近的发生率下降不多,这是因为本部分是从 ASI 图像序列中进行识别,包含了 Keogram 图中未能体现的情况,也可能是由于本部分所用的统计样本不够多造成的。

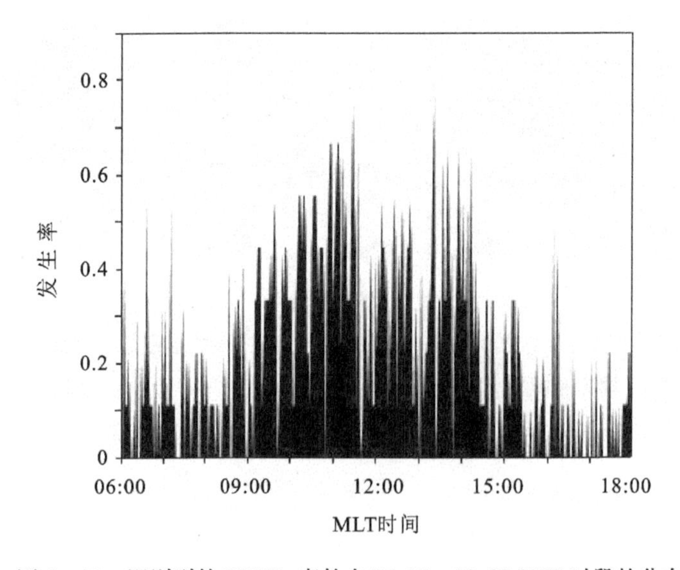

图 6-19 识别到的 PMAFs 事件在 06:00—18:00 MLT 时段的分布规律

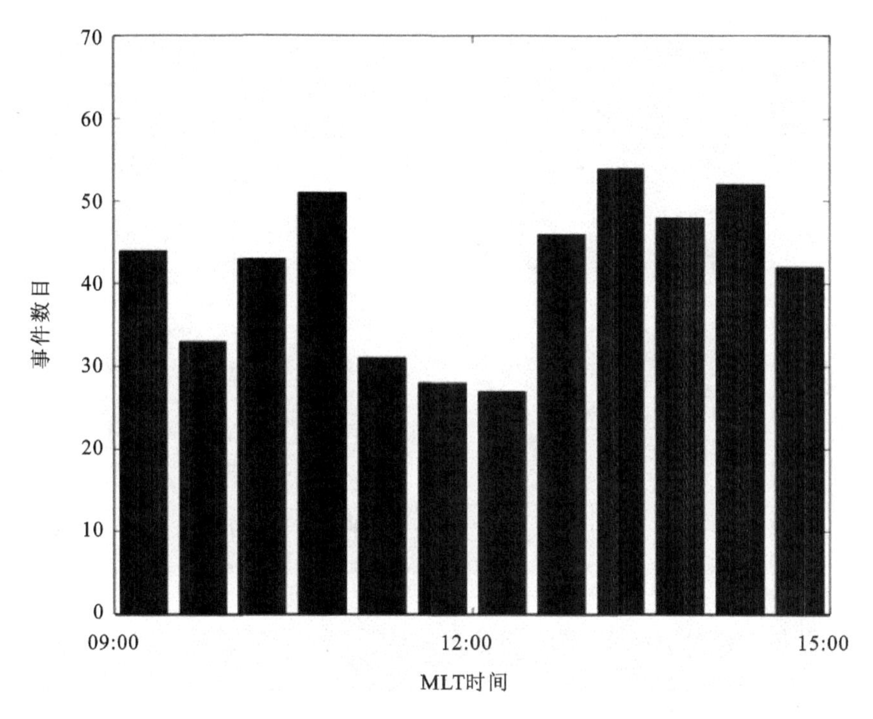

图6-20 PMAFs事件随磁地方时(MLT)的分布[63]

极光形态各异、变化无常,PMAFs类内差异大,其活动周期、持续时间、运动速度和空间结构都存在或大或小的差异。图6-21给出了模型从AuStaG9D数据集中识别到的四个PMAFs发生时段的Keogram图和对应的ASI极光图像,为了能尽量明显地展示极向运动特征,本部分从每个事件中以不同时间间隔采样了几幅ASI图像。从ASI图像序列中可以看出,这些极光的二维空间结构各不相同,持续时间和运动速度也有所差异,且都包含不同类型的混合态极光结构。其中,图6-21(d)中的热点状极光的空间结构与运动方式较为复杂,仅利用二维静态图像和Keogram图均难以看出极向运动。然而,我们通过对ASI视频序列的观察,证明了这些事件都具有明显的极向运动特征。这进一步证明了本部分的方法从ASI图像序列中识别PMAFs的鲁棒性和普适性。

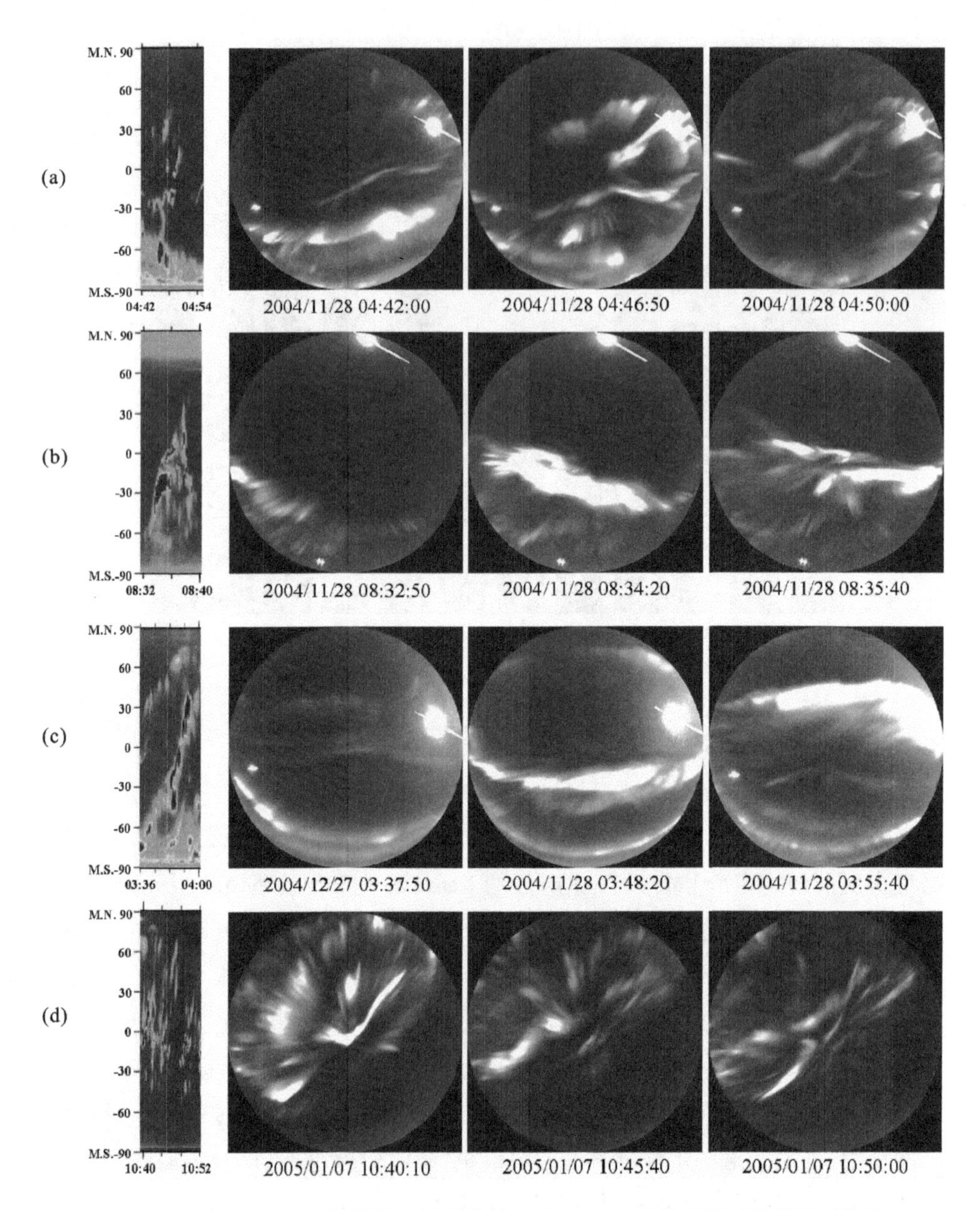

图 6-21 从 AuStaG9D 数据集中识别出的四个 PMAFs 事件示例(彩图另见附页)

6.3.2.4 小结

本部分提出了一个包含时空网络和时序网络的双流 PMAFs 识别模型。考虑到 PMAFs 事件的主要特征表现在其运动特性,而现有的双流方法中空间网络缺乏对 ASI 序列中的时序信息进行建模的能力,本部分将时序移位模块嵌入

ResNet－18 中构建时空网络，使得该网络不仅能够有效获得 ASI 序列中的时序信息，还能保持网络原有的空间特征学习能力，实现了直接利用 ASI 图像序列进行 PMAFs 自动识别。考虑到极光运动较为复杂，本部分基于 UnAurFlow 模型提取的极光光流场，结合 CBAM 注意力模块构建时序网络，分别从通道维度和空间维度增强时序网络的特征学习能力。实验结果表明：一方面，时空网络能够有效地从 ASI 序列中学习到具有表征能力的极光特征，仅利用时序网络就获得了比现有双流方法更好的 PMAFs 识别效果；另一方面，CBAM 能够自适应地帮助网络关注更重要的特征信息，将其与 ResNet－18 进行结合可以进一步提高识别模型的性能。本部分利用后期融合的方式结合了时空网络与时序网络，在北极黄河站四天的 ASI 观测数据中获得了 86% 的识别准确率。最后的 PMAFs 统计实验表明，本部分提出的方法能够用于大型极光数据库的 PMAFs 识别，可以作为 PMAFs 有效的自动化分析工具。

6.4　基于时序差分网络的 PMAFs 自动识别

从 6.1 和 6.3 节我们已经知道，利用深度学习技术从大量的全天空极光图像序列中自动识别出 PMAFs 存在着以下的一些难点：首先，极光的形状千变万化，不存在固定的形态，同时极光的运动方向也没有任何规律，多种运动形态共存的现象也会出现，而把深度学习中的一些分类方法直接用于 PMAFs 识别效果往往不理想。其次，PMAFs 没有具体形态特征，只有极向移动的特点，所以全天空图像序列中的时序信息对识别出 PMAFs 是最重要的。虽然以往的 PMAFs 的研究中也有一些算法在 PMAFs 识别实验上表现良好，如 Tang 等人[64]利用 3D 卷积神经网络方法和 Yang 等人[65]提出的 UnAurFlow 光流方法，但它们都存在耗时长、成本高的缺点。考虑到日益增长的庞大极光数据，故本节旨在研究一种较低计算消耗、较少参数和耗时少的轻量级 PMAFs 自动识别方法。

6.4.1　基于时序差分网络的 PMAFs 自动识别模型

针对 3D 卷积神经网络和光流耗时长、消耗内存大和效率低等缺点，本节在 Resnet－50 的基础上提出了一个用于自动识别 PMAFs 的轻量级时序差分模型（temporal difference network for PMAFs，TDN－PMAFs）。Resnet－50 是一个拥有 50 层残差网络的架构，分为五个阶段，其中阶段 0 结构比较简单，可以认为是对输入的预处理阶段。阶段 1 的输出尺寸相比输入缩小了一半,阶段 2 到阶段 4 的结构类似于阶段 1。网络最后通过 FC 层经过 Softmax 函数后获得最后的分类概率。

TDN - PMAFs 模型如图 6 - 22 所示,在 Resnet - 50 的网络架构上搭建了新的差分模块实现时序动作信息建模。TDN - PMAFs 包括短时间 ASI 图像差分模块(short - term ASI image temporal difference module,SA - TDM)和长时间特征图差分模块(long - term feature temporal difference module,LF - TDM)。SA - TDM 对输入的连续 ASI 图像使用减法计算帧间像素差异,并且考虑到相邻连续帧之间的空间信息十分相似,对每帧图像都计算空间信息会产生大量冗余,故 SA - TDM 只对中间的一帧图像下采样计算空间信息,而所有输入的连续帧都会两两计算帧间差异以描述局部极光运动信息,从而提取 PMAFs 信息。LF - TDM 对稀疏采样后的 ASI 图像的特征图使用减法计算帧间特征差异,使得 2D 卷积神经网络可以学习全局运动特征。因为 LF - TDM 的输入是稀疏采样后的 ASI 图像,相邻帧之间的运动偏移可能会较大,但是这个模块内存在的空间下采样和卷积操作都扩大了感受野,因此在对特征图进行计算帧间差异时影响较小。这种多尺度的时序差分方法以极低的计算消耗用 2D - CNNs 的方式实现了 3D - CNNs 的时空建模,同时也是替代光流作为运动表示的有效轻量级方法。以下两小节对两个差分模块进行详细介绍。

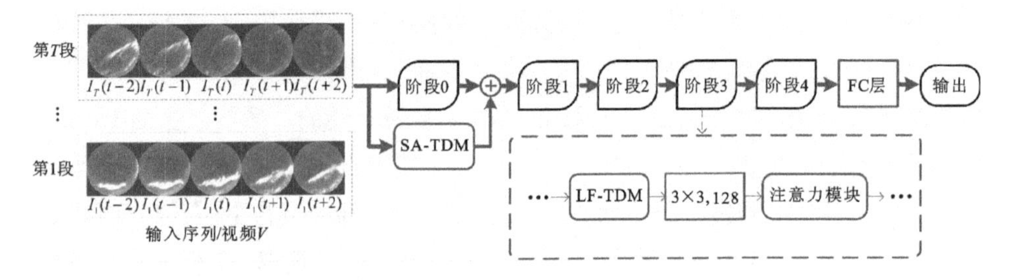

图 6 - 22　TDN - PMAFs 示意图

1. 短时间 ASI 图像差分模块

本节提出的 TDN - PMAFs 首先将输入的极光视频 V 均分成互不重叠等长的 T 段视频,然后每一段视频随机采样一帧图像共获得 T 帧图像,表示为 $I=[I_1,\cdots,I_T]$。将这些帧分别送入 Resnet - 50 网络,得到帧级别的特征 $F=[F_1,\cdots,F_T]$。而短时间差分模块的作用便是为这些帧级别的特征提供局部运动信息,以增强这些特征的时序表征能力。

由于相邻帧之间的信息非常相似，直接堆叠相邻帧的特征会存在着大量冗余。因此，如图6－23短时间差分模块所示，本节首先在网络的早期层进行低级特征提取，只对采样图像帧 I_m 卷积计算空间信息；再以一帧采样图像 I_m 为中心可以得到一个局部时间窗口 $[I_m(t-2), I_m(t-1), I_m(t), I_m(t+1), I_m(t+2)]$，其中每两帧可以获得一个时序RGB差分特征 D，然后再将4个差分特征沿着通道维度进行堆叠即可获得以采样图像帧 I_m 为中心的堆叠差分特征 $D(I_m)=[D_{-2}, D_{-1}, D_1, D_2]$。然后对堆叠差分特征做一次下采样（卷积），再对特征进行上采样恢复原始大小。这是因为RGB差值在大多数区域表现出非常小的值，只有在运动明显的位置才会有很高的响应值。因此，通过先下采样再上采样的操作获得的运动信息并不会有太多损失，同时还可以大大降低计算量。之后将恢复的差分特征和 I_m 的特征进行残差连接融合作为短时间差分模块的输出，使得单个图像帧的特征能够学习到局部运动信息。

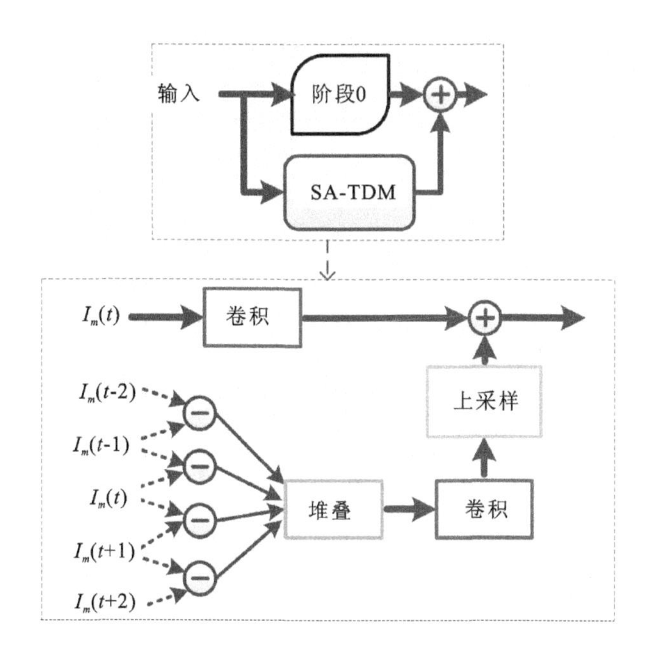

图6－23　短时间ASI图像差分模块示意图

2. 长时间特征图差分模块

经过短时间差分模块增强的帧级别特征能够极强地表征局部时间的时空信息，但是这样特征表示的感受野受到很大限制，无法对全局时序信息进行建模。因此本节的长时间特征图差分模块通过跨时间段信息来增强感受野获得全局时间信息。

如图 6－24 所示,作为 T 段视频段代表的采样帧 $I=[I_1,\cdots,I_T]$ 经过短时间差分模块后得到特征 $F=[F_1,\cdots,F_T]$ 作为长时间特征图差分模块的输入。为了避免跨段帧之间的运动偏移较大,特征直接相减可能会出现空间定位失准的问题。因此在特征差分相减之前,先对特征进行空间平滑的通道卷积以对准图像特征再计算差分特征。并且本节对差分特征进行多空间尺度卷积,再对卷积得到的特征进行融合,以提取不同感受野下的运动信息。另外跨时间段帧的特征差分是双向的,而且计算得到的差分特征经过一个 Sigmoid 激活函数产生门控权重与差分前的特征 $F=[F_1,\cdots,F_T]$ 进行加权融合。通过这样双向和权重注意力的方式可以有效地增强跨段帧的特征表示,实现全局信息的建模。

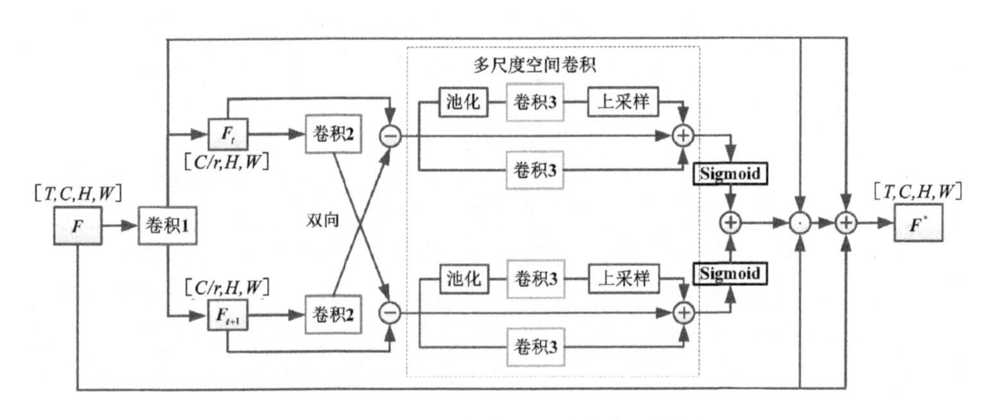

图 6－24　长时间特征图差分模块示意图

6.4.2　实验结果与分析

1. 数据集

本节所用的数据来源于北极黄河站用全天空成像仪观测到的 557.7 nm 波段的极光数据。本实验对 2003 年 12 月 21 日至 2003 年 12 月 25 日观测到的数据进行人工标注,共得到 221 个 PMAFs 和 329 个非 PMAFs。这些 PMAFs 的持续时间从 2～18 min 不等,非 PMAFs 在形态、亮度和持续时间上有明显的差异。实验对数据采取与 2.1.2 节同样的预处理方法,最后得到极光的极向运动方向即为图像的正上方,且图像大小为 440×440。

2. 评价指标

和6.2.3节类似,本节也采用准确率(accuracy)、精确率(precision)、召回率(recall)、F1值(也写作F1S)来评估识别效果。此外本节还引入了浮点运算量(floating point operations,FLOPs)和参数量(parameters,Param),分别用来衡量模型的复杂度和参数量。

3. 实验设置

本节实验采用ImageNet数据集预训练的ResNet-50作为基础网络。实验设置视频段$T=8$,即将输入视频划分成等长无重叠的8段,每一段采样一帧,SA-TDM的输入是以采样帧为中心的连续5帧图像。在实验过程中,本节使用随机梯度下降(SGD)优化器和反向传播原理来优化网络参数。其中动量设置为0.9,批量值设置为8,初始学习率为0.01,丢弃率和权重衰减分别设置为0.5和0.000 5,共35个训练轮次(epoch),分别在第10、15、25和30个训练轮次处下降学习率。

4. 实验结果分析

为了验证TDN-PMAFs中的差分模块和最后采用的注意力方法的有效性,本节先设计了消融实验进行说明。具体地,本实验以基于Resnet-50的分段网络(参考TSN[61],记作TSN-Resnet50)作为基准网络,测试其在PMAFs识别任务上的性能,然后依次添加两个差分模块和注意力机制进行对比。本实验共使用了SKNet[65]、ECANet[66]和CBAM[56]三种注意力机制进行对照,以实现最佳的PMAFs识别效果。

可选择的卷积核注意力机制(selective kernel convolution network,SKNet)是一种当输入的卷积核感受野和参数权重都不同情况下可以自适应对输出进行处理的注意力模块。高效通道注意力模块(efficient channel attention module,ECANet)是一种不降维的局部跨通道交互和自适应确定卷积核大小的注意力机制。基于卷积块的注意力机制(convolutional block attention module,CBAM)是一种即插即用的融合通道注意力和空间注意力的轻量级模块。

短时间ASI图像差分模块(SA-TDM)、长时间特征图差分模块(LF-TDM),两个差分模块相结合[(SA+LF)-TDM],以及分别加上上述三个注意力模块的各个实验对比结果见表6-7,表中各种指标数值越大表明所采用的算法性能越好。

表6－7　消融实验结果

模块类型	准确率	召回率	精确率	F1
TSN－Resnet50	67.45%	85.07%	56.29%	0.678
TSN－Resnet50＋SA－TDM	91.09%	89.59%	88.39%	0.890
TSN－Resnet50＋LF－TDM	91.64%	85.07%	93.53%	0.891
TSN－Resnet50 ＋(SA＋LF)－TDM	91.82%	88.69%	89.49%	0.883
TSN－Resnet50 ＋(SA＋LF)－TDM ＋SKNet	89.27%	93.67%	82.14%	0.875
TSN－Resnet50 ＋(SA＋LF)－TDM ＋ECANet	91.82%	90.05%	89.64%	0.898
TSN－Resnet50 ＋(SA＋LF)－TDM ＋ CBAM	92.18%	86.88%	93.20%	0.899

由表6－7中第一行和第二行可得,TSN－Resnet50＋SA－TDM相比于基准网络TSN－Resnet50识别率提升了23.64%,召回率提升了4.52%,精确率提升了32.10%,综合考虑召回率和精确率的情况下F1提升了0.212。这说明短时间差分模块捕捉到的局部时间信息对于PMAFs识别来说是至关重要的,极大地提升了识别性能。

由表6－7中第一行和第三行可得,TSN－Resnet50＋LF－TDM相比于基准网络TSN－Resnet50识别率提升了24.19%,精确率提升了37.24%,综合考虑召回率和精确率的情况下F1提升了0.213。结果说明长时间模块提取到的全局时间信息对PMAFs的识别也起了关键作用。结合表中第四行,当两个差分模块结合时,PMAFs的识别结果得到了进一步的提升,这说明两个模块具有互补性,能全面地表征PMAFs的时序信息。

最后综合分析表6－7可得,本节提出的自动识别PMAFs的时序差分方法TSN－Resnet50＋(SA＋LF)－TDM＋CBAM相比于TSN－Resnet50识别效果提升很明显,在准确率上提升24.73%,在召回率上提升1.81%,在精确率上提升36.91%,综合考虑召回率和精确率的情况下F1提升了0.221。这说明本节的时序差分方法能有效地学习到PMAFs时序运动信息。在增加了注意力模块尤其是CBAM后,PMAFs的识别效果又进一步地提升,表明注意力模块使得模型更好地表征了PMAFs的时序信息,从而提升了网络性能。

本小节除了上述消融对比实验外,为了说明TDN－PMAFs方法的有效性还与之前在PMAFs识别上采用的3D卷积神经网络[64]、基于UnAurFlow光流方法[65]的 TSN、TSM[60]和 PA – Net[68]进行了对比，结果见表 6 – 8。

表 6 – 8　时序差分网络结果与现有方法结果对比

模块	准确率	召回率	精确率	F1	FLOPs(G)	#Param(M)
3D – CNNs[63]	<87.0%	—	—	—	154	78.4
TSN + UnAurFlow[64]	89.82%	82.35%	85.85%	0.841	> >33	> >24.3
TSM[60]	81.27%	77.38%	76.34%	0.769	33	24.3
PA – Net[67]	89.69%	85.53%	88.96%	0.872	33	24.6
TDN – PMAFs	92.18%	86.88%	93.20%	0.899	36	26.1

通过表 6 – 7 和表 6 – 8 可知，短时间模块和长时间模块在 PMAFs 识别上都超过了现有的光流方法和 3D 卷积网络方法，而增加 CBAM 注意力模块后的 TDN – PMAFs 方法在 PMAFs 识别上取得了最好的结果且算法复杂度和参数量都远小于光流方法和 3D – CNNs 方法，是可以替代光流方法和 3D – CNNs 方法作为 PMAFs 识别的有效轻量级方法。

5. 特征可视化

为了定性地验证时序差分模型在捕捉 PMAFs 特征方面的有效性，本节使用梯度加权类激活映射（gradient – weighted class activation mapping，Grad – CAM）[57]将特征可视化如图 6 – 25 所示。Grad – CAM 是一种用于可视化 CNN 模型的注意力机制，其原理是基于反向传播的梯度信息。首先，输入图像通过深度神经网络进行前向传播，得到最后一层的特征图。然后，对于所需的类别，计算最后一层特征图对该类别得分的梯度。这些梯度反映了特征图中每个位置对于该类别的重要性。将梯度和最后一层特征图进行加权，得到每个位置的重要性权重。最后，将加权的特征图进行汇总或者平均，生成一个热力图，该热力图显示了输入图像中哪些区域在网络对某一特定类别的预测中起到了重要作用。Grad – CAM 的优点在于它能够以可视化的方式提供对网络决策的解释，帮助理解网络对于不同类别的预测依据。热力图中红色越深表示模型该区域对于最终预测结果的贡献越大，对此部分图像关注度越高；模型对黄色部分图像的关注度次之；蓝色部分特征表示对目标检测识别的影响较小，模型认为此部分为冗余信息。

对于图 6 – 25 中的每个事件，第一列是按时间顺序排列的连续 ASI 图像，第二列是由时序差分模型的最后一个卷积层激活计算的 Grad – CAM 热力图，第一列中的虚线是用来辅助定位的。

具体来说,在图6-25(a)的第一列中,极光弧1和极光弧2显示的是向上运动。第二列中显示的从最后一个卷积层激活计算出来的热力图突出了极光弧1和极光弧2所在的极向运动区域。在图6-25(b)中,从ASI图像中我们可以看到极光弧1显示为向上运动,而极光弧2为非极向运动,显示静止和向下运动。在第二列中,热力图突出了极光弧1所在的PMAFs区域,而未关注非极向运动区域。从这两个PMAFs中可以看出,时序差分模型可以很好地捕捉极光图像序列/视频中的运动状态,并能关注PMAFs所在的位置。

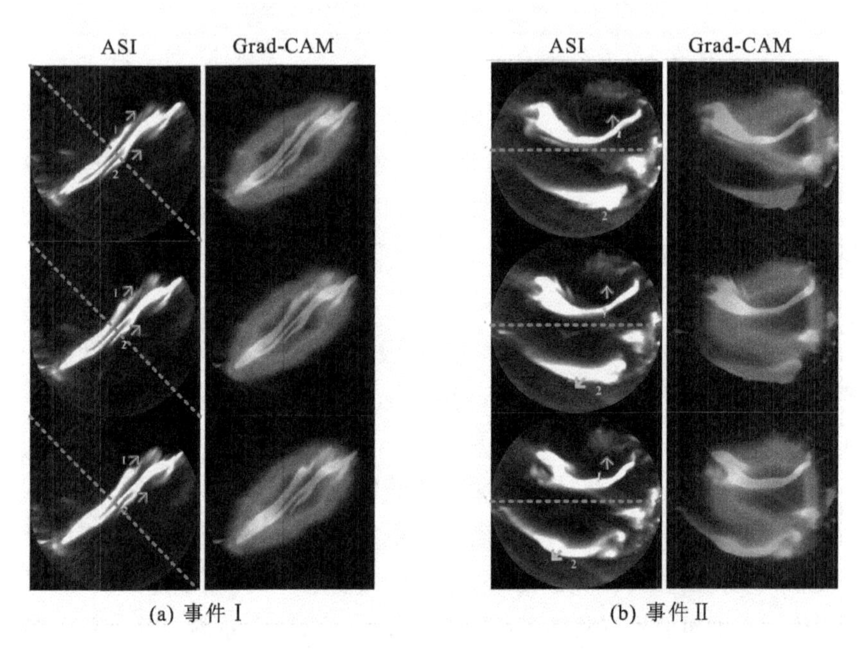

图6-25 ASI图像和对应的Grad-CAM激活图可视化(彩图另见附页)

6.4.3 小结

本节根据PMAFs的运动特点,结合以往研究中3D卷积神经网络和光流方法存在的计算成本巨大、消耗内存大、效率不高等的缺点,提出了一种自动识别PMAFs的轻量级时序差分算法。为了让网络能有效地学习到局部运动信息和全局运动信息,时序差分模型包括短时间ASI图像差分模块和长时间特征图差分模块。SA-TDM对输入的连续ASI图像使用减法计算帧间像素差异以捕获局部PMAFs运动信息,并只对连续帧最中间的一帧图像卷积计算空间信息以避免相似的连续帧都进行卷积计算提取冗余空间信息。LF－TDM 对稀疏采样后的跨时间段 ASI 图像的特征图使用减法计算帧间特征差异，使得 2D 卷积神经网络可以学习全局 PMAFs 运动特征。CBAM 注意力机制让网络进一步关注更为重要的信息，提升模型性能。实验证明这种多尺度的时序差分方法结合 CBAM 注意力机制以极低的计算消耗用 2D－CNNs 的方式实现了 3D－CNNs 的时空建模，同时也是取代光流作为运动表示的有效轻量级方法，在 PMAFs 识别上取得了 92.18% 的最高识别准确度和 0.899 的最高 F1 分数，证明了本节方法的可靠性。

6.5 本章参考文献

[1] FASEL G J. Dayside poleward moving auroral forms: a statistical study[J]. Journal of geophysical research: space physics, 1995, 100(A7): 11891－11905.

[2] SANDHOLT P E, FARRUGIA C J. Role of poleward moving auroral forms in the dawn－dusk auroral precipitation asymmetries induced by IMF By[J]. Journal of geophysical research: space physics, 2007, 112(A4).

[3] SANDHOLT P E, FARRUGIA C J. Poleward moving auroral forms (PMAFs) revisited: responses of aurorae, plasma convection and Birkeland currents in the pre-and postnoon sectors under positive and negative IMF By conditions[J]. Annales geophysicae, 2007, 25(7): 1629－1652.

[4] KOZLOVSKY A, KANGAS J. Motion and origin of noon high－latitude poleward moving auroral arcs on closed magnetic field lines[J]. Journal of geophysical research: space physics, 2002, 107(A2): SMP 1－1－SMP 1－13.

[5] MILAN S E, YEOMAN T K, LESTER M, et al. Post－noon two－minute period pulsating aurora and their relationship to the dayside convection pattern[J]. Annales geophysicae, 1999, 17(7): 877－891.

[6] YANG Q, WU X. 10 challenging problems in data mining research[J]. International journal of information technology & decision making, 2006, 5(4): 597－604.

[7] BLIXT E M, SEMETER J, IVCHENKO N. Optical flow analysis of the aurora borealis[J]. IEEE geoscience and remote sensing letters, 2006, 3(1): 159－163.

[8]BARJATYA A. Block matching algorithms for motion estimation[J]. IEEE transactions evolution computation,2004,8(3):225 -239.

[9]RABINER L R. A tutorial on hidden Markov models and selected applications in speech recognition[C]. Proceedings of the IEEE,1989,77(2):257 -286.

[10]BICEGO M,MURINO V,FIGUEIREDO M A T. Similarity - based classification of sequences using hidden Markov models[J]. Pattern recognition,2004,37(12):2281 -2291.

[11]KOTSIANTIS S, KANELLOPOULOS D, PINTELAS P. Handling imbalanced datasets:a review[J]. GESTS international transactions on computer science and engineering,2006,30(1):25 -36.

[12]AKBANI R,KWEK S,JAPKOWICZ N. Applying support vector machines to imbalanced datasets[C]//Machine Learning:ECML 2004:15th European Conference on Machine Learning,Pisa,Italy,September 20 -24,2004. Proceedings 15. Springer Berlin Heidelberg,2004:39 -50.

[13]VEROPOULOS K,CAMPBELL C,CRISTIANINI N. Controlling the sensitivity of support vector machines[C]//Proceedings of the International Joint Conference on AI. 1999,55:60.

[14]FLORIN R,MILITARU D. A HMM/SVM hybrid method for speaker verification[C]//2010 8th International Conference on Communications. IEEE,2010:111 -114.

[15]HUANG B Q,DU C J,ZHANG Y B,et al. A hybrid HMM - SVM method for online handwriting symbol recognition[C]//Sixth International Conference on Intelligent Systems Design and Applications. IEEE,2006,1:887 -891.

[16]LEE H,CHOI S. Pca + hmm + svm for eeg pattern classification[C]//Seventh International Symposium on Signal Processing and Its Applications,2003. Proceedings. IEEE,2003,1:541 -544.

[17]SLOIN A,BURSHTEIN D. Support vector machine training for improved hidden markov modeling[J]. IEEE transactions on signal processing,2007,56(1):172 -188.

[18]WAN W,LIU H,WANG L,et al. A hybrid HMM/SVM classifier for motion recognition using μIMU data[C]//2007 IEEE International Conference on Robot-

ics and Biomimetics (ROBIO). IEEE,2007:115 - 120.

[19] CALLUT J, DUPONT P. Fβ support vector machines[C]//IEEE International Joint Conference on Neural Networks. IEEE, 2005

[20] BREFELD U,SCHEFFER T. AUC maximizing support vector learning[C]// Proceedings of the ICML 2005 workshop on ROC Analysis in Machine Learning,2005.

[21] JOACHIMS T. A support vector method for multivariate performance measures [C]//Proceedings of the 22nd International Conference on Machine Learning. 2005:377 - 384.

[22] LIN Z,HAO Z,YANG X. Effects of several evaluation metrics on imbalanced data learning[J]. Journal of South China University of Technology,2010,38: 147 - 155.

[23] YUAN F. A fast accumulative motion orientation model based on integral image for video smoke detection[J]. Pattern recognition letters,2008,29(7):925 - 932.

[24] FERRI C,HERNÁNDEZ - ORALLO J,MODROIU R. An experimental comparison of performance measures for classification[J]. Pattern recognition letters, 2009,30(1):27 - 38.

[25] HAND D J,TILL R J. A simple generalisation of the area under the ROC curve for multiple class classification problems[J]. Machine learning, 2001, 45: 171 - 186.

[26] CHANG C C,LIN C J. LIBSVM:a library for support vector machines[J]. ACM transactions on intelligent systems and technology (TIST),2011,2(3):1 - 27.

[27] WANG B X,JAPKOWICZ N. Boosting support vector machines for imbalanced data sets[J]. Knowledge and information systems,2010,25:1 - 20.

[28] DAVIS R I A,LOVELL B C,CAELLI T. Improved estimation of hidden markov model parameters from multiple observation sequences[C]//2002 International Conference on Pattern Recognition. IEEE,2002,2:168 - 171.

[29] WANG Q,HU H,HU Z,et al. A method for detecting the change of auroral activities based on the all - sky image sequence[J]. Chinese journal of geophysics,2015,58(5):451 - 460.

[30]张军,胡泽骏,王倩,等.基于全天空极光图像方向能量表征方法的极光事件分类[J].极地研究,2015,(3):255-263.

[31]YANG Q,LIANG J,HU Z,et al. Automatic recognition of poleward moving auroras from all-sky image sequences based on HMM and SVM[J]. Planetary and space science,2012,69(1):40-48.

[32]HORN B K P,SCHUNCK B G. Determining optical flow[J]. International society for optics and photonics,1981,17(1-3):185-203.

[33]SUN D,ROTH S,BLACK M J. Secrets of optical flow estimation and their principles[C]//2010 IEEE Computer Society Conference on COMPUTER VISIOn and PATTERN RECOGNITION. IEEE,2010:2432-2439.

[34]BROX T,MALIK J,FELLOW,et al. Large displacement optical flow:descriptor matching in variational motion estimation[J]. IEEE transactions on pattern analysis & machine intelligence,2011,33(3):500-513.

[35]REVAUD J,WEINZAEPFEL P,HARCHAOUI Z,et al. Epicflow:edge-preserving interpolation of correspondences for optical flow[C]//Proceedings of the IEEE CONFErence on Computer Vision and Pattern Recognition,2015:1164-1172.

[36]XU J,RANFTL R,KOLTUN V. Accurate optical flow via direct cost volume processing[C]//Proceedings of the IEEE Conference on Computer Vision and Pattern Recognition,2017:1289-1297.

[37]BAILER C,VARANASI K,STRICKER D. CNN-based patch matching for optical flow with thresholded hinge embedding loss[C]//Proceedings of the IEEE Conference on Computer Vision and Pattern Recognition,2017:3250-3259.

[38]KRIZHEVSKY A,SUTSKEVER I,HINTON G E. Imagenet classification with deep convolutional neural networks[J]. Advances in neural information processing systems,2012,25.

[39]DOSOVITSKIY A,FISCHER P,ILG E,et al. Flownet:Learning optical flow with convolutional networks[C]//Proceedings of the IEEE International Conference on Computer Vision,2015:2758-2766.

[40]ILG E,MAYER N,SAIKIA T,et al. Flownet 2.0:evolution of optical flow estimation with deep networks[C]//Proceedings of the IEEE Conference on Com-

puter Vision and Pattern Recognition,2017:2462 -2470.

[41]RANJAN A,BLACK M J. Optical flow estimation using a spatial pyramid network[C]//Proceedings of the IEEE Conference on Computer Vision and Pattern Recognition,2017:4161 -4170.

[42]SUN D,YANG X,LIU M Y,et al. PWC - Net:CNNs for optical flow using pyramid,warping,and cost volume[C]//Proceedings of the IEEE Conference on Computer Vision and Pattern Recognition,2018:8934 -8943.

[43]YU J J,HARLEY A W,DERPANIS K G. Back to basics:unsupervised learning of optical flow via brightness constancy and motion smoothness[C]//Computer Vision - ECCV 2016 Workshops:Amsterdam,The Netherlands,October 8 - 10 and 15 - 16,2016,Proceedings,Part III 14. Springer International Publishing, 2016:3 -10.

[44]REN Z,YAN J,NI B,et al. Unsupervised deep learning for optical flow estimation[C]//Proceedings of the AAAI Conference on Artificial Intelligence,2017, 31(1).

[45]MEISTER S,HUR J,ROTH S. Unflow:unsupervised learning of optical flow with a bidirectional census loss[C]//Proceedings of the AAAI Conference on Artificial Intelligence,2018,32(1).

[46]WANG Y,YANG Y,YANG Z,et al. Occlusion aware unsupervised learning of optical flow[C]//Proceedings of the IEEE Conference on Computer Vision and Pattern Recognition,2018:4884 -4893.

[47]ZHONG Y,JI P,WANG J,et al. Unsupervised deep epipolar flow for stationary or dynamic scenes[C]//Proceedings of the IEEE/CVF Conference on Computer Vision and Pattern Recognition,2019:12095 -12104.

[48]LIU P,KING I,LYU M R,et al. Ddflow:learning optical flow with unlabeled data distillation[C]//Proceedings of the AAAI Conference on Artificial Intelligence,2019,33(1):8770 -8777.

[49]ZABIH R,WOODFILL J. Non - parametric local transforms for computing visual correspondence[C]//Computer Vision - ECCV 94:Third European Conference on Computer Vision Stockholm,Sweden,May 2 -6 1994 Proceedings,Volume II 3. Springer Berlin Heidelberg,1994:151 -158.

[50] ROSTOKER G, AKASOFU S I, FOSTER J, et al. Magnetospheric substorms – definition and signatures[J]. Journal of geophysical research: space physics, 1980, 85: 1663 – 1668.

[51] HAN D S, HIETALA H, CHEN X C, et al. Observational properties of dayside throat aurora and implications on the possible generation mechanisms[J]. Journal of geophysical research: space physics, 2017.

[52] JADERBERG M, SIMONYAN K, ZISSERMAN A, et al. Spatial transformer networks[J]. Advances in neural information processing systems, 2015: 2017 – 2025.

[53] SUNDARAM N, BROX T, KEUTZER K. Dense point trajectories by gpu – accelerated large displacement optical flow[C]//European Conference on Computer Vision. Berlin, Heidelberg: Springer Berlin Heidelberg, 2010: 438 – 451.

[54] DRURY E E, MENDE S B, FREY H U, et al. Southern Hemisphere poleward moving auroral forms[J]. Journal of geophysical research space physics, 2003, 108(A3): 1114.

[55] BUTLER D J, WULFF J, STANLEY G B, et al. A naturalistic open source movie for optical flow evaluation[C]// European Conference on Computer Vision. Springer, Berlin, Heidelberg, 2012.

[56] WOO S, PARK J, LEE J Y, et al. Cbam: convolutional block attention module [C]//Proceedings of the European Conference on Computer Vision (ECCV), 2018: 3 – 19.

[57] SELVARAJU R R, COGSWELL M, DAS A, et al. Grad – cam: visual explanations from deep networks via gradient – based localization[C]//Proceedings of the IEEE International Conference on Computer Vision, 2017: 618 – 626.

[58] SIMONYAN K, ZISSERMAN A. Two – stream convolutional networks for action recognition in videos[J]. Advances in neural information processing systems, 2014: 27.

[59] WU B, WAN A, YUE X, et al. Shift: a zero flop, zero parameter alternative to spatial convolutions[C]//Proceedings of the IEEE Conference on Computer Vision and Pattern Recognition, 2018: 9127 – 9135.

[60] LIN J, GAN C, HAN S. Temporal shift module for efficient video understanding

[J]. CoRR abs/1811.08383,2018. arXiv:1811.08383.2018.

[61] WANG L, XIONG Y, WANG Z, et al. Temporal segment networks: towards good practices for deep action recognition[C]. European Conference on Computer Vision. Springer, Cham, 2016:20 – 36.

[62] IOFFE S, SZEGEDY C. Batch normalization: accelerating deep network training by reducing internal covariate shift[J]. JMLR. org, 2015.

[63] XING Z Y, YANG H G, HAN D S, et al. Poleward moving auroral forms (PMAFs) observed at the Yellow River Station: a statistical study of its dependence on the solar wind conditions[J]. Journal of atmospheric and solar – terrestrial physics, 2012, 86:25 – 33.

[64] TANG Y, NIU C, DONG M, et al. Poleward moving aurora recognition with deep convolutional networks[C]//Pattern Recognition and Computer Vision: Second Chinese Conference, PRCV 2019, Xi'an, China, November 8 – 11, 2019, Proceedings, Part II 2. Springer International Publishing, 2019:551 – 560.

[65] YANG Q, XIANG H. Unsupervised learning of auroral optical flow for recognition of poleward moving auroral forms[J]. IEEE transactions on geoscience and remote sensing, 2021, 60:1 – 11.

[66] WU W, ZHANG Y, WANG D, et al. SK – Net: deep learning on point cloud via end – to – end discovery of spatial keypoints[C]//Proceedings of the AAAI Conference on Artificial Intelligence, 2020, 34(4):6422 – 6429.

[67] XUE H, SUN M, LIANG Y. ECANet: explicit cyclic attention – based network for video saliency prediction[J]. Neurocomputing, 2022, 468:233 – 244.

[68] TANG Y, GUO K, WEI C, et al. Poleward – motion aware network for poleward moving auroral forms recognition[J]. IEEE geoscience and remote sensing letters, 2022, 19:1 – 5.

第7章　极光事件自动检测

极光事件自动检测的目的是获得极光事件的发生时间（UT 时间）及/或发生位置（磁地方时－地磁纬度），本章内容包括 PMAFs 事件时序自动检测、极光亚暴膨胀起始时刻自动检测及时－空自动检测等。

7.1　PMAFs 时序自动检测

7.1.1　PMAFs 时序定位算法

PMAFs 的形态结构、运动模式、光谱特征的演化、发生位置以及开始时间和结束时间等特征都是 PMAFs 研究的重要组成部分。以往针对 PMAFs 的研究主要是识别全天空极光视频/序列中是否发生了 PMAFs 事件，PMAFs 事件的发生时间和持续时间对于 PMAFs 研究来说也是非常重要的物理特征，但如何自动定位 PMAFs 的开始时间和结束时间目前仍未得到解决。基于此，本节利用深度学习技术提出了一种 PMAFs 时序定位模型（temporal localization of poleward moving auroral forms，TL－PMAFs），用于定位 PMAFs 的开始时间和结束时间，以更好地研究 PMAFs。

本节提出的 TL－PMAFs 模型分成时空特征提取和时序定位两个模块，如图 7－1 所示。首先将连续的 ASI 极光图像序列/视频 V 分成 N 个连续等长的片段 $V=\{\nu_n\}_{n=1}^{N}$，其中 ν_n 为第 n 个片段。每个片段 ν_n 取一帧随机采样的 ASI 图像 t_n 和这个片段内堆叠的 UnAurFlow[1] 光流图像 f_n 一起组成一个单元作为双流网络的输入。以下是对各个模块的详细介绍。

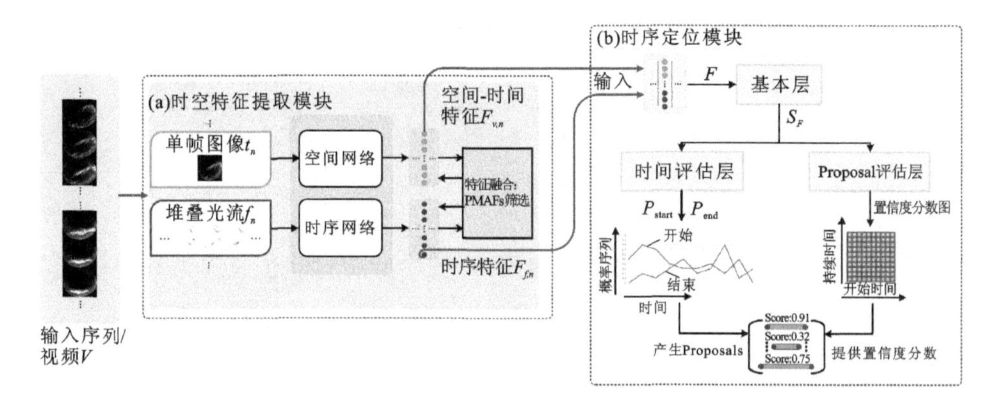

图 7-1 TL-PMAFs 框架示意图

1. 时空特征提取模块

为了提取 PMAFs 的时空特征，本节采用一个改进过的双流网络作为 PMAFs 特征提取模块，该网络由 TSN[2] 的空间网络和时序网络组成。空间网络和时序网络都采用 Resnet-18 作为骨干网络，该网络由多个残差块组成，在增加网络深度的同时增加恒等映射缓解网络退化的问题，使该模型在网络深度和准确性之间实现了较好的平衡。本节在 Resnet-18 的最后一个全连接层之前加入了一个维度为200 的全连接层用来输出提取到的特征向量。如图 7-1(b)所示，本节将 N 个单元输入双流网络中，其中空间网络按照 TSM[3] 对输入的 N 帧图像的特征图沿时间维度平移特征，使得如片段 ν_n 中的特征图可以学习到 ν_{n-1}和 ν_{n+1}的上下文信息，即在没有增加额外计算成本的情况下实现了时序信息建模，得到 PMAFs 空间-时间联合特征 $F_{\nu,n}$。再将基于 UnAurFlow[1] 得到的光流图f_n 送入时序网络得到时序特征 $F_{f,n}$。为了保证输入定位模块的特征更可靠，同时也为了减少计算成本，在这里本节首先将空间-时间特征 $F_{\nu,n}$和时序特征 $F_{f,n}$进行融合，然后根据融合结果本节将非极向运动的序列/视频的特征都剔除。经过筛选后，本节再将空间-时间特征 $F_{\nu,n}$和时序特征 $F_{f,n}$进行拼接，最后得到 PMAFs 的时空融合特征 F。

2. 时序定位模块

本节首先将特征提取模块得到的时空特征 F 输入时序定位模块，如图 7-1(b)所示。基本层将时空特征 F 进行卷积，扩大感受野，为时间评估层和 Proposal 评估层提供共享特征 $S_F = R^{C\times T}$，其中 C 为通道维度，T 为时间维度。基本层网络结构见表 7-1。

表 7-1 基本层网络结构

层名	卷积核	步长	维度	激活	输出大小
卷积层 1	3	1	256	ReLU	$256 \times T$
卷积层 2	3	1	128	ReLU	$128 \times T$

时间评估层的作用是评估极光序列/视频中所有时间位置作为 PMAFs 开始时间和结束时间的概率,并生成对应的边界概率序列。具体来说,时间评估层将共享特征 $S_F \in R^{C \times T}$ 经过卷积处理后输出开始时刻概率序列向量 $P_{\text{start}} = \{P_{\nu_n}^{\text{start}}\}_{n=1}^{N}$ 和结束时刻概率序列向量 $P_{\text{end}} = \{P_{\nu_n}^{\text{end}}\}_{n=1}^{N}$,其中 $P_{\nu_n}^{\text{start}}$ 和 $P_{\nu_n}^{\text{end}}$ 分别表示 ν_n 时刻作为 PMAFs 开始和结束的概率,结果如图 7-2 所示,时间评估层的网络结构见表 7-2。本节将 PMAFs 开始概率较高的候选框(>50%)与 PMAFs 结束概率较高的候选框(>50%)相结合,构造成多个候选 Proposal$_{\text{satrt,end}}$,其中 start 和 end 分别表示 Proposal 开始和结束的时间。

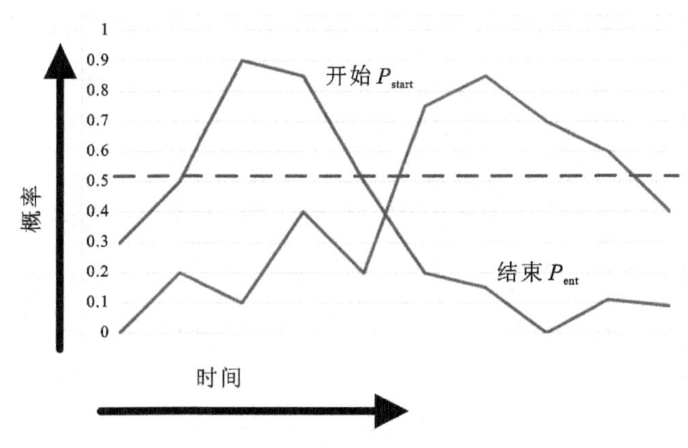

图 7-2 边界概率序列示意图

表 7-2 时间评估层网络结构

层名	卷积核	步长	维度	激活	输出大小
卷积层 3	3	1	256	ReLU	$256 \times T$
卷积层 4	3	1	2	Sigmoid	$2 \times T$

特征提取模块得到的时空特征 F 经过基本层得到共享特征 $S_F \in R^{C \times T}$, Proposal 评估层对共享特征 $S_F \in R^{C \times T}$ 进行操作后,得到评估 Proposal 的二维边界匹配置信度分数图 $M_{\text{CR}} \in R^{D \times T}$,$D$ 为实验中预先设置的 Proposal 最大持

续时间，置信度分数图如图 7 - 3 所示，Proposal 评估层的网络结构见表 7 - 3。一个开始时刻和一个结束时刻相隔的时间表示一个 Proposal 的持续时间，从图 7 - 3 可知，图中的方格 M_{CR}(start, d) 表示开始时间为 start 持续时间为 d 的 Proposal 的置信度分数，即此 Proposal 内发生了 PMAFs 的概率。图 7 - 3 主对角线之上的"上三角"区域为 Proposal 结束时刻超出序列/视频范围。每个方格的长度为整个序列/视频的 10%，同一行产生的 Proposal 持续时间相同，同一列 Proposal 的开始时间相同，方格颜色的深浅表示置信度分数的高低。

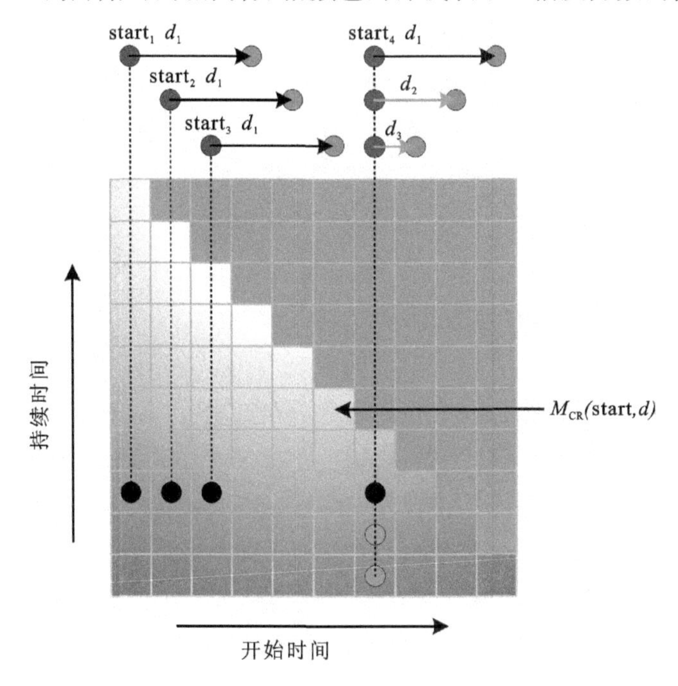

图 7 - 3　边界匹配置信度分数示意图

表 7 - 3　Proposal 评估层网络结构

层名	卷积核	步长	维度	激活	输出大小
采样层	32 点采样				$128\times32\times D\times T$
卷积层 5	32,1,1	32,0,0	512	ReLU	$512\times1\times D\times T$
特征变换	—	—	—	—	$512\times D\times T$
卷积层 6	1,1	0,0	128	ReLU	$128\times D\times T$
卷积层 7	3,3	1,1	128	ReLU	$128\times D\times T$
卷积层 8	1,1	0,0	2	Sigmoid	$2\times D\times T$

本节将时间评估层产生的候选 $Proposal_{start,end}$ 的两个边界概率和从 Proposal 评估层产生的候选 $Proposal_{start,end}$ 的置信度分数相乘作为最终的定位分数,最后选择定位分数最大的 Proposal 作为检测出来的 PMAFs。

7.1.2 实验结果与分析

1. 数据集

本节实验数据来源于中国北极黄河站于 2003 年 12 月至 2007 年 1 月通过全天空成像仪在越冬期间观测到的极光光学数据。由于 PMAFs 经常发生在磁正午前后 3 个小时,所以我们重点关注在 09:00—15:00 MLT(大约相当于北极黄河站的 06:00—12:00 UT)观察到的 557.7 nm 波段的日侧极光。这些极光观测数据的预处理方法包括减去暗电流、强度缩放、旋转和裁剪。预处理后,图像的顶部方向是北向(即北极方向)。

具体来说,本节实验中的训练和验证数据选自 2003 年和 2004 年两年的极光观测数据。这些数据包含 57 个极向运动视频,其中 47 个作为训练集,10 个作为验证集;另有 107 个非极向运动视频,其中 69 个作为训练集,38 个作为验证集。这些极向运动/非极向运动视频在形态、亮度和长度上有很大的不同。测试数据选自 2005—2007 年三年在北极黄河站观察到发生在 06:00—12:00 UT 中的共计 41 天的极光观测数据。统计研究表明,PMAFs 持续时间约为 10 min。因此,我们将 6 个小时的连续极光观测分为 10 min 的视频片段,每个视频片段作为测试视频。这样,共获得 1 476 个测试视频,包括 540 个极向运动视频和 936 个非极向运动视频,用于模型评估。

2. 评价指标

为了充分评估时序动作定位的效果,除了基本评价指标准确率、精确率、召回率以及 F1 分数外,一个性能较好的时序定位模型应满足以下两个基本要求:① 预测行为的开始和结束时间应尽可能与实际情况一致。这就产生了交并比(IoU)的概念。② 预测行为应尽可能与实际行为一致。IoU 是目标检测中一种常用的评价指标,它是指预测框与实际标记框的重叠之比,即这两个框的交集与并集之比。在实际使用过程中,我们一般会对 IoU 设置一个阈值,当 IoU 大于这个阈值时,则认为检测成功。在动作定位中引入 t - IoU 的概念,即时间维度上的 IoU。而在时序动作定位领域,mAP 也是最常用的评价指标。其中精确率 P 是指在给定视频中正确检测特定动作类别的程度。AP 是指在所有给定视频中正确检测到动作类别的程度的平均值，而通用的动作检测数据集中可能会包含多个动作类别。mAP 则为所有测试视频中所有类别的平均精度，本节的 PMAFs 定位实验中除了背景外仅仅标注了一个动作，mAP 并不适用于本节的实验评价指标。因此本节依然使用精确率、召回率和 F1 作为评价指标。另外，考虑到将时序动作定位方法应用到 PMAFs 事件时序定位的实际情况，直接使用 t - IoU作为 PMAFs 事件划分依据并不合适，因此本节定义若定位的 PMAFs 时间起点/终点与人工标注的时间起点/终点之间的距离小于阈值，则认为定位到的 PMAFs 是有效的，在实验中此阈值被设置为人工标注的 PMAFs 持续时间长度的 15%。

3. 实验设置

本节实验采用 Pytorch 0.4.1 的深度学习架构，编程语言为 Python 3.6。在 29 个训练轮次的训练过程中，本节利用固定步长衰减 StepLR 优化器来优化学习定位模型过程中的参数权重，初始学习率为 0.001，衰减步长和权重衰减分别设置为 7 和 0.000 1。

4. 实验结果分析

在实验过程中，本节首先从定位结果中去除定位分数小于 0.6 的无效 Proposal，然后从每个序列/视频中选择定位分数最高的 Proposal 作为定位的 PMAFs 事件。为了评估 TL - PMAFs 定位的 PMAFs 的可靠性，我们依然使用召回率、精确率和 F1 分数作为评价指标。如果定位的起点/终点与人工标注的时间起点/终点之间的距离小于设定的阈值，则认为定位到的 PMAFs 是正确的。在实验中，该阈值被设定为人工标注的 PMAFs 持续时间的 15%。并且如 2.1 节所述，本节是将识别为 PMAFs 的视频特征输入时序定位模块，为体现输入特征对 PMAFs 定位结果的影响，本节也将所有特征输入时序定位模块，定位结果见表 7 - 4。

表 7 - 4　PMAFs 定位结果

输入特征	精确率	召回率	F1
All - PMAFs	74.28%	80.74%	0.77
TL - PMAFs	81.90%	79.62%	0.81

表 7 - 4 比较了两种输入特征情况下定位算法的结果。All - PMAFs 的输入是所有极光序列/视频的特征，而 TL - PMAFs 的输入是特征提取模块筛选为

PMAFs 的序列/视频的特征。从表 7 - 4 中可以看出,TL - PMAFs 在定位 PMAFs 方面具有较高的精确率,但召回率比 All - PMAFs 略低。这是因为被特征提取模块遗漏的 PMAFs 没有机会被时序定位网络定位到。当同时考虑精确率和召回率时,TL - PMAFs 的 F1 得分比 All - PMAFs 高 0.04。实验结果表明 TL - PMAFs 可以产生更有效的候选 Proposal,以便从序列/视频中定位出 PMAFs。TL - PMAFs 高达 81.90% 精度的结果说明了此方法用于 PMAFs 时序定位的可靠性和实用性。

5. 可视化结果

为了定性地验证 TL - PMAFs 在捕捉 PMAFs 特征方面的有效性,本节使用 Grad - CAM[4] 技术将时空特征提取模块提取的特征可视化,如图 7 - 4 所示。

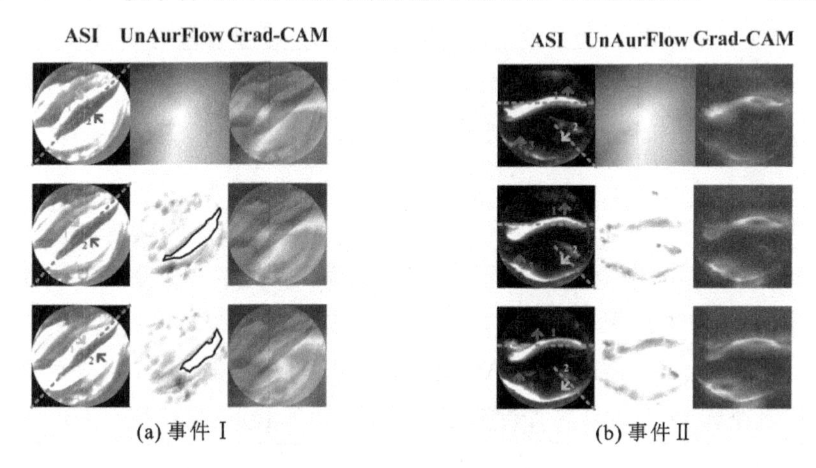

图 7 - 4 ASI 图像、UnAurFlow 和 Grad - CAM 的激活图可视化(彩图另见附页)

对于图 7 - 4 中的每个事件,第一列是按时间顺序排列的连续 ASI 图像,第二列是第一列对应的光流颜色编码和 UnAurFlow 图像,第三列是由时空特征提取模块中空间网络的最后一个卷积层的激活计算的 Grad - CAM 热力图。第一列中的蓝色虚线是用来帮助定位的。

具体来说,在图 7 - 4(a)的第一列中,弧 1 显示的是赤道向运动,弧 2 显示的是极向运动。在第二列的 UnAurFlow 图像中,对应于弧 1 的区域显示为橙色和黄色,这意味着它正在向赤道方向运动。与弧 2 相对应的区域显示为蓝色,这意味着它在极向运动。在第二列的 UnAurFlow 图像中,被黑色曲线包围的区域是白色的。这是因为弧 2 中心的强度几乎是一样的。这些结果表明,时空特征提取模块的时序网络的输入 UnAurFlow 很好地表征极光运动。第三列中显示的从最后一个卷积层激活计算出来的热力图突出了弧2所在的极向运动区域。在图7-4(b)中,从ASI图像中我们可以看到弧1和弧3显示极向运动,弧2显示赤道向运动。在UnAurFlow图像中,对应于弧1和弧3的区域显示为蓝色和紫色,对应于弧2的区域显示为绿色。在第三列中,热力图还突出了弧1和弧3所在的极向运动区域。从这两个PMAFs中可以看出,即使极光向多个方向移动,TL-PMAFs也可以很好地捕捉极光图像序列/视频中的时间动态,并能关注PMAFs所在的位置。

为了使TL-PMAFs的结果更直观,同时本节也将TL-PMAFs的时序定位结果可视化,如图7-5所示。图7-5中给出了两个由TL-PMAFs定位到的PMAFs的可视化例子。图7-5(a)和图7-5(b)分别从一个60帧的视频中定位PMAFs。图7-5(a)中的PMAFs持续28帧,图7-5(b)中的PMAFs持续60帧。从图7-5(a)可以看出,第34~35帧中向下的箭头所示的赤道向运动影响了PMAFs的时间定位。尽管如此,三帧的时间距离小于实验设置的阈值,所以图7-5(a)中定位到的PMAFs的时间定位是符合实验要求的。在图7-5(b)中,检测到的PMAFs和人工标注完全重合。这些结果表明,TL-PMAFs对定位PMAFs的时间边界非常有效。

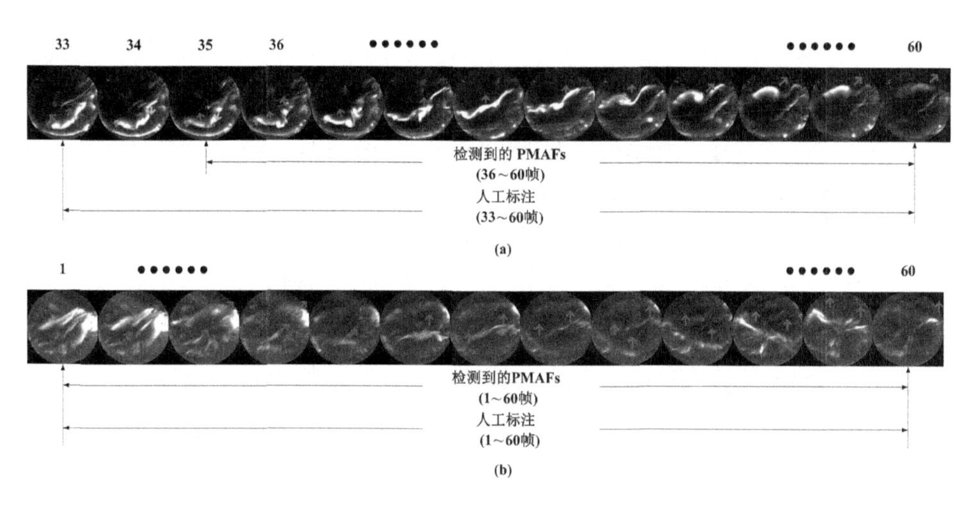

图7-5 检测/定位到的PMAFs可视化

7.1.3 小结

本节首次提出了PMAFs时序定位模型TL-PMAFs。TL-PMAFs分成时空特征提取和时序定位两模块。时空特征提取模块由一个改进的双流网络提取图像序列中的时空运动信息。同时利用此双流网络将识别为非极向运动的图像序列进行筛除以减少计算成本,最后将包含 PMAFs 的图像序列的时空融合特征送入极向运动时序定位模块。依靠 PMAFs 时空特征,极向运动时序定位模块生成各时间点作为 PMAFs 开始时间和结束时间的概率。然后本节依次将 PMAFs 开始概率高的时间段和 PMAFs 结束概率高的时间段进行组合成对,以这两者时间作为 Proposal 的起始点和结束点,并同时生成 Proposal 的二维置信度图。最后本节将 Proposal 的起始点与结束点概率分数和此 Proposal 相应的置信度分数相乘作为定位分数,选取定位分数最高的 Proposal 作为定位到的 PMAFs。本节实验在北极黄河站 2005 年到 2007 年的 ASI 图像序列上利用该方法准确地时序定位出了 PMAFs 事件,证明了该方法的有效性及良好的实用价值。

7.2 极光亚暴自动检测

7.2.1 极光亚暴自动检测的理论基础

1. 研究背景和动机

亚暴是一种发生在地球夜半球太空区域的巨大能量瞬间释放现象[5],亚暴发生过程伴随着极光形态和亮度的剧烈变化,研究人员将这种极光活动称为极光亚暴。极光亚暴的发生伴随着由电离层电流引起的强烈磁干扰[6],会对人类活动造成很大的影响,例如引起地球同步轨道上的卫星充电、高纬度地区无线电通信中断和供电系统故障等。因此,对亚暴相关问题的研究一直都是日地空间物理学研究的热点问题之一。目前,极光亚暴的产生机制仍存在争议[7],行星际磁场由北转向南是否是亚暴发生的原因仍有待确认。从海量的观测数据中自动检测亚暴事件并确定其发生位置有助于统计分析亚暴的产生机制。

目前,检测极光亚暴事件的途径主要有两种。一种是基于各类物理参数,采用机器学习的方法自动识别或人工判定亚暴事件起始时刻。Sutcliffe 等人[8]提出采用神经网络的方法从 Pi2 脉动中检测出亚暴起始时刻;Murphy 等人[9]基于小波理论分析了五个亚暴事件;Tokunaga 等人[10]借助奇异值变换从地面磁力计数据中检测出了全亚暴的起始时刻;Kataoka 等人[11]通过对地磁脉动指数采用 Hilbert - Huang 变换来研究亚暴起始时刻。然而,由于地面观测台站分布的局限性,由地面观测数据得到的亚暴起始时刻和真实的亚暴起始时刻之间常常存在一定的时延。Meng 和 Liou[12]曾指出,这些亚暴特征参数中没有一个与极光亚暴之间存在一一对应的关系,尤其是在地磁活跃时期。由这些特征参数求得的亚暴初始时刻可能比真正的极光亚暴发生时间提前或延后,这依赖于信号源外面的信号传播速度。

另一种常见的研究模式是基于人眼观测和一定的语义规则,从大量极光观测图像中直接判断亚暴事件的初始时刻。Akasofu[5]首次提出亚暴概念时利用的是局域的 ASI 极光图像数据。现在学术界普遍认为全域极光图像是现阶段唯一能区分亚暴空时效应的一种手段,而且是最可信赖的亚暴研究手段[13]。如 Liou[14]基于 Polar 卫星的全域极光图像手动标记极光亚暴起始时刻及其发生位置(磁地方时 - 地磁纬度),Ieda 等人[15]结合全域极光图像和全天空极光图像确定亚暴起始时刻,但人工标注费时费力且在图像数据量非常大时容易出现漏标、误标等问题。已有的基于极光图像的亚暴分析大多是采用事例分析的模式[5,13],即通过对几组亚暴事件的详细分析来了解亚暴发生期间的空间地磁环境或解释亚暴发生机制。可是,事例分析中少量的数据使得得出的结论在通用性上大打折扣。因此近年来,基于 IMAGE 卫星和 Polar 卫星上的 UVI 采集到的全局极光图像,已有一些统计研究出现[14]。但是,人工确定极光亚暴起始时刻,尤其是基于一系列极光图像来判断是很烦琐的,而且还容易受实验者主观偏差的影响,从而造成结果的不可靠。因此,亟须开发一种自动、客观的亚暴事件识别技术。

Kim 和 Ranganath[16]从静态极光图像角度分析极光类型,提出了一种基于分层表述的 UVI 极光图像的检索方法,并明确提出“厚极光”可能是亚暴;他们还指出,通过检测极光图像序列中极光卵的厚度变化可以实现对亚暴的检测,但是并没有给出相关的实验结果。

2. 亚暴特征描述

极光亚暴的概念首次由 Akasofu[5]通过分析多个基于地面的极光成像仪数据提出,他把极光亚暴分为两个阶段:膨胀相和恢复相。随着对极光亚暴的进一步认识,McPherron[17]根据前人的研究结果得出,在膨胀相之前应该有一个“增长相”时期。在增长相期间,磁层从太阳风获取能量,为膨胀相期间的能量释放做准备。亚暴增长相期间,夜侧极光弧向赤道向运动,但这些赤道向运动的极光弧很难在全局 UVI 极光图像上进行识别[19];亚暴膨胀相起始时,夜侧极光在其赤道向一侧突然点亮,并迅速向极向及东西向方向膨胀。本节研究的亚暴起始时刻指的是膨胀期起始时极光突然点亮的时刻。

本节的目的在于设计一种能够从 UVI 图像序列中自动检测亚暴事件初始时刻的方法,所以,我们首先要明确亚暴过程中极光演化的典型特征有哪些。根据前人的描述[14,18],亚暴过程中极光在形态特征上主要会发生如下变化:① 亮斑突现:午夜时段附近极光卵局部区域突然点亮。亚暴起始往往发生在 66° MLAT 和 23:00 MLT 附近。② 亮斑增强且迅速膨胀:该亮斑向极向和晨昏两侧膨胀(同时伴随轻微的赤道向膨胀),同时亮斑的强度快速增加,直至达到最大。若极光活动较弱,如伪暴,亮斑区域可能不会到达极光卵的极向边界。③ 膨胀消退:亮斑膨胀到极向最大位置后,亮斑强度和膨胀区域开始立即消退或者过一段时间(几十分钟)开始消退。亮斑膨胀所能达到的极向最高纬度与亚暴的活动强度有关;强度增大,膨胀的范围也会增大,甚至可以高达 80° MLAT 以上。④ 亮斑消失:亚暴结束后,之前出现亮斑的区域的极光强度恢复到亚暴发生前的强度水平。以上四种形态变化中,亮斑突现与增强膨胀两个过程对应亚暴的膨胀相,膨胀消退与亮斑消失两过程对应亚暴的恢复相。

3. 相关统计研究

Frey 等人[18]通过对 IMAGE 卫星头两年半航行期间(2000 年 3 月—2002 年 12 月)采集到的 UVI 极光图像的考察,共标记了 2 439 个亚暴的起始时刻和位置。这一份研究后来扩展到标记了整个 IMAGE 卫星运行期间的 4 193 个亚暴[19]。他们采用的准则如下:一是要求在极光卵中必须能观察到明显的局部极光点亮现象;二是局部点亮必须扩展到极光卵的极向边界并且在磁地方时方向有至少 20 min 的持续时长;三是两个独立的亚暴之间间隔必须超过 30 min 以上。其中第二个准则用于消除那些没有演化成亚暴的伪暴,第三个准则消除了相邻亚暴间隔特别近的情况以及多亚暴情况。

根据北半球 Polar 卫星采集到的 UVI 图像,Kullen 和 Karlsson[20]也做了一份统计工作:在 1998 年 12 月至 1999 年 2 月这三个月的时间里,他们共标记了

390个伪暴事件和484个亚暴事件。每一个能在Polar卫星UVI图像上观测到的具有亚暴类似行为特征的事件都考虑进来了,包括那些发生在极光卵晨昏两侧的事件。只有发生在10:00—14:00 MLT期间的日侧点亮现象不考虑。他们把那些极光只点亮却没有全局膨胀的事件以及那些有至少一部分时长是在亚暴主要阶段之外的事件定义为伪暴。

Liou[14]对Polar卫星整个在航期间的UVI图像数据做了一份更完备的统计工作:从1996—2000年(卫星运行在北半球期间)的UVI图像库中共标记了2 003个亚暴事件,从2007年(卫星运行至南半球)的UVI图像库中标记了536个亚暴事件。Liou采用的准则如下:首先,对极光点亮强行加入10 min的时间间隔;其次,为了不丢失一些较弱的亚暴事件,不要求膨胀区域达到极光卵的极向边界,但是极向膨胀太少(1°~2° MLAT)的事件忽略。最低要求是亮斑在极向方向上的膨胀范围要有几个地磁纬度,并且向两侧方向膨胀1~2个磁地方时区域。最后,忽略那些常常在亚暴后几分钟处发生的极向边界点亮现象。但如果点亮位置是在赤道附近的低纬处,当成一个新的亚暴来考虑。如果两个亚暴同时在不同的位置处发生,考虑比较强的那个。

由上面的描述可以得知,极光作为亚暴活动的一种表现形式,当亚暴发生时,极光到底会有什么样的特征出现,对此目前学术界还只有定性的描述,没有一致公认的量化界定。

7.2.2 基于传统机器学习的极光亚暴膨胀期起始时刻自动检测

本部分旨在基于传统机器学习方法,从大量的Polar卫星UVI图像中自动地检测出亚暴起始时刻。为了实现这一目标,在图像预处理操作之后,我们首先将原始UVI图像通过网格化处理转换到磁地方时-地磁纬度(MLT-MLAT)直角坐标系下;然后,用带有空间信息的模糊c均值聚类方法提取每帧UVI图像中的亮斑。最后,找出那些出现局部亮斑突然点亮这一现象的图像帧,并考察每一帧后紧邻一段时间里亮斑在强度、面积以及极向边界位置等方面的变化情况,判断突然点亮帧是不是亚暴起始所在。通过与Liou[14]在文献中给出的人工标记对比,实验结果证明我们的方法能有效地从UVI图像中自动检测出亚暴的起始时刻。

7.2.2.1 实验数据及预处理

1. UVI 图像

本部分实验数据由 Polar 卫星携带的 UVI 拍摄。该卫星于 1996 年 2 月 24 日进入高椭圆形轨道,远地点高度为 $9R_E$,近地点高度为 $1.5R_E$,轨道倾角为 86°,周期约 17.5 h。Polar 卫星于 2008 年 4 月完成相关计划,在此期间收集了大量的 UVI 极光图像,首次详细观察了地磁亚暴发生期间极光的演变过程。Polar 卫星的轨道平面在观测期间缓慢向南移动,本部分选用 Polar 卫星位于北半球期间 1996 年 12 月,1997 年 1 月、2 月、12 月和 1998 年 12 月采集到的 UVI 图像作为数据集,采用冬季数据是为了避免日辉效应对亮斑判定造成干扰。

UVI 工作时有四个滤波通道,可是,不同滤波器之间的图像不能直接拿来比较。所以,为了图像的一致性,和文献[20]中的处理方式一样,我们也只采用 LBHL 这个滤波通道下的图像,它的波长在 160 ~ 180 nm 之间,图像的空间分辨率约为 30 km,时间分辨率为 3 min,每幅图像大小为 228 行 200 列;UVI 图像信息除了像素亮度外,还包含了每个像素对应的 MLT、MLAT 等信息。事实上,只有 Polar 卫星在北半球,并且位于远地点附近的轨道高度时,才能看到全域的极光图像。在后面的实验过程中,我们要求 UVI 图像成像正常,实际上也就是主要考虑远地点卫星图像。本部分采用 Liou[14] 提供的人工标注亚暴事件列表,将该标注作为挑选训练数据集和衡量亚暴检测结果的基准。

2. 图像预处理

在检测亚暴事件之前,和文献[21]类似,我们先对噪声较强的 UVI 图像做如下预处理操作:① 移除大范围的背景。根据文献[5]中对亚暴的描述,我们把地磁纬度 50°以下的区域视为背景,因为亚暴主要发生在高纬度地区。移除背景区域的极光有利于重点关注有可能发生亚暴的有效区域。② 掩码。同样为了重点突出有效数据,根据 UVI 图像外边界呈椭圆状的特点,我们用直径为 228 像素的圆去截取原图,并从中间把宽度限制为 200 个像素,最后图像大小依旧为 228 行 200 列。③ 负值点清零:清除因仪器噪声等导致的图像像素值为负值的点。④ 小亮斑平滑:有些非常小的区域(少于 50 个像素)的极光强度非常强(大于图像平均像素强度与其三倍标准差之和),我们将这些区域的强度重置为整幅图像像素的均值。⑤ 图像平滑。同组滤波方法[22]被用来移除异常值。

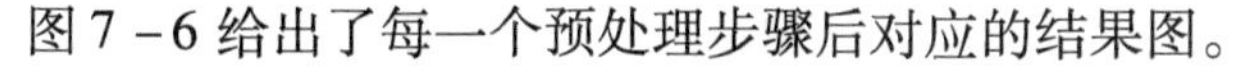

图7－6给出了每一个预处理步骤后对应的结果图。

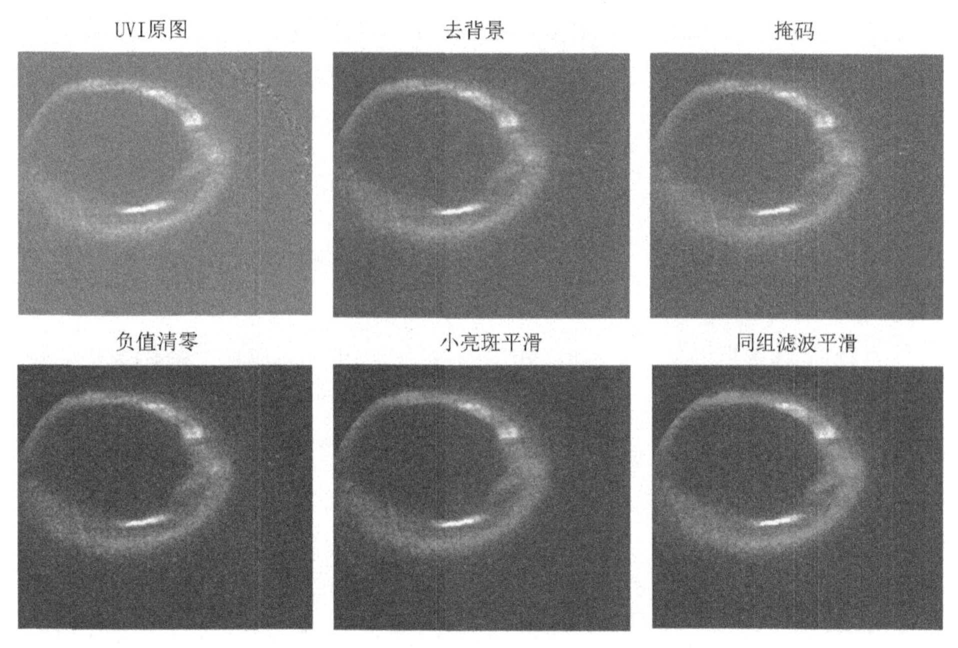

图7－6　UVI图像预处理

3. MLT－MLAT网格图像转换

通过前面对亚暴发生期间极光形态的介绍可知，其形态变化主要表现为亮斑的强度和大小变化。与ASI极光图像相比，全局UVI图像呈现出的极光形态特征不是很明显。另外，亚暴期间，凸起亮斑主要向极向和晨昏两侧膨胀，在UVI图像中表现为亮斑朝着极光卵中心和沿着极光卵外围边界变化。由于不同UVI图像被采集时卫星的位置会发生改变，因此不同UVI图像中同一位置区域并不一定对应着相同的磁地方时和地磁纬度，这就意味着我们不能直接用亮斑在UVI图像间的变化情况来反映其在MLT与MLAT方向上的改变。

为了便于从图像中直接识别极光沿极向和晨昏两侧的形态变化，我们对不同时刻采集到的UVI图像进行了网格化处理：将指定范围内的磁地方时和地磁纬度扇区按照其MLT和MLAT两个方向铺展为一张平面图，该平面图像称为MLT－MLAT网格图像（x轴表MLT，y轴表MLAT）。图7－7给出了一幅UVI图像及其对应的MLT－MLAT网格图像的例子。由于极光亚暴发生在夜侧极光区域，因此，在后续处理中我们采用的MLT－MLAT网格图像均是夜侧时段的图像，如图7－7(d)所示。将UVI图像转换为MLT－MLAT网格图像的步骤为：

(1)设定磁地方时和地磁纬度范围。鉴于亚暴是一种夜侧极光现象，我们只考虑 18:00—24:00 MLT 及 00:00—06:00 MLT 范围内的数据；极光主要发生在极光卵的高纬区域（地磁纬度 66°附近），因此地磁纬度被限制在 50° ~ 90° MLAT。

(2)设定网格大小，ΔMLT 与 ΔMLAT。本部分采用的参数值分别为 0.1 和 0.2。转换后的网格图大小为 200 × 240[(90° − 50° MLAT)/0.2 = 200 行，24 小时/0.1 = 240 列]，如图 7 − 7(b)所示；若只考虑夜侧时段则图像大小为 200 × 120，如图 7 − 7(d)所示。

(3)对网格图里的每个坐标点(MLT, MLAT)，找出其对应在 UVI 图像中的具体位置，并计算 UVI 图像中落在每个网格(MLT: MLT + ΔMLT, MLAT: MLAT + ΔMLAT)里的像素的均值，该均值即代表了网格图中该网格点的强度。由于 Polar 卫星 UVI 的空间分辨率和成像区域的限制，可能会出现某些网格点在原始 UVI 图像中对应区域里并没有正常像素值，此时，往四周各方向均扩大一个网格单位区域的查找范围（区域大小由 1 × 1 变 3 × 3），再求均值。

(4)平滑滤波。为了便于后续处理，我们对步骤(3)得到的图像进行均值滤波平滑处理。

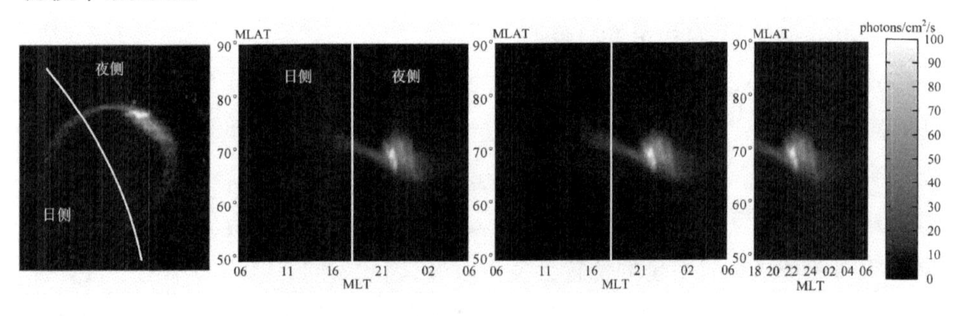

(a)原始 UVI 图像　(b)对应的 MLT − MLAT 网格图像　(c)平滑处理之后的结果　(d)平滑处理之后的夜侧图像

图 7 − 7　UVI 图像与 MLT − MLAT 网格图像转换示例(1996 年 12 月 18 日 05:36:08)

由 MLT − MLAT 网格图像的定义知，极光亚暴过程中凸起亮斑区域的形态变化在 MLT − MLAT 网格图像中主要表现为水平方向和竖直方向的形态变化。UVI 图像中的亮斑凸起区域在网格图像中也呈现为一个凸起。各网格图像相同位置对应相同的 MLT、MLAT 值，因此前后帧间的形态变化可以通过该图像直接表述。值得注意的是，虽然由原始 UVI 图转成网格图后，极光卵凸起亮斑区域的形状会发生改变;但亚暴过程中我们主要关心亮斑的磁地方时、地磁纬度随时间的变化情况,而把 UVI 图像转换成网格图像并不影响这些信息的提取。

图 7-8 为一组转换后的 MLT-MLAT 网格图像示例,MLT 范围为 18:00—06:00,MLAT 范围为 50°~90°。图中粗体标注的 UT 时间为亚暴膨胀阶段,其中 22:00:34 为亚暴事件的起始时刻,斜体标注的 UT 时间为亚暴消退阶段。该图像展示了一个典型的极光亚暴事件发生过程,根据该过程中极光的形态特征可以将亚暴事件分为三个阶段。

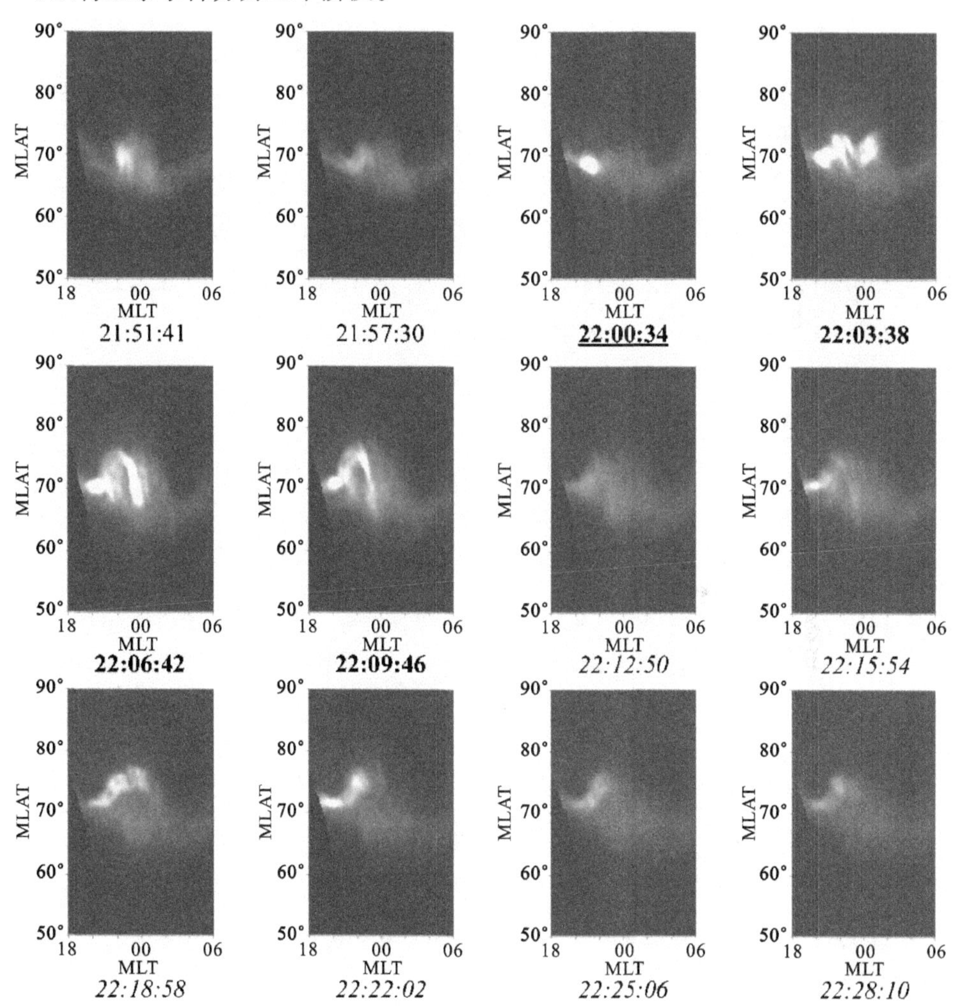

图 7-8 1996 年 12 月 4 日 21:51:41—22:28:10 采集到的 UVI 图像转为 MLT-MLAT 网格图像的结果

(1)增长阶段:地面成像仪可以观测到极光弧向赤道向移动,卫星成像仪观测到极光卵区域仍保持静止。

(2)膨胀阶段:以极光卵局部区域突然点亮为开始标志,点亮区域迅速向极向和东西向膨胀,同时伴随着亮度的增强,最后到达一个极向最大边界。

(3)消退阶段:该阶段发生在点亮区域膨胀至极向最大位置后,表现为点亮区域亮度逐渐减弱、膨胀区域消退,最后恢复到亚暴之前的水平。

其中,增长阶段的持续时间通常为 30 ~ 60 min,膨胀阶段和消退阶段共持续 1 ~2 h[23]。膨胀期内,从 UVI 图像上可观测到亚暴的两个关键特征[18]:① 极光卵部分区域极光亮度迅速增强;② 亮度增强区域向极向和赤道方向膨胀,尤其在磁地方时 21:00—03:00 MLT 和地磁纬度 65° ~75° MLAT 之间。只有空间形态变化和时序变化同时满足上述两个特征才被称为亚暴,只满足第一个特征可能是伪暴[24-25]或图像中的噪声点。基于此,SODN 使用空间网络和时序网络分别关注亚暴形态信息和时序运动信息,最后通过时序卷积融合两种信息获得检测结果。

7.2.2.2 实验方法

1. 基于 SFCM 算法的亮斑提取

聚类分析是数理统计中的一种多元分析方法,它定量地确定样本之间的相似程度/亲疏关系,从而客观地划分样本类型(对样本分类)。考虑到 UVI 图像中亮斑区域的边界模糊性,本部分采用模糊聚类方法来提取极光亮斑。在模糊聚类方法中,模糊 c 均值(fuzzy c - means,FCM)应用广泛,它通过最小化目标函数[式(7 -1)]得到每个样本点对所有类中心的隶属度,从而决定样本点的类属以达到自动对数据样本进行分类的目的:

$$J_m(U,V) = \sum_{j=1}^{n} \sum_{i=1}^{c} u_{ij}^m \| x_j - \nu_i \|^2, 1 \leqslant m \leqslant \infty \tag{7-1}$$

式中,n 为样本点数,c 为聚类数,u_{ij}为第 j 个样本 x_j 相对于第 i 个聚类中心 ν_i 的隶属度,m 是控制模糊度的模糊权重,$\| * \|$ 是欧式距离表相似度,为了方便,下面我们将 $\| x_j - \nu_i \|^2$ 简记为 d_{ij}。对所有输入参量求导,使式(7 -1)达到最小的必要条件为:

$$u_{ij} = \frac{1}{\sum_{k=1}^{c} \left(\frac{d_{ij}}{d_{ik}} \right)^{\frac{2}{m-1}}} \tag{7-2}$$

和

$$\nu_i = \frac{\sum_{j=1}^{n} u_{ij}^m x_j}{\sum_{j=1}^{n} u_{ij}^m} \tag{7-3}$$

由上述两个必要条件，FCM 算法求解是一个简单的迭代过程。当 $\max_{ij} \| u_{ij} - \hat{u}_{ij} \| < \varepsilon$时迭代终止，其中常数因子 $\varepsilon \in [0,1]$。

图像数据的一个很重要的特征是相邻像素之间的相关性。换句话说，相邻像素的各类特征值更接近，隶属同一类别的可能性也更大。空间关系在聚类的过程中非常重要，但常规的 FCM 算法并没有利用空间信息。鉴于此，文献[26]提出了一种包含空间信息的 FCM 算法（SFCM），其中，空间函数定义为

$$h_{ij} = \sum_{k \in \mathrm{NB}(x_j)} u_{ik} \tag{7-4}$$

其中 $\mathrm{NB}(x_j)$指以 x_j 为中心的邻域，本部分中采用 3×3 窗。跟隶属度函数一样，空间函数 h_{ij}也表示像素 x_j 属于第 i 个聚类的概率。如果某一像素邻域里的像素都属于同一个聚类中心，这个像素隶属于这一聚类中心的空间函数值就很大。空间函数嵌入隶属度函数的方式如下：

$$u'_{ij} = \frac{u_{ij}^p h_{ij}^q}{\sum_{k=1}^{c} u_{kj}^p h_{kj}^q} \tag{7-5}$$

其中 p 和 q 是控制隶属度函数和空间函数相对重要性的参数。

聚类有效性（确定聚类数目）是聚类问题中的一个经典问题，在过去几年里被广泛研究。直观来看，将我们研究的亚暴检测问题分成 3 类似乎是最好的，即将 UVI 图像划分为亮斑区、极光卵区和背景区。但是，通过实验发现，模糊聚类成 3 类的结果与人眼视觉的判断并不相符。如图 7-9 所示，第一列给出的是 UVI 图像；第二列给出的是 SFCM 聚成 3 类的结果，白色、灰色、黑色区域分别表示亮斑区、极光卵区和背景区；第三列给出的是 SFCM 聚成 6 类的结果，强度由强到弱分别对应类 1（白色区域）到类 6（黑色区域），其中曲线包围的灰色区域就是本部分算法确定的亮斑区域，可见分成 3 类得到的亮斑区域（白色区域）并不是人眼判断的亮斑区。在对大量的极光图像进行分析后，我们选择聚类数为 6。首先用 SFCM 算法把每一帧 UVI 图像聚成 6 类（按强度从强到弱分别标记为类 1、类 2、…类 6），然后进行区域合并判断出亮斑区域。区域合并的

准则如下:

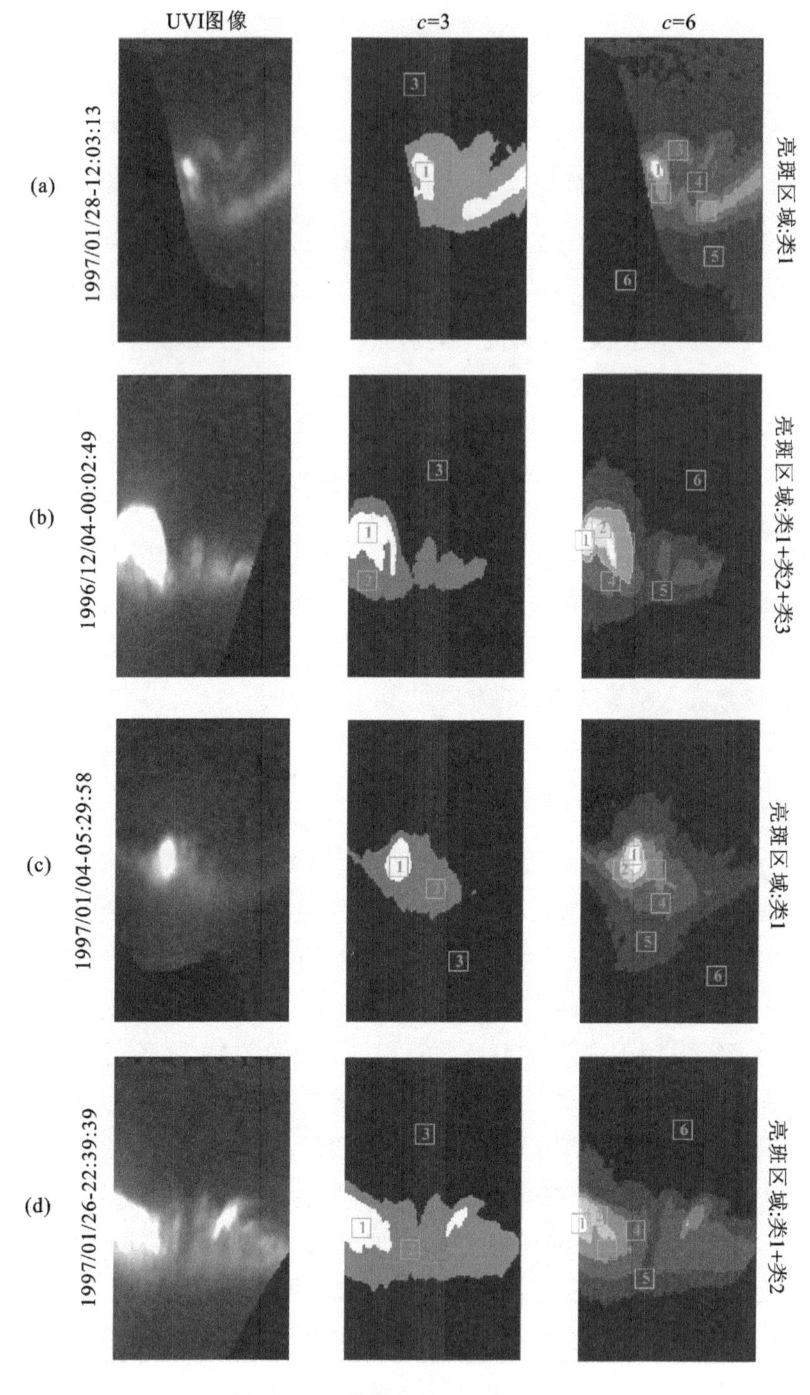

图 7－9　SFCM 聚类确定亮斑区域

令各个聚类中心的强度分别为 $\nu_1,\nu_2,\cdots,\nu_6$。如果 $\nu_3>80$,则定义亮斑区域包括类1、类2和类3;如果 $\nu_2>80$,则亮斑区域包括类1和类2。以上两种情况对应于极光强度非常强的情形。对于一般的极光强度,我们找出相邻聚类中心值的差值中的最大值,如果 $\nu_1-\nu_2$ 值最大,则定义亮斑区域只包括类1;如果 $\nu_2-\nu_3$ 值最大,定义亮斑区域包括类1和类2;如果 $\nu_3-\nu_4$ 值最大,定义亮斑区域包括类1、类2和类3。如果上述方法得到的亮斑区域包含多个独立的块,我们只考虑面积最大/强度最强的那个块,如图7-9(d)所示。从图7-9给出的例子看,经过区域合并得到的亮斑区域和人眼的判断基本一致。

2. 亚暴初始时刻确定

已有的统计工作基本都是每位研究者在自己制定的互不相同的准则下完成的。由于本部分考虑的时间段只有Liou[14]的标记里包含到了,为了更方便地评价算法的性能(通过将检测结果与人工标记作对比),本部分采用文献[14]中提出的那些准则。具体步骤如下:

(1)检测哪些帧中包含了突然点亮的局部极光(凸起)。首先要求图像成像必须正常,忽略那些在亚暴发生有效区域里是全黑图像或者成像很不全的情况(因为主要考虑亮斑在极向和晨昏两侧的膨胀,因此"成像不全"指的是亮斑整个外围或亮斑在上、左、右三个方向的任意一个方向上有超过三分之一的地方是紧挨着全黑区域)。既然是亮斑,我们要求极光强度不能太低(大于25)。关于"突然点亮",我们指的是亮斑区域极光强度不仅比周边区域强,而且也比前一帧同一位置处的极光强度强(强度值绝对变化大于15或相对变化大于1.4倍)。

(2)在每一幅包含局部极光突然点亮的UVI图像之后,我们继续考察其后20 min左右的极光图像序列,综合判断当前事件是不是一个亚暴。在考察的这段图像序列中,如果亮斑消失或者亮斑位置在相邻帧间发生了大的改变(前者意味着当前亚暴膨胀期已结束,后者意味着当前帧已经属于下一个亚暴事件了),考察序列时长缩短至出现这些现象的前一帧图像结束。相反,若第20 min处的图像还处在亮斑膨胀期的关键时刻,则适当延长考察序列时长(为了避免进入下一个亚暴时间而造成判断失误,最长时长限制在30 min以内)。

(3)对上一步骤挑选出来的极光突然点亮后的待考察极光图像序列段(约10~30 min),我们主要通过考虑亮斑在强度、面积及极向边界的变化情况来判断当前事件是不是一个亚暴事件。由于亚暴膨胀期亮斑的改变是波动式而非单调连续的[27-28],实验时我们记录考察序列段中亮斑所达到的最大强度、最大面积、极向边界最高纬度值,并与点亮帧中初始亮斑的强度、面积、极向边界比较。如果增幅较大,我们判断是亚暴事件,点亮帧所在的时刻就是亚暴初始时刻;反之如果增幅很小,则忽略不计。具体实验过程中,我们要求极向边界往极向方向移动超过 1.2° MLAT,膨胀面积超过 20 个坐标像素,亮斑强度增幅超过 8。由于有些亚暴过程中的关键极值时刻可能没有被 LBHL 滤波器采样到,所以,在本部分数据集上来进行亚暴识别存在一定的局限性。从我们所用的图像数据库看,很多 Liou 标记的亚暴事件不能同时满足上述亚暴条件。经过分析,我们针对一些常见的情况放松了条件:当强度增强较大(大于 40)且面积增大较多(大于 35)时,极向移动可以较少(大于 0.6° MLAT);或者如果亮斑是由很暗突变到很亮(点亮帧亮斑强度超过前一帧的 3 倍或强度值增幅超过 30),则允许亮斑强度在随后图像序列中不再增加。

(4) 在出现突然点亮的亮斑之后,可能会多次出现亮斑强度变弱后又再次增强或亮斑面积缩小后又再次极向膨胀的情况。出现这种情况时,我们只考虑第一个,忽略那些位于膨胀期的极光再点亮和再次膨胀的情况。参考 Liou 的标记,我们要求两个亚暴初始之间间隔超过 12 min。

7.2.2.3 实验结果与分析

1. 数值评估

实验共检测出 489 个亚暴事件,其中有 242 个与 Liou 的标记一致(在这期间,Liou 共标记了 262 个亚暴事件)。当然,在这些一致的结果里,可能会有几分钟的出入。这是因为,一方面,由于 UVI 图像时间分辨率不高,相同波段 UVI 图像的最小采样间隔为半分钟,一般是约 3 min,很难精确界定亚暴起始时刻[20];另一方面,Liou 的亚暴初始点判断是采用了多个滤波通道数据得到的。实验结果详见表 7-5。

从表 7-5 我们可以看出,这三个月中亚暴查全率均高于 90%,也就是说 Liou 标记的亚暴事件中绝大多数都被检测出来了;可与查全率相对应的查准率只有 50% 左右,也就是说,我们检测的事件中有差不多一半 Liou 没有标记。深入分析 Liou 的标记和本部分实验结果,我们发现 Liou 的标记不全,而且还受人为偏差的影响。更详细的结果分析见下一节。

表7-5　亚暴事件检测结果

日期	Liou标记的亚暴数目	实验检测的亚暴数目	两者吻合的亚暴数目	查全率	查准率
1996年12月	82	134	74	90.24%	55.22%
1997年1月	95	187	89	93.68%	47.59%
1997年2月	85	168	78	91.76%	46.43%
总计	262	489	241	91.98%	49.28%

2. 结果分析

本部分方法检测到的亚暴结果和Liou的标记之间存在一些差异。不仅一些检测到的亚暴起始点与标记的相比有几分钟的出入,还存在少量的标记事件被漏检和大量的多检事件(即Liou未标记但本部分方法检测到了的事件)。

1)漏检亚暴分析

图7-10列举了一些Liou标记为亚暴,但本部分方法漏检了的亚暴事件例子。其中,第一个例子图7-10(a)中漏检的原因是强度太弱,视觉上已经看不出有亮斑的存在;第二个例子图7-10(b)中漏检的原因是突然点亮的强度弱,而且极向膨胀太少;第三个例子图7-10(c)中漏检的原因是相邻图像之间间隔太长造成快速演化的亚暴事件关键细节丢失,亚暴膨胀期只采集到了强度最强的那一帧。

当确定亚暴初始点时,Liou参考了LBHL和LBHS两个波段的UVI极光图像并分别得到一个初始时刻点,然后综合考虑确定亚暴初始为那两个时刻中较早的那个或是二者之间的某一时刻。但是本部分实验中只使用了LBHL这一个波段的数据。这一方面导致我们的实验结果与标记的时刻有些小差异(常常是略微延迟),因为亮斑初始点亮的瞬间可能没有被LBHL滤波器采样到;另外更严重的是,本部分所用数据集中相邻帧之间的时间间隔基本都在3 min左右,这么长的间隔会漏掉很多有用信息,特别对那些极光演化特别迅速的亚暴事件来说,常常出现从膨胀期开始至结束这一过程只采集到了一帧图像或者没有捕捉到膨胀期的最强亮斑/最大面积/极向最高边界所在的时刻[如图7-10(c)所示],此时,就不可避免地造成了这些亚暴事件的漏检。分析所有漏检的21个亚暴事件,我们发现原因都基本类似,即从LBHL波段的图像序列中我们看不到突然点亮的亮斑的强度持续增强以及往极向方向膨胀等这些亚暴发生时必然会出现的最基本特征,也就是说从图像序列的角度我们不能判断当前事件是一个亚暴。

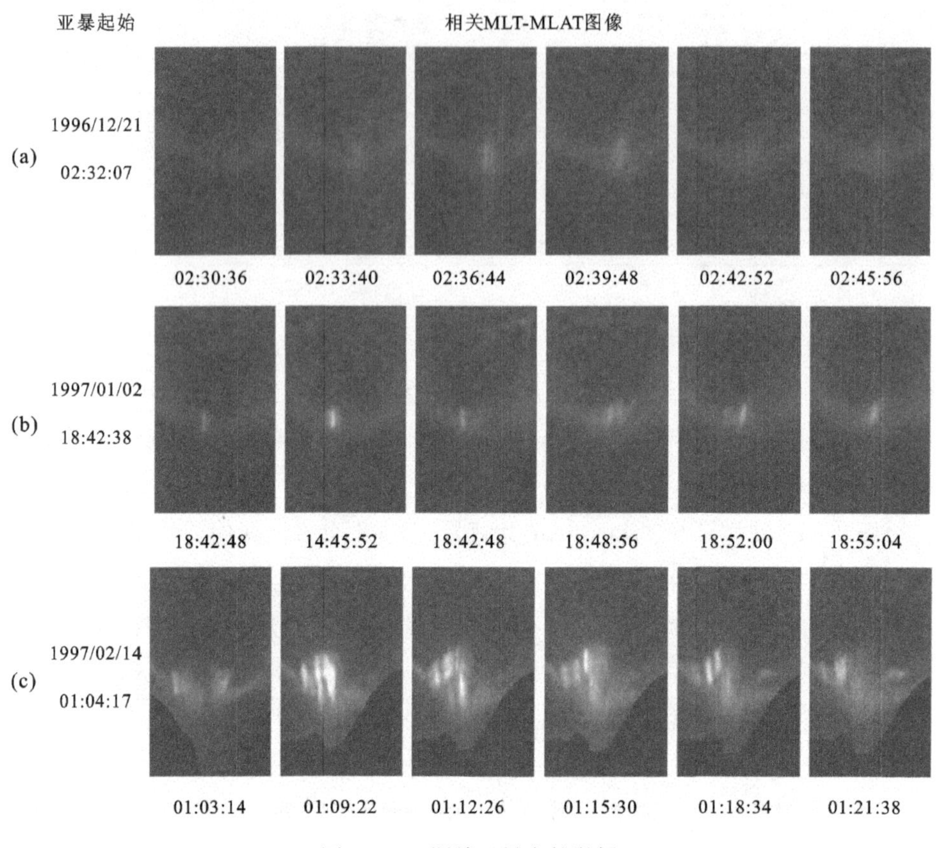

图 7-10　漏检亚暴事件举例

2）多检亚暴分析

本部分实验检测到结果是那些 UVI 图像序列中亮斑变化具有亚暴特征的极光事件,仔细分析这些 Liou 没有标记的多检事件,我们可以将其大致分为如下四种情况。

(1)是亚暴事件而 Liou 漏标了。图 7-11 给出了发生在 1997 年 1 月的四个例子。从图 7-11 给出的 UVI 图像序列,我们很容易看出这些事件均满足亚暴定义中对亮斑变化的那些要求。此外,我们还发现这四个事件也被包含在从 SuperMAG 求得 SME 指数确定的亚暴事件列表中[29]。

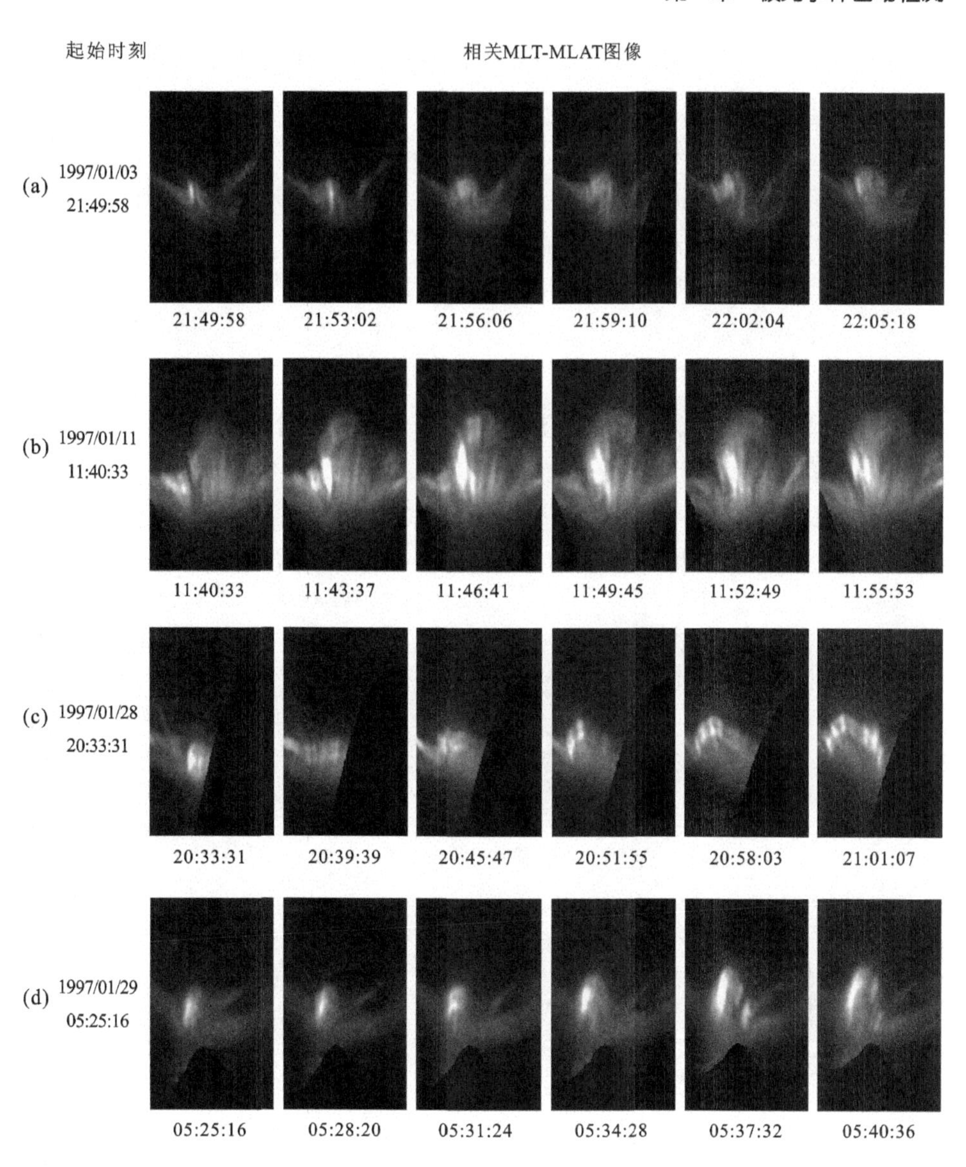

图7－11 多检事件举例之亚暴事件

(2)属于膨胀期再点亮过程。已有文献[27－28]指出,亚暴膨胀期的变化通常是步进式的而非单调连续的,文献[28]还通过一个发生在1997年5月16日的亚暴事件中亮斑中心点的位置变化来说明这一点。这导致人们常常很难,尤其是算法很难判断极光重新点亮的过程是属于前一亚暴的膨胀期还是新的亚暴事件。本部分多检结果中包含了少数需要被剔除的属于膨胀期的事件。事实上,在

Liou 的标记中,我们也发现有些事件可能是前一亚暴的膨胀期极光再点亮。比如在 1996 年 12 月 11 日这一天 Liou 标记的发生在 09:54:36 和 10:07:22 的两个事件,从 UVI 图像序列中来看,二者更可能就是同一个亚暴事件。这段时间里由 SME 指数得到的亚暴列表[29]也只包含了一个亚暴事件。类似地,1997 年 2 月 20 日这一天 Liou 标记的发生在 20:10:39 和 20:26:26 的两个事件,从 UVI 图像序列里看也更像是同属一个亚暴事件。Frey 等人[18-19]在标记亚暴的时候,通过要求两相邻亚暴时间间隔必须在 30 min 以上来减少对这种情况的判断。

(3)伪暴情况。目前为止,还没有定量的标准来区分亚暴、极向边界增强(PBIs)和伪暴这三种极光现象。文献[30]和文献[31]已经分别指出亚暴不能和伪暴、PBIs 区分开。一部分科学家认为伪暴就是弱的亚暴事件。文献[25]也指出,一般情况下很难将伪暴(即使是孤立的或增长期的伪暴)、亚暴以及 PBIs

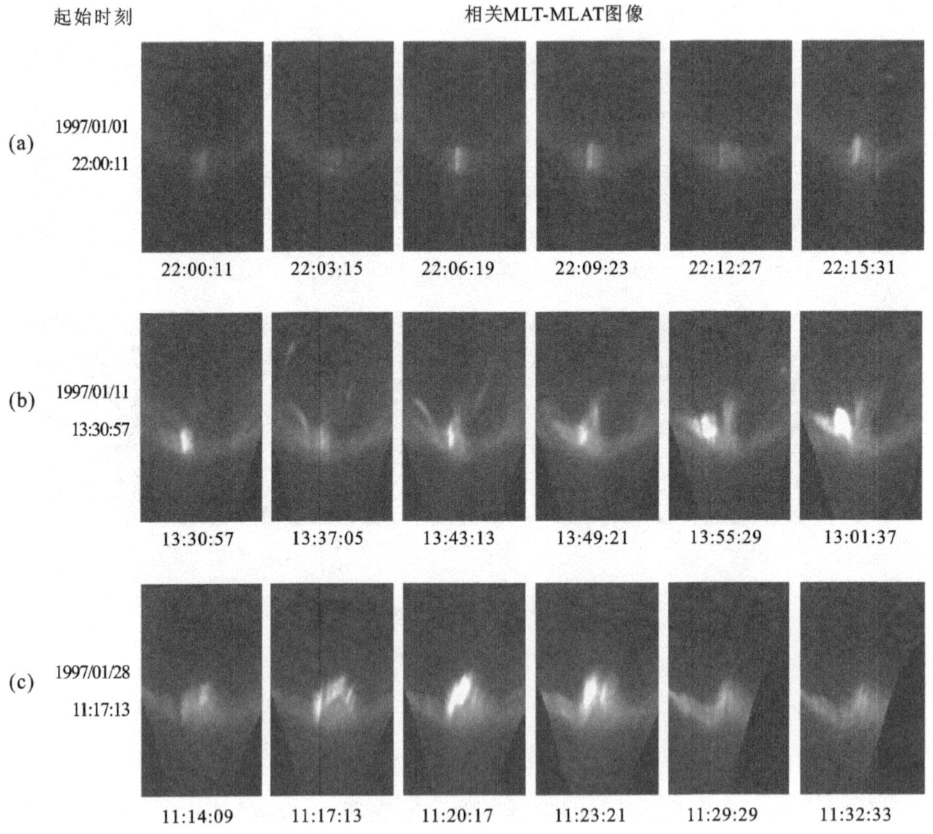

图 7-12　多检案例分析之伪亚暴事件

区分开,因为这三类极光增强事件呈现出相似的极光特征和地磁特征。在Boakes的博士论文[32]中,他指出Frey等人的亚暴标记[18-19]中可能包含了一些并非真正的亚暴事件,而且还可能包含了大量更弱的事件,这些事件可能会带来和亚暴相似的极光点亮,如伪暴、PBIs等。Liou的亚暴定义标准要比Frey要求的条件宽松,因此可以推测Liou的标记中也包含了一些伪暴事件。本部分实验中的参数是根据Liou标记的亚暴事件得出的,所以实验结果中不可避免地会出现一些伪暴事件。图7-12列举了实验结果中三个可能是伪亚暴的事件,这三个事件Liou的标记中没有,可是有一些与之非常类似的情况他又标记了。

(4)模棱两可的情况。实验结果中还有个别事件,从图像上很难界定它们是不是亚暴事件,我们称这些为模棱两可的事件,如图7-13所示。出现这种情况一方面是因为实验用到的LBHL这个波段数据的采样间隔太长,不能全面准确地反映极光亮斑的变化情况;另一方面,也是因为亚暴现象在UVI图像上的界定比较模糊所致。

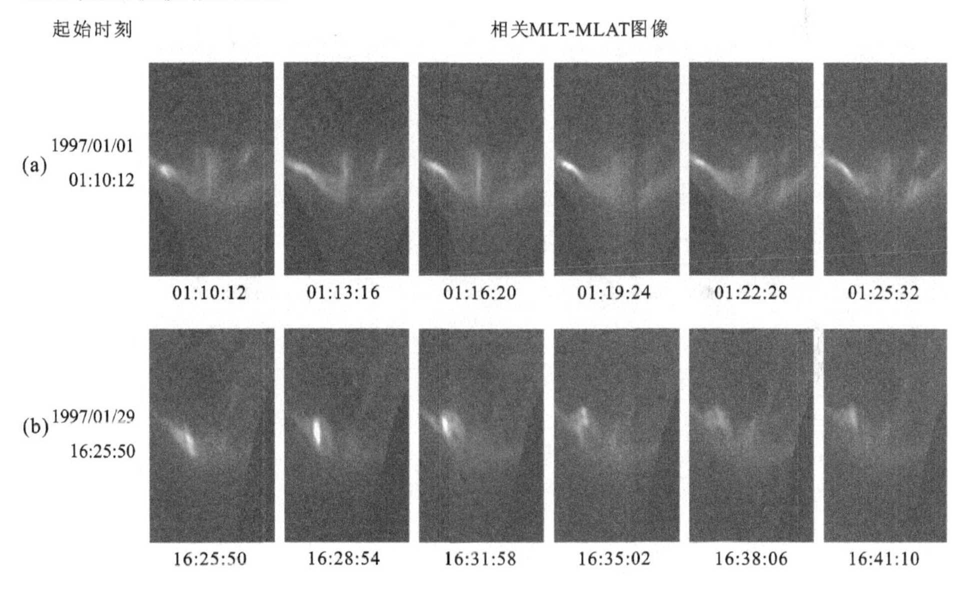

图7-13 多检案例分析之模棱两可的事件

仔细查看Liou的标记,我们发现有一些非常类似的事件有时被标记成了亚暴事件,有时却又没有被标记。这其实就是当人们通过眼睛来检测极光亚暴时,不同人持有的标准会有所差异,而且由于无法定量化,所以即使是同一个人,在不同时刻他的判断标准也难以始终保持一致,这些情况一方面会造成对那些本身就模棱两可的事件标记的不一致。此外,本部分方法的参数是通过参考 Liou 的标记进行调整确定的,这些不一致的标记会干扰参数的设定进而影响实验结果。

7.2.2.4 小结

针对 UVI 图像中亚暴事件膨胀期初始时刻的判定问题,本部分提出了一种基于机器学习的自动检测方法,并在 1996 年 12 月—1997 年 2 月这三个月的 Polar 卫星 UVI 图像数据上进行了实验验证。实验结果显示,本部分的方法能有效地找出具有亚暴特征的极光事件。虽然实验结果与 Liou 的标记相比查准率不高,但这很大一部分原因是目前极光亚暴特征尚未有明确的界定,同时 Liou 的标记也存在一些问题。所以,不能仅用查全率、查准率来评价本部分方法。但不管怎样,高达 92% 的查全率(8% 的漏检率)证明本部分的方法还是很有实用价值的:可以在海量的 UVI 极光图像数据中,有效地完成亚暴事件的初步筛选,这就能大大缩小原始数据集,从而有利于物理研究人员对极光亚暴现象进行深入的分析与探讨。与人工标记方法相比,本部分的方法具有标准统一、省时省力等优点。

可是,由于亚暴过程非常复杂,单纯从极光图像来完成自动识别存在一定难度。对本部分方法初步筛选后得到的候选亚暴事件,我们还需人工去一一识别到底是不是亚暴。特别是对于亚暴、极向边界增强(PBIs)和伪暴这三种比较相似的极光现象更需要人工进行辨识。在分析亚暴发生发展的细节特征时,我们除了监测极光的活动特征外,还需要分析 AE 指数的变化、Pi2 的活动情况以及磁尾磁场的偶极化和相应的亚暴能量粒子注入情况等。

极光亚暴初始时,UVI 图像上表现出来的特征目前还只有定性的描述,尚未有公认的定量的界定。本部分方法在做量化处理时涉及很多参数值,如什么情况算亮斑出现,亚暴现象要求亮斑至少需要极向膨胀多大范围及强度增加多少,本部分中这些参数是基于 1996 年 12 月—1997 年 2 月这三个月里 Liou 标记的亚暴事件,对查全率和查准率进行权衡考虑后得到的。当数据集/人工标记发生了改变或者若实际应用中对漏检/多检有明确的偏好要求时,这些参数值需要重新调整。另外,由于本部分所用数据的时间分辨率低,很多有用信息丢失,部分亚暴事件在我们用到的数据集上不能同时满足亚暴定义中的亮斑强度增加和极向膨胀这些条件。因此,在分析了大量亚暴事件后,实验中我们放松了亚暴条件,比如,当突然出现极光亮斑强度特别强时(说明亮斑点亮的真实时间介于当前帧和前一帧两个时刻之间),我们并不要求这个亮斑强度再增强(因为当前帧可能已经是最强亮斑所在了)。如果上述这两个问题解决了,即当数据集时间分辨率足够高而且极光亚暴初始特征有明确的界定时,我们的方法就能更为准确地找出亚暴膨胀期的初始时刻。

后续工作中,针对 Liou 标记存在一些误差的问题,我们将尝试换其他如 Frey 或 Kullen 等人的标记,进一步验证本部分方法的性能。Polar 卫星上的 UVI 在 1996 年冬季是多个滤波器同时工作的,所以当我们只用 LBHL 这一个波段数据时就会出现因分辨率低而造成决策困难的情况。下一步我们将尝试分辨率高一些的其他时段的极光数据,以获取更准确的结果。

7.2.3　基于深度学习的极光亚暴时 - 空自动检测

7.2.3.1　研究背景与动机

7.2.2 讨论了利用传统机器学习方法从 UVI 图像中自动检测亚暴事件,该方法虽然实现简单并取得了较高的召回率,但准确率有待提升且需要人工设置多个阈值得到检测结果。此外,Yang 等人[33]结合亚暴事件发生区域的地磁先验信息,利用 SCSLD(shape - constrained sparse and low - rank decomposition)算法通过粗检测、序列运动分析、细检测实现亚暴事件检测,该方法在多年的极光观测上获得了很好的检测效果,但实现过程中需要人工多次参与分析算法结果,操作复杂而且运行效率较低,实际应用难度大。

基于深度学习的视频时序行为检测研究为亚暴自动检测提供了新的选择,但与现有时序行为检测不同的是亚暴事件检测重点关注极光点亮的时刻(onset),准确检测亚暴事件需要构建密集的特征序列。此外,卫星观测数据时间分辨率较低(0.005 6 帧/秒 vs 常规视频 24 帧/秒),极光亚暴持续的视频帧长度较短,模型需要包含输入图像序列的全部时序信息。

基于此,本部分利用深度学习技术提出了一种端到端的亚暴检测网络(substorm onset detection network,SODN)。该方法在取得亚暴检测高准确率的同时,极大提高了亚暴检测速度。SODN 由两部分组成:① 亚暴特征提取模块;② 亚暴起始检测模块。亚暴特征提取模块基于双流网络构建,包含两个并行的卷积神经网络:空间网络和时序网络。其中,空间网络用于提取亚暴空间形态特征,时序网络用于提取亚暴时序运动特征,本部分将上述两种特征级联获得亚暴特征表示。亚暴起始检测模块利用三个一维时序卷积融合上述两种特征,输出亚暴起始的概率序列。与上述基于传统机器学习的亚暴起始时刻自动检测方法不同,本部分方法利用双流网络自动提取亚暴时 - 空特征,不需要手动设计亚暴特征表示。此外,利用三个一维时序卷积层构建亚暴起始检测模块获取亚暴起始的边界信息,无须烦琐的筛选分析过程即可直接得出检测结果,极大地提高了亚暴检测效率。

7.2.3.2　亚暴检测模型 SODN

本部分提出的 SODN 模型如图 7 – 14 所示。首先将转换后的 MLT – MLAT 图像序列分为若干个连续等长的片段,每个片段生成一个单元,一个单元包含片段内的单帧图像和堆叠光流图(x 方向和 y 方向)。然后利用特征提取模块分别对每个单元提取亚暴空间特征和时序特征,并级联两个特征作为单元级特征向量。最后按时间顺序拼接每个单元的特征向量作为亚暴起始检测模块的输入,输出为整个 UVI 图像序列的亚暴起始概率向量,向量中的每个值为其对应单元作为亚暴起始的置信度分数。

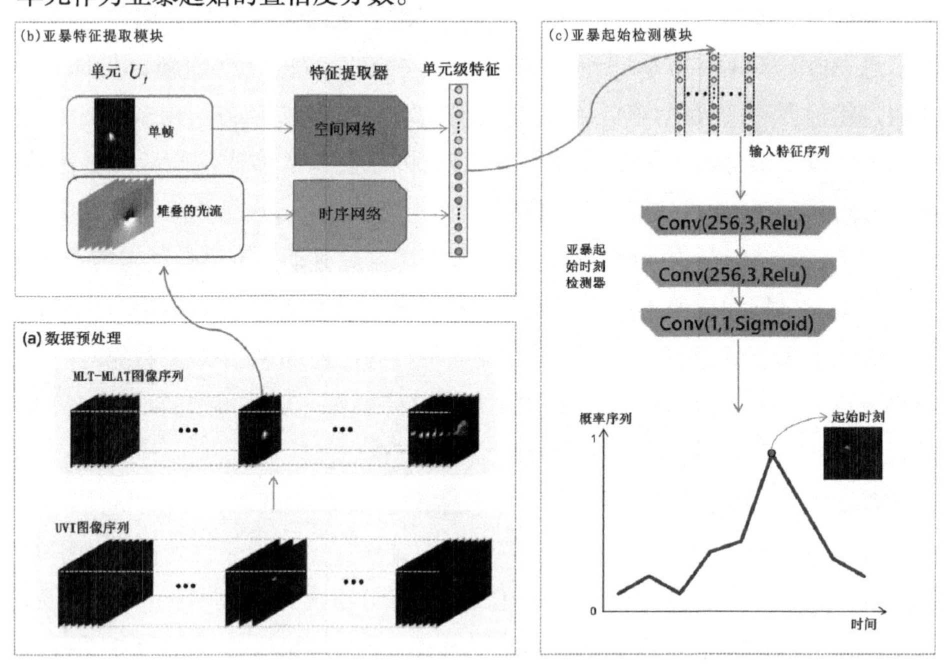

图 7 – 14　SODN 模型示意图

1. 亚暴特征提取模块

为了提取亚暴时－空特征，本部分采用双流网络构建亚暴特征提取模块，该网络由空间网络和时序网络组成。如图7－14所示，本部分将单帧MLT－MLAT图像输入空间网络提取亚暴空间形态特征，将堆叠的光流图输入时序网络提取亚暴时序运动特征。光流计算采用TV－L1算法[34]，空间网络和时序网络都采用具有多个归一化层的BN－Inception[35]作为其骨干网络。该网络由多个Inception模块组成，在Inception网络的基础上使用多个小尺度卷积代替尺度较大的卷积降低模型参数量，并通过增加BN层使得模型更快收敛，使该模型在准确性和效率之间实现了较好的平衡[2]。本部分在BN－Inception的最后一个全连接层之前加入一个维度为50的全连接层，用于输出空间特征向量和时序特征向量。

为了提取上述两种特征，输入连续MLT－MLAT图像序列 $X=\{x_n\}_{n=1}^{l_v}$，其中 x_n 为 X 中第 n 帧图像，l_v 为图像序列帧数。鉴于亚暴事件三个阶段的持续时长都在三帧以上，本部分首先将 X 分为多个长度为3的片段 $S=\{s_t\}_{t=1}^{l_s}$，其中 $l_s=l_v/3$，$s_t=\{x_t,x_{t+1},x_{t+2}\}$。参考时序动作检测领域中密集采样容易丢失长时序的动作语义信息，在描述亚暴空－时特征时，本部分选用 s_t 中的单帧图像来有效表征 s_t 所处阶段亚暴空间信息，而帧间运动信息则通过堆叠的光流图来表示。具体地，本部分利用 l_s 个连续等长片段 S 构建单元序列 $U=\{u_t\}_{t=1}^{l_s}$，一个单元 $u_t=\{x_{3(t-1)+k},O_t\}$ 包含两部分：$x_{3(t-1)+k}$ 为随机采样的 s_t 中第 k 帧MLT－MLAT图像，O_t 为 s_t 的堆叠光流图（x 方向和 y 方向）。给定一个单元 u_t，将 $x_{3(t-1)+k}$ 和 O_t 分别输入空间网络和时序网络，把两个网络输出的特征向量级联，得到单元级特征向量 $f_t=(f_{S,t},f_{T,t})$，其中 $f_{S,t}$ 和 $f_{T,t}$ 分别为空间网络和时序网络输出。因此，给定若干个连续片段 $S=\{s_t\}_{t=1}^{l_s}$，可以利用特征提取模块提取单元级特征序列 $F=\{f_t\}_{t=1}^{l_s}$，特征序列 F 将作为亚暴起始检测模块的输入。

2. 亚暴起始检测模块

该模块中我们将单元级特征序列 $F=\{f_t\}_{t=1}^{l_s}$ 输入亚暴起始检测器，输出亚暴起始的概率序列，如图7－15所示（选择输出概率值大于0.5的时刻作为候选亚暴起始点，在候选起始点中选择概率峰值点作为检测结果）。其中，亚暴起始检测器由三个连续的时序卷积层构成，时序卷积也被称为一维卷积。相比使用全连接层构建亚暴起始检测器，一维卷积可以更好地表征局部语义信息，如亚暴起始时刻极光卵局部突然点亮的现象。从模型尺寸和运行效率方面来看，一维卷积层较全连接层大大减少了模型参数量，提高了检测速度。另外，一维卷积允许网络可以输入任意长度的图像序列，使得网络具备检测任意时长亚暴事件的能力，提高了检测精度。

一个时序卷积层可以表示为：Conv1d(c_f, c_k, A_{ct})，其中 Conv1d 表示一维卷积操作，c_f、c_k、A_{ct}分别表示一维卷积的卷积核数量、卷积核尺寸和卷积层的激活函数。亚暴起始检测器由三个连续的时序卷积层组成，定义为：

$$\mathrm{Conv1}d(245,3,\mathrm{Relu})\rightarrow\mathrm{Conv1}d(256,3,\mathrm{Relu})\rightarrow\mathrm{Conv1}d(1,3,\mathrm{Sigmoid}) \quad (7-6)$$

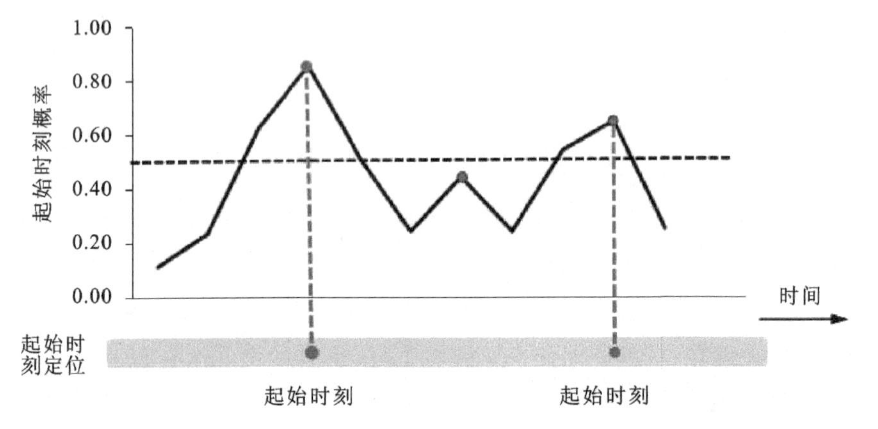

图 7－15　亚暴起始时刻检测模块输出的概率序列示意图

给定输入的特征序列 $F=\{f_t\}_{t=1}^{l_s}$，单元级特征向量 f_t 作为时序卷积层的一个通道。检测器先对每个单元级特征向量 f_t 进行单个通道的卷积操作，提取亚暴空－时特征上的局部语义信息。随后将不同通道卷积结果相加，使得不同时序范围内的局部语义信息相互融合。最后通过添加 Sigmoid 激活函数的一维卷积层，输出概率序列 $P_o=\{p_t\}_{t=1}^{l_s}$，p_t 表示单元 t 为亚暴起始的概率。

7.2.3.3 实验结果与分析

和 7.2.2 类似，本部分使用的极光数据也是 Polar 卫星在 1996 年 12 月—1997 年 2 月期间采集的 UVI 极光图像，并采用和上一节相同的数据预处理方法。其中共包含 371 个亚暴事件，从每月中随机选取 5 天作为测试数据集，共包含亚暴事件 66 个；其余为训练数据集，共包含亚暴事件 305 个。

1. SODN 和 SCSLD 方法的结果对比

为了充分评估 SODN 与 SCSLD 的检测性能，本部分选用精确率、召回率、F1 值和每秒帧数（frame per second，FPS）来衡量两者的检测精度和检测效率，其中：

$$精确率 = \frac{TP}{TP + FP} \tag{7-7}$$

$$召回率 = \frac{TP}{TP + FN} \tag{7-8}$$

$$F1 = \frac{2 \times 精确率 \times 召回率}{精确率 + 召回率} \tag{7-9}$$

其中，TP(true positive)表示检测的亚暴事件在人工标记的亚暴事件列表中，FP(false positive)表示检测的亚暴事件未出现在人工标记的亚暴事件列表中，FN(false negative)表示出现在人工标记的亚暴事件列表中的事件未被检测到。

SODN 与 SCSLD 的对比结果见表 7-6。SCSLD 方法在检测亚暴过程中，人工多次参与了结果分析和筛选，所以精确率比 SODN 高 1.83%。但从检测效率方面来看，SODN 处理一帧图像仅需 0.003 s，检测速度高达 393 帧/s；更重要的是，将 UVI 图像输入 SODN 后能直接输出检测结果，即 SODN 实现的是端到端的亚暴自动检测，在实际应用中非常简便。而相比之下，SCSLD 方法整个检测流程复杂，需要经过粗检测、时序运动分析、细检测三步完成检测，且在时序运动分析中需要对图像进行两次运动特征提取，仅其中一次运动特征提取就需要 0.15 s(6.93 帧/s)，完成检测一帧的时间很长，从而使其检测速度很低。

表 7-6　SODN 与 SCSLD 检测结果对比

模型	精确率	召回率	F1	FPS
SCSLD	89.33%	95.90%	92.5	6.93
SODN	87.50%	84.84%	86.14	393

2. SODN 与人工标记的结果对比

SODN 与人工标记的结果对比见表 7-7，SODN 从测试数据集共检测出 64 个亚暴事件，其中与人工标记[14]一致的 56 个，多检亚暴事件 8 个，漏检亚暴事件 10 个。分析 SODN 检测结果中与人工标记不一致的案例(多检和漏检)，我们根据其原因不同将这些案例大致归为以下三类。

表 7-7　SODN 与人工标记结果对比

模型	检测/标记亚暴事件数目	两者吻合亚暴事件数目	多检亚暴事件数目	漏检亚暴事件数目
SODN	64	56	8	10
人工标记	66	56	—	—

(1)本部分仅考虑了 LBHL 波段的观测数据,丢失了亚暴起始关键信息。如图 7-16 所示,人工标注列表中 1996 年 12 月 11 日 09:53:53—09:54:36 为亚暴事件起始时段,但 SODN 漏检了该事件。这是因为人工标注亚暴事件时参考了多个波段的 UVI 极光图像,而本部分仅考虑了 LBHL 波段,对于图 7-16 所示的亚暴事件来说,其演化速度较快,LBHL 波段未采集到亚暴膨胀期极光亮斑从点亮到膨胀的关键信息,导致该事件从我们的数据集上看更像一个伪暴事件。类似的情况在 1997 年 12 月 3 日 16:16:08—16:16:55 也有出现。

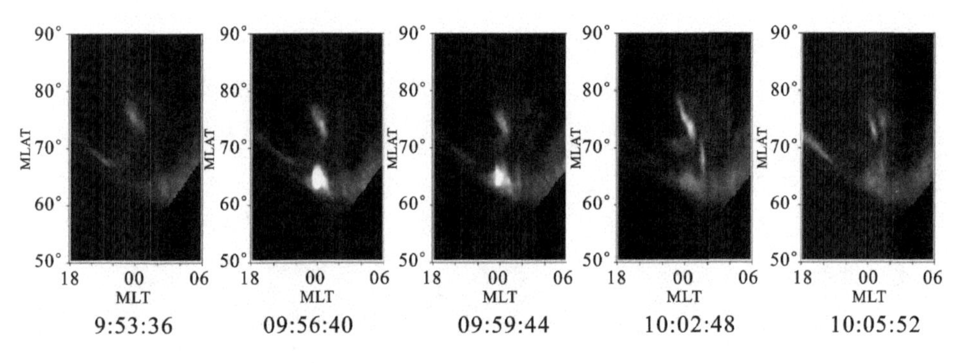

MLT 范围:18:00—06:00;MLAT 范围:50°~90°。

图 7-16　1996 年 12 月 11 日 09:53:36—10:05:52 采集的 UVI 图像

(2)人工标注中漏标了部分真实存在的亚暴事件。图 7-17 所示为 1996 年 12 月 14 日 17:46:48—19:19:32:17 采集的 UVI 图像序列。分析该时段 UVI 图像序列,用粗体标注的多帧图像符合亚暴点亮和膨胀相的特征,是一个典型的亚暴事件,但在人工标注列表中该事件未被标注。该天 13:26:44 也存在类似的情况,而这些事件均被 SODN 检测为亚暴事件。

(3)较为复杂的亚暴事件。图 7-18 所示为 1998 年 12 月 14 日 14:28:39—14:29:16 采集到的 UVI 图像序列,人工标注该时段为亚暴起始时段。分析该时段 UVI 图像序列,14:29:36 对应 UVI 图像中白色圆圈标记一块亮斑,其上方存在两块细长条亮斑且亮度相近,随后该亮斑出现微弱的亮度增强和膨胀现象。上述情况增加了该亚暴事件的检测难度且训练数据集中类似的亚暴事件很少,导致了 SODN 漏检了该事件。

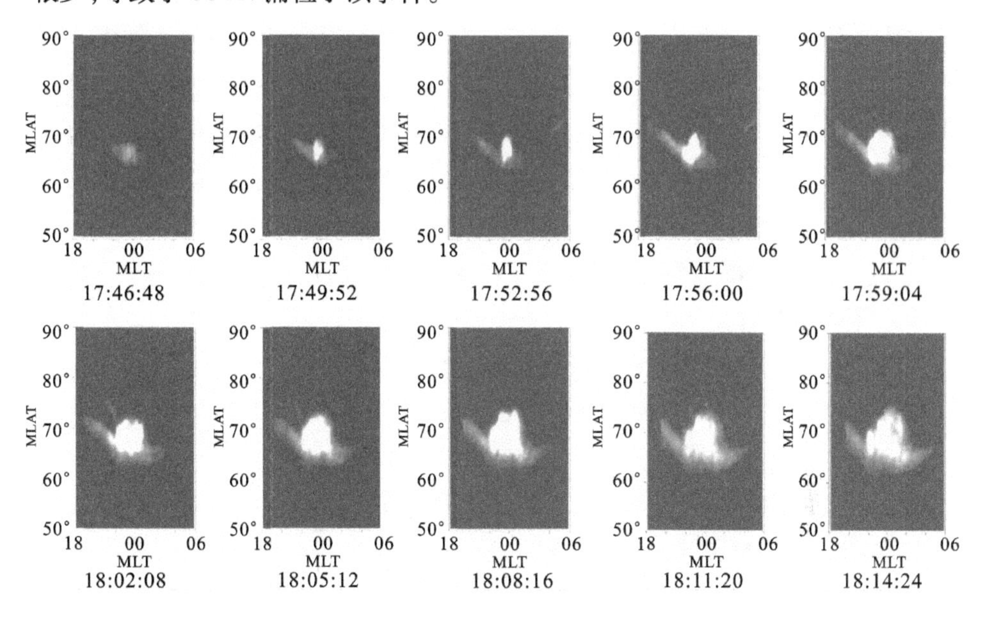

MLT 范围:18:00—06:00;MLAT 范围:50°~90°。

图 7-17　1996 年 12 月 14 日 17:46:48-18:14:24 采集的 UVI 图像序列

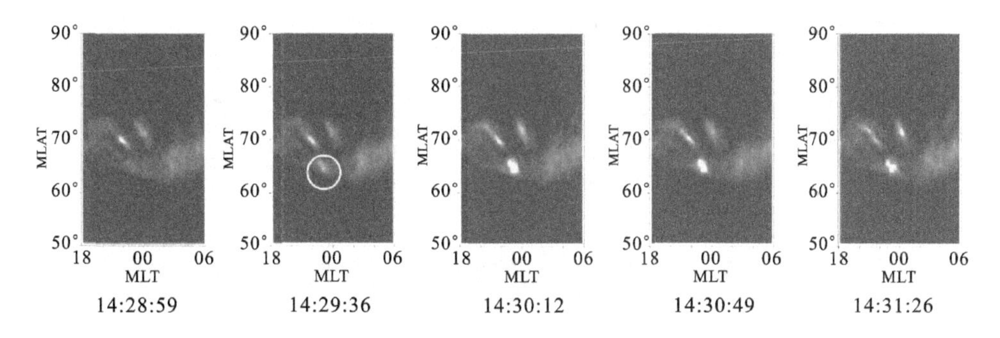

MLT 范围:18:00—06:00;MLAT 范围:50°~90°。

图 7-18　1998 年 12 月 14 日 14:29:36—14:31:26 采集图像序列

3. 空间定位统计

亚暴发生的位置信息对亚暴研究同样具有重要意义。文献[14]利用区域生长算法确定亚暴起始时刻图像中的亮斑区域,再计算亮斑的质心位置作为亚暴发生的位置(MLT-MLAT 坐标)进行统计分析。该方法的缺点是每处理一幅图像都需要采用人机交互的方式确认区域生长的种子点。为了解决这一问题,本部分利用 Grad - CAM[4]方法定位亚暴发生位置。该方法利用网络输出对指定的卷积层输出计算梯度得到一个二维矩阵,矩阵中的每个数值表示该区域对网络决策分类的重要程度,将该二维矩阵渲染为伪彩图与输入图像叠加生成类激活图(class activation map,CAM),从图中可以直观看出网络更为关注的区域。本部分选取 SODN 空间网络的卷积层输出结果计算 CAM 图,利用该图自动定位亚暴起始时刻亮斑区域,将定位的亮斑区域作为亚暴发生位置进行统计分析。虽然该定位区域可能无法与整个亮斑完全重合,但该区域是整个亮斑区域的子集,其统计结果仍可揭示亚暴发生位置的分布规律。定位过程如图 7 - 19 所示,具体步骤如下:

(1)利用 SODN 时序检测结果确定亚暴事件起始帧;

(2)将起始帧输入空间网络,获得空间网络最后一个 Inception 模块的 CAM 图;

(3)通过对 CAM 图设置阈值(设置多组候选值筛选后得到)获得图中权重较大的区域,该区域大致定位亮斑所在位置;

(4)对定位出的区域绘制其灰度直方图,由于亮斑区域相对其他区域占比较大且亮度高,在直方图上呈现为一个峰值,将小于峰值对应的灰度值范围灰度置零,剩下的非零区域就是亮斑所在位置。

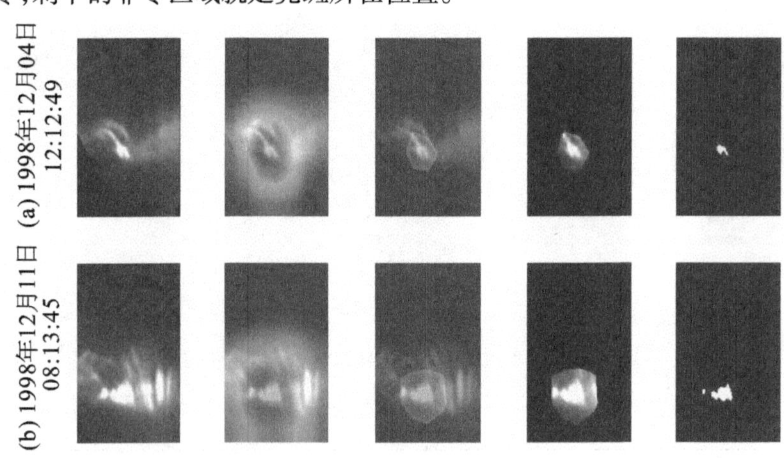

图 7 - 19　空间网络(BNInception V2)中 Inception5 生成的 CAM 图(彩图另见附页)

图 7 - 19 中从左到右的每一列依次表示 MLT - MLAT 图像、生成的 CAM 图、通过 CAM 图粗略定位亮斑位置、截取出的图像亮斑部分和最终定位到的亮

斑区域。

利用上述方法对所有检测出的亚暴事件统计分析其发生位置。图7－20给出了亚暴发生位置在MLT－MLAT坐标下的分布情况。图中亚暴发生位置集中在20:00—02:00 MLT、60°～70° MLAT之间，该结果与以往亚暴研究的物理结论高度一致[14]。

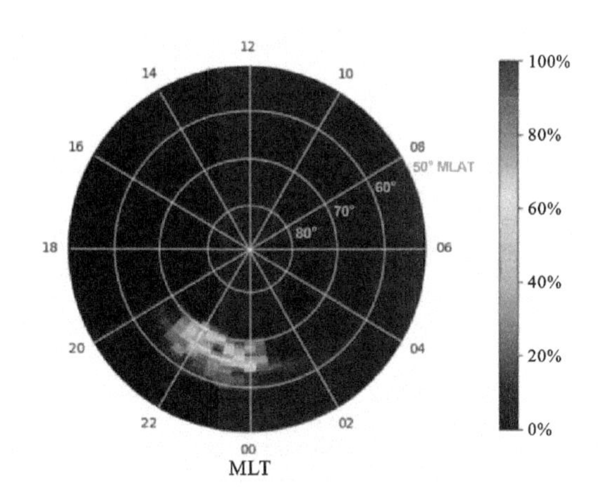

图7－20　亚暴起始时刻亮斑在MLT－MLAT网格图中的分布位置及发生频率(彩图另见附页)

7.2.3.4　小结

针对现有亚暴自动检测方法的不足，本部分提出一种基于深度学习的亚暴事件时－空自动检测模型SODN。该模型利用两个并行的卷积神经网络分别提取亚暴的空间形态特征和时序运动特征，然后将两种特征级联生成亚暴特征表示。该特征可以有效表示亚暴从增长相到恢复相整个过程中极光卵在时空上的变化情况，解决了传统方法需要分步提取亚暴特征的问题，简化了特征提取流程，降低了模型复杂度，使得该模型在实际应用中拥有良好的部署性和扩展性。同时，为了兼顾亚暴检测的准确性和效率，SODN利用三个紧凑的时序卷积层融合多个时序范围的亚暴特征，直接输出亚暴起始的概率序列，克服了传统自动检测方法需要人工参与分析、手动设置阈值和检测效率较低的问题。在多年的Polar卫星观测数据上SODN实现了端到端的亚暴事件自动检测，检测速度高达393帧/s；而且利用该方法对亚暴发生位置的统计结果与已有物理结论非常吻合，证明了SODN可以应用于大规模亚暴时－空检测，具有良好的实用价值。

亚暴特征提取的优劣会直接影响亚暴检测结果,后续工作将尝试采用最新的自监督光流模型改进光流效果,进一步提升检测准确性。此外,数据集的质量直接影响着网络的性能,本部分仅考虑单个波段的数据,时间分辨率较低且部分数据存在标注错误,因此 SODN 在检测性能上仍有较大的提升空间。后续工作将结合卫星多个波段采集的 UVI 图像提升数据集的时间分辨率,并将该模型应用于其他卫星(如 IMAGE 卫星)观测数据,进一步验证模型的泛化性能。

7.3 本章参考文献

[1] YANG Q, XIANG H. Unsupervised learning of auroral optical flow for recognition of poleward moving auroral forms[J]. IEEE transactions on geoscience and remote sensing, 2021, 60: 1 – 11.

[2] WANG L, XIONG Y, WANG Z, et al. Temporal segment networks: towards good practices for deep action recognition[C]//European Conference on Computer Vision. Springer, Cham, 2016: 20 – 36.

[3] LIN J, GAN C, HAN S. Tsm: temporal shift module for efficient video understanding[C]//Proceedings of the IEEE/CVF International Conference on Computer Vision, 2019: 7083 – 7093.

[4] SELVARAJU R R, COGSWELL M, DAS A, et al. Grad – cam: visual explanations from deep networks via gradient – based localization[C]//Proceedings of the IEEE International Conference on Computer Vision, 2017: 618 – 626.

[5] AKASOFU S I. The development of the auroral substorm[J]. Planetary and space science, 1964, 12(4): 273 – 282.

[6] AKASOFU S I. Auroral substorms: search for processes causing the expansion phase in terms of the electric current approach[J]. Space science reviews, 2017, 212: 341 – 381.

[7] SCHINDLER K. A theory of the substorm mechanism[J]. Journal of geophysical research, 1974, 79(19): 2803 – 2810.

[8] SUTCLIFFE P R. Substorm onset identification using neural networks and Pi2 pulsations[J]. Annales geophysicae, 1997, 15(10): 1257 – 1264.

[9] MURPHY K R, RAE I J, MANN I R, et al. Wavelet - based ULF wave diagno-

sis of substorm expansion phase onset[J]. Journal of geophysical research: space physics, 2009, 114(A1).

[10] TOKUNAGA T, YUMOTO K, UOZUMI T, et al. Identification of full – substorm onset from ground – magnetometer data by singular value transformation[J]. Memoirs of the Faculty of Science, Kyushu University. Series D, Earth and planetary sciences. 2011, 32: 63 – 73.

[11] KATAOKA R, MIYOSHI Y, MORIOKA A. Hilbert - Huang transform of geomagnetic pulsations at auroral expansion onset[J]. Journal of geophysical research: space physics, 2009, 114(A9).

[12] MENG C I, LIOU K. Substorm timings and timescales: a new aspect[J]. Space science reviews, 2004, 113(1 – 2): 41 – 75.

[13] LIOU K, MENG C I, LUI T Y, et al. On relative timing in substorm onset signatures[J]. Journal of geophysical research: space physics, 1999, 104(A10): 22807 – 22817.

[14] LIOU K. Polar ultraviolet imager observation of auroral breakup[J]. Journal of geophysical research: space physics, 2010, 115(A12).

[15] IEDA A, KAURISTIE K, NISHIMURA Y, et al. Simultaneous observation of auroral substorm onset in polar satellite global images and ground-based all-sky images[J]. Earth, Planets and Space, 2018, 70(1): 1 – 18.

[16] KIM S K, RANGANATH H S. Content-based retrieval of aurora images based on the Hierarchical Representation[C]//International Conference on Advanced Concepts for Intelligent Vision Systems. Berlin, Heidelberg: Springer Berlin Heidelberg, 2010: 249 – 260.

[17] MCPHERRON R L. Substorm related changes in the geomagnetic tail: the growth phase[J]. Planetary and space science, 1972, 20(9): 1521 – 1539.

[18] FREY H U, MENDE S B, ANGELOPOULOS V, et al. Substorm onset observations by IMAGE - FUV[J]. Journal of geophysical research: space physics, 2004, 109(A10).

[19] FREY H U, MENDE S B. Substorm onsets as observed by IMAGE – FUV [C]// In Proceedings of Eighth International Substorm Conference, edited by M. Syrjsuo and E. Donovan, University of Calgary, Banff Centre, Canada, 2006,

8:71 -75.

[20] KULLEN A, KARLSSON T. On the relation between solar wind, pseudobreakups, and substorms[J]. Journal of geophysical research: space physics, 2004, 109(A12).

[21] WANG Q, M Q H, HU Z J, et al. Extraction of auroral oval boundaries from UVI images: a new FLICM clustering - based method and its evaluation[J]. Advances in polar science, 2011, 22(3): 184 - 191.

[22] DENG Y, KENNEY C, MOORE M S, et al. Peer group filtering and perceptual color image quantization[C]//1999 IEEE International Symposium on Circuits and Systems (ISCAS). IEEE, 1999, 4: 21 - 24.

[23] EBIHARA Y. Simulation study of near - Earth space disturbances: 2. Auroral substorms[J]. Progress in earth and planetary science, 2019, 6: 1 - 24.

[24] AIKIO A T, SERGEEV V A, SHUKHTINA M A, et al. Characteristics of pseudobreakups and substorms observed in the ionosphere, at the geosynchronous orbit, and in the midtail[J]. Journal of geophysical research: space physics, 1999, 104(A6): 12263 - 12287.

[25] KULLEN A, KARLSSON T, CUMNOCK J A, et al. Occurrence and properties of substorms associated with pseudobreakups[J]. Journal of geophysical research: space physics, 2010, 115(A12).

[26] CHUANG K S, TZENG H L, CHEN S, et al. Fuzzy c - means clustering with spatial information for image segmentation[J]. Computerized medical imaging and graphics, 2006, 30(1): 9 - 15.

[27] KISABETH J L, ROSTOKER G. The expansive phase of magnetospheric substorms: 1. Development of the auroral electrojets and auroral arc configuration during a substorm[J]. Journal of geophysical research, 1974, 79(7): 972 - 984.

[28] LIOU K, MENG C I, WU C C. On the interplanetary magnetic field by control of substorm bulge expansion[J]. Journal of geophysical research: space physics, 2006, 111(A9).

[29] NEWELL P T, GJERLOEV J W. Evaluation of SuperMAG auroral electrojet indices as indicators of substorms and auroral power[J]. Journal of geophysical

research: space physics, 2011, 116(12): A12211 - A12222.

[30] OHTANI S, ANDERSON B J, SIBECK D G, et al. A multisatellite study of a pseudo - substorm onset in the near - earth magnetotail[J]. Journal of geophysical research: space physics, 1993, 98(a11): 19355 - 19367.

[31] ROSTOKER G. On the place of the pseudo - breakup in a magnetospheric substorm[J]. Geophysical research letters, 1998, 25(2): 217 - 220.

[32] BOAKES P D. Investigating the relationship between open magnetic flux and the substorm cycle[D]. University of Leicester, 2010.

[33] YANG X, GAO X, TAO D, et al. Shape - constrained sparse and low - rank decomposition for auroral substorm detection[J]. IEEE transactions on neural networks and learning systems, 2015, 27(1): 32 - 46.

[34] ZACH C, POCK T, BISCHOF H. A duality based approach for realtime TV - L1 optical flow[C]//Pattern Recognition: 29th DAGM Symposium, Heidelberg, Germany, September 12 - 14, 2007. Proceedings 29. Springer Berlin Heidelberg, 2007: 214 - 223.

[35] IOFFE S, SZEGEDY C. Batch normalization: accelerating deep network training by reducing internal covariate shift[C]//International Conference on Machine Learning. Pmlr, 2015: 448 - 456.

第 8 章　结束语

极区高空大气是人类赖以生存发展的日地空间环境的重要组成部分。这个环境容易受到太阳风暴的影响,由此引发的空间灾难性天气严重威胁着航天、通信、导航、电网和空间安全。极区对太阳扰动的响应最为迅速、剧烈和敏感,因此地球磁场在南北极地区的特殊位形使得大量的太阳粒子辐射及日地物理的各种复杂耦合过程集中发生于这一区域。目前,人们普遍认为,极光是这些磁层动力学过程产生的唯一可用肉眼观测的自然现象,是极区日地物理过程的主要表现形式,也是研究太阳风暴的最佳窗口。通过对极光形态和运动的系统观测,人们可以获取丰富的磁层和极区电离层信息,有助于深入研究太阳活动对地球的影响方式和程度,对了解空间天气的变化规律具有重要意义。

鉴于以上原因,极光研究已成为全球空间物理研究领域的热点课题之一,而极光的综合观测也成为各国极地科学考察活动的重要组成部分。近年来,我国在南北极科考方面投入了大量精力,每年均组织专业团队前往极地进行度夏和越冬考察。黄河站和中山站等观测台站已经实现了对极光的系统常规观测,积累了海量的极光数据。然而,传统的人工分析方法在面对如此庞大的数据时显得力不从心,导致大量极光数据未能得到充分利用,成为闲置资源。因此,如何高效处理和分析这些极光数据,使其发挥应有的价值,已成为我们迫切需要解决的问题。

本书正是在这样的背景下,与西安电子科技大学、中国极地研究中心、同济大学等单位展开深度合作,旨在利用图像处理和机器学习领域的先进方法和技术,对极光图像进行自动分析与处理。通过发挥学科交叉的优势,将计算机学科中的机器学习和图像处理技术引入空间物理学科,为极光研究提供了一种全新的视角和方法。这种尝试不仅有助于我们更充分地利用我国自主观测的极光数据,提升我国在南北极科考活动中的影响力,同时也为极光研究领域的进一步发展开辟了新的道路。

从极光物理的角度来看，本书的研究成果将有助于验证现有的基于少量事件分析得出的经验结论，并可能发现新的极光模式，从而推动对极光物理机制及其与磁层动力学过程之间关系的深入研究。而从机器学习的角度来看，本书的研究方法对于与极光类似的自然现象（如云）的表征、分类、分割、事件识别和检测等研究也具有重要的借鉴意义，有助于推动相关领域的共同进步。

本书内容主要围绕极光图像自动分析与处理展开，通过结合图像处理和机器学习模型、方法与技术，对极光现象进行了全面而深入的研究。具体内容包括以下几个方面：

第一，本书关注极光图像的监督分类问题。利用传统机器学习和深度学习技术，将北极黄河站的 ASI 图像分为弧状、帷幔冕状、辐射冕状、热点状等四大类，并成功地从 ASI 极光观测中识别出喉区极光。在这一部分，我们利用极光的独特性质表征极光，包括利用 HMM 建模帧间时序信息和利用 STN、L - Softmax 等技术改进 CNN 网络。在喉区极光识别任务中，我们设计了紧凑性损失函数和区分性损失函数共同训练模型，以实现更准确的识别。

第二，本书探讨了极光图像分割及其应用。通过传统机器学习和深度学习的方法，实现了对极光弧的分割以及极光图像的自动分割，从而获取极光图像的关键局部结构。基于这些分割结果，我们进一步探讨了极光弧宽测定和多尺度弧宽分布规律，以及极光卵边界自动分割、极光卵边界与行星际/太阳风、地磁条件之间变化关系的建模预测。

第三，本书研究了 PMAFs 极光事件的自动识别问题。基于传统机器学习和深度学习算法，提出了多种极光运动表征方法，并进一步实现了对 PMAFs 的自动识别。由于极光是一种动态演化的自然现象，其非刚性的特点使得极光运动表征成为研究的重点和难点。本书所提出的三种极光运动表征方法均在 PMAFs 自动识别任务上取得了良好的效果。

第四，本书还研究了极光事件的自动检测问题。相比自动识别只需判断序列/视频中是否存在感兴趣的目标事件，自动检测需要定位事件的发生时间和位置，难度明显增加。针对极光及目标事件的特点，本书提出了多种模型来解决相关任务，包括 PMAFs 事件时序检测、极光亚暴膨胀起始时刻的时序定位、极光亚暴膨胀起始点的时 - 空自动定位等。

综上所述，本书基于地面和卫星观测的极光图像，对极光形态、运动等进行了深入分析和研究。一方面，我们提出了许多适用于极光图像自动分析的模型、方法与技术；另一方面，我们也首次提出并研究了一些新的任务，如 PMAFs

时序检测、极光序列表征、极光弧宽多尺度分布统计等。这些研究工作不仅丰富了空间物理领域的研究方法和手段,还具有较高的理论和实用价值。

尽管图像处理和机器学习算法在计算机科学中的理论研究相对成熟,但在空间物理领域的应用尚处于初级阶段。本书在将这些技术应用于极光图像分析方面取得了一些有意义的成果,但相对于整个研究领域仍处于起步阶段。要充分发挥图像处理和机器学习技术在空间物理研究中的作用,仍需进一步努力。展望未来,我们认为机器学习技术在极光图像分析研究中的发展方向应包括以下几个方面:

(1)多波段极光数据的融合:不同波段获取的极光数据应进行融合,以提高分析准确性和全面性。比如融合 557.7 nm、427.8 nm 和 630.0 nm 的 ASI 极光图像,或融合 LBHL 和 LBHS 波段的 UVI 极光图像。

(2)典型极光事件时-空自动检测/定位:基于连续极光观测,定位典型极光事件(如 PMAFs 等)的开始和结束时间,并确定其在极光卵中的位置(获得磁地方时-地磁纬度)。

(3)结合更多的极光物理研究成果:在算法假设、模型构建以及结果评估和解释中,应结合更多的极光物理研究成果,以更好地利用机器学习方法处理极光问题。

以上是机器学习技术在极光图像分析中的几个重要方向,我们坚信,随着这些研究方向的深入探索,机器学习技术在极光物理领域的应用将会取得更加显著的进展,并为该领域引入新方法、新手段和新思想。同时,我们也期待本书的工作能够对图像处理和机器学习技术用于极光物理研究早日获得突破性进展起到积极的推动作用。

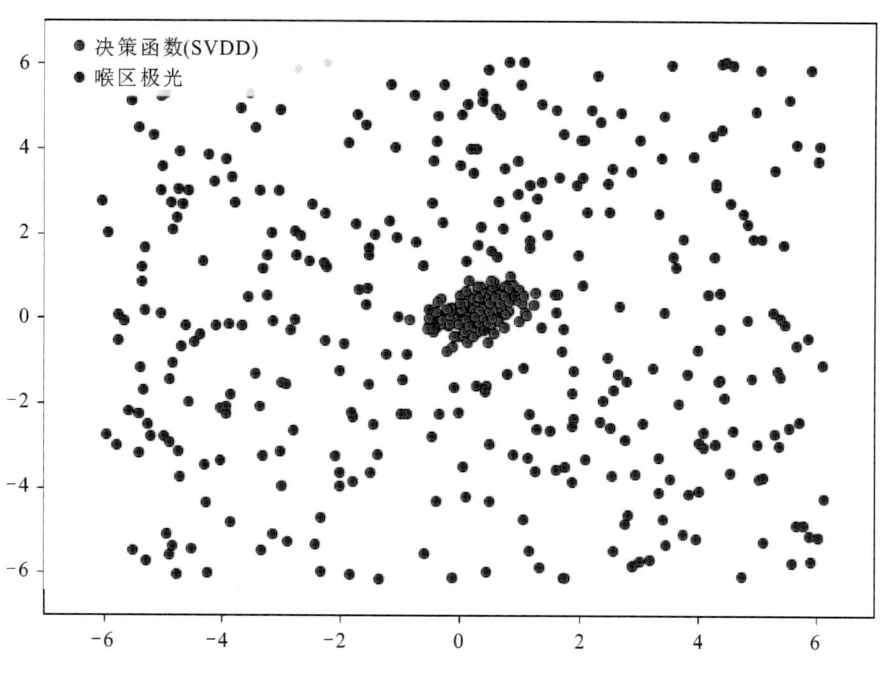

图 2－31　极光图像特征可视化图

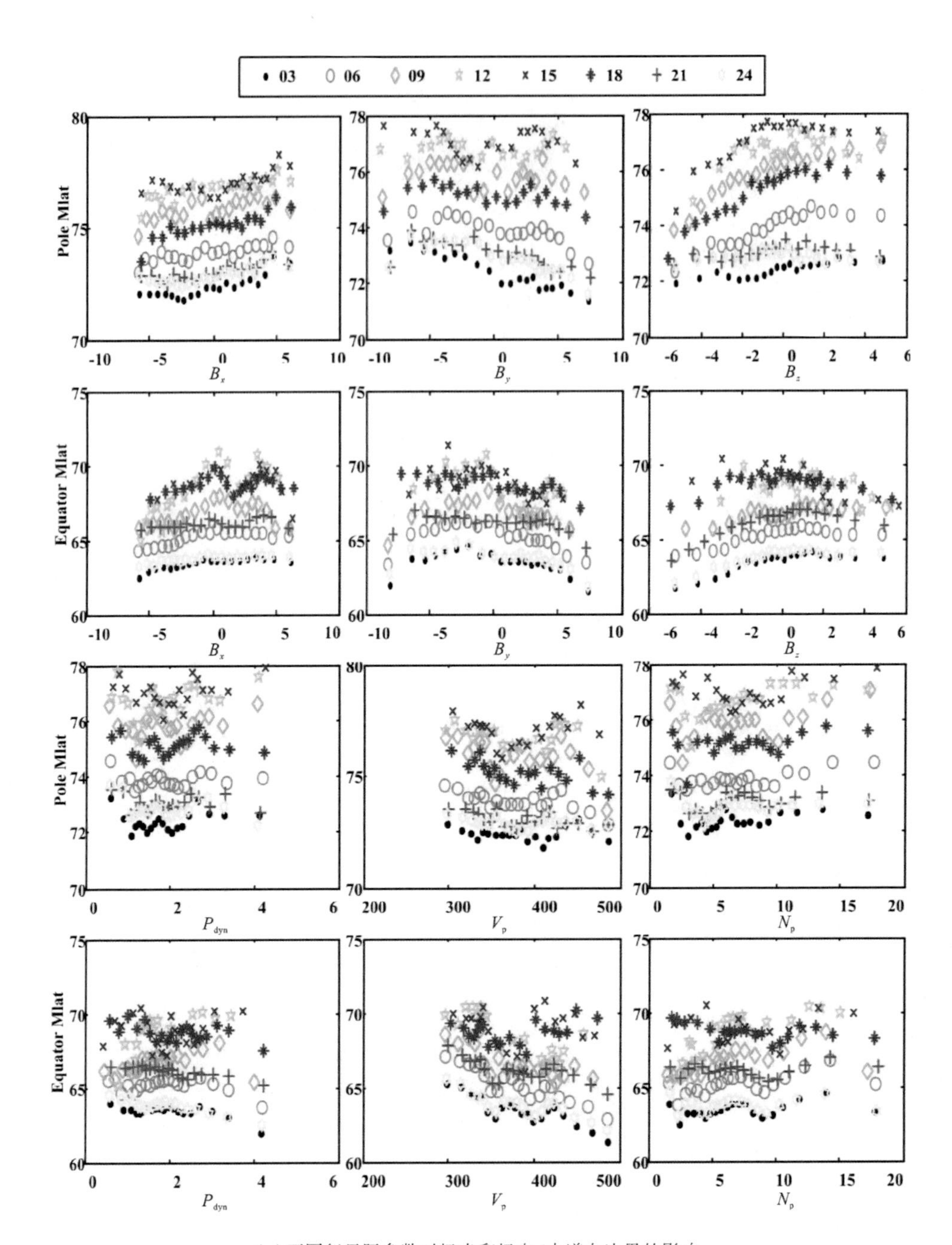

(a)不同行星际参数对极光卵极向/赤道向边界的影响

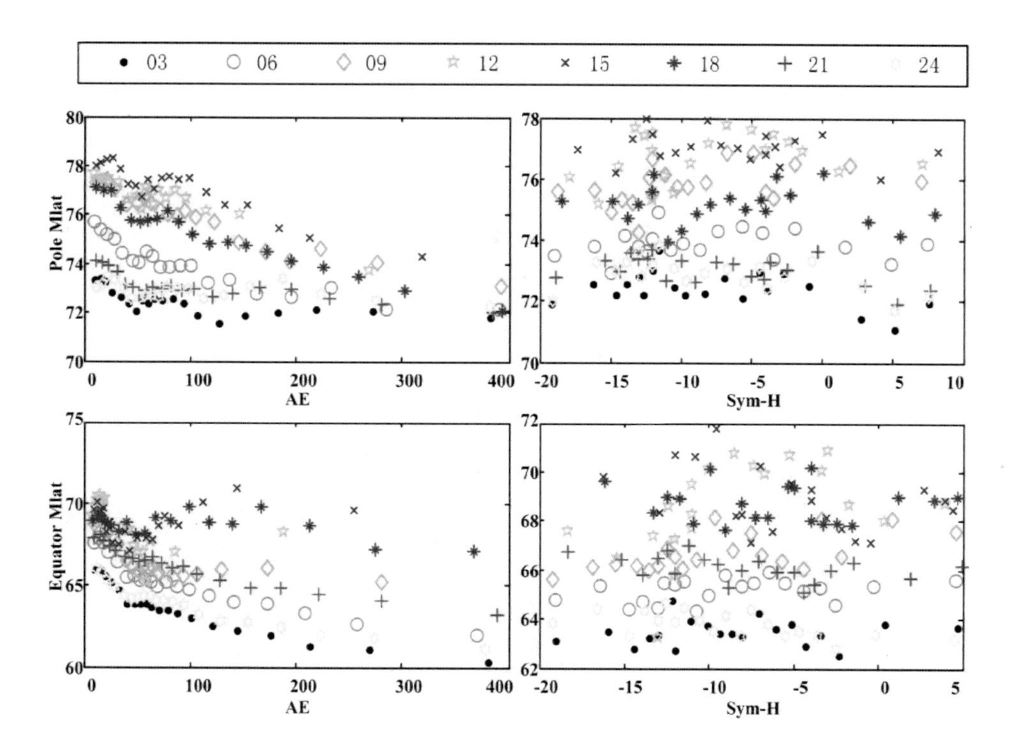

(b)不同地磁参数对极光卵极向/赤道向边界的影响

图 5-3　不同行星际参数和地磁参数对极光卵极向/赤道向边界的影响

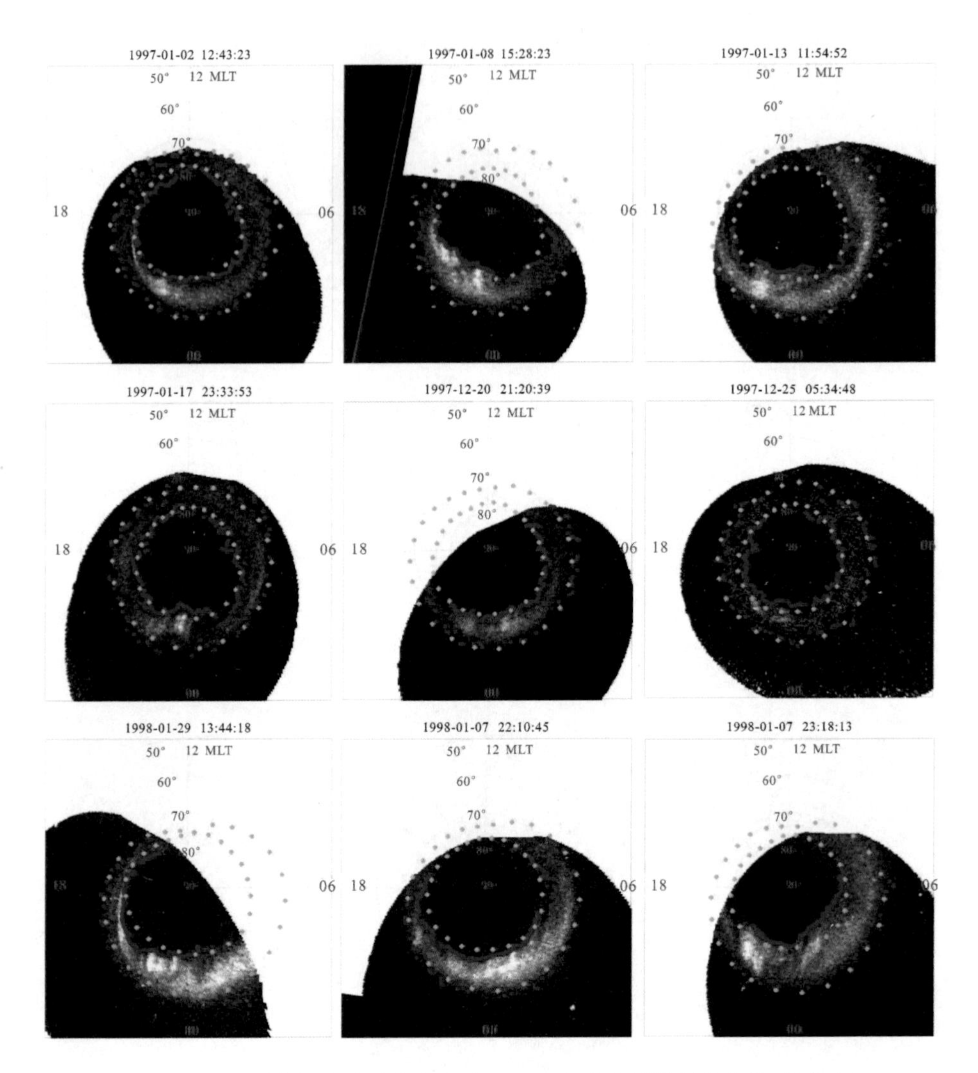

图 5-5　UVI 图像极光卵的真实边界、SFCM 自动分割得到的边界（蓝色点）和运用回归模型 2 得到的预测边界（绿色点）对比

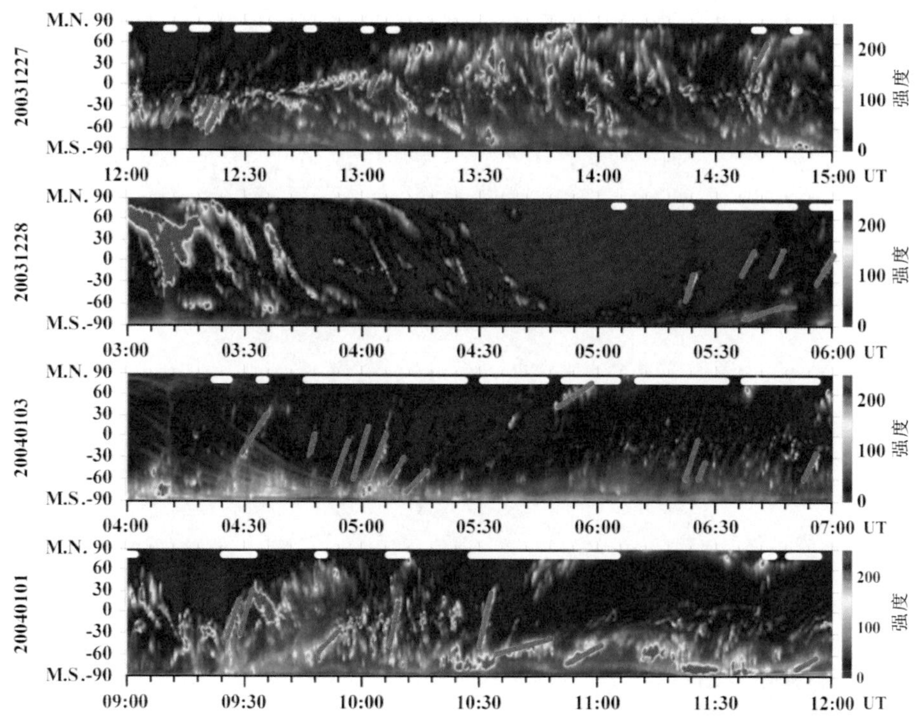

水平的白色线条给出的是用算法检测到的 PMAFs 事件的时间分布，朝右上方倾斜的线段标记的是从三个波段的 Keogram 图中人工标记出的 PMAFs 的发生时间。

图 6－5　算法检测到的 PMAFs 事件和人工标记的 PMAFs 事件在时间上的分布

图 6－9　光流场颜色编码

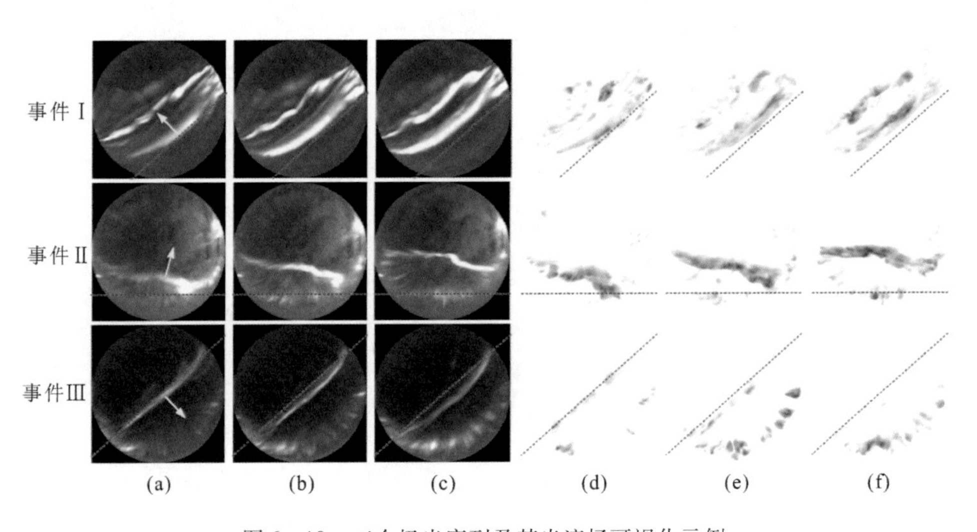

图 6－10　三个极光序列及其光流场可视化示例

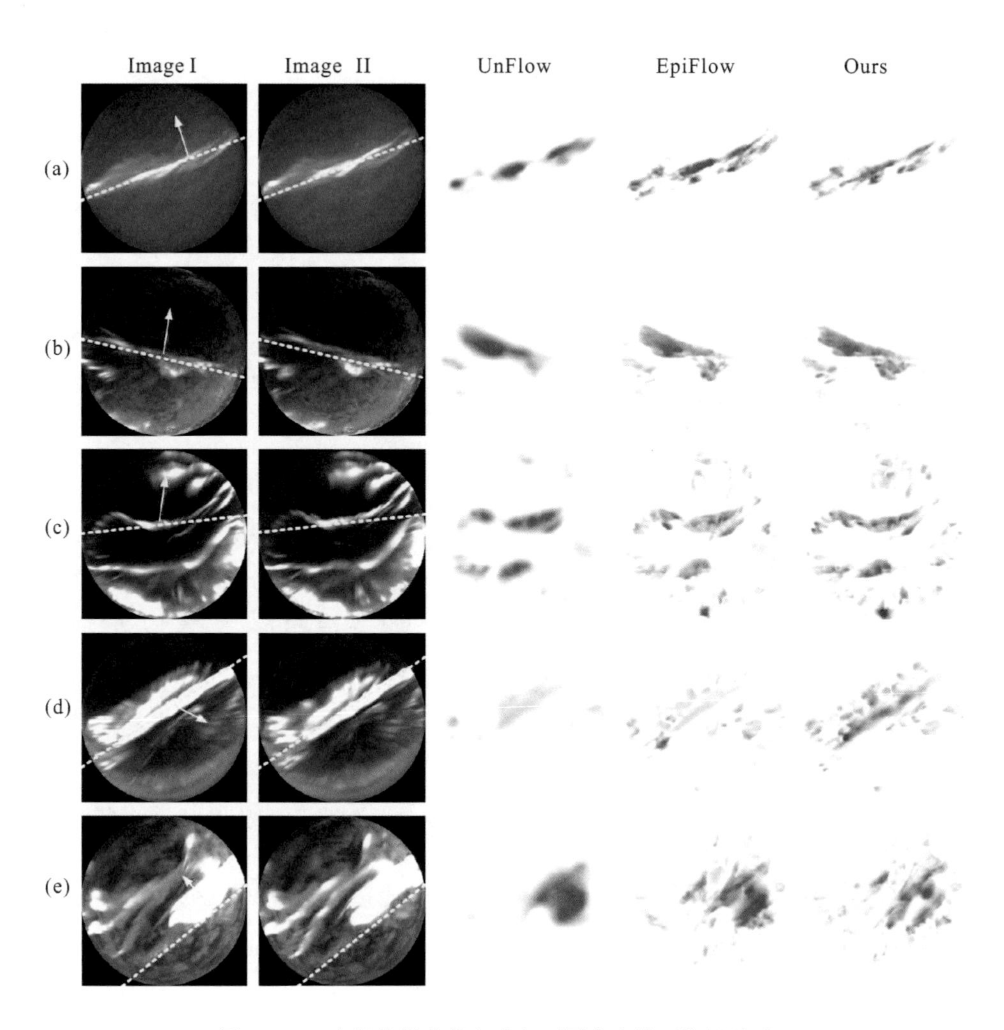

图 6－11　本部分提出的方法与不同光流模型的视觉对比

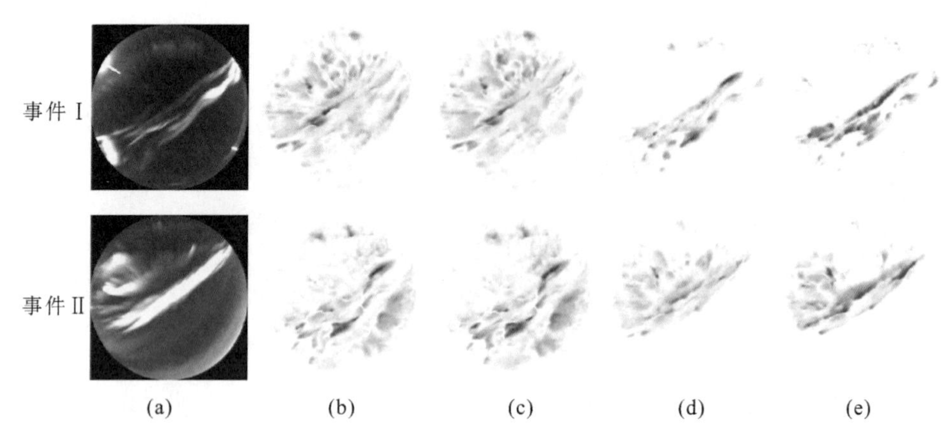

图 6－12　针对无监督损失函数的消融实验

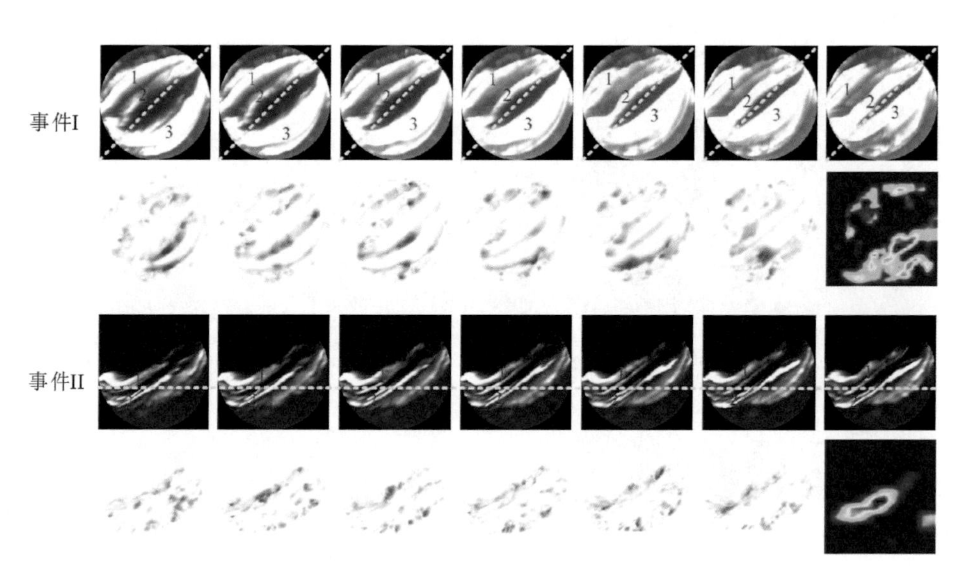

图 6－13　模型识别到的两个 PMAFs 事件

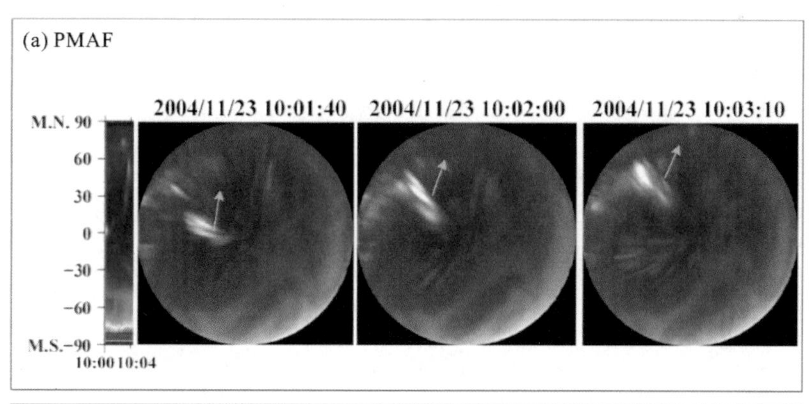

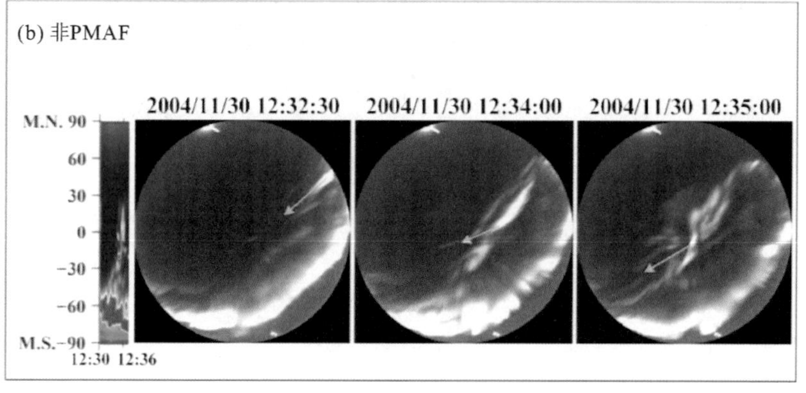

左边的坐标图是该序列发生时段的 Keogram 图(M. N. 和 M. S. 分别表示地磁北极和地磁南极，y 轴表示天顶角，x 轴为时间轴)，右侧的三幅图像是从该序列中采样的 ASI 极光图像。

图 6－18　利用双流 PMAFs 模型识别到的 PMAF 和非 PMAF 示例

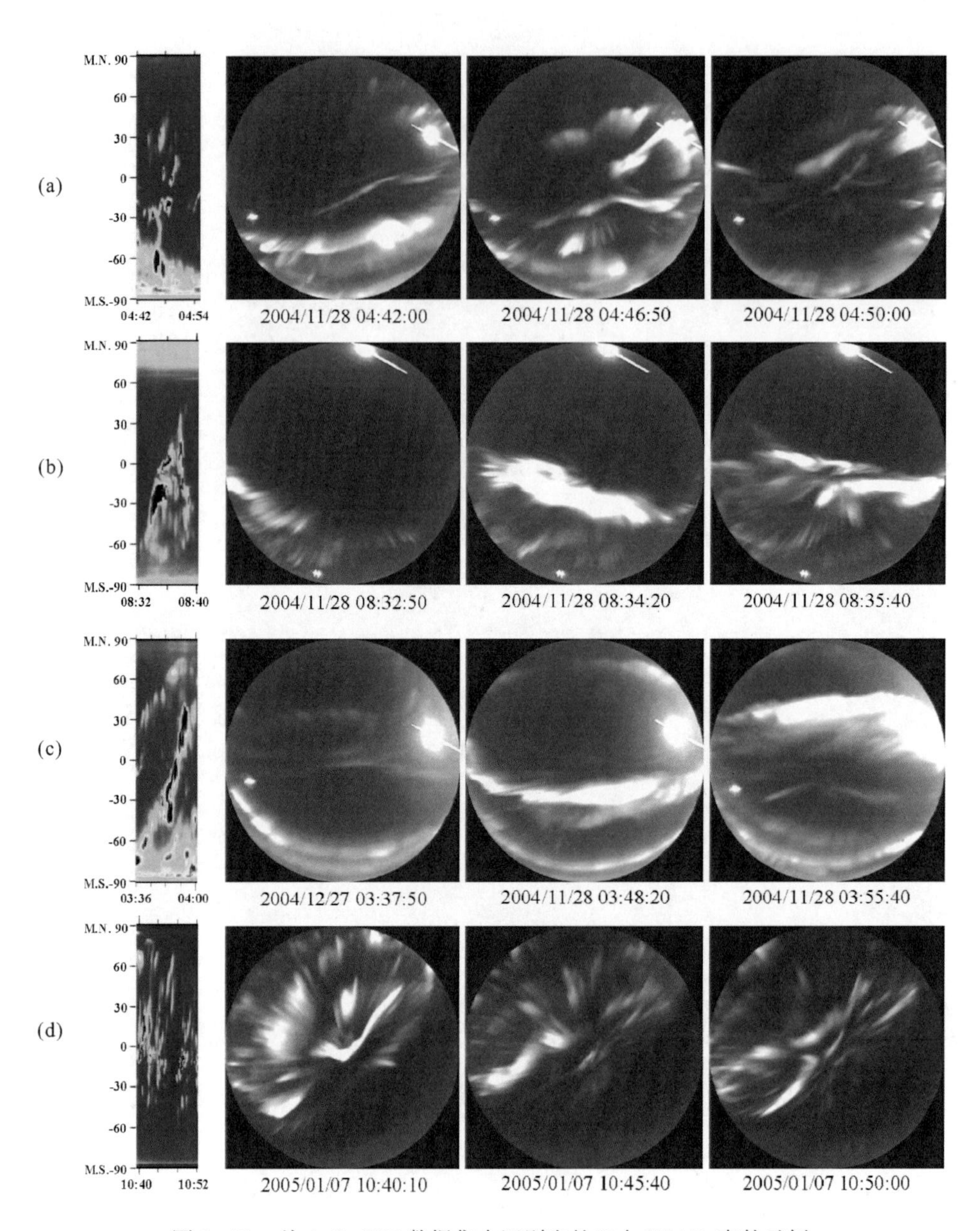

图 6-21　从 AuStaG9D 数据集中识别出的四个 PMAFs 事件示例

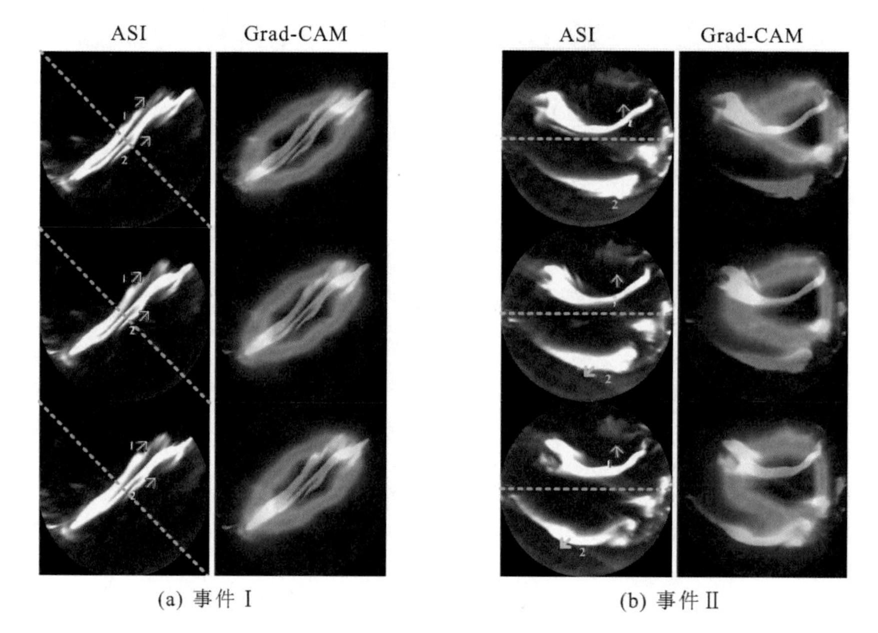

(a) 事件 Ⅰ　　(b) 事件 Ⅱ

图 6－25　ASI 图像和对应的 Grad－CAM 激活图可视化

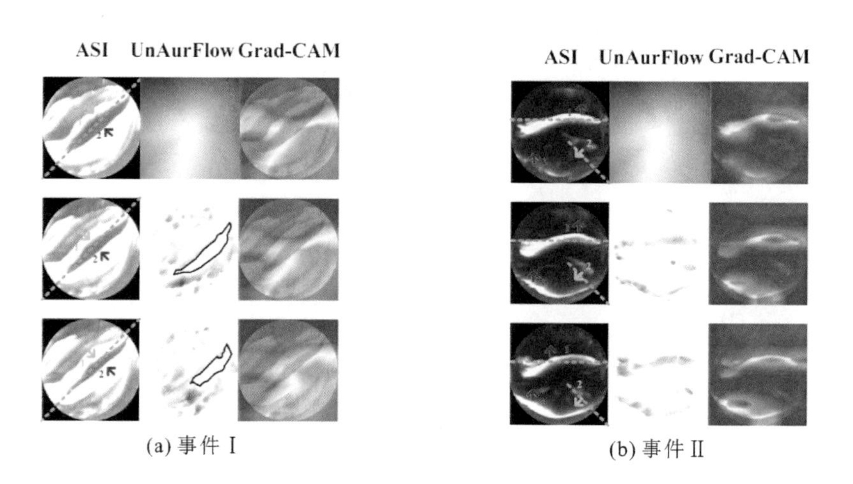

(a) 事件 Ⅰ　　(b) 事件 Ⅱ

图 7－4　ASI 图像、UnAurFlow 和 Grad－CAM 的激活图可视化

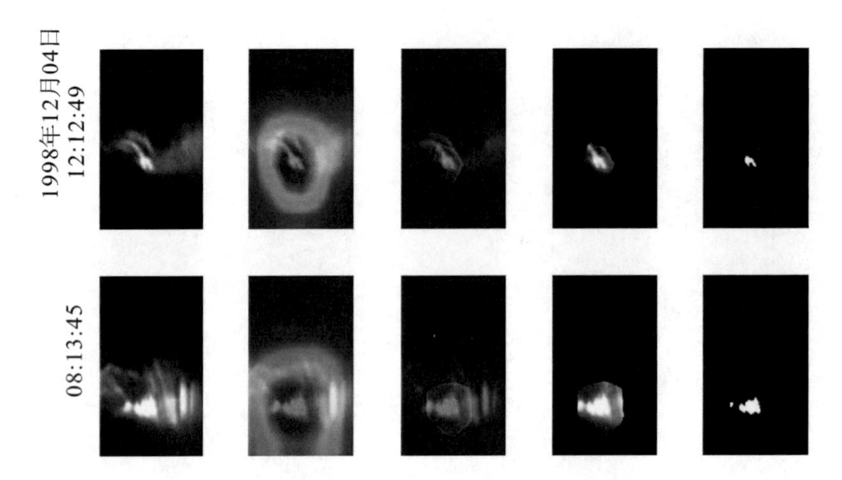

图 7－19　空间网络(BNInception V2)中 Inception5 生成的 CAM 图

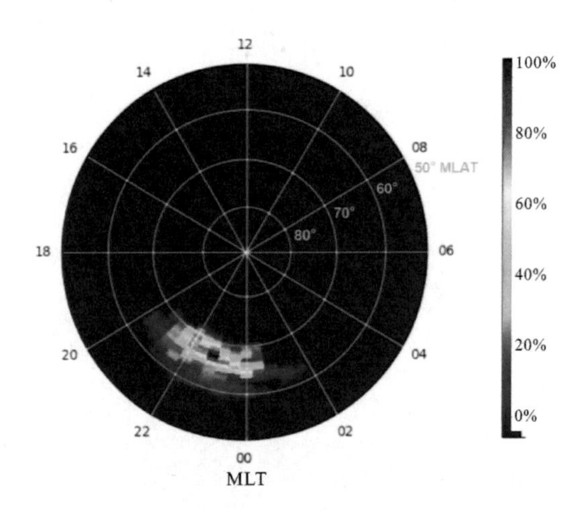

图 7－20　亚暴起始时刻亮斑在 MLT－MLAT 网格图中的分布位置及发生频率